“十四五”职业教育国家规划教材
“十二五”职业教育国家规划教材
经全国职业教育教材审定委员会审定

全国测绘地理信息职业教育教学指导委员会
测绘地理信息高等职业教育“十四五”规划教材

测量误差与数据处理

Measurement Error and Data Processing

（第三版）

陈传胜 主编
马大喜 主审

测绘出版社
· 北京 ·

内容简介

本书是全国测绘地理信息职业教育教学指导委员会组织编写的,测绘地理信息高等职业教育“十四五”规划教材,采用“项目导向+任务驱动”编写体系,注重“教中学”和“学中做”的有机衔接,是为适应高职高专测绘类专业测量平差课程“教学做一体化”教学改革需要编写的。

全书共分十个项目,详细介绍了测量误差的基本理论和工程测量控制网数据处理的基本方法,精心编排了控制网数据处理与平差解算的单项技能和综合技能训练项目及任务,主要包括课程导入、误差理论与测量平差原则、条件平差、间接平差、导线网平差、三角网平差、GNSS网平差、误差椭圆、测量数据处理软件的应用、课程综合实训(工程控制网数据处理)。

本书可作为高职高专测绘类各专业教材使用,也可供测绘工程技术人员参考。

图书在版编目(CIP)数据

测量误差与数据处理 / 陈传胜主编. -- 3 版. -- 北京 : 测绘出版社, 2021.12 (2024.6 重印)

全国测绘地理信息职业教育教学指导委员会测绘地理信息高等职业教育“十四五”规划教材

ISBN 978-7-5030-4405-2

Ⅰ. ①测… Ⅱ. ①陈… Ⅲ. ①测量误差-高等职业教育-教材②测量-数据处理-高等职业教育-教材 Ⅳ. ①P207

中国版本图书馆 CIP 数据核字(2021)第 261973 号

责任编辑 云 雅　**封面设计** 李 伟　**责任印制** 陈姝颖

出版发行	测绘出版社	**电　话**	010-68580735(发行部) 010-68531363(编辑部)
地　址	北京市西城区三里河路 50 号		
邮政编码	100045	**网　址**	https://chs.sinomaps.com
电子信箱	smp@sinomaps.com	**经　销**	新华书店
成品规格	184mm×260mm	**印　刷**	北京建筑工业印刷有限公司
印　张	15.75	**字　数**	389 千字
版　次	2021 年 12 月第 3 版　2015 年 7 月第 2 版　2013 年 3 月第 1 版	**印　次**	2024 年 6 月第 3 次印刷
印　数	22501-27500	**定　价**	48.00 元

书　号 ISBN 978-7-5030-4405-2

本书如有印装质量问题,请与我社发行部联系调换。

第三版前言

为了更好地配合高等职业教育测绘类专业的教学改革，开展工学结合教学资源的开发，为高职高专测绘类专业技术人才培养提供优质教材支持，提高测绘类专业人才培养质量，全国测绘地理信息职业教育教学指导委员会组织编写了“十四五”规划教材。本书是其中之一。

2013年3月出版的《测量误差与数据处理》是全国测绘地理信息职业教育教学指导委员会“十二五”工学结合规划教材，其第二版于2015年7月出版，并入选第一批“十二五”职业教育国家规划教材。为了适应测绘地理信息行业发展对技术技能人才培养的新要求，进一步推进课程改革，本书以《测量误差与数据处理》(第二版)为基础修订编写而成。

本书在保留第二版“工学结合”鲜明特色的基础上，进一步优化了课程体系和教学内容，在突出测量误差处理能力培养的同时，注重加强对学生工匠精神、质量意识和技术素养的教育。具体有以下特点：

(1)采用“项目导向＋任务驱动”课程体系。以实用性为原则，以实际工作项目为导向，整合和优化了教学内容，形成了教学项目；将每个教学项目分解成若干个子项目(即教学任务)，根据工作工程系统化的要求编排教学内容，强化了整体工作过程，淡化了知识的系统性，实现了学习过程与工作过程的融合。

(2)在每个教学项目的学习目标中，进一步明确了具体的知识目标、技能目标和素养目标。

(3)构建“教学做一体化”的教学模式。在“任务”中安排单项“技能训练”，在“项目”中安排项目综合“技能训练”；每项“技能训练”中均有可供模仿和借鉴的“范例”，使“教中学、学中做”相互衔接，有机融合。

(4)注重数据处理软件的应用。前期采用MATLAB软件，通过MATLAB快捷的矩阵计算，在提高计算效率的同时，注重让学生理解测量平差的基本原理，掌握平差解算的基本方法；后期主要应用专业测量数据处理软件完成平差解算，让学生掌握应用专用软件的实用技能。

(5)增加了全球导航卫星系统(global navigation satellite system，GNSS)网平差的内容。

本书参考了大量相关专业文献，引用了部分教材的内容；江西理工大学教授马大喜认真审阅了本书编写大纲和成稿，并提出了宝贵的修改意见。在此，一并表示诚挚的谢意。

本书由江西应用技术职业学院教授陈传胜任主编、江西省地矿测绘院教授级高级工程师李国平任副主编。参编人员及分工为：项目一、项目五、项目七、项目八、由陈传胜编写；项目二由宁永香(山西工程技术学院)编写；项目三由唐冬梅(江西应用技术职业学院)编写；项目四由李涛(江西应用技术职业学院)编写；项目六由李国平编写；项目九、项目十由李孝雁(黄河水利职业技术学院)编写；任务3-3及项目三、项目四、项目五中的MATLAB平差实例由万萍(江西应用技术职业学院)编写。各编者初稿完成后，由陈传胜对全书进行统一修改、补充，并定稿。本书配套的教案PPT由陈传胜、李涛编制、可从测绘出版社官网(https://chs.sinomaps.com)下载中心“课件下载”处获取或扫描书后二维码。

在本书使用过程中有任何建议和意见，烦请随时与我们联系(E-mail：jxyyccs@126.com)，我们将及时给予回复，并将意见反馈在再版教材中。

2021年11月

第二版前言

为了更好地配合高等职业教育测绘类专业的教学改革，开展工学结合教学资源的开发，为高职高专测绘类专业高端技能型人才培养提供优质教材支持，提高测绘类专业人才培养质量，全国测绘地理信息职业教育教学指导委员会组织编写了“十二五”工学结合规划教材，本书是其中之一。经全国职业教育教材审定委员会审定，本书入选第一批“十二五”职业教育国家规划教材。

本书力图实现课程体系创新和内容优化，突出测量误差处理能力的培养，以满足高职高专测绘类专业测量误差与数据处理课程“教中学、学中做”的教学需要。本书具有高职教材鲜明的“工学结合”特色，具体有以下特点。

(1)采用“项目导向＋任务驱动”课程体系：以实用性为原则，以实际工作项目为导向整合和优化教学内容，形成教学项目；将每个教学项目分解成若干子项目(即教学任务)，根据工作工程系统化的要求编排教学内容，强化了整体工作过程，淡化了知识的系统性，实现了学习过程与工作过程的融合。

(2)构建“教学做一体化”的教学模式：在“任务”中安排单项“技能训练”，在“项目”中安排项目综合“技能训练”；每项“技能训练”中均有可供模仿和借鉴的“范例”，使“教中学”和“学中做”相互衔接、有机融合。

(3)注重数据处理软件的应用：前期采用 MATLAB 软件，通过 MATLAB 快捷的矩阵计算，在提高计算效率的同时，注重让学生理解测量平差的基本原理，掌握平差解算的基本方法；后期主要应用专业测量数据处理软件完成平差解算，让学生掌握专用软件的实用技能。

本书参考了大量相关专业文献，引用了部分教材的内容；江西省核工业地质局教授级高工李金泉认真审阅了教材编写大纲和教材，并提出了宝贵的修改意见。在此，一并表示诚挚的谢意。

本书由江西应用技术职业学院陈传胜教授任主编，李孝雁(黄河水利职业技术学院)、李国平(江西省地矿测绘院教授级高级工程师)任副主编。参编人员及分工如下：项目一、项目五、项目七由陈传胜编写，项目二由宁永香(太原理工大学阳泉学院)编写，项目三主要由唐冬梅(江西应用技术职业学院)编写，项目四主要由陈帅(山西水利职业技术学院)编写，项目六由李国平编写，项目八、项目九由李孝雁编写，任务 3-3 以及项目三、项目四、项目五中 MATLAB 平差实例由万萍(江西应用技术职业学院)编写。各编者初稿完成后，由陈传胜对本书进行统一修改、补充，并定稿。

由于作者水平有限和时间仓促，书中难免存在错误和不足，在使用中有何建议和意见烦请随时与我们联系，E-mail：jxyyccs@126.com，我们将及时给予回复，并将意见反馈在再版教材中。

2013 年 2 月

目　录

项目一　课程导入

[项目概要]

本项目包括：观测误差的来源、分类，测量平差的任务，课程学习目标、内容及要求。

[学习目标]

知识目标：①了解观测值、观测误差的概念；②认识观测条件对观测值质量的影响；③掌握误差的分类，学会区分偶然误差、系统误差及粗差；④初步建立测量平差的概念，了解测量平差的任务；⑤明确课程学习目标和学习内容。

任务 1-1　观测误差

一、观测值及观测误差

在测量工作中，将用一定的仪器、工具、传感器或其他手段获取的反映地球与其他实体的空间分布有关信息的数据称为观测值。观测值可以是直接测量的结果，也可以是经过某种变换后的结果，如测量中常见的水平角、竖直角、距离、高差等。

当对某个量进行重复观测时就会发现，这些观测值之间往往存在一些差异。例如，对同一段距离进行多次丈量，量得的长度通常都不相等；又如，观测一个平面三角形的 3 个内角，就会发现其观测值之和不等于 180°。这种在同一个量的各观测值之间，或在各观测值与其理论上的应有值之间存在差异的现象，在测量工作中是普遍存在的。为什么会产生这种差异呢？这是由于观测值中包含观测误差。观测值与其理论值之间存在的差异称为观测误差。

二、观测误差来源

观测误差产生的原因很多，概括起来有以下三个方面。

(一)测量仪器

测量工作通常是利用测量仪器进行的。每一种仪器只具有一定限度的准确度，由此观测所得的数据必然带有误差。例如，在用只刻有厘米分划的普通水准尺进行水准测量时，就难以保证在读取厘米以下的尾数时正确无误。同时，仪器本身也有一定的误差，如水准仪的视准轴不平行于水准轴等。此外，在地图数字化中采用数字化仪或扫描仪和使用自动化精密仪器如全站仪、全球定位系统(Global Positioning System，GPS)接收机等采集的数据也都存在仪器误差。

(二)观测者

由于观测者感觉器官的鉴别能力有一定的局限性，所以在仪器的操作过程中也会产生误差。同时，观测者的技术水平和工作态度，也是对观测数据质量有直接影响的重要因素。

(三)外界条件

测量时所处的外界条件，如温度、湿度、风力、大气折光等因素和变化，都会对观测数据直接产生影响。特别是高精度测量,更要重视外界条件产生的观测误差。例如,GPS接收机接收的是来自20 000 km高空的卫星信号,经过电离层、大气层都会发生信号延迟而产生误差。

上述测量仪器、观测者、外界条件三方面的因素是引起误差的主要来源,因此把这三方面的因素综合起来称为观测条件。不难想象,观测条件的好坏与观测成果的质量有着密切的联系。当观测条件较好时,观测中产生的误差就可能相应较小,因此观测成果的质量就会高一些。反之,观测条件较差时,观测成果的质量就会较低。如果观测条件相同,观测成果的质量也就可以说是相同的。因此,观测成果的质量高低客观地反映了观测条件的优劣。

但是不管观测条件如何,在整个观测过程中,由于受到上述种种因素的影响,观测的结果就会产生各种误差。从这一层意义上来说,在测量中产生误差是不可避免的。

三、观测误差分类

根据观测误差对测量结果所产生影响的特点,可分为偶然误差、系统误差和粗差三类。

(一)偶然误差

在相同的观测条件下进行一系列的观测,如果误差在大小和符号上都表现出偶然性,即从单个误差看,该列误差的大小和符号没有规律性,但就大量误差的总体而言,具有一定的统计规律,那么这种误差称为偶然误差。例如,仪器没有严格照准目标、估读水准尺上毫米数不准、测量时气候变化对观测数据产生微小变化等都属于偶然误差。

一般而言,偶然误差是指观测中许多微小偶然误差的综合结果。随着偶然因素影响的不断变化,每项微小误差的数值忽大忽小,符号或正或负,由它们所构成的整体,无论是数值的大小或符号的正负都是不能事先预知的,是随机的,也是不可避免的。因此,偶然误差又称为随机误差,其分布规律符合或近似符合正态分布。

(二)系统误差

在相同的观测条件下进行一系列的观测,如果误差在大小和符号上表现出系统性,或者在观测过程中按一定的规律变化,或者为某一常数,那么这种误差称为系统误差。例如,水准尺的刻划不准、水准仪的视准轴误差、钢尺的尺长误差、温度对测距的影响等均属于系统误差。

系统误差一般具有积累性,它对观测成果的影响较大,应该设法消除或减弱其影响,使其达到忽略不计的程度。一种方法是采取合理的观测方法和操作程序。例如,进行水准测量时,使前后视距相等,以消除由于视准轴不平行于水准管轴而引起的系统误差。另一种方法是进行公式改正。例如,预先检定量距用的钢尺,求出尺长误差大小,并对所量的距离进行改正,就可以减弱尺长系统误差对所量距离的影响。

如果观测列中已经排除了系统误差的影响,或者与偶然误差相比已处于次要地位,则该观测列就可认为是带有偶然误差的观测列。

(三)粗差

粗差即由于观测者的疏忽造成的错误结果或超限的误差,是指比在正常观测条件下可能出现的最大误差还要大的误差。通俗地说,粗差要比偶然误差大好几倍,如观测时大数读错、计算机输入数据错误、航测像片判读错误、控制网起始数据错误等。这种错误或粗差,可以通过重复观测或多余观测、数据核对及闭合差验算等方法发现并剔除。

但在使用现代高新测量技术,如全球定位系统、地理信息系统(geographic information system,GIS)、遥感(remote sensing,RS)及其他高精度的自动化数据采集技术时,粗差经常混入信息之中。用简单方法无法达到识别粗差源的目的，需要通过特殊的数据处理方法进行识别并消除其影响。

任务 1-2　测量平差的任务

由于观测结果不可避免地受到偶然误差的影响，为了提高观测成果的质量，同时，也为了检查和及时发现观测值中有无错误存在，在实际工作中，通常要使观测值的个数多于未知量的个数，也就是要进行多余观测。例如，三角网中每个三角形只需要其中两个内角便可确定三角形的形状，但在实际作业时，总是观测每个三角形的全部内角；又如，在一个三角点上只需要观测一测回，便可知道各方向值，实际上总要进行若干测回的重复观测。

由于偶然误差的存在，通过多余观测必然会发现观测结果不一致，或不符合应有关系而产生不符值。因此，首先，要对这些含有偶然误差的观测值进行处理，合理配赋不符值，得到最可靠结果；其次，对观测值及据此求出的最可靠结果进行质量评判，即评定观测值及其最可靠结果的精度，从而判断测量成果的质量能否满足相应工程的需要。

概括起来，测量平差的主要任务如下：

(1)对一系列带有偶然误差的观测值，按最小二乘法原理，合理配赋误差，消除它们之间的不符值，求出观测值及其函数的最可靠值。

(2)运用合理的方法评定测量成果的精度。

任务 1-3　课程学习目标、内容及要求

一、课程学习目标

本课程的学习使学生具备误差基本理论知识，理解经典测量平差基本原理，熟练掌握经典测量平差的方法，并能借助专业测量数据处理软件，独立完成测绘工程中常见的带有偶然误差的测量数据处理工作。

二、课程学习内容及安排

本课程的具体学习内容如下：

(1)偶然误差理论，包括偶然误差特性和偶然误差的传播定律、权与中误差的定义和定权的常用方法。

(2)测量平差的基本方法，包括条件平差法、间接平差法，以及按最小二乘法原理导出的平差计算和精度评定的公式及应用。

(3)常见控制网的平差和精度评定，包括水准网、导线网、三角网和简单 GNSS 网。

(4)常用测量数据处理软件的应用。

其中，专业测量数据处理软件的应用学习，可从任务 5-5 的项目综合技能训练开始引入(在学习本课程时，需要注意相关内容的合理衔接)。

三、课程学习要求

本课程理论与实践并重,不仅要求理解测量平差的基本原理,还要求掌握运用平差方法处理实际平差问题的技能。在学习过程中,首先,应在理解测量平差基本原理的基础上,通过基本技能训练,掌握误差基本原理和平差的基本方法与基本技能;其次,通过项目综合技能训练强化实践技能,并加深对测量平差的基本原理和基本方法的理解,使"学中做"和"做中学"有机融合,提高学习效果。

项目小结

测量工作中,通过观测(数据采集)得到一系列带有误差的观测值(数据),必须先设法消除或减弱系统误差影响,使其达到可忽略不计的程度;然后识别并剔除粗差;最后合理配赋偶然误差,得到最可靠结果。在此基础上,评定观测值及其最可靠结果的精度。

如何对带有偶然误差的观测值数据进行处理,消除观测值之间的不符值,求取其最可靠值,是本课程的主要任务。

思考与练习题

1. 产生观测误差的原因主要有哪几个方面?观测条件是由哪些因素构成的?

2. 测量误差分哪几类?对观测成果有何影响?

3. 为什么在观测过程中一定存在偶然误差?能否将其消除?为什么?

4. 在测角时应使用正倒镜观测,在水准测量中应使前后视距相等。这些规定是为了消除什么误差?

5. 用钢尺丈量距离,有以下几种情况使量得的结果产生误差,试分别判断误差的性质及符号(只讨论含偶然误差还是系统误差,粗差不予考虑)。

(1)尺长不准确。

(2)尺不水平。

(3)估读小数不准确。

(4)尺垂曲。

(5)尺端偏离直线方向。

6. 在水准测量中,有以下几种情况使水准尺带有误差,试判别误差的性质及其符号。

(1)视准轴与水准管轴不平行。

(2)仪器下沉。

(3)读数不准确。

(4)水准尺下沉。

项目二　误差理论与测量平差原则

［项目概要］

本项目主要包括：偶然误差的统计规律，精度和衡量精度的指标，观测值函数的误差传播律及应用，权与定权的常用方法，协因数传播律及应用，由真误差计算中误差及其应用，测量平差的原则。

［学习目标］

(1)知识目标：①熟悉偶然误差的分布特性和统计规律；②理解精度的概念及内涵，了解衡量观测成果精度的指标；③理解真误差、中误差、极限误差和相对误差的概念及内涵；④理解权与协因数的概念及作用；⑤熟知误差传播律和协因数传播律公式；⑥对多种独立偶然误差的联合影响有一定的了解；⑦知晓测量平差准则。

(2)技能目标：①掌握常见的由真误差计算中误差的方法及应用；②掌握常见测量问题定权的基本方法；③掌握应用误差传播律和协因数传播律评定观测成果精度的方法；④能根据精度指标，应用两个传播律，结合相关测量规范，对简单测量问题（如水准测量、极坐标法定点等）进行精度分析。

(3)素养目标：初步建立运用误差理论评定观测成果精度、依据精度要求选择观测方法的测量质量控制意识。

任务 2-1　偶然误差的特性

任何观测量，客观上总是存在一个能反映其真正大小的数值，这个数值称为观测量的真值或理论值。

设进行了 n 次观测，其观测值为 $L_1, L_2, \cdots, L_n$，其相应的真值为 $\widetilde{L}_1, \widetilde{L}_2, \cdots, \widetilde{L}_n$，由于观测中带有误差，因此，观测值与其真值之间一定存在着差数，设为

$$\Delta_i = \widetilde{L}_i - L_i \quad (i=1,2,\cdots,n) \tag{2-1-1}$$

式中，Δ_i 称为真误差，简称为误差。项目一已经指出，测量平差要处理的观测值是假定不包含系统误差的，因此，此处的 Δ 仅指偶然误差。

从表面上看，这组误差的大小和符号没有规律，但对大量误差进行统计分析后却呈现一定的统计规律性，而且随着误差个数的增多，这种规律性表现得越明显。下面通过实例描述偶然误差分布的规律性。

一、描述偶然误差分布的三种方法

(一)误差分布表

在相同观测条件下，独立观测某测区 781 个三角形的内角，可求出内角和的真误差为

$$\Delta_i = 180° - (L_1 + L_2 + L_3)_i \quad (i=1,2,\cdots,781) \tag{2-1-2}$$

式中，180°为三角形内角和的真值，其相应的观测值为 $(L_1 + L_2 + L_3)_i$。设以 $\mathrm{d}\Delta$ 表示误差区

间,并令其等于0.5″,将上述781个误差分别按正误差和负误差重新进行排列,以统计误差出现在各区间的个数μ_i,计算出误差出现在某区间内的频率μ_i/n,其结果列于表2-1中。

表2-1　误差频率统计

误差区间 dΔ	为负值的Δ		为正值的Δ	
	个数μ_i	频率μ_i/n	个数μ_i	频率μ_i/n
0.0″～0.5″	123	0.158	116	0.149
0.5″～1.0″	99	0.127	98	0.125
1.0″～1.5″	72	0.092	74	0.095
1.5″～2.0″	51	0.065	48	0.061
2.0″～2.5″	22	0.028	27	0.035
2.5″～3.0″	16	0.020	16	0.020
3.0″～3.5″	10	0.013	9	0.012
3.5″以上	0	0.000	0	0.000
总和	393	0.503	388	0.497

从表2-1中可以看出,该组误差表现的分布规律为:绝对值较小的误差比绝对值较大的误差多;绝对值在同一误差区间的正误差个数与负误差个数相近;误差的绝对值有一定限度,最大不超过3.5″。

(二)误差分布直方图

为了形象地表达偶然误差的分布规律,根据表2-1的数据,以偶然误差Δ的数值为横坐标、以$\frac{\mu}{n\mathrm{d}\Delta}$为纵坐标可绘制出误差分布直方图,如图2-1所示。每一个误差区间上的长方形面积表示误差在该区间出现的相对个数。误差较小的长方形较高,其面积较大,即误差出现在该区域的相对个数较多;反之,误差较大的长方形较矮,其面积较小,即误差出现在该区域的相对个数较少。所有长方形基本上对称于纵坐标轴,这说明绝对值在同一误差区间的正误差和负误差出现的相对个数很接近。没有误差绝对值大于3.5″的长方形,表明其面积为零,即误差出现的相对个数为零,亦即不会出现。还需指出的是,所有长方形面积之和等于1。

(三)误差分布曲线

当误差个数n无限增多,并无限缩小误差区间时,图2-1中各个小长方形顶边的折线就变成一条光滑的曲线,如图2-2所示,这条曲线就是误差的概率分布曲线,或称为误差分布曲线。可以看出,误差分布曲线与正态分布曲线极为接近,偶然误差的分布是随着n的无限增大以正态分布为其极限分布的。因此,偶然误差Δ是服从正态分布的连续型随机变量。由概率论知,正态分布的密度函数为

$$f(x)=\frac{1}{\sqrt{2\pi}\sigma}\mathrm{e}^{-\frac{(x-a)^2}{2\sigma^2}} \tag{2-1-3}$$

式中,x为正态随机变量X的取值;a和σ^2分别为X的数学期望和方差,是正态分布的两个参数,决定了其曲线的位置和形状。参数a和σ^2的正态分布可简记为$N(a,\sigma^2)$。

已知偶然误差Δ是服从正态分布的随机变量,它的数学期望$E(\Delta)$和方差D_Δ分别为

$$E(\Delta)=\lim_{n\to\infty}\frac{[\Delta_1+\Delta_2+\cdots+\Delta_n]}{n}=0 \tag{2-1-4}$$

$$D_{\Delta}=\sigma^{2}=E(\Delta^{2})=\lim_{n\to\infty}\frac{[\Delta_{1}\Delta_{1}+\Delta_{2}\Delta_{2}+\cdots+\Delta_{n}\Delta_{n}]}{n} \tag{2-1-5}$$

故 Δ 的密度函数为

$$f(\Delta)=\frac{1}{\sqrt{2\pi}\sigma}e^{-\frac{\Delta^{2}}{2\sigma^{2}}} \tag{2-1-6}$$

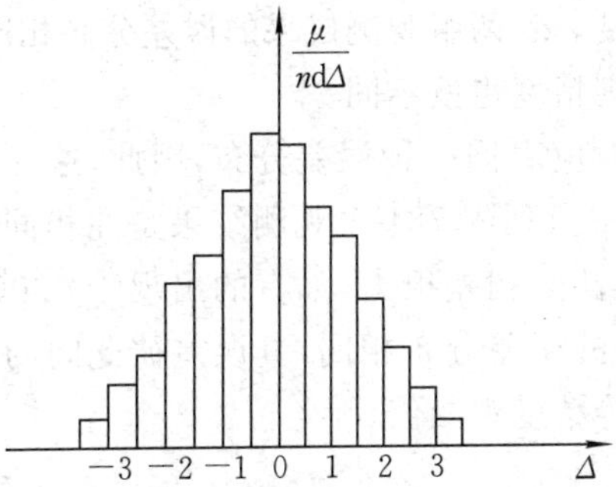

图 2-1　误差分布直方图

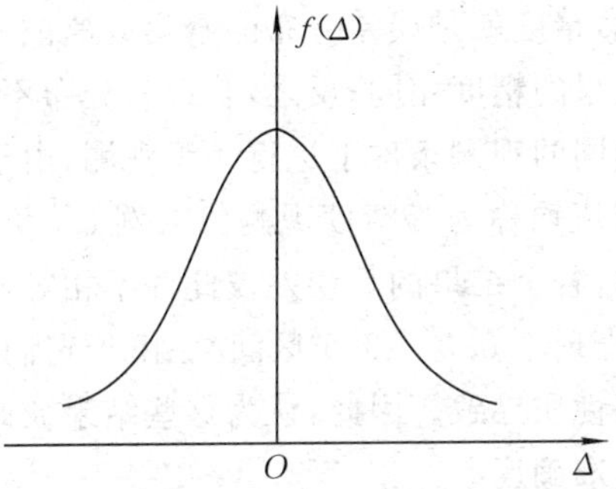

图 2-2　误差分布曲线

二、偶然误差的分布特性

通过以上讨论，可用概率的术语描述偶然误差具有的统计特性。

(1)在一定的观测条件下，误差的绝对值不会超过一定的限值，即偶然误差的绝对值大于某个值的概率为零，或观测误差的绝对值小于某个值的概率恒等于 1。该特性称为偶然误差的有界性。

(2)绝对值较小的误差比绝对值较大的误差出现的概率要大。该特性称为偶然误差的聚中性。

(3)绝对值相等的正负误差出现的概率相等。该特性称为偶然误差的对称性。

(4)偶然误差的数学期望 $E(\Delta)$ 或偶然误差的算术平均值的极限值为 0。该特性称为偶然误差的抵偿性。

三、由偶然误差特性引出的两个测量依据

(一)制定测量限差的依据

由偶然误差的有界性可知，在一定的观测条件下，若仅有偶然误差的影响，误差的绝对值必定会小于一定的限值。在实际工作中，就可依据观测条件确定一个误差限值，若观测值的误差绝对值小于该限值，则认为观测值合乎要求；否则，应剔除或重测。

(二)判断系统误差(粗差)的依据

由偶然误差的对称性和抵偿性可知，若误差的理论平均值为零，即观测值的期望值为其真值，则观测值中不含有系统误差和粗差；若误差的理论平均值不为零，且数值较大，说明观测成果中含有系统误差和粗差。

任务 2-2　精度和衡量精度的指标

测量平差的主要任务之一就是评定观测成果的精度。下面将首先说明精度的含义，然后给出衡量精度的指标。

一、精度、准确度、精确度

(一)精度

在一定的观测条件下进行的一组观测,它对应着一种确定不变的误差分布。如果分布较密集,则表示该组观测质量较好,即这一组观测精度较高;反之,如果分布较离散,则表示该组观测质量较差,即这一组观测精度较低。

因此,精度就是误差分布的密集或离散的程度。若两组观测成果的误差分布相同,便是两组观测成果的精度相同;反之,若误差分布不同,则精度也就不同。

在相同的观测条件下进行一组观测,由于它对应着同一种误差分布,因此,这一组中的每一个观测值均称为等精度观测值。例如,表 2-1 中所列的 781 个观测结果是在相同观测条件下测得的,各个结果的真误差彼此并不相等,有的甚至相差很大(如有的出现于 0.0″～0.5″区间,有的出现于 3.0″～3.5″区间)。由于它们对应的误差分布相同,真误差彼此间的差异仅由偶然误差性质导致。因此,认为这些结果彼此是等精度观测值。

(二)准确度

准确度是指随机变量 X 的真值 $\widetilde{X}$ 与其数学期望 $E(X)$ 之差,即 $E(X)$ 的真误差。这是存在系统误差的情况。当不存在系统误差时,$E(X)=\widetilde{X}$。因此,衡量系统误差大小程度的指标是准确度。

(三)精确度

精确度是精度和准确度的合成,是指观测结果与其真值的接近程度,包括观测结果与其数学期望的接近程度和数学期望与其真值的偏差。当不存在系统误差时,精确度就是精度。因此,精确度反映了偶然误差和系统误差联合影响的程度,是一个全面衡量观测质量的指标。

可以用打靶实验形象地说明精度、准确度、精确度之间的区别。图 2-3 所示的三张靶图中,其弹孔的分布状况可看作观测值取值的分布状况。在图(a)中,弹孔分布比较密集,但都偏离靶心,说明打靶者的精度高,但准确度较低,系统误差较大;在图(b)中,弹孔分布比较离散,但比较接近靶心,说明其准确度比图(a)高,精度则较低;在图(c)中,弹孔分布集中在靶心,说明其精度和准确度都较高,即精确度较高。

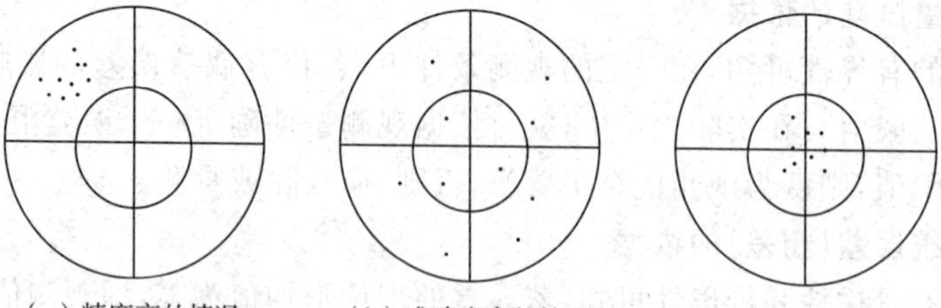

(a) 精度高的情况　(b) 准确度高的情况　(c) 精确度高的情况

图 2-3　精度、准确度和精确度示意

二、衡量精度的指标

测量平差的基本任务是处理一系列带有偶然误差的观测值,求出观测值的最可靠值,并评定观测成果的质量。当认为观测值仅含偶然误差时,精度就是精确度,因此,可以把精度作为衡量观测质量的指标。为了衡量观测值的精度高低,可按任务 2-1 用误差分布表、误差分布直方图或误差分布曲线的方法进行比较。但在实际工作中,这样做既不方便,也得不到一个反映精度的数字概念，只能定性地反映观测结果的好坏，无法定量表示。

前文已提及，误差分布越密集，表示在该组误差中，绝对值较小的误差所占的相对个数越大。在这种情况下，该组误差绝对值的平均值就一定小。由此可见，精度虽然不代表个别误差的大小，但它与这一组误差绝对值的平均大小显然有着直接关系。因此，将一组误差的平均值作为衡量精度高低的指标是完全合理的。将一组误差的平均值作为衡量精度的指标，可有多种不同的定义，下面介绍几种常用的精度指标。

(一)方差与中误差

设有一组等精度的独立观测值，其相应的真误差分别为 $\Delta_1,\Delta_2,\cdots,\Delta_n$。定义这组独立误差平方的平均值的极限为该组观测值的方差，用 σ^2 表示，即

$$\sigma^2=E(\Delta^2)=\lim_{n\to\infty}\frac{(\Delta_1\Delta_1+\Delta_2\Delta_2+\cdots+\Delta_n\Delta_n)}{n}=\lim_{n\to\infty}\frac{[\Delta\Delta]}{n} \tag{2-2-1}$$

式中，$[\Delta\Delta]$ 表示 $\sum_{i=1}^{n}\Delta_i^2$，[·] 为取和的运算符号，本书后文将常用到。

方差的算术平方根称为中误差(统计学中称为标准差)，用 σ 表示(测量中也常用 m 表示中误差)，即

$$\sigma=\lim_{n\to\infty}\sqrt{\frac{[\Delta\Delta]}{n}} \tag{2-2-2}$$

式(2-2-1)和式(2-2-2)中的 Δ 既可以是同一个量的观测值的真误差，也可以是不同量的观测值的真误差，但必须都是等精度且同类性质的观测量的真误差，即是在相同观测条件下得到的观测值。

上述方差及中误差都是在 $n\to\infty$ 的情况下定义的，但在实际工作中，观测次数不可能无限多，总是有限的，一般只能得到方差和中误差的估计值，即

$$\hat{\sigma}^2=\frac{[\Delta\Delta]}{n} \tag{2-2-3}$$

$$\hat{\sigma}=\sqrt{\frac{[\Delta\Delta]}{n}} \tag{2-2-4}$$

由于采用了不同的符号分别表示方差和中误差的理论值和估值，以后就不再强调“估值”的意义，也将“中误差的估值”简称为“中误差”。

[例 2-1] 某测区的 16 个三角形内角和的真误差为

$-5.2''$	$3.1''$	$0.0''$	$-0.2''$	$1.1''$	$-1.7''$	$0.1''$	$1.2''$
$-0.6''$	$2.2''$	$-3.2''$	$1.4''$	$-0.8''$	$1.0''$	$-0.2''$	$1.0''$

试求三角形内角和的中误差。

解：将三角形内角和的真误差代入式(2-2-4)，可得三角形内角和的中误差为

$$\hat{\sigma}=\sqrt{\frac{(-5.2)^2+(3.1)^2+(0.0)^2+\cdots+(1.0)^2+(-0.2)^2+(1.0)^2}{16}}=1.97''$$

(二)极限误差

观测必然要产生误差，但观测成果中不能含有粗差。那么，多大的误差属于正常的偶然误差？多大的误差是由于观测条件不好产生的粗差，相应的观测值应予以剔除或返工重测？这

就必须要有一个判定标准,这个标准就是极限误差。

由概率论、误差理论及大量实践证明,在大量等精度观测的一组偶然误差中,误差落在区间$(-\sigma,\sigma)$、$(-2\sigma,2\sigma)$和$(-3\sigma,3\sigma)$的概率分别为

$$\left.\begin{aligned}P(-\sigma<\Delta<\sigma)&=68.3\%\\P(-2\sigma<\Delta<2\sigma)&=95.5\%\\P(-3\sigma<\Delta<3\sigma)&=99.7\%\end{aligned}\right\}\tag{2-2-5}$$

这就是说,绝对值大于中误差的偶然误差出现的概率为31.7%,绝对值大于2倍中误差的偶然误差出现的概率为4.5%,而大于3倍中误差的偶然误差出现的概率仅有0.3%,可认为是不可能事件。因此,可以将3倍中误差作为偶然误差的极限值$\Delta_{限}$,并称为极限误差,即

$$\Delta_{限}=3\sigma\tag{2-2-6}$$

实践中,常采用2σ作为极限误差,即

$$\Delta_{限}=2\sigma\tag{2-2-7}$$

在测量工作中,如果某误差超过了极限误差,那就可以认为它是错误的,相应的观测值应舍去不用。

如[例2-1]中,若取2倍中误差作为极限误差,则内角和的极限误差为

$$\Delta_{限}=2\times1.97=3.94''$$

(三)相对误差

有时单靠中误差还不能完全反映观测质量的好坏。例如,在同一观测条件下,用尺丈量了2段距离,一段为1 000 m,一段为80 m,这2段距离的中误差均为2.0 cm,虽然二者中误差相同,但就同一单位长度而言,二者精度并不相同,显然前者单位长度的精度比后者高。因此,常采用另一种方法衡量精度,即相对中误差。它是中误差与观测值之比。例如,上述2段距离,前者的相对中误差为1/50 000,而后者的则为1/4 000。

相对误差是一种相对精度。其中,相对中误差、相对真误差和相对极限误差分别是中误差、真误差和极限误差与其观测值之比。例如,经纬仪测量导线时,测量规范中规定的相对闭合差不能超过1/2 000,这就是相对极限误差;而在实测中产生的相对闭合差,则是相对真误差。

与相对误差相对应,真误差、中误差、极限误差等均称为绝对误差。

三、技能训练——精度指标的实际应用

(一)范例

[范例2-1]见[例2-1]。

[范例2-2]观测了2段距离,分别为1 000 m±2 cm和500 m±2 cm。问:这2段距离的真误差是否相等?中误差是否相等?它们的相对精度是否相同?

解:这2段距离的真误差不相等。它们的中误差相等,均为2 cm。它们的相对精度不相同,前一段距离的相对中误差为1/50 000,后一段距离的相对中误差为1/25 000。

[范例2-3]图2-4为某四等附合导线,测角中误差为$\hat{\sigma}_\beta=2.5''$,测边所用测距仪的标称精度公式为$\hat{\sigma}_S=(5+5S)$mm(S以km为单位)。已知数据和观测数据见表2-2。试求此导线的角度闭合差和导线全长相对闭合差,并判断此次测量是否符合《工程测量标准》(GB 50026—2020)的要求(注意,四等导线测量的方位角闭合差容许值为$f_{\beta容}=5\sqrt{n}('')$,其中n为测站数,

其导线全长相对闭合差容许值为 $K_{容}=1/35\ 000$）。

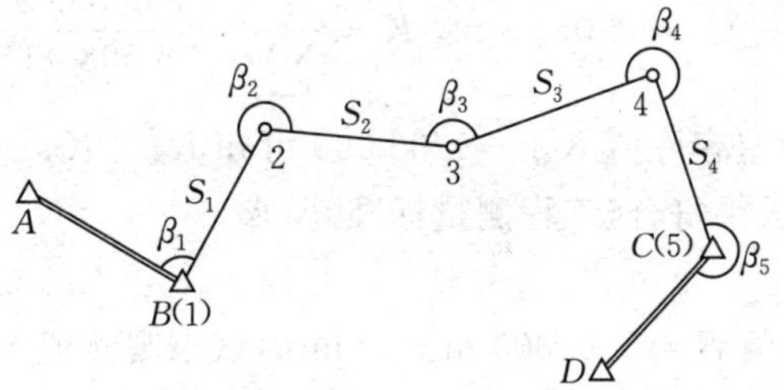

图 2-4　四等附合导线

表 2-2　已知数据和观测数据

序号	转折角观测值 β /(° ′ ″)	边长观测值 S /m	已知数据
1	85 30 21.1	1 474.444	$x_B=187\ 396.252$ m，$y_B=29\ 505\ 530.009$ m $\alpha_{AB}=161°44'07.2''$ $x_C=184\ 817.605$ m，$y_C=29\ 509\ 341.482$ m $\alpha_{CD}=249°30'27.9''$
2	254 32 32.2	1 424.717	
3	131 04 33.3	1 749.322	
4	272 20 20.2	1 950.412	
5	244 18 30.0		

解：

(1)求附合导线的角度闭合差，即

$$f_\beta=\alpha_{AB}+\sum\beta_{测}-5\times180°-\alpha_{CD}=-3.9''$$

$$f_{\beta容}=5\times\sqrt{5}\approx11.2''$$

因为 $|f_\beta|<f_{\beta容}$，所以角度测量满足规范要求。

(2)求导线全长相对闭合差。角度闭合差 f_β 分配为

$$v_{\beta_1}=0.7'',\ v_{\beta_2}=v_{\beta_3}=v_{\beta_4}=v_{\beta_5}=0.8''$$

计算改正后的角度为

$$\hat{\beta}_1=\beta_1+v_{\beta_1}=85°30'21.8'',\quad \hat{\beta}_2=\beta_2+v_{\beta_2}=254°32'33.0''$$

$$\hat{\beta}_3=\beta_3+v_{\beta_3}=131°04'34.1'',\quad \hat{\beta}_4=\beta_4+v_{\beta_4}=272°20'21.0''$$

$$\hat{\beta}_5=\beta_5+v_{\beta_5}=244°18'30.8''$$

推算坐标方位角为

$$\alpha_{12}=\alpha_{AB}+\hat{\beta}_1-180°=67°14'29.0'',\ \alpha_{23}=\alpha_{12}+\hat{\beta}_2-180°=141°47'02.0''$$

$$\alpha_{34}=\alpha_{23}+\hat{\beta}_3-180°=92°51'36.1'',\ \alpha_{45}=\alpha_{34}+\hat{\beta}_4-180°=185°11'57.1''$$

计算坐标增量为

$$\Delta x_{12}=S_1\cos\alpha_{12}=570.388\ \text{m},\quad \Delta y_{12}=S_1\sin\alpha_{12}=1\ 359.648\ \text{m}$$

$$\Delta x_{23}=S_2\cos\alpha_{23}=-1\ 119.376\ \text{m},\quad \Delta y_{23}=S_2\sin\alpha_{23}=881.372\ \text{m}$$

$$\Delta x_{34}=S_3\cos\alpha_{34}=-87.284\ \text{m},\quad \Delta y_{34}=S_3\sin\alpha_{34}=1\ 747.143\ \text{m}$$

$$\Delta x_{45}=S_4\cos\alpha_{45}=-1\ 942.387\ \text{m},\quad \Delta y_{45}=S_4\sin\alpha_{45}=-176.744\ \text{m}$$

坐标增量闭合差为

$$f_x=\sum\Delta x-(x_C-x_B)=-0.012\ \text{m},\ f_y=\sum\Delta y-(y_C-y_B)=-0.054\ \text{m}$$

导线全长相对闭合差为

$$f_S=\sqrt{f_x^2+f_y^2}=0.055\,3\text{ m},\ K=\frac{f_S}{\sum S}=\frac{0.055\,3}{6\,598.895}=\frac{1}{119\,329}$$

由四等导线全长相对闭合差容许值 $K_{容}=1/35\,000$ 可知 $K<K_{容}$。

综上所述,此次测量成果符合《工程测量标准》要求。

(二)实训

[实训 2-1] 已知观测值 $S=500.000\text{ m}\pm10\text{ mm}$,试求观测值 S 的相对中误差。

[实训 2-2] 某一个三角网分别由两个作业组进行观测,各组测得的三角形内角和的真误差为

第一组: $-5''$ $2''$ $9''$ $-3''$ $-8''$ $5''$ $2''$

第二组: $-4''$ $-13''$ $-9''$ $0''$ $-4''$ $-3''$ $1''$

试分别计算两个作业组内角和的中误差 $\hat{\sigma}_1$、$\hat{\sigma}_2$,并判断哪组观测质量高。

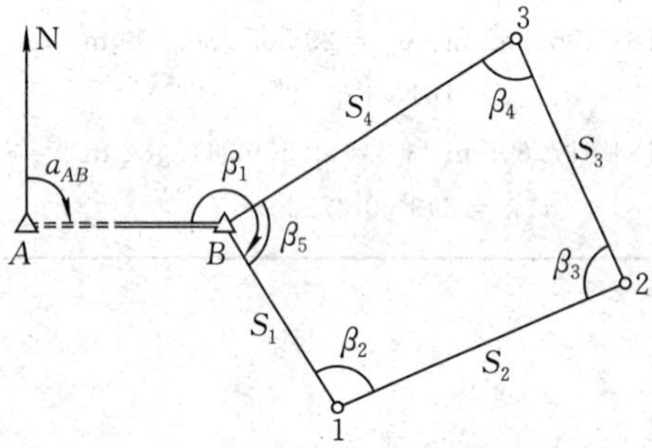

图 2-5 图根闭合导线

[实训 2-3] 图 2-5 为一条图根闭合导线,已知数据和观测数据如表 2-3 所示。试求此导线的角度闭合差和导线全长相对闭合差,并判断此次测量是否符合《城市测量规范》(CJJ/T 8—2011)的要求。(注意,图根导线测量的方位角闭合差容许值为 $f_{\beta容}=40\sqrt{n}('')$,其中 n 为测站数,其导线全长相对闭合差容许值为 $K_{容}=1/4\,000$)。

表 2-3 已知数据和观测数据

序号	转折角观测值 β /(° ′ ″)	边长观测值 S /m	已知数据
1	240 10 00	125.823	$x_B=5\,609.260$ m $y_B=7\,130.380$ m $\alpha_{AB}=90°39'12''$
2	98 39 36	162.924	
3	88 36 06	136.848	
4	87 25 30	178.765	
5	85 18 00		

任务 2-3 误差传播律

在实际工作中,往往会遇到某些量的大小不是直接测定的,而是由观测值通过一定的函数关系计算的,即常常遇到的某些量是观测值的函数。这类例子很多,例如,在图 2-6 的水准测量中,直接观测值是高差 h_1、h_2、h_3,P_3 点的高程为

$$H_{P_3}=H_A+h_1+h_2+h_3$$

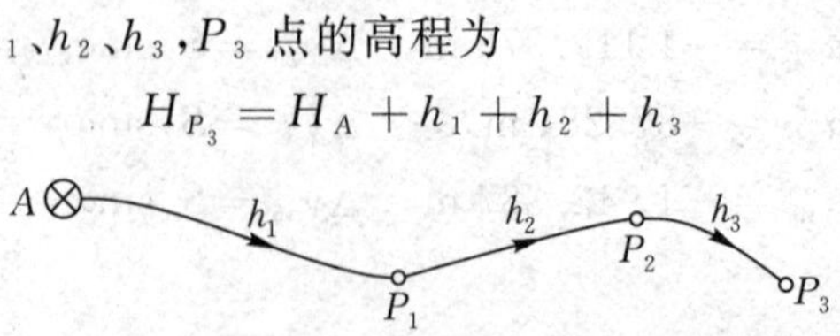

图 2-6 支水准路线

在已知观测值精度的情况下，如何衡量其函数的精度？一般是通过建立观测值的中误差（方差）与观测值函数的中误差（方差）之间的数学关系，求算观测值函数的中误差（方差），从而评定观测值函数的精度。将观测值的中误差（方差）与观测值函数的中误差（方差）之间的数学关系式称为误差传播律，亦称为协方差传播律。

为了讨论方便，先说明协方差和方差-协方差矩阵的概念，再推导观测值线性函数的方差-协方差矩阵，最后说明求解观测值非线性函数的方差-协方差矩阵的方法。

一、观测值的协方差

设有观测值 x 和 y，由方差定义可知，其方差为

$$\left.\begin{aligned}\sigma_x^2&=\lim_{n\to\infty}\frac{[\Delta_x\Delta_x]}{n}=\lim_{n\to\infty}\frac{1}{n}(\Delta_{x_1}\Delta_{x_1}+\Delta_{x_2}\Delta_{x_2}+\cdots+\Delta_{x_n}\Delta_{x_n})\\\sigma_y^2&=\lim_{n\to\infty}\frac{[\Delta_y\Delta_y]}{n}=\lim_{n\to\infty}\frac{1}{n}(\Delta_{y_1}\Delta_{y_1}+\Delta_{y_2}\Delta_{y_2}+\cdots+\Delta_{y_n}\Delta_{y_n})\end{aligned}\right\}\tag{2-3-1}$$

则 x 和 y 的协方差定义为

$$\sigma_{xy}=\lim_{n\to\infty}\frac{[\Delta_x\Delta_y]}{n}=\lim_{n\to\infty}\frac{1}{n}(\Delta_{x_1}\Delta_{y_1}+\Delta_{x_2}\Delta_{y_2}+\cdots+\Delta_{x_n}\Delta_{y_n})\tag{2-3-2}$$

实际观测时，n 总是有限值，所以也只能求得 σ_{xy} 的估值，记为

$$\hat{\sigma}_{xy}=\frac{[\Delta_x\Delta_y]}{n}\tag{2-3-3}$$

如果协方差 $\sigma_{xy}=0$，表示这两个观测值的误差之间互不影响，或者说，它们的误差是不相关的，并称这些观测值为不相关的观测值；如果 $\sigma_{xy}\neq 0$，则表示它们的误差是相关的，称这些观测值为相关观测值。由于观测值和观测误差均是服从正态分布的随机变量，而对于正态分布的随机变量而言，不相关与独立是等价的，所以不相关观测值也称为独立观测值，相关观测值也称为不独立观测值。

在测量工作中，直接测得的高差、距离、角度等一般都是独立观测值，而独立观测值的各个函数之间一般是不独立的，即它们是相关观测值。例如，在进行前方交会时，观测的角度之间是不相关的，但由此算得的坐标增量 Δx、Δy 均包含相同的角度观测误差，两者一般是相关的，即 $\sigma_{\Delta x\Delta y}\neq 0$。

二、观测向量的方差-协方差矩阵

设有 n 个观测值 $x_1,x_2,\cdots,x_n$，可表示成一个向量 $\underset{n\times 1}{\boldsymbol{X}}=[x_1\ \ x_2\ \ \cdots\ \ x_n]^{\mathrm{T}}$，称为 n 维观测向量。其数学期望为$E(\underset{n\times 1}{\boldsymbol{X}})=[E(x_1)\ \ E(x_2)\ \ \cdots\ \ E(x_n)]^{\mathrm{T}}$，真误差为$\underset{n\times 1}{\boldsymbol{\Delta_X}}=[\Delta_1\ \ \Delta_2\ \ \cdots\ \ \Delta_n]^{\mathrm{T}}$，则观测向量 $\boldsymbol{X}$ 的方差 $\boldsymbol{D_{XX}}$ 为 n 阶方阵，即

$$\boldsymbol{D_{XX}}=E(\boldsymbol{\Delta_X}\boldsymbol{\Delta_X}^{\mathrm{T}})=E([\boldsymbol{X}-E(\boldsymbol{X})]\ [(\boldsymbol{X}-E(\boldsymbol{X})]^{\mathrm{T}})$$

$$\underset{n\times n}{\boldsymbol{D_{XX}}}=\begin{bmatrix}\sigma_{11}&\sigma_{12}&\cdots&\sigma_{1n}\\\sigma_{21}&\sigma_{22}&\cdots&\sigma_{2n}\\\vdots&\vdots&&\vdots\\\sigma_{n1}&\sigma_{n2}&\cdots&\sigma_{nn}\end{bmatrix}\tag{2-3-4}$$

式中，$\boldsymbol{D_{XX}}$ 称为 $\boldsymbol{X}$ 的方差-协方差矩阵，简称协方差矩阵。$\boldsymbol{D_{XX}}$ 主对角线上的元素 σ_{ii} 为相应观

测值的方差,表示其精度;其余元素为两个观测值相应的协方差,其中 $\sigma_{ij}=\sigma_{ji}$,表示观测值之间的误差为相关关系。

如果观测向量 $\boldsymbol{X}$ 中任意两个观测值 x_i 和 x_j 相互独立,则 $\sigma_{ij}=\sigma_{ji}=0(i\neq j)$;若所有观测值均相互独立,则 $\boldsymbol{D}_{XX}$ 为对角矩阵,所有非主对角线元素为零,即

$$\underset{n\times n}{\boldsymbol{D}_{XX}}=\begin{bmatrix}\sigma_{11} & 0 & \cdots & 0\\ 0 & \sigma_{22} & \cdots & 0\\ \vdots & \vdots & & \vdots\\ 0 & 0 & \cdots & \sigma_{nn}\end{bmatrix} \tag{2-3-5}$$

三、观测值线性函数的方差

(一)方差计算公式

设有观测向量 $\underset{n\times 1}{\boldsymbol{X}}=[x_1 \quad x_2 \quad \cdots \quad x_n]^{\mathrm{T}}$ 的线性函数为

$$z=\boldsymbol{KX}+k_0 \tag{2-3-6}$$

式中

$$\boldsymbol{K}=[k_1 \quad k_2 \quad \cdots \quad k_n]$$

式(2-3-6)的纯量形式为

$$z=k_1x_1+k_2x_2+\cdots+k_nx_n+k_0 \tag{2-3-7}$$

现在求 z 的方差 D_{zz}。对式(2-3-6)取数学期望,得

$$E(z)=E(\boldsymbol{KX}+k_0)=\boldsymbol{K}E(\boldsymbol{X})+k_0 \tag{2-3-8}$$

根据方差的定义可知,z 的方差为

$$D_{zz}=\sigma_z^2=E([z-E(z)][z-E(z)]^{\mathrm{T}})$$

考虑式(2-3-6)和式(2-3-8),得

$$\begin{aligned}D_{zz}=\sigma_z^2&=E([\boldsymbol{KX}-\boldsymbol{K}E(\boldsymbol{X})][\boldsymbol{KX}-\boldsymbol{K}E(\boldsymbol{X})]^{\mathrm{T}})\\&=E(\boldsymbol{K}[\boldsymbol{X}-E(\boldsymbol{X})][\boldsymbol{X}-E(\boldsymbol{X})]^{\mathrm{T}}\boldsymbol{K}^{\mathrm{T}})\\&=\boldsymbol{K}E([\boldsymbol{X}-E(\boldsymbol{X})][\boldsymbol{X}-E(\boldsymbol{X})]^{\mathrm{T}})\boldsymbol{K}^{\mathrm{T}}\end{aligned}$$

即

$$D_{zz}=\sigma_z^2=\underset{1\times n}{\boldsymbol{K}}\underset{n\times n}{\boldsymbol{D}_{XX}}\underset{n\times 1}{\boldsymbol{K}^{\mathrm{T}}} \tag{2-3-9}$$

将式(2-3-9)展开为纯量形式,得

$$\begin{aligned}D_{zz}=\sigma_z^2=&k_1^2\sigma_1^2+k_2^2\sigma_2^2+\cdots+k_n^2\sigma_n^2+2k_1k_2\sigma_{12}+2k_1k_3\sigma_{13}+\cdots+2k_1k_n\sigma_{1n}+\\&2k_2k_3\sigma_{23}+\cdots+2k_2k_n\sigma_{2n}+\cdots+2k_{n-1}k_n\sigma_{n-1,n}\end{aligned} \tag{2-3-10}$$

当 $x_i(i=1,2,\cdots,n)$ 两两相互独立时,它们的协方差 $\sigma_{ij}=0$,此时式(2-3-10)可写为

$$D_{zz}=\sigma_z^2=k_1^2\sigma_1^2+k_2^2\sigma_2^2+\cdots+k_n^2\sigma_n^2 \tag{2-3-11}$$

通常将式(2-3-9)、式(2-3-10)和式(2-2-11)称为误差传播律,或协方差传播律。其中,式(2-3-11)是式(2-3-10)的一个特例,称为中误差传播律。

(二)几种典型的线性函数误差传播律应用举例

1. 倍数函数

倍数函数表达式及方差计算式为

$$\left.\begin{aligned}z&=kx\\\sigma_z^2&=k^2\sigma_x^2\end{aligned}\right\} \tag{2-3-12}$$

式中，k 为没有误差的常数；x 为观测值；σ_x 为 x 的观测中误差。

[例 2-2]在 1∶1 000 的地形图上，量得 a、b 两点间的距离为 $d=40.6$ mm，量测中误差为 $\sigma_d=0.2$ mm，求两点实际距离 D 的中误差 σ_D。

解：由题意可知

$$D=1\,000d$$

由倍数函数误差传播律可知

$$\sigma_D=1\,000\sigma_d=1\,000\times0.2=200(\text{mm})=0.2(\text{m})$$

2. *和差函数*

和差函数表达式及方差计算式为

$$\left.\begin{aligned}&z=x_1\pm x_2\pm\cdots\pm x_n\\&\sigma_z^2=\sigma_1^2+\sigma_2^2+\cdots+\sigma_n^2+2\sigma_{12}+2\sigma_{13}+\cdots+2\sigma_{1n}+2\sigma_{23}+\cdots+2\sigma_{2n}+\cdots+2\sigma_{n-1\,n}\end{aligned}\right\}\tag{2-3-13}$$

式中，$x_i(i=1,2,\cdots,n)$ 为观测值；σ_i^2、σ_j^2、σ_{ij} 为 x_i、x_j 的方差及协方差。

[例 2-3]用钢尺分 5 段测量某距离，得到各段距离及其相应的中误差为 $S_1=50.350$ m ±1.5 mm、$S_2=150.555$ m±2.5 mm、$S_3=100.650$ m±2.0 mm、$S_4=100.450$ m±2.0 mm、$S_5=50.455$ m±1.5 mm。试求该距离 S 的中误差及相对中误差。

解：由题意可得

$$S=S_1+S_2+S_3+S_4+S_5=452.460\text{ m}$$

$S_i(i=1,2,\cdots,n)$ 之间相互独立，按误差传播律可得

$$\begin{aligned}\sigma_S^2&=\sigma_1^2+\sigma_2^2+\sigma_3^2+\sigma_4^2+\sigma_5^2\\&=1.5^2+2.5^2+2.0^2+2.0^2+1.5^2\\&=18.75(\text{mm}^2)\end{aligned}$$

S 的中误差为

$$\sigma_S=4.33\text{ mm}$$

其相对中误差为

$$\sigma_S/S=1/104\,494$$

[例 2-4]如图 2-7 所示，设在测站 A 上进行水平角观测，已知 $\angle BAC=\alpha$，无误差，而观测角 β_1 和 β_2 的方差为 $\sigma_1^2=\sigma_2^2=1.96('')^2$，协方差为 $\sigma_{12}^2=-1('')^2$。求角 x 的中误差 σ_x。

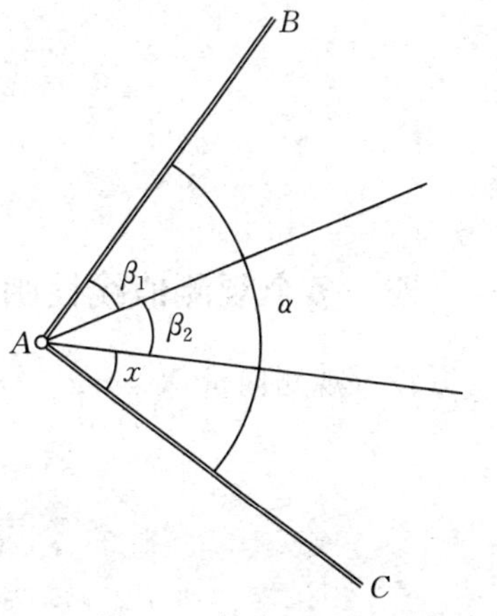

图 2-7　水平观测角

解：一种解法可采用矩阵法解算。因

$$x=\alpha-\beta_1-\beta_2=[-1\quad-1]\begin{bmatrix}\beta_1\\\beta_2\end{bmatrix}+\alpha$$

令

$$\boldsymbol{K}=[-1\quad-1],\ \boldsymbol{\beta}=\begin{bmatrix}\beta_1\\\beta_2\end{bmatrix}$$

则

$$\boldsymbol{D}_{\beta\beta}=\begin{bmatrix}\sigma_{11}&\sigma_{12}\\\sigma_{21}&\sigma_{22}\end{bmatrix}=\begin{bmatrix}1.96&-1\\-1&1.96\end{bmatrix}$$

由线性函数的误差传播律可得

$$\sigma_x^2 = \boldsymbol{K}\boldsymbol{D}_{\beta\beta}\boldsymbol{K}^{\mathrm{T}} = [-1 \quad -1]\begin{bmatrix} 1.96 & -1 \\ -1 & 1.96 \end{bmatrix}\begin{bmatrix} -1 \\ -1 \end{bmatrix} = [-0.96 \quad -0.96]\begin{bmatrix} -1 \\ -1 \end{bmatrix} = 1.92('')^2$$

$$\sigma_x = 1.4''$$

另一种解法可采用纯量形式解算。因

$$x = \alpha - \beta_1 - \beta_2$$

则有

$$\begin{aligned} \sigma_x^2 &= \sigma_1^2 + \sigma_2^2 + 2\sigma_{12} \\ &= 1.96 + 1.96 + 2 \times (-1) = 1.92('')^2 \end{aligned}$$

$$\sigma_x = 1.4''$$

3. 一般线性函数

一般线性函数表达式见式(2-3-6)或式(2-3-7),其方差计算式见式(2-3-9)或式(2-3-10)。

[例 2-5]设独立观测值 L_1、L_2、L_3 的函数为 $x = L_1 + 2L_2 + 4L_3$,已知 L_1;L_2、L_3 的中误差分别为 $\sigma_1 = 3$ mm、$\sigma_2 = 2$ mm、$\sigma_3 = 4$ mm,求 x 的中误差 σ_x。

解:直接采用纯量形式的线性函数误差传播律公式可得

$$D_{xx} = \sigma_x^2 = 1^2 \times \sigma_1^2 + 2^2 \times \sigma_2^2 + 4^2 \times \sigma_3^2 = 1 \times 3^2 + 2^2 \times 2^2 + 4^2 \times 4^2 = 281(\mathrm{mm}^2)$$

$$\sigma_x = 16.8 \mathrm{\ mm}$$

[例 2-6]设有观测向量 $\underset{3\times1}{\boldsymbol{L}}$,其协方差矩阵为

$$\boldsymbol{D}_{LL} = \begin{bmatrix} 6 & 0 & -2 \\ 0 & 4 & 0 \\ -2 & 0 & 2 \end{bmatrix}$$

试求函数 $F = 3L_2 - 2L_3$ 的中误差。

解:令 $\boldsymbol{L} = [L_1 \quad L_2 \quad L_3]^{\mathrm{T}}$,则

$$F = 3L_2 - 2L_3 = [0 \quad 3 \quad -2]\boldsymbol{L}$$

据误差传播律有

$$\sigma_F^2 = D_{FF} = \boldsymbol{K}\boldsymbol{D}_{LL}\boldsymbol{K}^{\mathrm{T}}$$

$$\sigma_F^2 = [0 \quad 3 \quad -2]\begin{bmatrix} 6 & 0 & -2 \\ 0 & 4 & 0 \\ -2 & 0 & 2 \end{bmatrix}\begin{bmatrix} 0 \\ 3 \\ -2 \end{bmatrix} = 44$$

$$\sigma_F = \sqrt{44}$$

四、多个观测值线性函数的协方差矩阵

设有观测向量 $\underset{n\times1}{\boldsymbol{X}} = [x_1 \quad x_2 \quad \cdots \quad x_n]^{\mathrm{T}}$,$\boldsymbol{X}$ 的 t 个线性函数为

$$\left.\begin{aligned} z_1 &= k_{11}x_1 + k_{12}x_2 + \cdots + k_{1n}x_n + k_{10} \\ z_2 &= k_{21}x_1 + k_{22}x_2 + \cdots + k_{2n}x_n + k_{20} \\ &\vdots \\ z_t &= k_{t1}x_1 + k_{t2}x_2 + \cdots + k_{tn}x_n + k_{n0} \end{aligned}\right\} \tag{2-3-14}$$

令

$$\underset{t\times1}{\boldsymbol{Z}}=\begin{bmatrix}z_1\\z_2\\\vdots\\z_t\end{bmatrix},\ \underset{t\times n}{\boldsymbol{K}}=\begin{bmatrix}k_{11}&k_{12}&\cdots&k_{1n}\\k_{21}&k_{22}&\cdots&k_{2n}\\\vdots&\vdots&&\vdots\\k_{t1}&k_{t2}&\cdots&k_{tn}\end{bmatrix},\ \underset{t\times1}{\boldsymbol{K}_0}=\begin{bmatrix}k_{10}\\k_{20}\\\vdots\\K_{t0}\end{bmatrix}$$

式(2-3-14)的矩阵表达式为

$$\underset{t\times1}{\boldsymbol{Z}}=\underset{t\times n}{\boldsymbol{K}}\underset{n\times1}{\boldsymbol{X}}+\underset{t\times1}{\boldsymbol{K}_0} \tag{2-3-15}$$

则 $\boldsymbol{Z}$ 的方差为 t 阶方阵，即

$$\underset{t\times t}{\boldsymbol{D}_{ZZ}}=E([\boldsymbol{KX}-\boldsymbol{K}E(\boldsymbol{X})][\boldsymbol{KX}-\boldsymbol{K}E(\boldsymbol{X})]^{\mathrm{T}})=E(\boldsymbol{K}[\boldsymbol{X}-E(\boldsymbol{X})][\boldsymbol{X}-E(\boldsymbol{X})]^{\mathrm{T}}\boldsymbol{K}^{\mathrm{T}})$$
$$=\boldsymbol{K}E([\boldsymbol{X}-E(\boldsymbol{X})][\boldsymbol{X}-E(\boldsymbol{X})]^{\mathrm{T}})\boldsymbol{K}^{\mathrm{T}}$$

可得

$$\underset{t\times1}{\boldsymbol{D}_{ZZ}}=\underset{t\times n}{\boldsymbol{K}}\underset{n\times n}{\boldsymbol{D}_{XX}}\underset{n\times t}{\boldsymbol{K}^{\mathrm{T}}} \tag{2-3-16}$$

也可表示为

$$\underset{t\times t}{\boldsymbol{D}_{ZZ}}=\underset{t\times n}{\boldsymbol{K}}\begin{bmatrix}\sigma_{x_1}^2&\sigma_{x_1x_2}&\cdots&\sigma_{x_1x_n}\\\sigma_{x_2x_1}&\sigma_{x_2}^2&\cdots&\sigma_{x_2x_n}\\\vdots&\vdots&&\vdots\\\sigma_{x_nx_1}&\sigma_{x_nx_2}&\cdots&\sigma_{x_n}^2\end{bmatrix}\underset{n\times t}{\boldsymbol{K}^{\mathrm{T}}} \tag{2-3-17}$$

可以看到，式(2-3-16)与式(2-3-9)在形式上完全相同，且两式的推导过程也相同。不同的是式(2-3-9)中的 D_{zz} 是一个观测值函数的方差，而此处的 $\boldsymbol{D}_{ZZ}$ 是 t 个观测值函数的协方差矩阵，因此式(2-3-9)只是式(2-3-16)的一种特殊情况，即式(2-3-16)是协方差传播律的一般公式。

[例 2-7]在图 2-8 所示的三角形 ABC 中，等精度观测三个内角 L_1、L_2、L_3，其相应中误差均为 σ，且观测值之间相互独立，试求：

(1) 三角形闭合差 w 的中误差 σ_w。

(2) 将闭合差平均分配后的各角 $\hat{L}_1$、$\hat{L}_2$、$\hat{L}_3$ 的协方差矩阵。

解：(1)用纯量形式求三角形闭合差的中误差。三角形闭合差为

$$w=L_1+L_2+L_3-180^\circ$$

由和差函数误差传播律得

$$\sigma_w^2=\sigma_{L_1}^2+\sigma_{L_2}^2+\sigma_{L_3}^2=3\sigma^2$$

三角形闭合差的中误差为

$$\sigma_w=\sqrt{3}\sigma$$

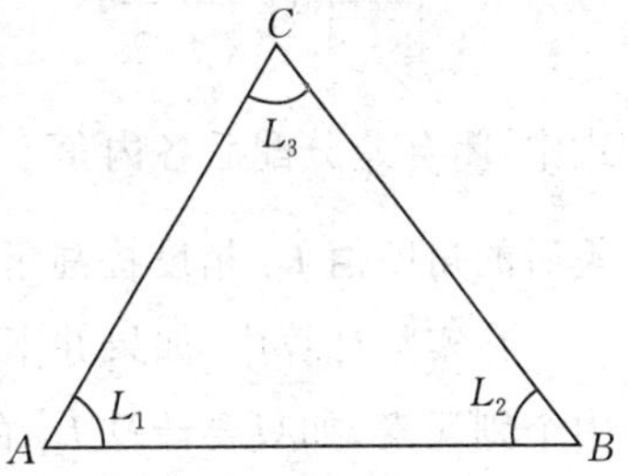

图 2-8　单三角形

(2)由题意知

$$\hat{L}_1=L_1-\frac{1}{3}w,\ \hat{L}_2=L_2-\frac{1}{3}w,\ \hat{L}_3=L_3-\frac{1}{3}w$$

设

$$\boldsymbol{L}=\begin{bmatrix}L_1\\L_2\\L_3\end{bmatrix},\ \boldsymbol{L}_w=\begin{bmatrix}\boldsymbol{L}\\w\end{bmatrix}=\begin{bmatrix}L_1\\L_2\\L_3\\w\end{bmatrix}=\begin{bmatrix}1&0&0\\0&1&0\\0&0&1\\1&1&1\end{bmatrix}\boldsymbol{L}+\begin{bmatrix}0\\0\\0\\-180^\circ\end{bmatrix}$$

则

$$\hat{\boldsymbol{L}}=\begin{bmatrix}\hat{L}_1\\ \hat{L}_2\\ \hat{L}_3\end{bmatrix}=\begin{bmatrix}1&0&0&-\frac{1}{3}\\ 0&1&0&-\frac{1}{3}\\ 0&0&1&-\frac{1}{3}\end{bmatrix}\begin{bmatrix}L_1\\ L_2\\ L_3\\ w\end{bmatrix}=\begin{bmatrix}1&0&0&-\frac{1}{3}\\ 0&1&0&-\frac{1}{3}\\ 0&0&1&-\frac{1}{3}\end{bmatrix}\boldsymbol{L}_w$$

$$\boldsymbol{D}_{LL}=\begin{bmatrix}\sigma^2&0&0\\ 0&\sigma^2&0\\ 0&0&\sigma^2\end{bmatrix}$$

$\boldsymbol{L}_w$ 的协方差矩阵为

$$\boldsymbol{D}_{L_wL_w}=\begin{bmatrix}1&0&0\\ 0&1&0\\ 0&0&1\\ 1&1&1\end{bmatrix}\begin{bmatrix}\sigma^2&0&0\\ 0&\sigma^2&0\\ 0&0&\sigma^2\end{bmatrix}\begin{bmatrix}1&0&0&1\\ 0&1&0&1\\ 0&0&1&1\end{bmatrix}=\begin{bmatrix}\sigma^2&0&0&\sigma^2\\ 0&\sigma^2&0&\sigma^2\\ 0&0&\sigma^2&\sigma^2\\ \sigma^2&\sigma^2&\sigma^2&\sigma^2\end{bmatrix}$$

$\hat{\boldsymbol{L}}$ 的协方差矩阵为

$$\boldsymbol{D}_{\hat{L}\hat{L}}=\begin{bmatrix}\sigma^2_{\hat{L}_1}&\sigma_{\hat{L}_1\hat{L}_2}&\sigma_{\hat{L}_1\hat{L}_3}\\ \sigma_{\hat{L}_2\hat{L}_1}&\sigma^2_{\hat{L}_2}&\sigma_{\hat{L}_2\hat{L}_3}\\ \sigma_{\hat{L}_3\hat{L}_1}&\sigma_{\hat{L}_3\hat{L}_2}&\sigma^2_{\hat{L}_3}\end{bmatrix}=\begin{bmatrix}1&0&0&-\frac{1}{3}\\ 0&1&0&-\frac{1}{3}\\ 0&0&1&-\frac{1}{3}\end{bmatrix}\begin{bmatrix}\sigma^2&0&0&\sigma^2\\ 0&\sigma^2&0&\sigma^2\\ 0&0&\sigma^2&\sigma^2\\ \sigma^2&\sigma^2&\sigma^2&\sigma^2\end{bmatrix}\begin{bmatrix}1&0&0\\ 0&1&0\\ 0&0&1\\ -\frac{1}{3}&-\frac{1}{3}&-\frac{1}{3}\end{bmatrix}$$

$$=\begin{bmatrix}\frac{2}{3}\sigma^2&-\frac{1}{3}\sigma^2&-\frac{1}{3}\sigma^2\\ -\frac{1}{3}\sigma^2&\frac{2}{3}\sigma^2&-\frac{1}{3}\sigma^2\\ -\frac{1}{3}\sigma^2&-\frac{1}{3}\sigma^2&\frac{3}{2}\sigma\end{bmatrix}$$

式中,闭合差分配后各内角 $\hat{L}_i$ 的中误差均为$\sqrt{\frac{2}{3}}\sigma$,而其协方差均为 $-\frac{1}{3}\sigma^2$。由此说明:① 平差后的角度值 $\hat{L}_i$ 精度提高了;② $\hat{L}_i$ 是相关的。

在实际计算中,如果并不要求计算所有 $\hat{L}_i$ 的方差及它们之间的协方差,而只要计算其中个别元素,如只要计算 $\hat{L}_2$ 的中误差和 $\hat{L}_3$ 与 $\hat{L}_2$ 的协方差,则有

$$D_{\hat{L}_2\hat{L}_2}=\boldsymbol{k}_2\boldsymbol{D}_{L_wL_w}\boldsymbol{k}_2^{\mathrm{T}}$$

$$D_{\hat{L}_3\hat{L}_2}=\boldsymbol{k}_3\boldsymbol{D}_{L_wL_w}\boldsymbol{k}_2^{\mathrm{T}}$$

由上例知

$$\boldsymbol{k}_2=\begin{bmatrix}0&1&0&-\frac{1}{3}\end{bmatrix}$$

$$\boldsymbol{k}_3=\begin{bmatrix}0&0&1&-\frac{1}{3}\end{bmatrix}$$

所以

$$\sigma_{\hat{L}_2}^2 = D_{\hat{L}_2\hat{L}_2} = \begin{bmatrix} 0 & 1 & 0 & -\frac{1}{3} \end{bmatrix} \begin{bmatrix} \sigma^2 & 0 & 0 & \sigma^2 \\ 0 & \sigma^2 & 0 & \sigma^2 \\ 0 & 0 & \sigma^2 & \sigma^2 \\ \sigma^2 & \sigma^2 & \sigma^2 & \sigma^2 \end{bmatrix} \begin{bmatrix} 0 \\ 1 \\ 0 \\ -\frac{1}{3} \end{bmatrix} = \frac{2}{3}\sigma^2$$

$\hat{L}_2$ 的中误差为

$$\sigma_{\hat{L}_2} = \sqrt{\frac{2}{3}}\sigma$$

而 $\hat{L}_3$ 与 $\hat{L}_2$ 的协方差为

$$\sigma_{\hat{L}_3\hat{L}_2} = D_{\hat{L}_3\hat{L}_2} = \begin{bmatrix} 0 & 0 & 1 & -\frac{1}{3} \end{bmatrix} \begin{bmatrix} \sigma^2 & 0 & 0 & \sigma^2 \\ 0 & \sigma^2 & 0 & \sigma^2 \\ 0 & 0 & \sigma^2 & \sigma^2 \\ \sigma^2 & \sigma^2 & \sigma^2 & \sigma^2 \end{bmatrix} \begin{bmatrix} 0 \\ 1 \\ 0 \\ -\frac{1}{3} \end{bmatrix} = -\frac{1}{3}\sigma^2$$

五、观测值非线性函数的方差

函数的种类繁多，不仅有线性形式，还有非线性形式。下面给出一般函数方差的计算公式。

(一)单个非线性函数的方差

设有观测值 $\underset{n\times1}{\boldsymbol{X}} = [x_1 \quad x_2 \quad \cdots \quad x_n]^{\mathrm{T}}$ 的函数

$$z = f(\boldsymbol{X}) \tag{2-3-18}$$

或写为

$$z = f(x_1, x_2, \cdots, x_n) \tag{2-3-19}$$

已知 $\boldsymbol{X}$ 的协方差矩阵 $\boldsymbol{D_{XX}}$，欲求 z 的方差 D_{zz}。

假定观测值有近似值

$$\underset{n\times1}{\boldsymbol{X}^0} = [x_1^0 \quad x_2^0 \quad \cdots \quad x_n^0]^{\mathrm{T}}$$

将函数式(2-3-18)按泰勒公式在点 $(x_1^0, x_2^0, \cdots, x_n^0)$ 处展开为

$$z = f(x_1^0, x_2^0, \cdots, x_n^0) + \left(\frac{\partial f}{\partial x_1}\right)_0 (x_1 - x_1^0) + \left(\frac{\partial f}{\partial x_2}\right)_0 (x_2 - x_2^0) + \cdots + \left(\frac{\partial f}{\partial x_n}\right)_0 (x_n - x_n^0) + \text{二次以上项} \tag{2-3-20}$$

式中，$\left(\frac{\partial f}{\partial x_i}\right)_0$ 是函数对各个变量所取的偏导数，并以近似值 x_i^0 代入算得的数值，它们都是常数。当 x_i^0 与 x_i 非常接近时，式(2-3-20)中二次以上各项变得很微小，可以略去。因此，式(2-3-20)可写为

$$z = \left(\frac{\partial f}{\partial x_1}\right)_0 x_1 + \left(\frac{\partial f}{\partial x_2}\right)_0 x_2 + \cdots + \left(\frac{\partial f}{\partial x_n}\right)_0 x_n + f(x_1^0, x_2^0, \cdots, x_n^0) - \sum_{i=1}^{n}\left(\frac{\partial f}{\partial x_i}\right)_0 x_i^0 \tag{2-3-21}$$

令

$$k_i=\left(\frac{\partial f}{\partial x_i}\right)_0$$

$$k_0=f(x_1^0,x_2^0,\cdots,x_n^0)-\sum_{i=1}^{n}k_ix_i^0$$

则

$$z=k_1x_1+k_2x_2+\cdots+k_nx_n+k_0 \tag{2-3-22}$$

这样,就将非线性函数式化成了线性函数式,$\underset{1\times n}{\boldsymbol{K}}=[k_1\ \ k_2\ \ \cdots\ \ k_n]$ 故可以按求线性函数方差的方法求得函数 z 的方差 σ_z^2,为

$$D_{zz}=\sigma_z^2=\underset{1\times n}{\boldsymbol{K}}\underset{n\times n}{\boldsymbol{D}_{\boldsymbol{XX}}}\underset{n\times 1}{\boldsymbol{K}^{\mathrm{T}}} \tag{2-3-23}$$

式中,$\boldsymbol{K}=[k_1\ \ k_2\ \ \cdots\ \ k_n]$。

如果令

$$\mathrm{d}x_i=x_i-x_i^0\quad(i=1,2,\cdots,n)$$

$$\mathrm{d}\underset{n\times 1}{\boldsymbol{X}}=[\mathrm{d}x_1\ \ \mathrm{d}x_2\ \ \cdots\ \ \mathrm{d}x_n]^{\mathrm{T}}$$

$$\mathrm{d}z=z-z^0=z-f(x_1^0,x_2^0,\cdots,x_n^0)$$

则

$$\begin{aligned}\mathrm{d}z&=\left(\frac{\partial f}{\partial x_1}\right)_0\mathrm{d}x_1+\left(\frac{\partial f}{\partial x_2}\right)_0\mathrm{d}x_2+\cdots+\left(\frac{\partial f}{\partial x_n}\right)_0\mathrm{d}x_n\\&=k_1\mathrm{d}x_1+k_2\mathrm{d}x_2+\cdots+k_n\mathrm{d}x_n\\&=\boldsymbol{K}\mathrm{d}\boldsymbol{X}\end{aligned} \tag{2-3-24}$$

易知,式(2-3-24)是非线性函数式(2-3-19)的全微分。因为根据式(2-3-22)应用协方差传播律,即式(2-3-9)求 D_{ZZ} 时,只要知道式中的系数矩阵 $\boldsymbol{K}$ 即可,所以为了求非线性函数的方差,只要对其先求全微分,将非线性函数化成线性函数形式,再按协方差传播律就可求得该函数的方差。

根据误差传播律的一般性质,可得出应用误差传播律的实际步骤。

(1)根据具体测量问题,分析写出函数表达式,即

$$z=f(x_1,x_2,\cdots,x_n)$$

(2)对函数式求全微分,得

$$\mathrm{d}z=\left(\frac{\partial f}{\partial x_1}\right)_0\mathrm{d}x_1+\left(\frac{\partial f}{\partial x_2}\right)_0\mathrm{d}x_2+\cdots+\left(\frac{\partial f}{\partial x_n}\right)_0\mathrm{d}x_n$$

(3)将微分式写成矩阵形式,即

$$\mathrm{d}z=\boldsymbol{K}\mathrm{d}\boldsymbol{X}$$

式中

$$\boldsymbol{K}=[k_1\ \ k_2\ \ \cdots\ \ k_n],\ k_i=\left(\frac{\partial f}{\partial x_2}\right)_0$$

(4)应用误差传播律求函数的方差(或中误差),即

$$D_{zz}=\sigma_z^2=\boldsymbol{K}\boldsymbol{D}_{\boldsymbol{XX}}\boldsymbol{K}^{\mathrm{T}}$$

测量平差的主要任务之一是评定精度,即评定观测值及观测值函数的精度。协方差传播律正是用来求算观测值函数的方差和协方差的基本公式。在以后有关平差计算的方法中,都

是以协方差传播律为基础，分别推导适用于不同平差方法的精度计算公式的。

[例 2-8]已知某长方形的厂房，经过测量，其长 x 的观测值为 90 m，其宽 y 的观测值为 50 m，它们的中误差分别为 2 mm 和 3 mm，求其面积及相应的中误差。

解：矩形面积的函数式为

$$S=xy$$

其面积为

$$S=xy=90\times 50=4\,500(\mathrm{m}^2)$$

对面积表达式进行全微分，得

$$\mathrm{d}S=y\mathrm{d}x+x\mathrm{d}y$$

则

$$\sigma_S^2=y^2\sigma_x^2+x^2\sigma_y^2$$

将 x、y、σ_x、σ_y 的数值代入，注意单位的统一，可得

$$\sigma_S^2=50\,000^2\times 2^2+90\,000^2\times 3^2=8.29\times 10^{10}(\mathrm{mm}^4)$$

面积的中误差为

$$\sigma_S=2.88\times 10^5(\mathrm{mm}^2)\approx 0.29(\mathrm{m}^2)$$

(二)多个非线性函数的协方差矩阵

如果有 $\boldsymbol{X}=[x_1\quad x_2\quad \cdots\quad x_n]^{\mathrm{T}}$ 的 t 个非线性函数，即

$$\left.\begin{aligned}z_1&=f_1(x_1,x_2,\cdots,x_n)\\z_2&=f_2(x_1,x_2,\cdots,x_n)\\&\vdots\\z_t&=f_t(x_1,x_2,\cdots,x_n)\end{aligned}\right\}\tag{2-3-25}$$

则将 t 个函数求全微分得

$$\left.\begin{aligned}\mathrm{d}z_1&=\left(\frac{\partial f_1}{\partial x_1}\right)_0\mathrm{d}x_1+\left(\frac{\partial f_1}{\partial x_2}\right)_0\mathrm{d}x_2+\cdots+\left(\frac{\partial f_1}{\partial x_n}\right)_0\mathrm{d}x_n\\\mathrm{d}z_2&=\left(\frac{\partial f_2}{\partial x_1}\right)_0\mathrm{d}x_1+\left(\frac{\partial f_2}{\partial x_2}\right)_0\mathrm{d}x_2+\cdots+\left(\frac{\partial f_2}{\partial x_n}\right)_0\mathrm{d}x_n\\&\vdots\\\mathrm{d}z_t&=\left(\frac{\partial f_t}{\partial x_1}\right)_0\mathrm{d}x_1+\left(\frac{\partial f_t}{\partial x_2}\right)_0\mathrm{d}x_2+\cdots+\left(\frac{\partial f_t}{\partial x_n}\right)_0\mathrm{d}x_n\end{aligned}\right\}\tag{2-3-26}$$

若记

$$\boldsymbol{Z}=\begin{bmatrix}z_1\\z_2\\\vdots\\z_t\end{bmatrix},\ \mathrm{d}\boldsymbol{Z}=\begin{bmatrix}\mathrm{d}z_1\\\mathrm{d}z_2\\\vdots\\\mathrm{d}z_t\end{bmatrix},\ \boldsymbol{K}=\begin{bmatrix}\left(\frac{\partial f_1}{\partial x_1}\right)_0&\left(\frac{\partial f_1}{\partial x_2}\right)_0&\cdots&\left(\frac{\partial f_1}{\partial x_n}\right)_0\\\left(\frac{\partial f_2}{\partial x_1}\right)_0&\left(\frac{\partial f_2}{\partial x_2}\right)_0&\cdots&\left(\frac{\partial f_2}{\partial x_n}\right)_0\\\vdots&\vdots&&\vdots\\\left(\frac{\partial f_t}{\partial x_1}\right)_0&\left(\frac{\partial f_t}{\partial x_2}\right)_0&\cdots&\left(\frac{\partial f_t}{\partial x_n}\right)_0\end{bmatrix}\tag{2-3-27}$$

令

$$k_{ij}=\left(\frac{\partial f_i}{\partial x_j}\right)_0$$

则有

$$\mathrm{d}\boldsymbol{Z}=\boldsymbol{K}\mathrm{d}\boldsymbol{X} \tag{2-3-28}$$

根据协方差传播律得 $\boldsymbol{Z}$ 的协方差矩阵为

$$\boldsymbol{D}_{ZZ}=\boldsymbol{K}\boldsymbol{D}_{XX}\boldsymbol{K}^{\mathrm{T}} \tag{2-3-29}$$

由此可知,对于多个非线性函数,只要得到其微分式(2-3-28),就可应用式(2-3-29)求算其协方差矩阵。

六、技能训练——误差传播律的实际应用

(一)范例

[**范例 2-4**]见[例 2-4]。

[**范例 2-5**]见[例 2-6]、[例 2-8]。

[**范例 2-6**]见[例 2-7]。

(二)实训

[**实训 2-4**]在某三角形中,等精度独立观测了两个内角 A、B,它们的中误差均为 $3.0''$,求第三个角 C 的中误差。

[**实训 2-5**]下列各式中的 $L_i(i=1,2,3)$ 均为等精度独立观测值,其中误差为 σ,试求 X 的中误差。

(1) $X=\frac{1}{2}(L_1+L_2)+L_3$。

(2) $X=\frac{L_1L_2}{L_3}$。

[**实训 2-6**]设有观测向量 $\boldsymbol{L}=[L_1\quad L_2\quad L_3]^{\mathrm{T}}$,其协方差矩阵为

$$\boldsymbol{D}_{LL}=\begin{bmatrix}3&0&-1\\0&4&1\\-1&1&2\end{bmatrix}$$

现有函数 $\varphi_1=L_1L_2$,$\varphi_2=2L_1-L_3$,试求函数的方差 D_{φ_1}、D_{φ_2} 和协方差 $D_{\varphi_1\varphi_2}$。

任务 2-4　误差传播律在测量中的应用

一、水准测量的精度

设经过 n 个测站测定 A、B 两个水准点间的高差,且第 i 站的观测高差为 h_i,于是,A、B 两点的总高差 h_{AB} 为

$$h_{AB}=h_1+h_2+\cdots+h_n$$

设各测站观测高差的精度相同,其中误差为 $\sigma_{站}$。根据线性函数误差传播律,可得 h_{AB} 的中误差为

$$\sigma_{h_{AB}}=\sqrt{n}\sigma_{站} \tag{2-4-1}$$

若水准路线布设在平坦地区，则各测站的距离 s 大致相等，令 A、B 两点之间的距离为 S，则测站数为 $n=\frac{S}{s}$，代入式(2-4-1)，得

$$\sigma_{h_{AB}}=\sqrt{\frac{S}{s}}\sigma_{站}$$

如果 S 及 s 均以 km 为单位，则 $\frac{1}{s}$ 表示单位距离(1 km)的测站数，$\sqrt{\frac{1}{s}}\sigma_{站}$ 就是单位距离观测高差的中误差。令

$$\sigma_{km}=\sqrt{\frac{1}{s}}\sigma_{站}$$

则

$$\sigma_{h_{AB}}=\sqrt{S}\sigma_{km} \tag{2-4-2}$$

式(2-4-1)和式(2-4-2)是水准测量中计算高差中误差的基本公式。由此可以看出：当各测站高差的观测精度相同时，水准测量中高差的中误差与测站数的平方根成正比；当各测站的距离大致相等时，水准测量中高差的中误差与距离的平方根成正比。

二、导线边方位角的精度

图 2-9 为一条支导线，等精度测得 n 个转折角(左角)$\beta_1,\beta_2,\cdots,\beta_n$，它们的中误差均为 σ_β，则第 n 条导线边的坐标方位角为

$$\alpha_n=\alpha_0+\beta_1+\beta_2+\cdots+\beta_n\pm n\times180°$$

式中，α_0 为已知坐标方位角，设为无误差，则第 n 条边的坐标方位角的中误差为

$$\sigma_{\alpha_n}=\sqrt{n}\sigma_\beta \tag{2-4-3}$$

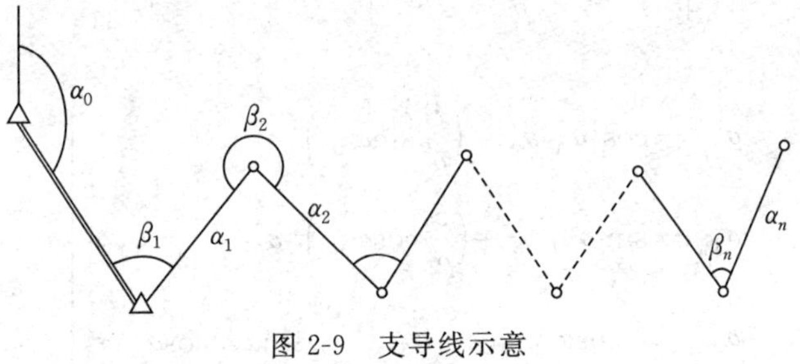

图 2-9　支导线示意

由此可以看出，等精度测量条件下，支导线中第 n 条导线边的坐标方位角的中误差，等于各转折角中误差的 $\sqrt{n}$ 倍，n 为转折角的个数。

三、等精度独立观测值的算术平均值的精度

设对某量等精度独立观测 n 次，其观测值为 $L_1,L_2,\cdots,L_n$，它们的中误差均等于 σ，取 n 个观测值的算术平均值作为该量的最后结果，即

$$x=\frac{[L]}{n}=\frac{1}{n}L_1+\frac{1}{n}L_2+\cdots+\frac{1}{n}L_n$$

由误差传播律，可得算术平均值的中误差为

$$\left.\begin{aligned}\sigma_x^2&=\frac{1}{n^2}\sigma^2+\frac{1}{n^2}\sigma^2+\cdots+\frac{1}{n^2}\sigma^2=\frac{\sigma^2}{n}\\ \sigma_x&=\frac{\sigma}{\sqrt{n}}\end{aligned}\right\}\tag{2-4-4}$$

由此可以看出：n 个等精度观测值的算术平均值的中误差，等于各观测值的中误差除以$\sqrt{n}$。

四、极坐标法定点的精度

极坐标定点是确定点的平面位置的主要方法之一。如图 2-10 所示，A、B 为已知点，设无误差，β 为角度观测值，S 为边长观测值。待定点 P 的坐标计算公式为

$$\left.\begin{aligned}x_P&=x_A+S\cos\alpha_{AP}\\ y_P&=y_A+S\sin\alpha_{AP}\end{aligned}\right\}\tag{2-4-5}$$

式中，α_{AP}、α_{AB} 分别为 AP、AB 的方位角，$\alpha_{AP}=\alpha_{AB}+\beta$。试求 x_P、y_P 的中误差。

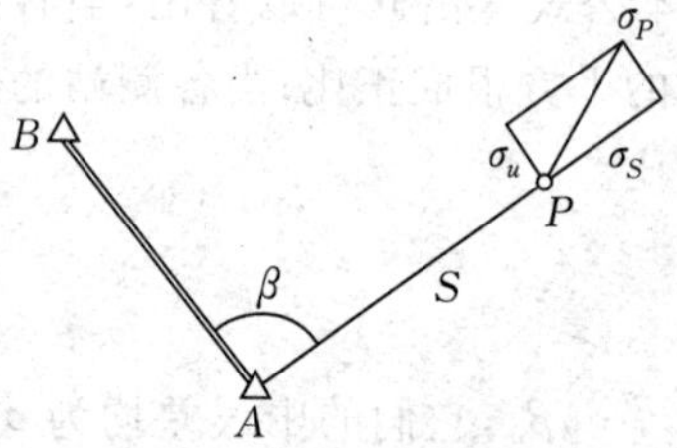

图 2-10　极坐标法定点误差分析

从式(2-4-5)知，x_P、y_P 是观测值 β、S 的函数，对式(2-4-5)求全微分并用矩阵表示为

$$\begin{bmatrix}\mathrm{d}x_P\\ \mathrm{d}y_P\end{bmatrix}=\begin{bmatrix}\cos\alpha_{AP} & -\dfrac{S}{\rho''}\sin\alpha_{AP}\\ \sin\alpha_{AP} & \dfrac{S}{\rho''}\cos\alpha_{AP}\end{bmatrix}\begin{bmatrix}\mathrm{d}S\\ \mathrm{d}\beta\end{bmatrix}\tag{2-4-6}$$

设 σ_β、σ_S 为 β、S 的中误差，则应用误差传播律可得 P 点坐标(x_P,y_P)的协方差矩阵为

$$\begin{bmatrix}\sigma_{x_P}^2 & \sigma_{x_Py_P}\\ \sigma_{y_Px_P} & \sigma_{y_P}^2\end{bmatrix}=\begin{bmatrix}\cos\alpha_{AP} & -\dfrac{S}{\rho''}\sin\alpha_{AP}\\ \sin\alpha_{AP} & \dfrac{S}{\rho''}\cos\alpha_{AP}\end{bmatrix}\begin{bmatrix}\sigma_S^2 & 0\\ 0 & \sigma_\beta^2\end{bmatrix}\begin{bmatrix}\cos\alpha_{AP} & \sin\alpha_{AP}\\ -\dfrac{S}{\rho''}\sin\alpha_{AP} & \dfrac{S}{\rho''}\cos\alpha_{AP}\end{bmatrix}$$

即

$$\left.\begin{aligned}\sigma_{x_P}^2&=\cos^2\alpha_{AP}\sigma_S^2+\left(\frac{S}{\rho''}\sin\alpha_{AP}\right)^2\sigma_\beta^2\\ \sigma_{y_P}^2&=\sin^2\alpha_{AP}\sigma_S^2+\left(\frac{S}{\rho''}\cos\alpha_{AP}\right)^2\sigma_\beta^2\\ \sigma_{x_Py_P}&=\cos\alpha_{AP}\sin\alpha_{AP}\sigma_S^2-\frac{S^2}{\rho''^2}\sin\alpha_{AP}\cos\alpha_{AP}\sigma_\beta^2\end{aligned}\right\}\tag{2-4-7}$$

式中，$\rho''\approx 206\,265$，即一弧度的秒值，目的是将角度的单位转成弧度，本书后文将常用到。

在测量工作中，常用点位中误差衡量点的平面点位精度，点位方差即点位中误差的平方，等于该点在两个互相垂直方向上的方差之和。因此，图 2-10 中 P 的点位方差为

$$\sigma_P^2=\sigma_{x_P}^2+\sigma_{y_P}^2\tag{2-4-8}$$

将 $\sigma_{x_P}^2$、$\sigma_{y_P}^2$ 代入式(2-4-8)得

$$\sigma_P^2=\sigma_S^2+\frac{S^2}{\rho''^2}\sigma_\beta^2=\sigma_S^2+\sigma_u^2\tag{2-4-9}$$

式中，σ_S 称为纵向中误差，是由边长观测误差引起的误差；σ_u^2 称为横向中误差，是由 BP 边方位角误差引起的。式(2-4-8)和式(2-4-9)是评定极坐标法测定的平面点位精度的常用公式。

五、若干个独立误差的联合影响

测量工作中经常会遇到这种情况:一个观测结果同时受到许多独立误差的联合影响。例如,角度观测会受到仪器整平误差、对中误差、照准误差、读数误差等的影响。在这种情况下,观测结果的真误差可以看成各个独立误差的代数和,即

$$\Delta_z = \Delta_1 + \Delta_2 + \cdots + \Delta_n$$

由于这些真误差是相互独立的,故各种误差的出现属偶然性质。根据和差函数的误差传播律可以得出

$$\sigma_z^2 = \sigma_1^2 + \sigma_2^2 + \cdots + \sigma_n^2 \tag{2-4-10}$$

即观测结果中误差的平方等于各独立误差对应中误差的平方和。这就是若干个独立误差的联合影响。

六、根据实际要求确定部分观测值的精度

误差传播律是用来确定观测值及其函数间的精度关系的。一般情况下的应用是,已知观测值的精度,求观测值函数的精度。但在实际测量工作中,经常会出现为了使观测值函数的精度达到某一预定值的要求,反推观测值应具有的精度,即已知观测值函数的精度,求部分观测值的精度。在制定有关测量观测精度的规范中常用这种方法。

[例 2-9]观测一个三角形的两个内角 α 和 β,第三个内角为 γ。若已知 α 的测角中误差为 $\sigma_\alpha = 3''$,要求 γ 的测角中误差 $\sigma_\gamma \leqslant 5''$,则 β 的测角精度不能低于多少?

解:由三角形的几何关系可知,γ 可根据 α 和 β 计算,其表达式为

$$\gamma = 180° - \alpha - \beta$$

其中误差为

$$\sigma_\gamma^2 = \sigma_\alpha^2 + \sigma_\beta^2$$

由中误差的关系式知

$$\sigma_\beta^2 = \sigma_\gamma^2 - \sigma_\alpha^2 \leqslant 5^2 - 3^2 = 16$$

$$\sigma_\beta \leqslant 4''$$

即为了使 γ 的精度不低于 $5''$,β 的观测精度应不低于 $4''$。

七、技能训练——观测值函数中的误差计算

(一)范例

[范例 2-7]观测得一条边长为 $S = 200\ \text{m} \pm 0.02\ \text{m}$,坐标方位角为 $\alpha = 52°40'42'' \pm 20''$,求该边的纵坐标增量 Δx 的中误差 $\sigma_{\Delta x}$。

解:由于纵坐标增量 Δx 为

$$\Delta x = S\cos\alpha = F$$

所以其中误差为

$$\sigma_{\Delta x} = \sqrt{\left(\frac{\partial F}{\partial S}\right)^2 {\sigma_S}^2 + \left(\frac{\partial F}{\partial \alpha}\right)^2 \sigma_\alpha^2} = \sqrt{{\sigma_S}^2 \cos^2\alpha + \sigma_\alpha^2 S^2 \sin^2\alpha}$$

式中,σ_α 以弧度为单位,所以有

$$S^2\sigma_\alpha^2 = 20\ 000^2 \times \left(\frac{20}{\rho''}\right)^2 \approx 4(\text{cm}^2)$$

该边的纵坐标增量 Δx 的中误差 $\sigma_{\Delta x}$ 为

$$\sigma_{\Delta x} = \sqrt{(\cos^2\alpha + \sin^2\alpha) \times 4} = 2(\text{cm})$$

[**范例 2-8**]已知 DJ6 光学经纬仪一测回的方向中误差为 $\sigma = 6''$,问该类型仪器一测回角值的中误差是多少?测回角值之间较差的容许值是多少?

解:(1)DJ6 光学经纬仪一测回方向中误差为 6″,而一测回角值为 2 个方向值之差,故一测回角值的中误差为

$$\sigma_\beta = \sqrt{2} \times 6'' = 8.5''$$

(2)测回法测角时,各测回角值之差的中误差为

$$\sigma_{\Delta\beta} = \sigma_\beta\sqrt{2}$$

若以两倍中误差为容许误差,则各测回角值之差的容许误差为

$$\Delta\beta_{容} = 2\sigma_{\Delta\beta} = 2\sqrt{2}\sigma_\beta = 2\sqrt{2} \times 8.5'' = 17\sqrt{2}'' \approx 24''$$

(二)实训

[**实训 2-7**]在斜坡上丈量距离,其斜距为 $L = 165.50$ m,中误差为 $\sigma_L = 0.5$ cm;测量竖直角 $\alpha = 15°30'$,其中误差 $\sigma_\alpha = 180''$。试求水平距离 D 及其中误差 σ_D。

[**实训 2-8**]已知 DJ6 光学经纬仪一测回的方向中误差为 $\sigma_{方} = 6''$,该类型仪器一测回角值的中误差是多少?如果要求某角度的算术平均值的中误差为 $\sigma_{角} = 5''$,则用这种仪器需要观测几个测回?

任务 2-5　权与定权的常用方法

一、权的概念

(一)权的引入

在一组精度不等的观测值中,观测值的可靠程度随精度的不同而不同。观测值的精度高,可靠程度大;否则,可靠程度小。因此,在进行数据处理时,就不能将这些观测值等同看待。为了区别观测值的精度高低,确定观测值在计算中所占的比重,就必须引入"权"的概念。为了更好地理解权的概念,先看一个例子。

设对某未知量分 2 组进行观测,第一组测 6 次,第二组测 3 次,每次均为等精度独立观测,观测中误差为 σ_0。试求最接近该未知量真值的最可靠值 x 及其中误差 σ_x。

解法一:既然该未知量的每次观测均为等精度独立观测,可取其算术平均值作为最可靠值,则有

$$x = \frac{L_1 + L_2 + \cdots + L_9}{9} = \frac{[L]}{9}$$

$$\sigma_x^2 = \frac{1}{9^2}\sigma_1^2 + \frac{1}{9^2}\sigma_2^2 + \cdots + \frac{1}{9^2}\sigma_9^2 = \frac{1}{9}\sigma_0^2$$

$$\sigma_x = \frac{1}{3}\sigma_0$$

解法二:先分组取算术平均值 x_1、x_2,然后取两组平均值的算术平均值 x 作为未知量的最可靠值,则有

$$x_1=\frac{L_1+L_2+\cdots+L_6}{6}$$

$$x_2=\frac{L_1+L_2+L_3}{3}$$

$$x=\frac{x_1+x_2}{2}$$

$$\sigma_{x_1}^2=\frac{1}{6}\sigma_0^2,\ \sigma_{x_2}^2=\frac{1}{3}\sigma_0^2$$

$$\sigma_x^2=\frac{1}{4}\sigma_{x_1}^2+\frac{1}{4}\sigma_{x_2}^2=\frac{1}{8}\sigma_0^2$$

$$\sigma_x=\sqrt{\frac{1}{8}}\sigma_0$$

可见,解法二的结果误差比解法一的大,所求并非该未知量的最可靠值。

解法三:引入权进行计算,设第一组观测值的算术平均值 x_1 的权为 6,第二组观测值的算术平均值 x_2 的权为 3,采用下式计算,即

$$x=\frac{6x_1+3x_2}{6+3}=\frac{L_1+L_2+\cdots+L_9}{9}=\frac{[L]}{9}$$

$$\sigma_x^2=\left(\frac{6}{9}\right)^2\sigma_{x_1}^2+\left(\frac{3}{9}\right)^2\sigma_{x_2}^2=\frac{4}{9}\times\frac{1}{6}\sigma_0^2+\frac{1}{9}\times\frac{1}{3}\sigma_0^2=\frac{1}{9}\sigma_0^2$$

$$\sigma_x=\frac{1}{3}\sigma_0$$

比较三种解法可知,解法一和解法三的结果及精度相同,且高于解法二的精度。解法三称为加权平均法。这就说明,如果观测值的观测精度不相同(如上例中 x_1、x_2),在做数据处理时,不能将它们等同看待,而应该让精度高的观测值参与计算所占的比重大一些,精度低的观测值参与计算所占的比重小一些,并且二者的比重关系还必须适当。这个比重用于权衡非等精度观测值在进行数据处理时所占分量的轻重,测量上称它为权,并常用符号 p 表示。

如果把 x_1、x_2 的权按观测次数缩小 3 倍,即 $p_1=2$、$p_2=1$,或放大 2 倍,即 $p_1=12$、$p_2=6$,所得结果相同。则有

$$x=\frac{2x_1+x_2}{2+1}=\frac{12x_1+6x_2}{12+6}=\frac{6x_1+3x_2}{6+3}$$

因此,权具有相对性,一组权的数值可以变动,但其比值不变,如

$$p_1:p_2=6:3=2:1=12:6$$

(二)权的定义式

在一系列精度不等的观测值中,观测值的方差愈小,则其权愈大;反之,其权愈小。也就是说,观测值的权与其方差成反比关系。由此,可将权定义为

$$p_i=\frac{\sigma_0^2}{\sigma_i^2}\tag{2-5-1}$$

式中,p_i 为第 i 个观测值的权;σ_0 为比例常数,可任意选取。

二、单位权中误差

由权的定义式(2-5-1)可知,当权 $p_i=1$ 时,$\sigma_0=\sigma_i$,即 σ_0 是权为1的观测值的中误差。在测量中权为1的观测值称为单位权观测值,与之相应的中误差 σ_0 称为单位权观测值的中误差,简称为单位权中误差。同理,权为1的观测值方差 σ_0^2 称为单位权方差。

由权的定义式可知,观测值的权除与自身的中误差有关系外,还取决于单位权中误差 σ_0 的大小。σ_0 的大小可以任意选取,只会改变观测值自身权的大小,但 σ_0 一旦选定,观测值之间权的比例关系是保持不变的,不会影响计算结果。可见权的意义在于它们之间的相对比值,对一个观测值单纯谈论权的大小毫无意义。同时也说明,σ_0 尽管可以任意选取,但在同一问题中只能选定一个值,否则就破坏了权之间的比例关系,观测值的权也就失去了意义。

一般情况下,权是无量纲单位。当观测值属不同类性质时,观测值的权就会有量纲单位。例如,在观测值中,一类是角度,其中误差的单位为(″);另一类是距离,其中误差的单位为mm。若将单位权观测值选为角度,角度观测值的权为无量纲单位,而距离观测值的权的量纲单位就是$(″)^2/mm^2$;反之,距离观测值的权为无量纲单位,而角度观测值的权的量纲单位就是$mm^2/(″)^2$。

三、测量中定权的常用方法

由权的定义式确定观测值的权是定权的基本方法。按此方法定权,必须事先知道观测值的中误差。可是,实际测量作业中,观测值的中误差往往在平差计算之后才能得到,而平差计算前必须知道观测值的权,可见采用基本方法定权有时很难实现。对于测量作业中经常遇到的几种情况,可以导出其实用定权公式,这种定权方法被称为定权的常用方法。

(一)水准测量的权

1. 根据测站数定权

设在水准测量中,每一测站观测高差的精度相同,且中误差为 $\sigma_{站}$。若第 i 条水准路线共有 n_i 站,根据式(2-4-1)可知,这段水准路线观测高差 h_i 的中误差为

$$\sigma_{h_i}=\sqrt{n_i}\,\sigma_{站}$$

令 C 个测站测得的高差中误差为单位权中误差,即

$$\sigma_0=\sqrt{C}\,\sigma_{站}$$

于是,根据式(2-5-1)可知,水准测量中高差的权为

$$p_i=\frac{\sigma_0^2}{\sigma_{h_i}^2}=\frac{C}{n_i} \tag{2-5-2}$$

即当各测站的观测高差精度相同时,各水准路线观测高差的权与其测站数成反比。

由式(2-5-2)可知,当 $n_i=1$ 时,高差 h_i 的权为

$$p_i=C$$

当 $p_i=1$ 时,有

$$n_i=C$$

可见,常数 C 有两重含义:①C 是一测站的观测高差的权;②C 是单位权观测高差的测站数。

[例 2-10]设某水准网由 4 条路线组成，各路线的观测高差分别为 h_1、h_2、h_3、h_4，已知各线路的测站数为 $n_1=20$、$n_2=40$、$n_3=80$、$n_4=10$，且各测站观测高差的精度相同，试确定各路线观测高差的权，并指出一测站的观测高差的权。

解：设 $C=80$，即取 80 个测站的观测高差为单位权观测值，由式(2-5-2) 得

$$p_1=\frac{C}{n_1}=\frac{80}{20}=4$$

$$p_2=\frac{C}{n_2}=\frac{80}{40}=2$$

$$p_3=\frac{C}{n_3}=\frac{80}{80}=1$$

$$p_4=\frac{C}{n_4}=\frac{80}{10}=8$$

由于 $C=80$，根据 C 的意义可知，一测站观测高差的权为 80。

2. 根据观测路线距离定权

如果已知单位距离(水准测量一般指 1 km)观测高差的中误差相等，设为 σ_{km}，而第 i 条线路的距离为 S_i(单位为 km)，则由式(2-4-2) 可知，第 i 条线路观测高差 h_i 的中误差为

$$\sigma_{h_i}=\sqrt{S_i}\sigma_{km}$$

令距离为 C km 的线路观测高差的中误差为单位权中误差，即令

$$\sigma_0=\sqrt{C}\sigma_{km}$$

则由式(2-5-2)可知，高差 h_i 的权为

$$p_i=\frac{\sigma_0^2}{\sigma_{h_i}^2}=\frac{C}{S_i} \tag{2-5-3}$$

即当每千米观测高差的精度相同时，各线路观测高差的权与距离的千米数成反比。

由式(2-5-3)可知，当 $S_i=1$ 时，高差 h_i 的权为

$$p_i=C$$

当 $p_i=1$ 时，有

$$S_i=C$$

可见，常数 C 有两层含义：① C 是 1 km 观测高差的权；② C 是单位权观测高差的千米数。

[例 2-11]水准路线 4 条线路的长度分别为 $S_1=3.0$ km、$S_2=4.0$ km、$S_3=6.0$ km、$S_4=12.0$ km。设每千米观测高差的精度相同，已知第 4 条线路观测高差的权为 2，试求其他线路的权，并指明单位权观测值。

解：因

$$p_4=\frac{C}{S_4}$$

所以

$$C=p_4S_4=2\times 12.0=24.0(\text{km})$$

则有

$$p_1=\frac{C}{S_1}=\frac{24.0}{3.0}=8$$

$$p_2=\frac{C}{S_2}=\frac{24.0}{4.0}=6$$

$$p_3=\frac{C}{S_3}=\frac{24.0}{6.0}=4$$

由于 $C=24.0$ km,因而本例以 24.0 km 水准路线的高差为单位权观测值。

在水准测量中,究竟用测站数定权,还是用观测路线距离定权?对于地形起伏不大的地区,每千米的测站数基本相同,适合根据观测路线距离定权;对于地面起伏较大的地区,每千米的测站数相差较大,适合根据测站数定权。

(二)三角高程的权

用三角测量推算的高差观测值的精度随边长的增长而急剧下降,其两点间高差观测值的权的计算公式为

$$p_i=\frac{C}{S_i^2}\quad(i=1,2,\cdots,n) \tag{2-5-4}$$

式中,S_i 为任意一边的水平距离;C 为任意常数。该公式推证较复杂,推证略。

(三)等精度观测值的算术平均值的权

设 $L_1,L_2,\cdots,L_n$,分别是 $N_1,N_2,\cdots,N_n$ 次等精度观测值的算术平均值,若每次观测值的中误差均为 σ,则由式(2-4-4)可知,L_i 的中误差为

$$\sigma_i=\frac{\sigma}{\sqrt{N_i}}$$

令 C' 次观测值的算术平均值为单位权观测值,则单位权中误差为

$$\sigma_0=\frac{\sigma}{\sqrt{C'}}$$

则由权的定义式(2-5-1)可知,L_i 的权为

$$p_i=\frac{\sigma_0^2}{\sigma_i^2}=\frac{N_i}{C'} \tag{2-5-5}$$

即由不同次的等精度观测值算得的算术平均值的权,与观测次数成正比。

由式(2-5-5)可知,当 $N_i=1$ 时,有

$$C'=\frac{1}{p_i}$$

当 $p_i=1$ 时,有

$$C'=N_i$$

可见,C' 有两层含义:①C' 是一次观测值的权倒数;②C' 是单位权观测值的观测次数。

显然 C' 可以任意假定,但不论 C' 如何假定,权的比例关系都不会改变。C' 一旦确定,单位权观测值也就确定了。

[例 2-12]某人对角 L_1、L_2、L_3 等精度地分别观测 3 测回、6 测回和 12 测回。试求:

(1)各角等精度观测的算术平均值 $\hat{L}_1$、$\hat{L}_2$、$\hat{L}_3$ 的权。

(2)单位权观测值的测回数。

(3)1 测回的权。

解:(1)由题意可知,$N_{L_1}=3$、$N_{L_2}=6$、$N_{L_3}=12$,令 $C'=3$,由式(2-5-5)可知

$$p_{L_1}=\frac{N_{L_1}}{C'}=\frac{3}{3}=1$$

$$p_{L_2}=\frac{N_{L_2}}{C'}=\frac{6}{3}=2$$

$$p_{L_3}=\frac{N_{L_3}}{C'}=\frac{12}{3}=4$$

(2)因为 $C'=3$，所以单位权观测值的测回数是 3，即 3 测回的算术平均值是单位权观测值。

(3)因为 $C'=3$，即 1 测回观测值的权倒数为 3，所以 1 测回观测值的权为 1/3。

四、技能训练——观测值的定权

(一)范例

[范例 2-9]见[例 2-10]。

[范例 2-10]见[例 2-11]。

[范例 2-11]见[例 2-12]。

(二)实训

[实训 2-9]设某角的 3 个观测值及其中误差分别为 $30°41'20''\pm2.0''$、$30°41'26''\pm4.0''$、$30°41'16''\pm1.0''$，现分别取 $2.0''$、$4.0''$、$1.0''$作为单位权中误差，试按权的定义计算 3 组不同观测值的权，再按各组权分别计算这个角的加权平均值 $\bar{x}$。

[实训 2-10]在相同观测条件下，应用水准测量测定了三角形顶点 A、B、C 之间的高差。设该三角形边长分别为 $S_1=10$ km、$S_2=8$ km、$S_3=4$ km，令 40 km 的高差观测值为单位权观测，试求各段观测高差之权。

[实训 2-11]对某一长度进行等精度独立观测，已知 1 次观测中误差为 $\sigma=2$ mm，设 4 次观测值算术平均值的权为 3。试求：

(1)单位权中误差 σ_0。

(2)1 次观测值的权。

(3)欲使观测值算术平均值的权等于 9，应观测几次？

任务 2-6　协因数与协因数传播律

一、观测值的协因数

由权的定义可知，观测值的权与它的方差成反比。设有观测值 x 和 y，它们的方差分别为 σ_x^2 和 σ_y^2，它们之间的协方差为 σ_{xy}，令

$$\left.\begin{aligned}Q_{xx}&=\frac{1}{p_x}=\frac{\sigma_x^2}{\sigma_0^2}\\Q_{yy}&=\frac{1}{p_y}=\frac{\sigma_y^2}{\sigma_0^2}\\Q_{xy}&=\frac{\sigma_{xy}}{\sigma_0^2}\end{aligned}\right\}\tag{2-6-1}$$

则称 Q_{xx} 和 Q_{yy} 分别为 x 和 y 的协因数或权倒数，而称 Q_{xy} 为 x 关于 y 的协因数(互协因数)或相关权倒数。

由式(2-6-1)可得

$$\sigma_x^2=\sigma_0^2 Q_{xx}$$
$$\sigma_y^2=\sigma_0^2 Q_{yy}$$
$$\sigma_{xy}=\sigma_0^2 Q_{xy}$$

由上述定义可以看出:观测值的协因数与方差成正比，因而协因数与权有类似作用，也是比较观测值精度高低的一种相对指标;互协因数与协方差成正比，是比较观测值之间相关程度的一种指标。互协因数的绝对值越大，表示观测值相关程度越高，反之越低。互协因数为正，表示观测值正相关;互协因数为负，表示观测值负相关;互协因数为零，表示观测值之间不相关，也称为独立观测值。

二、观测向量的协因数矩阵和权矩阵

设有观测向量 $\underset{n\times 1}{\boldsymbol{X}}=[x_1\quad x_2\quad \cdots\quad x_n]^{\mathrm{T}}$，则 $\boldsymbol{X}$ 的协方差矩阵为

$$\underset{n\times n}{\boldsymbol{D}_{XX}}=\begin{bmatrix} D_{11} & D_{12} & \cdots & D_{1n} \\ D_{21} & D_{22} & \cdots & D_{2n} \\ \vdots & \vdots & & \vdots \\ D_{n1} & D_{n2} & \cdots & D_{nn} \end{bmatrix}=\sigma_0^2\begin{bmatrix} Q_{11} & Q_{12} & \cdots & Q_{1n} \\ Q_{21} & Q_{22} & \cdots & Q_{2n} \\ \vdots & \vdots & & \vdots \\ Q_{n1} & Q_{n2} & \cdots & Q_{nn} \end{bmatrix}$$

为此，定义协因数矩阵为

$$\underset{n\times n}{\boldsymbol{Q}_{XX}}=\begin{bmatrix} Q_{11} & Q_{12} & \cdots & Q_{1n} \\ Q_{21} & Q_{22} & \cdots & Q_{2n} \\ \vdots & \vdots & & \vdots \\ Q_{n1} & Q_{n2} & \cdots & Q_{nn} \end{bmatrix} \tag{2-6-2}$$

式中，$\boldsymbol{Q}_{XX}$ 称为观测值向量 $\boldsymbol{X}$ 的协因数矩阵。其中，主对角线上的元素分别为各个观测值的协因数(权倒数);非主对角线上的元素为相应观测值之间的互协因数(相关权倒数)，且 $Q_{ij}=Q_{ji}$。

当观测值之间相互独立时，式(2-6-2)变为

$$\underset{n\times n}{\boldsymbol{Q}_{XX}}=\begin{bmatrix} Q_{11} & 0 & \cdots & 0 \\ 0 & Q_{22} & \cdots & 0 \\ \vdots & \vdots & & \vdots \\ 0 & 0 & \cdots & Q_{nn} \end{bmatrix} \tag{2-6-3}$$

协因数矩阵可以表示观测向量的相对精度，但在相关平差计算中，常常直接用其逆矩阵参与运算。定义协因数矩阵的逆矩阵为观测向量的权矩阵，用 $\boldsymbol{P}_X$ 表示，即

$$\underset{n\times n}{\boldsymbol{P}_X}=\underset{n\times n}{\boldsymbol{Q}^{-1}}=\begin{bmatrix} Q_{11} & Q_{12} & \cdots & Q_{1n} \\ Q_{21} & Q_{22} & \cdots & Q_{2n} \\ \vdots & \vdots & & \vdots \\ Q_{n1} & Q_{n2} & \cdots & Q_{nn} \end{bmatrix}^{-1}=\begin{bmatrix} p_{11} & p_{12} & \cdots & p_{1n} \\ p_{21} & p_{22} & \cdots & p_{2n} \\ \vdots & \vdots & & \vdots \\ p_{n1} & p_{n2} & \cdots & p_{nn} \end{bmatrix} \tag{2-6-4}$$

当然，协因数矩阵与权矩阵互为逆矩阵，即 $\boldsymbol{Q}=\boldsymbol{P}_X^{-1}$。

从以上讨论中可以看出：对单个观测值来说，其相对精度指标为权和协因数，二者互为倒数；对观测值向量来说，其相对精度指标为协因数矩阵和权矩阵，二者互为逆矩阵关系。

注意：观测值的协因数均可在其观测向量的协因数矩阵中（主对角线上的元素）找出，而观测值的权不一定能在其观测向量的权矩阵中找出。当 $\boldsymbol{Q}_{XX}$ 是对角矩阵（观测值之间相互独立）时，权矩阵 $\boldsymbol{P}_X$ 为对角矩阵，此时，其主对角线上的元素为相应观测值的权；当 $\boldsymbol{Q}_{XX}$ 是非对角矩阵（观测值相互不独立）时，权矩阵 $\boldsymbol{P}_X$ 的主对角线上的元素不是相应观测值的权，但它们在平差中的作用与观测值的权相同。

三、协因数传播律

由协因数矩阵的定义可知，协因数矩阵可由协方差矩阵除以单位权方差 σ_0^2 得到，再根据协方差传播律，可以方便地导出由观测向量的协因数矩阵求其函数的协因数矩阵的计算公式，这个公式就称为协因数传播律。这里就一般函数推导其协因数传播律。

（一）单个函数的协因数传播律

设有独立观测值的函数

$$z=f(x_1,x_2,\cdots x_n)$$

式中，x_i 为独立观测值，其权为 p_i。现欲求函数 z 的权。

对函数 z 求全微分，得

$$\mathrm{d}Z=\left(\frac{\partial f}{\partial x_1}\right)_0\mathrm{d}x_1+\left(\frac{\partial f}{\partial x_2}\right)_0\mathrm{d}x_2+\cdots+\left(\frac{\partial f}{\partial x_n}\right)_0\mathrm{d}x_n=k_1\mathrm{d}x_1+k_2\mathrm{d}x_2+\cdots+k_n\mathrm{d}x_n \tag{2-6-5}$$

式中，$k_i=\left(\dfrac{\partial f}{\partial x_i}\right)_0$，是函数 z 关于 x_i 的偏导数。设

$$\underset{1\times n}{\boldsymbol{K}}=[k_1\ \ k_2\ \ \cdots\ \ k_n],\ \underset{n\times 1}{\mathrm{d}\boldsymbol{X}}=[\mathrm{d}x_1\ \ \mathrm{d}x_2\ \ \cdots\ \ \mathrm{d}x_n]^{\mathrm{T}}$$

其矩阵表达式为

$$\mathrm{d}z=\underset{1\times n}{\boldsymbol{K}}\,\underset{n\times 1}{\mathrm{d}\boldsymbol{X}}$$

由于任意观测向量的协方差矩阵总是等于单位权方差 σ_0^2 乘以该向量的协因数矩阵（由协因数的定义可得到），因此可以很方便地由协方差矩阵传播公式得到观测值向量 $\boldsymbol{X}$ 的函数 z 的协因数传播公式，即

$$Q_{zz}=\underset{1\times n}{\boldsymbol{K}}\,\underset{n\times n}{\boldsymbol{Q}_{XX}}\,\underset{n\times 1}{\boldsymbol{K}^{\mathrm{T}}} \tag{2-6-6}$$

注意：当函数为线性函数式时，不需要通过微分即可得到系数矩阵 $\boldsymbol{K}$，可直接应用式（2-6-6）求取函数的协因数。

当观测值 $x_1,x_2,\cdots,x_n$ 之间相互独立时，组成观测向量 $\boldsymbol{X}$，其协因数矩阵为对角矩阵，即

$$\underset{n\times n}{\boldsymbol{Q}_{XX}}=\begin{bmatrix}Q_{11}&0&\cdots&0\\0&Q_{22}&\cdots&0\\\vdots&\vdots&&\vdots\\0&0&\cdots&Q_{nn}\end{bmatrix}=\begin{bmatrix}\dfrac{1}{p_1}&0&\cdots&0\\0&\dfrac{1}{p_2}&\cdots&0\\\vdots&\vdots&&\vdots\\0&0&\cdots&\dfrac{1}{p_n}\end{bmatrix}$$

由式(2-6-6)可得

$$Q_{zz}=\boldsymbol{K}\boldsymbol{Q}_{\boldsymbol{XX}}\boldsymbol{K}^{\mathrm{T}}=[k_1\quad k_2\quad\cdots\quad k_n]\begin{bmatrix}\frac{1}{p_1}&0&\cdots&0\\0&\frac{1}{p_2}&\cdots&0\\\vdots&\vdots&&\vdots\\0&0&\cdots&\frac{1}{p_n}\end{bmatrix}\begin{bmatrix}k_1\\k_2\\\vdots\\k_n\end{bmatrix}$$

$$Q_{zz}=k_1^2\frac{1}{p_1}+k_2^2\frac{1}{p_2}+\cdots+k_n^2\frac{1}{p_n}\tag{2-6-7}$$

式(2-6-7)即为独立观测值的权倒数与独立观测值函数的权倒数的一般关系式,称为权倒数传播律。

[**例 2-13**]已知独立观测值 L_i 的权均为 p,求算术平均值 $x=\frac{[L]}{n}$ 的权 P_x。

解:算术平均值为

$$x=\frac{[L]}{n}=\frac{1}{n}L_1+\frac{1}{n}L_2+\cdots+\frac{1}{n}L_n$$

由权倒数传播律式(2-6-7)可得

$$Q_{xx}=\frac{1}{P_x}=\frac{1}{n^2}\frac{1}{p}+\frac{1}{n^2}\frac{1}{p}+\cdots+\frac{1}{n^2}\frac{1}{p}=\frac{1}{np}$$

则算术平均值的权为

$$P_x=\frac{1}{Q_{xx}}=np\tag{2-6-8}$$

即算术平均值之权等于观测值之权的 n 倍。当各个观测值为单位权观测值,即令 $p=1$ 时,$P_x=n$。

(二)多个函数的协因数传播律

设有观测向量 $\underset{n\times1}{\boldsymbol{X}}=[x_1\ x_2\ \cdots\ x_n]^{\mathrm{T}}$,若有 $\boldsymbol{X}$ 的 t 个函数 z,设为

$$\begin{aligned}z_1&=f_1(x_1,x_2,\cdots,x_n)\\z_2&=f_2(x_1,x_2,\cdots,x_n)\\&\vdots\\z_t&=f_t(x_1,x_2,\cdots,x_n)\end{aligned}$$

其微分式为

$$\begin{aligned}\mathrm{d}z_1&=\left(\frac{\partial f_1}{\partial x_1}\right)_0\mathrm{d}x_1+\left(\frac{\partial f_1}{\partial x_2}\right)_0\mathrm{d}x_2+\cdots+\left(\frac{\partial f_1}{\partial x_n}\right)_0\mathrm{d}x_n\\\mathrm{d}z_2&=\left(\frac{\partial f_2}{\partial x_1}\right)_0\mathrm{d}x_1+\left(\frac{\partial f_2}{\partial x_2}\right)_0\mathrm{d}x_2+\cdots+\left(\frac{\partial f_2}{\partial x_n}\right)_0\mathrm{d}x_n\\&\vdots\\\mathrm{d}z_t&=\left(\frac{\partial f_t}{\partial x_1}\right)_0\mathrm{d}x_1+\left(\frac{\partial f_t}{\partial x_2}\right)_0\mathrm{d}x_2+\cdots+\left(\frac{\partial f_t}{\partial x_n}\right)_0\mathrm{d}x_n\end{aligned}$$

设

$$\underset{t\times1}{\boldsymbol{Z}}=\begin{bmatrix}z_1\\z_2\\\vdots\\z_t\end{bmatrix},\ \underset{t\times1}{\mathrm{d}\boldsymbol{Z}}=\begin{bmatrix}\mathrm{d}z_1\\\mathrm{d}z_2\\\vdots\\\mathrm{d}z_t\end{bmatrix},\ \underset{t\times n}{\boldsymbol{K}}=\begin{bmatrix}\left(\frac{\partial f_1}{\partial x_1}\right)_0 & \left(\frac{\partial f_1}{\partial x_2}\right)_0 & \cdots & \left(\frac{\partial f_1}{\partial x_n}\right)_0\\\left(\frac{\partial f_2}{\partial x_1}\right)_0 & \left(\frac{\partial f_2}{\partial x_2}\right)_0 & \cdots & \left(\frac{\partial f_2}{\partial x_n}\right)_0\\\vdots & \vdots & & \vdots\\\left(\frac{\partial f_t}{\partial x_1}\right)_0 & \left(\frac{\partial f_t}{\partial x_2}\right)_0 & \cdots & \left(\frac{\partial f_t}{\partial x_n}\right)_0\end{bmatrix},\ \underset{n\times1}{\mathrm{d}\boldsymbol{X}}=\begin{bmatrix}\mathrm{d}x_1\\\mathrm{d}x_2\\\vdots\\\mathrm{d}x_n\end{bmatrix}$$

则有

$$\underset{t\times1}{\mathrm{d}\boldsymbol{Z}}=\underset{t\times n}{\boldsymbol{K}}\underset{n\times1}{\mathrm{d}\boldsymbol{X}} \tag{2-6-9}$$

得 $\boldsymbol{Z}$ 的协因数矩阵为

$$\underset{t\times t}{\boldsymbol{Q}_{ZZ}}=\underset{t\times n}{\boldsymbol{K}}\underset{n\times n}{\boldsymbol{Q}_{XX}}\underset{n\times t}{\boldsymbol{K}^{\mathrm{T}}}=\begin{bmatrix}Q_{z_1z_1} & Q_{z_1z_2} & \cdots & Q_{z_1z_t}\\Q_{z_2z_1} & Q_{z_2z_2} & \cdots & Q_{z_2z_t}\\\vdots & \vdots & & \vdots\\Q_{z_tz_1} & Q_{z_tz_2} & \cdots & Q_{z_tz_t}\end{bmatrix} \tag{2-6-10}$$

[例 2-14]如图 2-11 所示，在测站 O 上观测了 A、B、C、D 四个方向，得到方向值 L_1、L_2、L_3、L_4。设各个方向值之间互相独立且等精度，其协因数矩阵为

$$\boldsymbol{Q}_{LL}=\begin{bmatrix}1&0&0&0\\0&1&0&0\\0&0&1&0\\0&0&0&1\end{bmatrix}$$

试求角度 $\boldsymbol{\beta}=[\beta_1\ \ \beta_2\ \ \beta_3]^{\mathrm{T}}$ 的协因数矩阵。

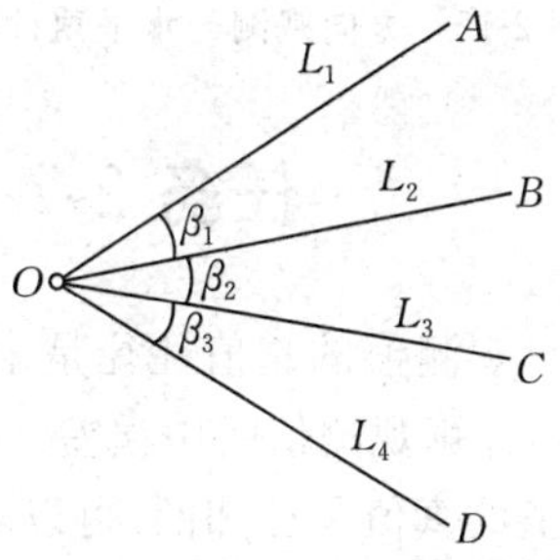

图 2-11　方向观测与水平角观测

解：由图 2-11 可知角度与方向值之间的关系为

$$\beta_1=-L_1+L_2$$
$$\beta_2=-L_2+L_3$$
$$\beta_3=-L_3+L_4$$

$$\begin{bmatrix}\beta_1\\\beta_2\\\beta_3\end{bmatrix}=\begin{bmatrix}-1&1&0&0\\0&-1&1&0\\0&0&-1&1\end{bmatrix}\begin{bmatrix}L_1\\L_2\\L_3\\L_4\end{bmatrix}$$

按协因数传播律可得

$$\boldsymbol{Q}_{\beta\beta}=\begin{bmatrix}-1&1&0&0\\0&-1&1&0\\0&0&-1&1\end{bmatrix}\begin{bmatrix}1&0&0&0\\0&1&0&0\\0&0&1&0\\0&0&0&1\end{bmatrix}\begin{bmatrix}-1&0&0\\1&-1&0\\0&1&-1\\0&0&1\end{bmatrix}=\begin{bmatrix}2&-1&0\\-1&2&-1\\0&-1&2\end{bmatrix}$$

此例说明：在一个测站上，当有两个以上方向时，由方向观测值求出的角度值是相关的。

四、技能训练——协因数传播律的应用

(一)范例

[**范例 2-12**]见[例 2-13]。

[**范例 2-13**]见[例 2-14]。

(二)实训

[**实训 2-12**]已知独立观测值 L_i 的权为 $p_i(i=1,2,\cdots,n)$,求加权平均值 $x=\frac{[pL]}{[p]}$ 的权 P_x。

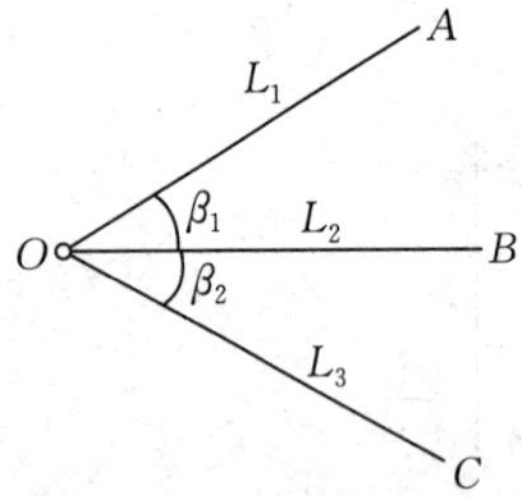

图 2-12 方向观测与水平角计算

[**实训 2-13**]如图 2-12 所示,在测站 O 上观测了 A、B、C 三个方向,得到方向值 L_1、L_2、L_3。设各个方向值之间互相独立且等精度,其协因数矩阵为

$$\boldsymbol{Q}_{LL}=\begin{bmatrix}1 & 0 & 0\\0 & 1 & 0\\0 & 0 & 1\end{bmatrix}$$

试求角度 $\boldsymbol{\beta}=[\beta_1\quad\beta_2]^{\mathrm{T}}$ 的协因数矩阵。

任务 2-7 由真误差计算中误差的实际应用

观测值的真值往往是未知的,其真误差也就无法得到,因此不能利用中误差的定义式(2-2-4)计算观测值的中误差。在某些特定情况下,尽管观测值的真值未知,但由观测值构成的函数值的真值是已知的,可以求出函数值的真误差,进而求得函数值的中误差,再利用误差传播律反求观测值的中误差。

一、由三角形闭合差计算测角中误差

设在一个三角网中,等精度独立观测 n 个三角形的三个内角。由各观测值计算出 n 个三角形内角和的真误差分别为 $-w_1,-w_2,\cdots,-w_n$(w 即三角形闭合差)。根据中误差的定义式(2-2-4)可计算出三角形内角和的中误差为

$$\hat{\sigma}_{\Sigma}=\sqrt{\frac{[ww]}{n}} \tag{2-7-1}$$

式中,$[ww]$ 表示 $\sum_{i=1}^{n}w_i^2$;n 为三角形个数。

由于三角形的内角和是三内角观测值的和,即

$$\Sigma_i=\alpha_i+\beta_i+\gamma_i\quad(i=1,2,\cdots,n)$$

根据误差传播律可得

$$\hat{\sigma}_{\Sigma}=\sqrt{3}\hat{\sigma}$$

式中,$\hat{\sigma}$ 为各内角观测值的中误差。因此,测角中误差为

$$\hat{\sigma}=\frac{\hat{\sigma}_{\Sigma}}{\sqrt{3}}$$

将式(2-7-1)代入得

$$\hat{\sigma}=\sqrt{\frac{[ww]}{3n}} \tag{2-7-2}$$

式(2-7-2)就是由三角形闭合差计算测角中误差的计算公式，也称为菲列罗(Ferrero)公式，主要在三角网观测外业结束后用于估算测角中误差。应用该公式时，要使估算的测角中误差精度可靠，三角形的个数不宜太少。

二、由非等精度观测值的真误差计算单位权中误差

设一系列非等精度观测值及其对应的真误差和权分别为

$$L_1, L_2, \cdots, L_n$$
$$\Delta_1, \Delta_2, \cdots, \Delta_n$$
$$p_1, p_2, \cdots, p_n$$

因为观测值 L_i 的精度不同，Δ_i 的精度也不同，所以不能采用中误差定义式计算非等精度观测值的中误差。

现将非等精度观测值 L_i 乘以相应权 p_i 的平方根，组成一组虚拟观测值 L_i'，L_i' 与实际观测值 L_i 的关系为

$$L_i'=\sqrt{p_i}L_i \quad (i=1,2,\cdots,n)$$

则 L_i' 的中误差为

$$\sigma_i'=\sqrt{p_i}\sigma_i \tag{2-7-3}$$

由权的定义可知

$$\sigma_i=\frac{\sigma_0}{\sqrt{p_i}}$$

代入式(2-7-3)得

$$\sigma_i'=\sqrt{p_i}\sigma_i=\sqrt{p_i}\ \frac{\sigma_0}{\sqrt{p_i}}=\sigma_0$$

可见，虚拟观测值 $L_i'(i=1,2,\cdots,n)$ 的中误差相同，并且等于单位权中误差 σ_0。因此，可以把虚拟观测值 L_i' 看作等精度的观测值，其权为 1，则求单位权中误差实际上就是求虚拟观测值 L_i' 的中误差 σ_i'。

根据关系式 $L_i'=\sqrt{p_i}L_i$ 可得到真误差关系式为

$$\Delta_i'=\sqrt{p_i}\Delta_i \quad (i=1,2,\cdots,n)$$

由式(2-2-4)可得单位权中误差为

$$\hat{\sigma}_0=\sqrt{\frac{[\Delta'\Delta']}{n}}=\sqrt{\frac{[p\Delta\Delta]}{n}} \tag{2-7-4}$$

式(2-7-4)就是利用非等精度观测值的真误差计算单位权中误差的计算公式。

三、由双观测值之差计算中误差

在测量工作中，经常对一系列观测量进行成对观测，形成双观测值。例如，水准测量中对各测段高差进行往返测，对一条边测量两次边长等。对同一个量值进行两次观测形成的双观

测值称为观测对或双观测列。观测对的真值相同,真值之差为零,因此可以利用各观测对之差计算中误差。

设对 $x_1,x_2,\cdots,x_n$ 各观测两次,得到独立观测值为

$$L'_1,\ L'_2,\ \cdots,\ L'_n$$
$$L''_1,\ L''_2,\ \cdots,\ L''_n$$

式中,L'_i和L''_i是对x_i 的两次观测结果,称为一个观测对。假定同一观测对的两个观测值L'_i 和L''_i精度相同,其权为 p_i,而不同观测对的精度则不相同,即权 p_i 的数值随i 的不同而异。由此得各观测值之差为

$$d_i = L'_i - L''_i \quad (i=1,2,\cdots,n)$$

由权倒数传播律可得其权为

$$p_{d_i} = \frac{p_i}{2} \tag{2-7-5}$$

显然,d_i 的精度也各不相同。由于差数 d_i 的真值为零,所以差数 d_i 是权为p_{d_i} 观测对差值的真误差,即 $\Delta d_i = d_i - 0 = d_i$,则由式(2-7-4)得单位权中误差为

$$\hat{\sigma}_0 = \sqrt{\frac{[p_d dd]}{n}}$$

顾及式(2-7-5),得

$$\hat{\sigma}_0 = \sqrt{\frac{[pdd]}{2n}} \tag{2-7-6}$$

式中,p_i 为L'_i和L''_i的权;n 为观测对的个数。

计算出单位权中误差 σ_0 后,即可求出各观测值 L'_i和 L''_i 的中误差为

$$\hat{\sigma}_{L'_i} = \hat{\sigma}_{L''_i} = \hat{\sigma}_0\sqrt{\frac{1}{p_i}} \tag{2-7-7}$$

第 i 对观测值的算术平均值为

$$x_i = \frac{L'_i + L''_i}{2}$$

其中误差为

$$\hat{\sigma}_{x_i} = \frac{\hat{\sigma}_{L_i}}{\sqrt{2}} = \hat{\sigma}_0\sqrt{\frac{1}{2p_i}} \tag{2-7-8}$$

特殊情况,如果所有观测值都是等精度观测值,可令它们的权均为 1,即都是单位权观测值,由式(2-7-6)得等精度双观测对的观测中误差为

$$\hat{\sigma}_0 = \sqrt{\frac{[dd]}{2n}} \tag{2-7-9}$$

四、技能训练——往返水准路线平差计算

(一)范例

[范例 2-14]设在 A、B 两水准点间分 5 段进行水准测量,每段测 2 次,其结果列于表 2-4,试求:

(1)每千米高差的中误差。

(2)第二段观测高差的中误差。

(3)第二段高差平均值的中误差。

(4)全长一次观测高差的中误差。

(5)全长高差平均值的中误差。

表 2-4　往返水准路线观测数据及往返高差之差、权的计算

段号	路线长度 S/km	高差/m		往返高差之差	$p=\frac{1}{S}$
		往测 h'	返测 h''	$(d=h'-h'')$/mm	
1	4.0	+1.444	+1.437	+7	0.250
2	3.0	−0.348	−0.356	+8	0.333
3	2.0	+0.584	+0.593	−9	0.500
4	1.5	−3.360	−0.352	−8	0.667
5	2.5	−0.053	−0.063	+10	0.400

解：令 $C=1$ km，即令 1 km 观测高差为单位权中误差。

(1)单位权中误差(每千米高差的中误差)为

$$\hat{\sigma}_0=\sqrt{\frac{[pdd]}{2n}}=3.96\ \text{mm}$$

(2)第二段观测高差的中误差为

$$\hat{\sigma}_{h_2'}=\hat{\sigma}_0\sqrt{\frac{1}{p_{h_2'}}}=6.86\ \text{mm}$$

(3)第二段高差平均值的中误差为

$$\hat{\sigma}_{x_2}=\frac{\hat{\sigma}_{h_2'}}{\sqrt{2}}=4.85\ \text{mm}$$

(4)全长一次观测高差的中误差为

$$\hat{\sigma}_{全}=\hat{\sigma}_0\sqrt{[S]}=14.28\ \text{mm}$$

(5)全长高差平均值的中误差为

$$\hat{\sigma}_{[x]}=\frac{\hat{\sigma}_{全}}{\sqrt{2}}=10.10\ \text{mm}$$

(二)实训

[实训 2-14]对一条水准路线分 5 段进行测量，每段均进行往返观测，观测值见表 2-5。

表 2-5　往返水准路线观测数据

段号	路线长度 S/km	高差/m	
		往测 h'	返测 h''
1	2.0	−0.756	−0.770
2	5.0	−2.466	−2.442
3	2.5	+8.964	+8.980
4	4.0	−6.404	−6.430
5	5.0	−4.880	−4.880

令 1 km 观测高差的权为单位权，试求：

(1)单位权中误差。

(2)各段高差平均值的中误差。

(3)全长高差平均值的中误差。

任务 2-8 测量平差的原则

测量平差就是采用合适的方法,正确地消除各观测值之间的矛盾,合理地分配误差,求出观测值及其函数的最或然值(即最可靠值),同时评定测量结果的精度。

为了提高观测精度和避免差错,对未知量的观测次数总是比必要的观测次数要多。例如,要确定三角形的形状,只需测定其中任意两个角度就行了。这种为了确定未知量的大小而必须观测的个数,称为必要观测,通常以 t 表示。但是为了提高观测精度和避免差错,实际工作中,通常也对第三个内角进行观测,相对于必要观测,对第三个内角的观测称为多余观测,通常以 r 表示。

设观测总数为 n,则有

$$r = n - t \tag{2-8-1}$$

因此,单三角形的多余观测数 $r = n - t = 3 - 2 = 1$。

由于总是要进行多余观测,又因观测中不可避免地要产生随机误差,故观测值之间就会出现矛盾。例如,三角形 3 个内角的观测值 L_1、L_2、L_3 之和不等于 180°,这就产生了三角形闭合差,以符号 w 表示,即

$$w = (L_1 + L_2 + L_3) - 180° \tag{2-8-2}$$

因此,必须对观测值 $L_i (i = 1,2,3)$ 进行改正,在观测值 L_i 中加入改正数 v_i,求出改正后的观测值,也就是平差值 $\hat{L}_i$,即

$$\hat{L}_i = L_i + v_i \tag{2-8-3}$$

平差值 $\hat{L}_i$ 需满足

$$\hat{L}_1 + \hat{L}_2 + \hat{L}_3 - 180° = 0 \tag{2-8-4}$$

或

$$v_1 + v_2 + v_3 = -w \tag{2-8-5}$$

满足式(2-8-5)的改正数 v_i 有无穷多组解,最后必须选取一组解,且该组解的精度最高。可以证明(证明过程从略),在观测值精度相同且独立时,各观测值改正数的平方和最小的那组改正数使平差结果的精度最高,即

$$[vv] = \min \tag{2-8-6}$$

这就是测量平差遵循的原则——最小二乘原理。由此得到的观测值的平差值称为最或然值。

若将改正数用向量表示,即

$$\mathbf{V} = \begin{bmatrix} v_1 \\ v_2 \\ \vdots \\ v_n \end{bmatrix}$$

则式(2-8-6)可用矩阵形式表示为

$$\mathbf{V}^{\mathrm{T}}\mathbf{V} = \min \tag{2-8-7}$$

当观测值的精度不同但相互独立时，设各观测值的权为 p_i，则最小二乘原理的纯量式为

$$[pvv]=\min \tag{2-8-8}$$

其矩阵式为

$$\boldsymbol{V}^{\mathrm{T}}\boldsymbol{P}\boldsymbol{V}=\min \tag{2-8-9}$$

式中

$$\boldsymbol{P}=\begin{bmatrix} p_1 & 0 & \cdots & 0 \\ 0 & p_2 & \cdots & 0 \\ \vdots & \vdots & & \vdots \\ 0 & 0 & \cdots & p_n \end{bmatrix}$$

当观测值的精度不同且为相关观测值时，其权矩阵为

$$\boldsymbol{P}=\boldsymbol{Q}^{-1}=\begin{bmatrix} p_{11} & p_{12} & \cdots & p_{1n} \\ p_{21} & p_{22} & \cdots & p_{2n} \\ \vdots & \vdots & & \vdots \\ p_{n1} & p_{n2} & \cdots & p_{nn} \end{bmatrix}$$

最小二乘法原理的矩阵表达式为

$$\boldsymbol{V}^{\mathrm{T}}\boldsymbol{P}\boldsymbol{V}=\min \tag{2-8-10}$$

综上所述，测量平差的原则为：①用一组改正数来消除不符值；②该组改正数必须满足 $\boldsymbol{V}^{\mathrm{T}}\boldsymbol{P}\boldsymbol{V}=\min$。

[例 2-15]设对某量等精度观测 n 次，其观测值为 $L_1,L_2,\cdots,L_n$，试按最小二乘法原理求该量的最或然值。

解：设该量的最或然值为 x，观测值的改正数为 v，则

$$v_i=x-L_i \quad (i=1,2,\cdots,n)$$

由式(2-8-6)可得

$$[vv]=v_1^2+v_2^2+\cdots+v_n^2=(x-L_1)^2+(x-L_2)^2+\cdots+(x-L_n)^2=\min$$

为了求出上式的最小值，对 x 求一阶导数，并令其为零，得

$$\frac{\mathrm{d}[vv]}{\mathrm{d}x}=2(x-L_1)+2(x-L_2)+\cdots+2(x-L_n)=0$$

整理得

$$nx-[L]=0$$

即

$$x=\frac{[L]}{n}$$

上式表明，对某量进行的一组等精度观测值的算术平均值，就是该量的最或然值。

任务 2-9　项目综合技能训练——界址点精度分析

一、范例

[范例 2-15]极坐标定点是确定点的平面位置的主要方法。目前，地籍测量中，主要采用

极坐标法实测界址点。如图 2-13 所示，A、B 为已知点，无误差，β 为角度观测值，S 为边长观测值。待定点 P 坐标计算公式为

$$\left.\begin{aligned} x_P &= x_A + S\cos\alpha_{AP} \\ y_P &= y_A + S\sin\alpha_{AP} \end{aligned}\right\}$$

式中，$\alpha_{AP}=\alpha_{AB}+\beta$。试求 x_P、y_P 的中误差。

(1) P 点误差来源分析。如图 2-13 所示，在 A 点设站，B 点为后视点，瞄准待定点 P，测定角度 β、边长 S，通过极坐标法求算 P 点的坐标。在 A、B 无误差的情况下，P 点的误差来源于以下三项误差。

——由 β、S 引起的观测误差 σ_1。据任务 2-4 可知

$$\sigma_1^2=\sigma_S^2+\frac{S^2}{\rho''^2}\sigma_\beta^2$$

采用全站仪施测，观测误差 σ_1 主要由测距误差 σ_S 和测角误差 σ_β 构成。实践证明，因野外作业受各种因素的影响，测距误差要大于全站仪的标称精度，而短距离测角误差约 20″。

——测站点 A、后视点 B 对中误差的影响 σ_2。如图 2-14 所示，由于受到测站点 A、后视点 B 对中误差 $\sigma_{中}$ 的影响(设两点的对中误差相同)，使得 A、B 的点位分别移至 A'、B'，导致 P 移至 P'，从而产生误差 σ_2。其计算式(推导过程略)为

$$\sigma_2^2=\left(1+\frac{S^2}{S_0^2}\right)\sigma_{中}^2$$

式中，$\sigma_{中}$ 为全站仪光学对中误差，一般可以控制在 2～3 mm。

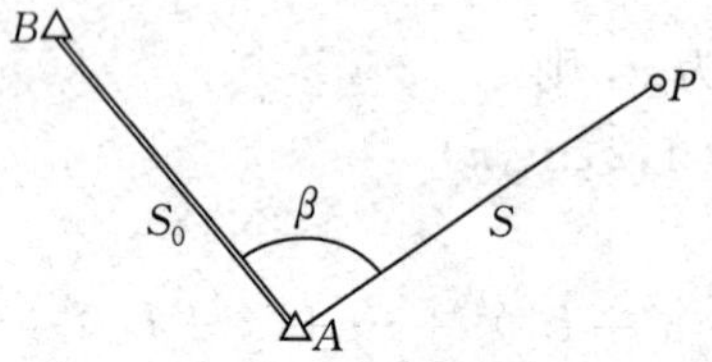

图 2-13 极坐标法定点

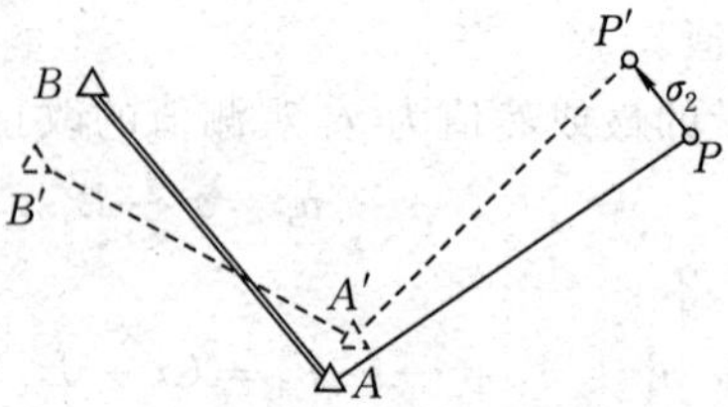

图 2-14 极坐标法定点误差分析

——界址点棱镜中心偏离界址点的误差 σ_3。测量时，棱镜如能直接立在界址点上，σ_3 可取 5～10 mm；如果界址点为房角或其他难以直接立住棱镜的地物，误差较大，可取 2～3 cm。

(2) P 点总误差 σ_P。上述 3 种误差相互独立，根据独立误差联合影响的计算式(2-4-10)可得 P 点总误差为

$$\sigma_P^2=\sigma_1^2+\sigma_2^2+\sigma_3^2$$

二、实训

[实训 2-15]如图 2-13 所示，为确定界址点 P 的坐标，采用全站仪极坐标法施测，测得 $S=90$ m，$\beta=115°20'16''$。已知 AB 的距离 $S_0=100$ m，现设 $\sigma_S=(6+2S)$mm（S 单位为 km)，$\sigma_\beta=20''$，仪器对中误差 $\sigma_{中}=3$ mm，棱镜中心偏离界址点误差 $\sigma_3=3$ mm。试求：

(1)界址点 P 的点位总误差 σ_P。

(2)若 $S_0=30$ m，求算 σ_P。

(3)分析 S_0 的长短对待定点 P 的精度影响，并提出实际作业时提高施测精度的措施。

项目小结

本项目为误差基本理论，主要内容包括：两个重要概念和指标——中误差和权；两个反映观测值（随机量）与其函数之间误差关系的传播律——误差传播律和协因数传播律。在此基础上，介绍了常见测量问题的误差计算及定权方法，以及真误差计算中误差的应用；最后归纳出测量平差所遵循的原则。

一、重点和难点

本项目的重点和难点有：中误差的含义及其与真误差的关系；权及常见测量问题的定权方法；应用两个传播律对具体测量问题进行误差估算和精度分析（如界址点精度分析）。

二、主要计算公式

（一）真误差

真误差的计算公式为

$$\Delta_i = \widetilde{L}_i - L_i \quad (i=1,2,\cdots,n)$$

（二）衡量精度的指标

1. 中误差

中误差计算公式为

$$\sigma = \lim_{n\to\infty}\sqrt{\frac{[\Delta\Delta]}{n}},\ \hat{\sigma} = \sqrt{\frac{[\Delta\Delta]}{n}}$$

2. 极限误差

极限误差计算公式为

$$\Delta_{限} = 2\sigma$$

3. 相对误差

（1）相对中误差计算公式为

$$K_\sigma = \frac{\sigma}{L}$$

（2）相对真误差计算公式为

$$K_\Delta = \frac{\Delta}{L}$$

（三）观测向量 $\boldsymbol{X}$ 的协方差矩阵

（1）方差与协方差计算公式为

$$\sigma_x^2 = \lim_{n\to\infty}\frac{[\Delta_x\Delta_x]}{n},\ \sigma_y^2 = \lim_{n\to\infty}\frac{[\Delta_y\Delta_y]}{n},\ \sigma_{xy} = \lim_{n\to\infty}\frac{[\Delta_x\Delta_y]}{n}$$

$$\hat{\sigma}_x^2 = \frac{[\Delta_x\Delta_x]}{n},\ \hat{\sigma}_y^2 = \frac{[\Delta_y\Delta_y]}{n},\hat{\sigma}_{xy} = \frac{[\Delta_x\Delta_y]}{n}$$

（2）观测向量 $\boldsymbol{X}$ 的协方差矩阵为

$$\underset{n\times n}{\boldsymbol{D}_{XX}}=\begin{bmatrix}\sigma_1^2 & \sigma_{12} & \cdots & \sigma_{1n}\\ \sigma_{21} & \sigma_2^2 & \cdots & \sigma_{2n}\\ \vdots & \vdots & & \vdots\\ \sigma_{n1} & \sigma_{n2} & \cdots & \sigma_n^2\end{bmatrix}$$

(四)协方差传播律

1. 观测值的函数

观测值的函数为

$$z=f(\boldsymbol{X})=f(x_1,x_2,\cdots,x_n)$$

2. 函数的真误差关系式(微分式)

函数的真误差关系式(微分式)为

$$\mathrm{d}z=k_1\mathrm{d}x_1+k_2\mathrm{d}x_2+\cdots+k_n\mathrm{d}x_n=\boldsymbol{K}\mathrm{d}\boldsymbol{X}$$

式中，$k_i=\left(\dfrac{\partial f}{\partial x_i}\right)_0$。

3. 单个函数的协方差矩阵

(1)矩阵形式为

$$D_{zz}=\sigma_z^2=\underset{1\times n}{\boldsymbol{K}}\underset{n\times n}{\boldsymbol{D}_{XX}}\underset{n\times 1}{\boldsymbol{K}^{\mathrm{T}}}$$

(2)纯量形式为

$$\begin{aligned}D_{zz}=\sigma_z^2=&k_1^2\sigma_1^2+k_2^2\sigma_2^2+\cdots+k_n^2\sigma_n^2+\\&2k_1k_2\sigma_{12}+2k_1k_3\sigma_{13}+\cdots+2k_1k_n\sigma_{1n}+\\&2k_2k_3\sigma_{23}+\cdots+2k_2k_n\sigma_{2n}+\\&\cdots+2k_{n-1}k_n\sigma_{n-1,n}\end{aligned}$$

(3)在独立观测值的情况下为

$$D_{zz}=\sigma_z^2=k_1^2\sigma_1^2+k_2^2\sigma_2^2+\cdots+k_n^2\sigma_n^2$$

4. t 个函数的协方差矩阵

t 个函数的协方差矩阵为

$$\underset{t\times t}{\boldsymbol{D}_{ZZ}}=\underset{t\times n}{\boldsymbol{K}}\underset{n\times n}{\boldsymbol{D}_{XX}}\underset{n\times t}{\boldsymbol{K}^{\mathrm{T}}}$$

(五)协因数与协因数传播律

(1)权的定义为

$$p_i=\frac{\sigma_0^2}{\sigma_i^2}$$

(2)协因数的定义为

$$Q_{xx}=\frac{1}{p_x}=\frac{\sigma_x^2}{\sigma_0^2},\ Q_{yy}=\frac{1}{p_y}=\frac{\sigma_y^2}{\sigma_0^2},\ Q_{xy}=\frac{1}{p_{xy}}=\frac{\sigma_{xy}}{\sigma_0^2}$$

(3)协因数传播律为

$$\underset{t\times t}{\boldsymbol{Q}_{ZZ}}=\underset{t\times n}{\boldsymbol{K}}\underset{n\times n}{\boldsymbol{Q}_{XX}}\underset{n\times t}{\boldsymbol{K}^{\mathrm{T}}}$$

当 $t=1$ 时,该式为单个函数的协因数计算式。

(4)独立观测值函数的权倒数传播律为

$$Q_{ZZ}=\frac{1}{p_z}=k_1^2\frac{1}{p_1}+k_2^2\frac{1}{p_2}+\cdots+k_n^2\frac{1}{p_n}$$

式中，$k_i=\left(\frac{\partial f}{\partial x_i}\right)_0$。

(六)真误差计算中误差的应用

1. 菲列罗公式

菲列罗公式为

$$\hat{\sigma}=\sqrt{\frac{[ww]}{3n}}$$

2. 双观测列的中误差

(1)单位权中误差为

$$\hat{\sigma}_0=\sqrt{\frac{[pdd]}{2n}}$$

式中，n 是观测对的个数。

(2)观测对 L_i' 和 L_i'' 的中误差为

$$\hat{\sigma}_{L_i'}=\hat{\sigma}_{L_i''}=\hat{\sigma}_0\sqrt{\frac{1}{p_i}}$$

式中，p_i 为 L_i' 和 L_i'' 的权。

(3)观测对平均值的中误差为

$$\hat{\sigma}_{x_i}=\frac{\hat{\sigma}_{L_i}}{\sqrt{2}}=\hat{\sigma}_0\sqrt{\frac{1}{2p_i}}$$

(七)若干独立误差的联合影响

独立误差的联合中误差为

$$\sigma_z^2=\sigma_1^2+\sigma_2^2+\cdots+\sigma_n^2$$

(八)测量平差的基本原则

测量平差的基本原则为

$$\boldsymbol{V}^{\mathrm{T}}\boldsymbol{PV}=\min$$

思考与练习题

1. 什么是准确度？什么是精确度？当观测值中不含系统误差时，精确度就是精度吗？

2. 衡量精度的指标有哪些？为什么可以用方差作为衡量精度的指标？

3. 什么是极限误差？它的理论依据是什么？

4. 已知 2 段距离的长度及其中误差为 231.519 m±3.6 cm、569.844 m±3.6 cm，试说明这 2 段距离的真误差、极限误差、精度、相对精度是否分别相等。

5. 观测向量 $\underset{n\times1}{\boldsymbol{X}}$ 的协方差矩阵是怎样定义的？试说明 $\underset{n\times n}{\boldsymbol{D}_{\boldsymbol{XX}}}$ 各个元素的含义。当向量 $\underset{n\times1}{\boldsymbol{X}}$ 的各个分量两两相互独立时，其协方差矩阵有什么特点？

6. 在 $p_i=\frac{\sigma_0^2}{\sigma_i^2}$ 中，σ_0 为任意假定的常数，为什么要称它为单位权中误差？什么样的观测值称为单位权观测值？

7. A、B、C 为三个角度，其权分别为 $\frac{1}{4}$、$\frac{1}{2}$、2，$\angle B$ 的方差为 $16('')^2$，试求单位权方差及 $\angle A$、$\angle C$ 的方差。

8. 设 L_1、L_2、L_3 为某量精度不等的观测值，它们的权比为 $p_1:p_2:p_3=1:2:3$。已知 L_1 的中误差为 $\sigma_1=4''$，试求 L_2、L_3 的中误差 σ_2 和 σ_3。

9. 协方差传播律是用来解决什么问题的？试述应用协方差传播律的具体步骤。

10. 已知独立观测值 L_1、L_2、L_3 的方差分别为 $\sigma_1^2=2$、$\sigma_2^2=3$、$\sigma_3^2=2$，试求下列函数的方差：

(1) $F=L_1-\frac{1}{3}(L_1+L_2+L_3)$。

(2) $Z=L_1-2L_2+3L_3$。

11. 已知观测向量 $\underset{3\times1}{\boldsymbol{L}}$ 的方差矩阵为

$$\boldsymbol{D}_{LL}=\begin{bmatrix}4 & 1 & -1\\ 1 & 3 & 1\\ -1 & 1 & 2\end{bmatrix}$$

试求函数 $F=L_1-2L_2+2(L_1+L_3)$ 的方差。

12. 设在某三角形中，独立测得 L_A、L_B，它们的中误差分别为 $\sigma_A=2.4''$、$\sigma_B=3.2''$，试求 L_C 的中误差 σ_C。

13. 设有随机变量 x_1、x_2，其协方差矩阵为

$$\boldsymbol{D}_{XX}=\begin{bmatrix}3 & 1\\ 1 & 3\end{bmatrix}$$

现有函数 $y_1=2x_1+x_2$，$y_2=x_1+2x_2$，试求 $\sigma_{y_1}^2$、$\sigma_{y_2}^2$、$\sigma_{y_1y_2}$。

14. 已知独立观测值 L_1、L_2、L_3 的方差分别为 σ_1^2、σ_2^2 和 σ_3^2，试求函数 $F=L_1^2+L_2+L_3^{\frac{1}{2}}$ 的方差。

15. 由公式 $h=D\cdot\tan\alpha$ 计算高差。已知 $D=184.8\ \mathrm{m}$，其中误差为 $\pm0.03\ \mathrm{m}$，竖直角 $\alpha=21°40'24''$，其中误差为 $4.0''$。求高差 h 及其中误差 σ_h。

16. 设有一系列精度不等的独立观测值 L_1、L_2、L_3，它们的权分别为 p_1、p_2、p_3，试求下列各函数的协因数：

(1) $F_1=\frac{1}{5}L_1-\frac{4}{5}L_2+\frac{3}{5}L_3$。

(2) $F_2=\frac{L_1+L_2}{2}+L_3$。

17. 设有观测值 L_1、L_2，其方差、协方差分别为 $\sigma_1^2=1$、$\sigma_2^2=4$、$\sigma_{12}=1$，已知 $\sigma_0^2=2$，试求观测值 L_1、L_2 的协因数矩阵 $\boldsymbol{Q}_{LL}$。

18. 设 $\Delta_x=S\cos\alpha$，$\Delta_y=S\sin\alpha$，已知 S 的权为 p_S，α 的权为 p_α，且 S 与 α 独立，试求 Δ_x、Δ_y 的协因数。

19. 以等精度独立观测某三角形的三个内角 L_1、L_2、L_3，其协因数矩阵为 $\underset{3\times3}{\boldsymbol{Q}_{LL}}=\underset{3\times3}{\boldsymbol{I}}$。现将三角形闭合差 w 反号平均分配给各角得 $\hat{L}_i=L_i-\frac{w}{3}$，$w=L_1+L_2+L_3-180°$，试求 $\hat{L}_i$ 的协因数矩阵。

20. 在某平坦地区内的 A、B 两点间敷设水准路线，设 2 km 长的水准路线高差中误差为 5 mm，试求 9 km 及 15 km 长的水准路线高差的中误差。

21. $\angle C$ 是由 $\angle A$ 和 $\angle B$ 之和求得，$\angle A$ 由 16 次观测的算术平均值求出，$\angle B$ 由 24 次观测的算术平均值得出，一次观测的中误差为 $4.0''$，试求 $\angle C$ 的中误差。

22. 在三角形 ABC 中，用 1 测回中误差为 $5''$的经纬仪观测 $\angle A$ 10 测回，其权为 2，试问用 1 测回中误差为 $8''$的经纬仪观测 $\angle B$ 多少测回，才能使其权为 1?

23. 对一条水准路线分四段进行测量，每段均进行往、返观测。观测值见表 2-6。

表 2-6　水准路线观测数据

路线长度 S/km	往测高差 h'/m	返测高差 h''/m
5.3	5.263	5.258
3.1	1.715	1.717
4.3	2.626	2.629
1.0	3.799	3.796

令 1 km 观测高差的权为单位权，试求：

(1)第二段一次观测高差中误差。

(2)第二段高差平均值的中误差。

(3)全长一次观测高差的中误差。

(4)全长高差平均值的中误差。

24. 测量工作中为什么要进行多余观测？测量平差的任务是什么？

项目三　条件平差

［项目概要］

条件平差法是测量数据误差处理的基本方法，在实际测量工程中应用广泛。本项目包括：条件平差的基本原理，条件平差的方法和步骤；水准网条件方程个数的确定与条件方程的列立，法方程的组成与解算，精度评定；水准网条件平差的综合技能训练。

［学习目标］

(1)知识目标：①理解条件平差的基本原理，熟悉相关的计算公式；②了解条件平差的基本方法和步骤；③熟悉矩阵表达计算公式的基本形式和运算方法。

(2)技能目标：①能正确地确定水准网的条件方程个数并列立条件方程式(核心技能)；②掌握组成、解算法方程的方法；③掌握计算单位权中误差的方法；④能正确计算平差值函数的权倒数；⑤借助函数型计算器和MATLAB软件，完成多余观测 $r \leqslant 6$ 的水准网条件方程的列立、法方程的组成与解算和精度评定等全过程平差解算(核心技能)。

(3)素养目标：①在误差分析和平差计算的过程中逐步养成有条不紊的工作习惯、耐心细致的工作作风和精益求精的工匠精神；②严格按照规范作业，确保数据来源的原始性和成果的可靠性；③注重培养分析问题和解决问题的技术素养。

任务 3-1　条件平差的原理

一、条件平差的概念

由于有多余观测，观测量之间受到几何上或物理上的约束，故形成了一定的条件；又因为观测值存在误差，所以观测值不能满足上述条件而产生闭合差。条件平差就是要根据观测量之间所构成的条件，按最小二乘法原理求得各观测值的最或然值，即平差值，以消除因多余观测产生的不符值，并评定观测成果的精度。

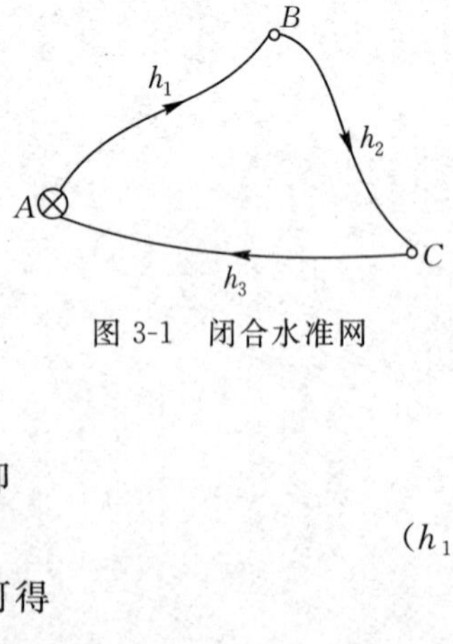

图 3-1　闭合水准网

在图 3-1 中，H_A 为 A 点的已知高程，为了确定 B、C 两个待定点的高程，只要观测两个高差就够了，即必要观测数为 $t=2$，而图中按箭头方向观测了 h_1、h_2、h_3 三个高差，观测个数 $n=3$，则有了 1 个多余观测，即 $r=1$。下面讨论消除因多余观测而产生的不符值的方法。

设真值为 $\tilde{h}_i(i=1,2,3)$，观测值 h_i 的真误差为 Δ_i，则有条件关系式为

$$\tilde{h}_1+\tilde{h}_2+\tilde{h}_3=0 \tag{3-1-1}$$

即

$$(h_1+\Delta_1)+(h_2+\Delta_2)+(h_3+\Delta_3)=0$$

可得

$$\Delta_1+\Delta_2+\Delta_3+w_h=0 \quad (3\text{-}1\text{-}2)$$

式中，$w_h=h_1+h_2+h_3$，为闭合水准路线高差的闭合差。式(3-1-2)即真误差形式的条件关系式。

在式(3-1-2)中存在三个未知量，即 Δ_i，无法求得 Δ_i 的唯一解，也无法得到观测值的真值 $\tilde{h}_i$。但可依据最小二乘原则($\boldsymbol{V}^{\mathrm{T}}\boldsymbol{PV}=\min$) 得到观测值的改正数 v_i，v_i 即真误差 Δ_i 的最或然值，进而求得最接近于真值 $\tilde{h}_i$ 的最或然值 $\hat{h}_i$。

设观测高差 $h_i(i=1,2,3)$ 的最或然值为 $\hat{h}_i$，观测高差的改正数为 v_i，则有 $\hat{h}_i=h_i+v_i$，可得

$$\hat{h}_1+\hat{h}_2+\hat{h}_3=0 \quad (3\text{-}1\text{-}3)$$

$$v_1+v_2+v_3+w_h=0 \quad (3\text{-}1\text{-}4)$$

$$w_h=h_1+h_2+h_3 \quad (3\text{-}1\text{-}5)$$

式(3-1-3)称为平差值条件方程，式(3-1-4)称为改正数条件方程，w_h 为条件方程的自由项(闭合差)。条件平差的任务就是根据最小二乘原则，通过解算条件方程求得改正数的唯一解，从而得到观测值的最或然值。

二、条件平差的数学模型

(一)函数模型

如图 3-2 所示的三角网，观测向量为 $\boldsymbol{L}=[L_1\ L_2\ L_3\ L_4\ L_5\ L_6]^{\mathrm{T}}$，其真值为 $\tilde{\boldsymbol{L}}=[\tilde{L}_1\ \tilde{L}_2\ \tilde{L}_3\ \tilde{L}_4\ \tilde{L}_5\ \tilde{L}_6]^{\mathrm{T}}$。为了确定 △ABD、△BCD 的内角，其必要观测数 $t=4$，因观测个数 $n=6$，故多余观测数 $r=n-t=2$，可列出 2 个线性无关的条件方程，即

$$\tilde{L}_1+\tilde{L}_2+\tilde{L}_3-180°=0$$

$$\tilde{L}_4+\tilde{L}_5+\tilde{L}_6-180°=0$$

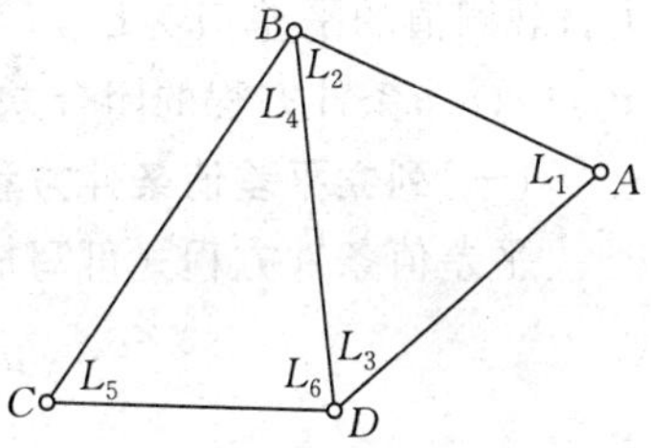

图 3-2　测角三角网

可得

$$(L_1+\Delta_1)+(L_2+\Delta_2)+(L_3+\Delta_3)-180°=0$$

$$(L_4+\Delta_4)+(L_5+\Delta_5)+(L_6+\Delta_6)-180°=0$$

令

$$\boldsymbol{A}=\begin{bmatrix}1&1&1&0&0&0\\0&0&0&1&1&1\end{bmatrix},\ \boldsymbol{A}_0=\begin{bmatrix}-180°\\-180°\end{bmatrix}$$

则有

$$\boldsymbol{A}\tilde{\boldsymbol{L}}+\boldsymbol{A}_0=\boldsymbol{0} \quad (3\text{-}1\text{-}6)$$

一般而言，若某平差问题的总观测数为 n，必要观测数为 t，多余观测数为 $r=n-t$，则有 r 个条件方程，即

$$\underset{r\times n}{\boldsymbol{A}}\ \underset{n\times 1}{\tilde{\boldsymbol{L}}}+\underset{r\times 1}{\boldsymbol{A}_0}=\underset{r\times 1}{\boldsymbol{0}} \quad (3\text{-}1\text{-}7)$$

将 $\underset{n\times 1}{\tilde{\boldsymbol{L}}}=\underset{n\times 1}{\boldsymbol{L}}+\underset{n\times 1}{\boldsymbol{\Delta}}$ 代入式(3-1-7)，并令

$$\underset{r\times 1}{\boldsymbol{W}}=\underset{r\times n}{\boldsymbol{A}}\ \underset{n\times 1}{\boldsymbol{L}}+\underset{r\times 1}{\boldsymbol{A}_0} \quad (3\text{-}1\text{-}8)$$

可得

$$\underset{r\times n}{\boldsymbol{A}}\ \underset{n\times 1}{\boldsymbol{\Delta}}+\underset{r\times 1}{\boldsymbol{W}}=\underset{r\times 1}{\boldsymbol{0}} \quad (3\text{-}1\text{-}9)$$

式(3-1-7)和式(3-1-9)即条件平差的函数模型。实际平差时按最小二乘原则求取最或然值(平差值),以观测值的最或然值(平差值)$\hat{\boldsymbol{L}}$ 代替真值 $\tilde{\boldsymbol{L}}$,以改正数 $\boldsymbol{V}$ 代替真误差 $\boldsymbol{\Delta}$,可得

$$\underset{r\times n}{\boldsymbol{A}}\ \underset{n\times 1}{\hat{\boldsymbol{L}}}+\underset{r\times 1}{\boldsymbol{A}_0}=\underset{r\times 1}{\boldsymbol{0}} \tag{3-1-10}$$

$$\underset{r\times n}{\boldsymbol{A}}\ \underset{n\times 1}{\boldsymbol{V}}+\underset{r\times 1}{\boldsymbol{W}}=\underset{r\times 1}{\boldsymbol{0}} \tag{3-1-11}$$

式(3-1-10)和式(3-1-11)即条件平差的实际函数模型。其中,式(3-1-10)称为平差值条件方程,式(3-1-11)称为改正数条件方程。通常所说的"条件方程"就是指改正数条件方程。如果平差值条件方程为非线性函数,则需先对其进行线性化才能得到改正数条件方程。具体方法将在后续内容讲述。

(二)随机模型

观测不可避免地带有偶然误差,使观测结果具有随机性,从概率统计学的观点来看,观测值是一个随机变量。描述随机变量的精度指标是方差(中误差),描述两个随机变量之间相关性的是协方差,方差、协方差是随机变量的主要统计性质。

随机模型描述了平差问题中的随机变量(观测值)的统计性质,是观测精度及各观测值之间可能存在的随机相关性的数学表达式。对于观测向量 $\underset{n\times 1}{\boldsymbol{L}}=[L_1\ \ L_2\ \ \cdots\ \ L_n]^{\mathrm{T}}$,随机模型是指 $\boldsymbol{L}$ 的方差-协方差矩阵,即

$$\underset{n\times n}{\boldsymbol{D}}=\sigma_0^2\underset{n\times n}{\boldsymbol{Q}}=\sigma_0^2\underset{n\times n}{\boldsymbol{P}^{-1}} \tag{3-1-12}$$

式中,$\boldsymbol{Q}$ 为 $\boldsymbol{L}$ 的协因数矩阵;$\boldsymbol{P}$ 为 $\boldsymbol{L}$ 的权矩阵,$\boldsymbol{P}$ 与 $\boldsymbol{Q}$ 互为逆矩阵;σ_0 为单位权方差。

三、条件平差的解算方法

设有某个平差问题,其观测值及相应量用下列符号表示:n 个独立观测值为 $L_1,L_2,\cdots,L_n$;观测值的平差值为 $\hat{L}_1,\hat{L}_2,\cdots,\hat{L}_n$;观测值的权为 $p_1,p_2,\cdots,p_n$;观测值的改正数为 $v_1,v_2,\cdots,v_n$;条件方程的闭合差为 $w_1,w_2,\cdots,w_r$。

(一)列立平差值条件方程和改正数条件方程

平差值条件方程式可写成

$$\left.\begin{aligned}a_1\hat{L}_1+a_2\hat{L}_2+\cdots+a_n\hat{L}_n+a_0=0\\b_1\hat{L}_1+b_2\hat{L}_2+\cdots+b_n\hat{L}_n+b_0=0\\\vdots\qquad\qquad\\r_1\hat{L}_1+r_2\hat{L}_2+\cdots+r_n\hat{L}_n+r_0=0\end{aligned}\right\} \tag{3-1-13}$$

式中,$a_i,b_i,\cdots,r_i(i=1,2,\cdots,n)$ 为平差值条件方程的常系数,$a_0,b_0,\cdots,r_0$ 为条件方程的常数项。

因为 $\hat{L}_i=L_i+v_i(i=1,2,\cdots,n)$,所以式(3-1-13)可写为

$$\left.\begin{aligned}a_1(L_1+v_1)+a_2(L_2+v_2)+\cdots+a_n(L_n+v_n)+a_0=0\\b_1(L_1+v_1)+b_2(L_2+v_2)+\cdots+b_n(L_n+v_n)+b_0=0\\\vdots\qquad\qquad\\r_1(L_1+v_1)+r_2(L_2+v_2)+\cdots+r_n(L_n+v_n)+r_0=0\end{aligned}\right\} \tag{3-1-14}$$

闭合差为

$$\left.\begin{aligned}a_1L_1+a_2L_2+\cdots+a_nL_n+a_0&=w_1\\b_1L_1+b_2L_2+\cdots+b_nL_n+b_0&=w_2\\&\vdots\\r_1L_1+r_2L_2+\cdots+r_nL_n+r_0&=w_r\end{aligned}\right\}\tag{3-1-15}$$

将其代入式(3-1-14),得改正数条件方程(简称条件方程)为

$$\left.\begin{aligned}a_1v_1+a_2v_2+\cdots+a_nv_n+w_1&=0\\b_1v_1+b_2v_2+\cdots+b_nv_n+w_2&=0\\&\vdots\\r_1v_1+r_2v_2+\cdots+r_nv_n+w_r&=0\end{aligned}\right\}\tag{3-1-16}$$

设 $\boldsymbol{A}$ 为条件方程的系数矩阵,$\boldsymbol{V}$ 为平差值改正数矩阵,$\boldsymbol{W}$ 为条件方程的闭合差矩阵,$\boldsymbol{L}$ 为观测值矩阵,$\boldsymbol{A}_0$ 为条件方程的常数矩阵,即

$$\underset{r\times n}{\boldsymbol{A}}=\begin{bmatrix}a_1&a_2&\cdots&a_n\\b_1&b_2&\cdots&b_n\\\vdots&\vdots&&\vdots\\r_1&r_2&\cdots&r_n\end{bmatrix},\ \underset{n\times1}{\boldsymbol{V}}=\begin{bmatrix}v_1\\v_2\\\vdots\\v_n\end{bmatrix},\ \underset{r\times1}{\boldsymbol{W}}=\begin{bmatrix}w_1\\w_2\\\vdots\\w_r\end{bmatrix},\ \underset{n\times1}{\boldsymbol{L}}=\begin{bmatrix}L_1\\L_2\\\vdots\\L_n\end{bmatrix},\ \underset{r\times1}{\boldsymbol{A}_0}=\begin{bmatrix}a_0\\b_0\\\vdots\\r_0\end{bmatrix}$$

则平差值条件方程、条件方程及闭合差式的矩阵表达式分别为

$$\underset{r\times n}{\boldsymbol{A}}\ \underset{n\times1}{\hat{\boldsymbol{L}}}+\underset{r\times1}{\boldsymbol{A}_0}=\underset{r\times1}{\boldsymbol{0}}$$

$$\underset{r\times n}{\boldsymbol{A}}\ \underset{n\times1}{\boldsymbol{V}}+\underset{r\times1}{\boldsymbol{W}}=\underset{r\times1}{\boldsymbol{0}}$$

$$\underset{r\times1}{\boldsymbol{W}}=\underset{r\times n}{\boldsymbol{A}}\ \underset{n\times1}{\boldsymbol{L}}+\underset{r\times1}{\boldsymbol{A}_0}$$

(二)求条件极值,组成法方程

因为条件方程的个数等于多余观测数 r,而多余观测数只是观测量总数 n 的一部分,所以未知数 v 的数目总是大于条件方程的数目,即 $v>r$,故条件方程式(3-1-11)的解不唯一。而所需的是其中能使$[pvv]=\min$的一组 v 值。为了求得一组能满足最小二乘的解,可采用数学中求条件极值的方法。为此,组成新函数(拉格朗日函数)为

$$\Phi=\boldsymbol{V}^{\mathrm{T}}\boldsymbol{P}\boldsymbol{V}-2\boldsymbol{K}^{\mathrm{T}}(\boldsymbol{A}\boldsymbol{V}+\boldsymbol{W})$$

式中,$\boldsymbol{P}$ 为观测值的权矩阵;$\boldsymbol{K}$ 为联系数矩阵。有

$$\boldsymbol{P}=\begin{bmatrix}p_1&0&\cdots&0\\0&p_2&\cdots&0\\\vdots&\vdots&&\vdots\\0&0&\cdots&p_n\end{bmatrix},\ \boldsymbol{K}=\begin{bmatrix}k_1\\k_2\\\vdots\\k_r\end{bmatrix}$$

为求函数 Φ 的极值,对其变量 $\boldsymbol{V}$ 求一阶偏导数,并令其为零,得

$$\frac{\partial\Phi}{\partial\boldsymbol{V}}=\frac{\partial(\boldsymbol{V}^{\mathrm{T}}\boldsymbol{P}\boldsymbol{V})}{\partial\boldsymbol{V}}+\frac{\partial[(-2\boldsymbol{K}^{\mathrm{T}}(\boldsymbol{A}\boldsymbol{V}+\boldsymbol{W})]}{\partial\boldsymbol{V}}=\boldsymbol{0}$$

按求导规则得

$$\frac{\partial(\boldsymbol{V}^{\mathrm{T}}\boldsymbol{P}\boldsymbol{V})}{\partial\boldsymbol{V}}=2\boldsymbol{V}^{\mathrm{T}}\boldsymbol{P}\frac{\partial\boldsymbol{V}}{\partial\boldsymbol{V}}=2\boldsymbol{V}^{\mathrm{T}}\boldsymbol{P}$$

$$\frac{\partial[-2\boldsymbol{K}^{\mathrm{T}}(\boldsymbol{A}\boldsymbol{V}+\boldsymbol{W})]}{\partial\boldsymbol{V}}=-2\boldsymbol{K}^{\mathrm{T}}\boldsymbol{A}\frac{\partial\boldsymbol{V}}{\partial\boldsymbol{V}}=-2\boldsymbol{K}^{\mathrm{T}}\boldsymbol{A}$$

所以有

$$\frac{\partial \Phi}{\partial \boldsymbol{V}}=2\boldsymbol{V}^{\mathrm{T}}\boldsymbol{P}-2\boldsymbol{K}^{\mathrm{T}}\boldsymbol{A}=\boldsymbol{0}$$

即

$$\boldsymbol{V}^{\mathrm{T}}\boldsymbol{P}-\boldsymbol{K}^{\mathrm{T}}\boldsymbol{A}=\boldsymbol{0}\text{(或 }\boldsymbol{V}^{\mathrm{T}}\boldsymbol{P}=\boldsymbol{K}^{\mathrm{T}}\boldsymbol{A}\text{)}$$

等式两边同时转置,即

$$(\boldsymbol{V}^{\mathrm{T}}\boldsymbol{P})^{\mathrm{T}}=(\boldsymbol{K}^{\mathrm{T}}\boldsymbol{A})^{\mathrm{T}}$$

得

$$\boldsymbol{P}\boldsymbol{V}=\boldsymbol{A}^{\mathrm{T}}\boldsymbol{K}$$

对上式等号两边同时左乘以 $\boldsymbol{P}^{-1}$ 可得

$$\boldsymbol{P}^{-1}\boldsymbol{P}\boldsymbol{V}=\boldsymbol{P}^{-1}\boldsymbol{A}^{\mathrm{T}}\boldsymbol{K}$$

因 $\boldsymbol{P}^{-1}\boldsymbol{P}=\boldsymbol{I}$ (单位矩阵),故有改正数方程为

$$\underset{n\times1}{\boldsymbol{V}}=\underset{n\times n}{\boldsymbol{P}^{-1}}\underset{n\times r}{\boldsymbol{A}^{\mathrm{T}}}\underset{r\times1}{\boldsymbol{K}} \tag{3-1-17}$$

式中,$\underset{n\times n}{\boldsymbol{P}^{-1}}=\boldsymbol{Q}=\begin{bmatrix}1/p_1 & 0 & \cdots & 0\\ 0 & 1/p_2 & \cdots & 0\\ \vdots & \vdots & & \vdots\\ 0 & 0 & \cdots & 1/p_n\end{bmatrix}$,是 $\boldsymbol{P}$ 的逆矩阵,也是观测值的协因数矩阵。

改正数方程式(3-1-17)的纯量形式为

$$v_i=\frac{1}{p_i}(a_ik_1+b_ik_2+\cdots+r_ik_r)\quad(i=1,2,\cdots,n) \tag{3-1-18}$$

将改正数方程式(3-1-17)代入条件方程式(3-1-11)中,得

$$\underset{r\times n}{\boldsymbol{A}}\underset{n\times n}{\boldsymbol{P}^{-1}}\underset{n\times r}{\boldsymbol{A}^{\mathrm{T}}}\underset{r\times1}{\boldsymbol{K}}+\underset{r\times1}{\boldsymbol{W}}=\underset{r\times1}{\boldsymbol{0}} \tag{3-1-19}$$

式中,$\underset{r\times1}{\boldsymbol{W}}=\underset{r\times n}{\boldsymbol{A}}\underset{n\times1}{\boldsymbol{L}}+\underset{r\times1}{\boldsymbol{A}_0}$。

设

$$\underset{r\times r}{\boldsymbol{N}_{\boldsymbol{AA}}}=\underset{r\times n}{\boldsymbol{A}}\underset{n\times n}{\boldsymbol{P}^{-1}}\underset{n\times r}{\boldsymbol{A}^{\mathrm{T}}}$$

则式(3-1-19)可表示为

$$\underset{r\times r}{\boldsymbol{N}_{\boldsymbol{AA}}}\underset{r\times1}{\boldsymbol{K}}+\underset{r\times1}{\boldsymbol{W}}=\underset{r\times1}{\boldsymbol{0}} \tag{3-1-20}$$

式(3-1-20)称为条件平差的法方程式,用以解算联系数。式中,$\boldsymbol{N}_{\boldsymbol{AA}}$ 为法方程的系数矩阵。法方程的纯量形式为

$$\left.\begin{aligned}\left[\frac{aa}{p}\right]k_1+\left[\frac{ab}{p}\right]k_2+\cdots+\left[\frac{ar}{p}\right]k_r+w_1=0\\ \left[\frac{ab}{p}\right]k_1+\left[\frac{bb}{p}\right]k_2+\cdots+\left[\frac{br}{p}\right]k_r+w_2=0\\ \vdots\qquad\qquad\\ \left[\frac{ar}{p}\right]k_1+\left[\frac{br}{p}\right]k_2+\cdots+\left[\frac{rr}{p}\right]k_r+w_r=0\end{aligned}\right\} \tag{3-1-21}$$

可以看出法方程有如下规律:

(1)它是一组线性对称方程,系数排列以对角线对称。

(2)在对角线上的系数都是自乘系数。

(3)它的系数均由条件方程的系数、观测值的权倒数组成，常数项是相应条件方程的常数项。

(三)解算法方程，求算联系数 $\boldsymbol{K}$

式(3-1-20)左乘以 $\boldsymbol{N}_{AA}^{-1}$，可得

$$\underset{r\times 1}{\boldsymbol{K}} = -\underset{r\times r}{\boldsymbol{N}_{AA}^{-1}}\underset{r\times 1}{\boldsymbol{W}} \tag{3-1-22}$$

可见，只要行列式 $|\boldsymbol{N}_{AA}|$ 不为 0，求得法方程系数矩阵的逆矩阵后，便可求得联系数 $\boldsymbol{K}$。

(四)利用改正数方程求解改正数 $\boldsymbol{V}$

可根据式(3-1-17)求解改正数，即

$$\underset{n\times 1}{\boldsymbol{V}} = \underset{n\times n}{\boldsymbol{P}^{-1}}\underset{n\times r}{\boldsymbol{A}^{\mathrm{T}}}\underset{r\times 1}{\boldsymbol{K}}$$

其纯量形式为

$$v_i = \frac{1}{p_i}(a_i k_1 + b_i k_2 + \cdots + r_i k_r) \quad (i = 1,2,\cdots,n)$$

(五)求解观测值的平差值 $\hat{\boldsymbol{L}}$

已知观测值的改正数，可得平差值为

$$\underset{n\times 1}{\hat{\boldsymbol{L}}} = \underset{n\times 1}{\boldsymbol{L}} + \underset{n\times 1}{\boldsymbol{V}}$$

其纯量形式为

$$\hat{L}_i = L_i + v_i \quad (i = 1,2,\cdots,n)$$

四、条件平差的步骤

实际计算时，可以直接由条件方程组成法方程，由法方程解得联系数 $\boldsymbol{K}$，再将 $\boldsymbol{K}$ 代入改正数方程求出 $\boldsymbol{V}$，最后求得平差值 $\hat{\boldsymbol{L}}$。

综合上述内容，按条件平差求平差值的计算步骤如下：

(1)根据平差的具体问题，确定条件方程的个数。

(2)列出条件方程式，条件方程的个数等于多余观测数 r。

(3)根据条件方程的系数、闭合差及观测值的权(或协因数)组成法方程，法方程的个数等于多余观测数 r。

(4)解算法方程，求出联系数 $\boldsymbol{K}$。

(5)将 $\boldsymbol{K}$ 代入改正数方程求改正数 $\boldsymbol{V}$，并计算平差值 $\hat{\boldsymbol{L}} = \boldsymbol{L} + \boldsymbol{V}$。

(6)将平差值代入平差值方程，检核平差计算结果的正确性。

五、技能训练——条件平差基本方法

(一)范例

[**范例 3-1**]设对某个三角形的 3 个内角进行等精度独立观测，得其观测值为 $L_1 = 62°17'53.6''$、$L_2 = 33°52'19.8''$、$L_3 = 83°49'43.6''$。试求 3 个内角的平差值。

解：(1)确定条件式的个数。观测个数 $n = 3$，必要观测数 $t = 2$，多余观测数 $r = n - t = 1$，故只有 1 个条件方程。

(2)列立平差值条件方程，即

$$\hat{L}_1 + \hat{L}_2 + \hat{L}_3 - 180° = 0$$

(3)列立条件方程(改正数条件方程)。将 $\hat{L}_i = L_i + v_i$ 代入平差值条件方程,得

$$v_1 + v_2 + v_3 + w = 0$$

式中,闭合差 $w = (L_1 + L_2 + L_3) - 180° = -3.0''$。将观测值的具体数值代入,可得条件方程为

$$v_1 + v_2 + v_3 - 3.0'' = 0$$

(4)组成并解算法方程。由于观测精度相同,令 $p_1 = p_2 = p_3 = 1$,条件方程中的系数均为 1,所以 $\left[\frac{aa}{p}\right] = 3$。组成法方程为

$$\left[\frac{aa}{p}\right]k_1 + w = 3k_1 - 3.0'' = 0$$

解之得联系数为

$$k_1 = 1.0''$$

(5)求改正数和平差值。根据式(3-1-18),可求得改正数为

$$v_1 = \frac{1}{p_1}a_1k_1 = 1.0''$$

$$v_2 = \frac{1}{p_2}a_2k_1 = 1.0''$$

$$v_3 = \frac{1}{p_3}a_3k_1 = 1.0''$$

由此得各角的平差值为

$$\hat{L}_1 = L_1 + v_1 = 62°17'54.6''$$

$$\hat{L}_2 = L_2 + v_2 = 33°52'20.8''$$

$$\hat{L}_3 = L_3 + v_3 = 83°49'44.6''$$

为了检核,将平差值 $\hat{L}_i$ 重新组成平差值条件方程,得

$$62°17'54.6'' + 33°52'20.8'' + 83°49'44.6'' - 180° = 0$$

可见,各角的平差值满足了三角形内角和等于 180°的几何条件,即闭合差为 0,故知计算无误。

(二)实训

[实训 3-1]设对某个三角形的 3 个内角进行不等精度的独立观测,得观测值为 $L_1 = 62°17'53.6''$、$L_2 = 33°52'19.8''$、$L_3 = 83°49'43.6''$。设已知观测值的权分别为 $p_1 = 1$、$p_2 = 1$、$p_3 = 2$,试求 3 个内角的平差值,并与[范例 3-1]比较其平差结果的差异。

[实训 3-2] 在图 3-1 中,测得路线高差及长度分别为 $h_1 = 1.335$ m、$S_1 = 2$ km,$h_2 = 1.055$ m、$S_2 = 2$ km,$h_3 = -2.396$ m、$S_3 = 3$ km。试按条件平差法求各高差的平差值。

任务 3-2 条件方程

用条件平差法求观测值的平差值时,首先要确定条件方程个数并列立条件方程。如果条件方程的个数确定错误或条件方程列立不正确,那么,即使后面的解算过程中不发生任何计算错误,但通过平差后求得的改正数仍不能消除观测值实际存在的不符值。因此,在条件平差中正确地确定条件方程的个数,并掌握条件方程的列立方法是十分重要的。

一、条件方程个数的确定

在条件平差中，条件方程的个数等于多余观测的个数，即 $r=n-t$。n 是观测值的个数，t 是必要观测的个数。因此，确定条件方程的个数，关键是确定必要观测的个数。在一个平差问题中，必要观测的多少取决于测量问题本身，而不在于观测值的多少。下面讨论水准网平差和方向观测测站平差的必要观测个数。其他控制网将在后续章节讨论。

(一)水准网平差

图 3-3 为两个水准网。在图 3-3(a)中，A、B、C、D 为已知点，E、F 为待定点，要确定 E、F 的高程，必须观测 2 段高差，故必要观测数 $t=2$，而网中高差观测总数 $n=6$，因此多余观测数 $r=n-t=4$。

在图 3-3(b)中，A、B、C、D 均为未知点，全网没有已知点，这时需要假定其中一点的高程为已知，并以它为基准推算其余三点的相对高程，故必要观测数 $t=3$，而网中高差观测总数 $n=6$，因此多余观测数 $r=n-t=3$。

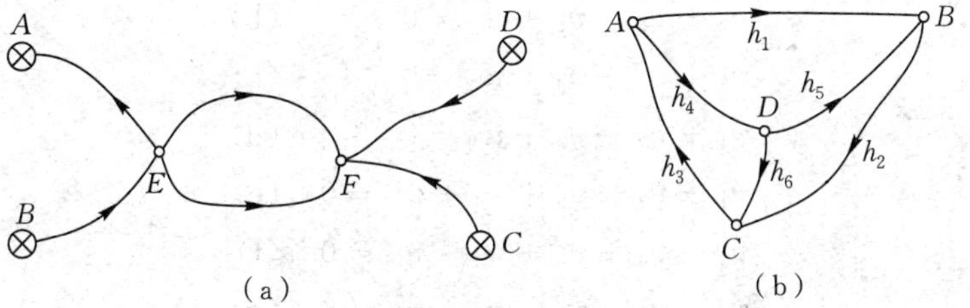

图 3-3　水准网的必要观测数

由以上实例分析可以得知，进行水准网平差时，确定必要观测数的规则如下：

(1)当水准网中有已知点时，必要观测数等于待定点个数 P，即 $t=P$。

(2)当水准网中无已知点时，必要观测数等于待定点个数 P 减 1，即 $t=P-1$。

(二)方向观测测站平差

图 3-4 为 2 个测站方向观测。在图 3-4(a)中，在测站 O 上进行方向观测，OB、OD 为已知方向(即坐标方位角为已知)，其余 3 个方向为待定方向，要确定它们的坐标方位角，必须测定 3 个角，故必要观测数 $t=3$。

在图 3-4(b)中，4 个方向均为待定方向，这时需要假定其中 1 个方向为已知方向，并以它为基准推算其余 3 个方向的相对坐标方位角，故必要观测数 $t=3$。

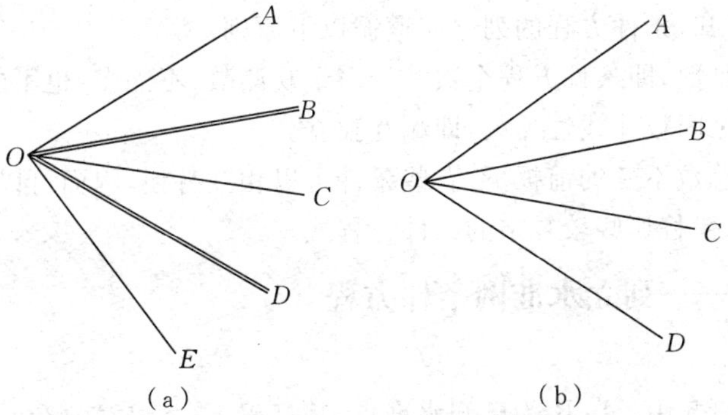

图 3-4　一个测站方向观测的必要观测数

由以上实例分析可以得知,进行方向观测测站平差时,确定必要观测数的规则如下:

(1)有已知方向时,必要观测数等于待定方向个数 P,即 $t=P$。

(2)无已知方向时,必要观测数等于待定方向个数 P 减 1,即 $t=P-1$。

二、条件方程的列立

在列立条件方程时,必须列出足数且又是彼此线性无关的条件方程。条件方程不能少列,列少了,通过平差计算不能达到消除不符值的目的;列多了,则必然有一部分条件方程彼此线性相关,同样达不到平差的目的。如果在所列出的条件方程中,有一部分方程能由另外一部分条件方程导出,那么这两部分条件方程就是线性相关的。下面通过[例 3-1]来说明。

[**例 3-1**]在图 3-3(b)所示的水准网中,测得各段高差为 $h_1,h_2,\cdots,h_6$,试列出条件方程。

解:假定 A 为已知点,B、C、D 为待定点,故必要观测数 $t=3$,则多余观测数 $r=n-t=3$,应列出 3 个条件方程。但按图中水准网构成的 7 个闭合环可列出 7 个闭合条件方程,即

$$v_1-v_4-v_5+w_1=0 \qquad \text{(a)}$$

$$v_2+v_5-v_6+w_2=0 \qquad \text{(b)}$$

$$v_3+v_4+v_6+w_3=0 \qquad \text{(c)}$$

$$v_1+v_2+v_3+w_4=0 \qquad \text{(d)}$$

$$v_1+v_3-v_5+v_6+w_5=0 \qquad \text{(e)}$$

$$v_2+v_3+v_4+v_5+w_6=0 \qquad \text{(f)}$$

$$v_1+v_2-v_4-v_6+w_7=0 \qquad \text{(g)}$$

在列出全部条件方程中,只有 3 个条件方程是线性无关的。因为在上面的条件方程中,存在的关系为:(a)+(b)=(g);(b)+(c)=(f);(a)+(c)=(e);(a)+(b)+(c)=(d)。显然,当条件方程(a)、(b)、(c)得到满足时,其余 4 个方程必然可以满足。因而,只需取条件方程(a)、(b)、(c)参与平差,即

$$v_1-v_4-v_5+w_1=0$$

$$v_2+v_5-v_6+w_2=0$$

$$v_3+v_4+v_6+w_3=0$$

式中

$$w_1=h_1-h_4-h_5,\ w_2=h_2+h_5-h_6,\ w_3=h_3+h_4+h_6$$

当然,也可取另外 3 个线性无关的条件方程进行平差。

通过以上讨论可知,条件方程的列立应遵循以下原则:

(1)条件方程应足数,即条件方程个数等于多余观测数,不能多,也不能少。

(2)条件方程式之间彼此线性无关,即相互独立。

(3)在确保条件总数不变的前提下,有些条件可以相互替换,因而可以选择形式简单、便于计算的条件方程式来代替那些较复杂的条件方程式。

三、技能训练——列立水准网条件方程

(一)范例

[**范例 3-2**]在图 3-5 中,A、B 为已知水准点,其高程 $H_A=12.013$ m,$H_B=10.013$ m,可视为无误差。为了确定 C 点及 D 点的高程,共观测了 4 个高差,高差观测值及相应水准路线

的距离为

$$h_1=-1.004\ \text{m},\ S_1=2\ \text{km}$$
$$h_2=1.516\ \text{m},\ S_2=1\ \text{km}$$
$$h_3=2.512\ \text{m},\ S_3=2\ \text{km}$$
$$h_4=1.520\ \text{m},\ S_4=1.5\ \text{km}$$

试列立本水准网的条件方程。

解：(1)确定条件方程的个数。因 $n=4, t=2$，故 $r=2$。

(2)列立平差值条件方程，即

$$\hat{h}_1+\hat{h}_2-\hat{h}_3+H_A-H_B=0$$
$$\hat{h}_2-\hat{h}_4=0$$

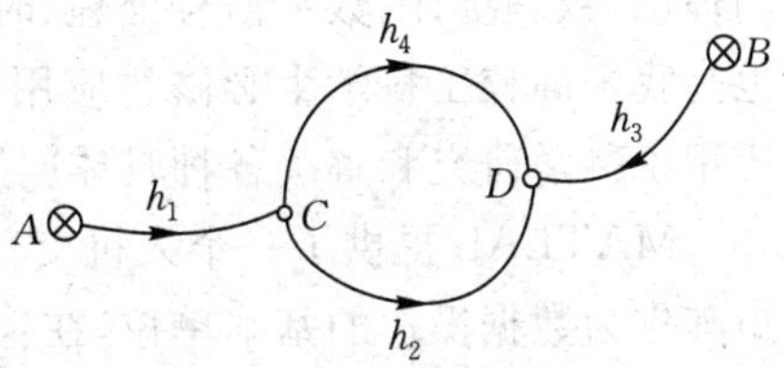

图 3-5　水准网

(3)计算得条件方程。以 $\hat{h}_i=h_i+v_i$ 代入平差值条件方程，可得条件方程为

$$\begin{bmatrix}1 & 1 & -1 & 0\\ 0 & 1 & 0 & -1\end{bmatrix}\begin{bmatrix}v_1\\ v_2\\ v_3\\ v_4\end{bmatrix}+\begin{bmatrix}0\\ -4\end{bmatrix}=\mathbf{0}$$

式中，闭合差的单位为 mm。

(二)实训

[**实训 3-3**]在图 3-6 所示水准网中，A、B、C、D 是已知水准点，E、F 为待定点。已知水准点的高程、各水准路线的长度及观测的高差值见表 3-1。试组成条件方程。

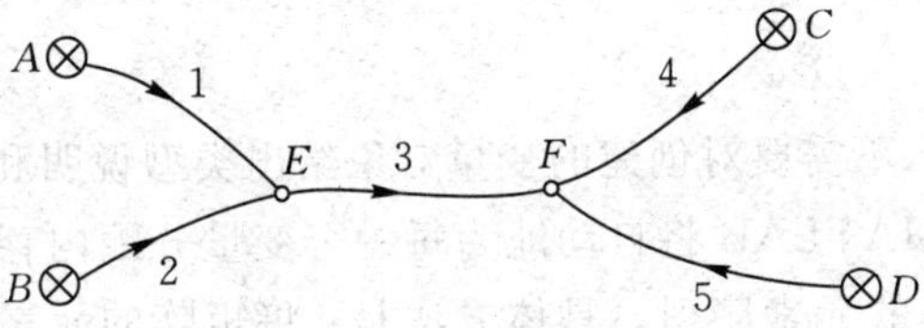

图 3-6　附合水准网

表 3-1　已知数据和观测数据

路线编号	1	2	3	4	5
观测高差 h/m	14.135	4.970	−2.470	−11.793	−16.116
路线长度 S/km	4.2	2.2	3.1	4.0	4.8
已知点高程/m	$H_A=170.832$, $H_B=180.016$, $H_C=194.320$, $H_D=198.631$				

任务 3-3　MATLAB 软件的初步应用

一、MATLAB 软件简介

MATLAB 是矩阵实验室(Matrix Laboratory)的简称，是美国 Math Works 公司出品的商业数学软件，用于算法开发、数据可视化、数据分析，以及数值计算的高级技术计算语言和交互式环境，主要包括 MATLAB 和 Simulink 两大部分。

20世纪70年代,美国新墨西哥大学计算机科学系主任克里夫·莫勒尔(Cleve Moler)为了减轻学生编程的负担,用FORTRAN语言编写了最早的MATLAB。1984年由Math Works公司正式把MATLAB推向市场。到20世纪90年代,MATLAB已成为国际控制界的标准计算软件。时至今日,经过Math Works公司的不断完善,MATLAB已经发展成适合多学科、多种工作平台的功能强劲的大型软件,具有强大的数值计算、符号计算、数据分析和可视化、文字图像处理、动态仿真等功能。在欧美等高校,MATLAB已经成为线性代数、自动控制理论、数理统计、数字信号处理、时间序列分析、动态系统仿真等高级课程的基本教学工具,也是我国高校工科学生必修的应用软件之一。在设计研究单位和工业部门,MATLAB被广泛用于科学研究和解决各种具体问题。

MATLAB提供了一个人机交互的数学系统环境,该系统的基本数据结构是矩阵。它将矩阵作为数据操作的基本单位,在生成矩阵对象时,不要求明确的矩阵维数说明,没有中间过程,矩阵的生成、运算、转置、求逆等计算变得非常容易。使用MATLAB提供的M语言进行编程非常简单,编写的程序可以逐行解释运行,易于调试,可根据需要保留和显示中间结果。MATLAB还具有很强的绘图和图形显示等功能。

MATLAB的这些特点非常适合测量平差课程的教学。它既可用于课堂例题的讲解和演示,节省课堂教学时间,也可用于测量平差课程的学习、作业和实训。通过使用MATLAB进行实际平差计算,学生可以加深对基本原理和基本方法的理解,巩固所学的知识,提高实训效果,进而较好地完成课程学习任务,达到事半功倍的效果。

二、MATLAB矩阵运算

测量平差数据处理常用的矩阵运算主要是矩阵的生成,矩阵的和、差、乘运算,矩阵转置,矩阵求逆等。

(一)矩阵的生成

在MATLAB环境中,不需要对创建的变量对象给出类型说明和维数,所有的变量都作为双精度数分配内存空间,MATLAB将自动地为每一个变量分配内存。因此,最简单的创建矩阵的方法是直接输入矩阵的元素序列。具体方法是:将矩阵的元素用方括号括起来,按矩阵行的顺序输入各元素,元素与元素之间用空格或逗号分隔,行与行之间用分号分隔。例如,键入语句“A=[1 2 3;4 5 6;7 8 9]”后,MATLAB执行该语句,然后输出结果为

```
A =
    1  2  3
    4  5  6
    7  8  9
```

此外,用“load”命令和“fread”函数都可以输入矩阵。

(二)矩阵的和、差、乘运算

(1) 矩阵$\boldsymbol{A}$与矩阵$\boldsymbol{B}$的和运算,使用语句“$A+B$”即可完成。

(2) 矩阵$\boldsymbol{A}$与矩阵$\boldsymbol{B}$的差运算,使用语句“$A-B$”即可完成。

(3) 矩阵$\boldsymbol{A}$与矩阵$\boldsymbol{B}$的乘运算,使用语句“$A*B$”即可完成。这里需要注意的是,必须满足矩阵的维数要求,即矩阵$\boldsymbol{A}$的列数等于矩阵$\boldsymbol{B}$的行数;否则,MATLAB执行该语句后会给出“出错”信息。

(4) 矩阵 **A** 与常数 K 相乘，使用语句"$K * A$"即可完成。

(三)矩阵转置和求逆

(1) 矩阵转置。设矩阵 **A** 的转置矩阵为 **B**，则使用语句"$B = A'$"即可完成。

(2) 矩阵求逆。设矩阵 **A** 的逆矩阵为 **B**，则使用语句"$B = \mathrm{inv}(A)$"即可完成。

(3) 矩阵求广义逆。设矩阵 **A** 的广义逆矩阵为 **B**，则使用语句"$B = \mathrm{pinv}(A)$"即可完成。

注意：变量名开头必须是英文字母，后面的符号可以是英文、数字和下划符，但不包括空格和标点。

三、技能训练——MATLAB 矩阵运算

(一)范例

[范例 3-3]设有线性方程组为 $\boldsymbol{BB}^{\mathrm{T}}\boldsymbol{X} + \boldsymbol{BL} = \boldsymbol{0}$，其中

$$\boldsymbol{B} = \begin{bmatrix} 1 & 1 & 1 & 0 \\ 0 & 1 & 1 & 1 \\ 0 & 0 & 1 & 0 \end{bmatrix}, \boldsymbol{L} = \begin{bmatrix} 0 \\ -6 \\ -8 \\ 0 \end{bmatrix}, \boldsymbol{X} = \begin{bmatrix} x_1 \\ x_2 \\ x_3 \end{bmatrix}$$

试解算线性方程组，求算未知参数 $\boldsymbol{X}$。

解：(1)设 $\boldsymbol{N} = \boldsymbol{BB}^{\mathrm{T}}, \boldsymbol{W} = \boldsymbol{BL}$，则线性方程组可表示为

$$\boldsymbol{NX} + \boldsymbol{W} = \boldsymbol{0}$$

则有

$$\boldsymbol{X} = -\boldsymbol{N}^{-1}\boldsymbol{W}$$

根据上述计算式，可在 MATLAB 中完成相关计算。

(2)首先打开 MATLAB，进入主界面，如图 3-7 所示。在右边命令窗口输入计算命令完成计算。计算程序、过程及结果如下。

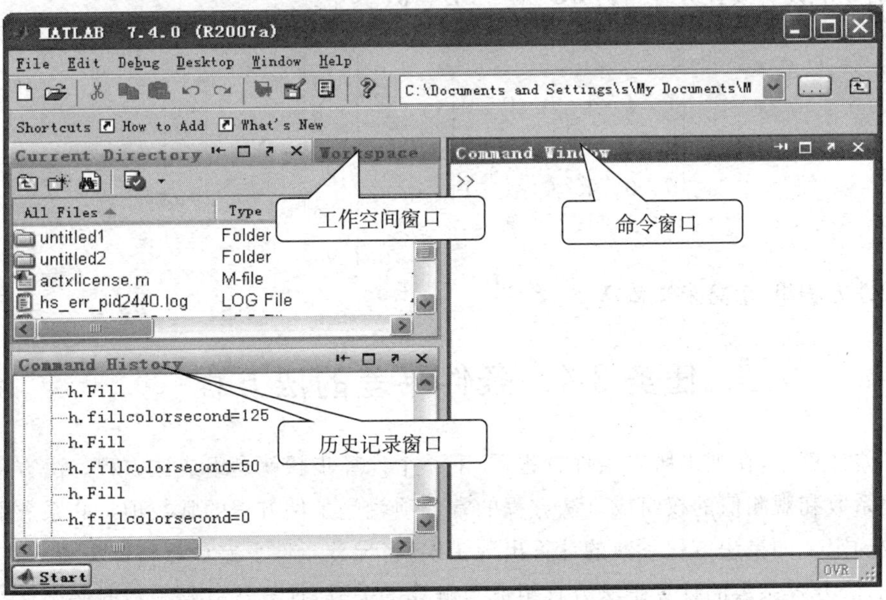

图 3-7　MATLAB 主界面

```
>>clear
>>disp('线性方程组求解')；
线性方程组求解
>>B=[1,1,1,0;0,1,1,1;0,0,1,0]；
>>L=[0;-6;-8;0]；
>>N=B*B'%系数矩阵
N=
    3    2    1
    2    3    1
    1    1    1
>>W=B*L %常数矩阵
W=
    -14
    -14
    -8
>>X=-inv(N)*W %未知参数矩阵
X=
    2.0000
    2.0000
    4.0000
```

其中：

(1)“clear”为清除命令,“disp”为显示命令,“%”为注释命令(用来说明语句的含义)。

(2)语句后面加“;”,则不显示计算结果;需要显示结果,则去掉“;”即可。

(二)实训

[实训 3-4]设有线性方程组为 $\boldsymbol{B}\boldsymbol{B}^{\mathrm{T}}\boldsymbol{X}+\boldsymbol{B}\boldsymbol{L}=\boldsymbol{0}$，其中

$$\boldsymbol{B}=\begin{bmatrix}1&1&1&0&0&0\\0&1&1&1&1&0\\0&0&1&0&1&1\end{bmatrix},\ \boldsymbol{L}=\begin{bmatrix}0\\-6\\-8\\0\\-6\\0\end{bmatrix},\ \boldsymbol{X}=\begin{bmatrix}x_1\\x_2\\x_3\end{bmatrix}$$

试解算线性方程组,求算未知数 $\boldsymbol{X}$。

任务 3-4 条件平差的法方程

在平差计算中,在列出所有条件方程后,下一个计算步骤就是组成法方程。法方程系数由条件方程系数和观测值的权组成。法方程的常数项就是条件方程的常数项。联系数的个数是由条件数确定。如果法方程系数的计算出现错误,将导致条件平差计算整体失败。

因此,法方程系数的计算是法方程组成与解算的关键,计算法方程系数时必须认真、仔细,免得全盘返工。

一、法方程的组成

现以一般形式来讨论。设某平差问题有三个条件方程,共有 n 个改正数,即 $v_1, v_2, \cdots, v_n$,观测值的权为 $p_1, p_2, \cdots, p_n$,根据式(3-1-16),其条件方程为

$$\left.\begin{aligned}a_1v_1+a_2v_2+\cdots+a_nv_n+w_1=0\\ b_1v_1+b_2v_2+\cdots+b_nv_n+w_2=0\\ c_1v_1+c_2v_2+\cdots+c_nv_n+w_3=0\end{aligned}\right\} \tag{3-4-1}$$

式中,a_i、b_i、$c_i(i=1,2,\cdots,n)$ 是条件方程的系数。

法方程的系数可直接根据式(3-1-19)用矩阵乘法获得。这时,法方程的矩阵表达式为

$$\underset{3\times n}{\boldsymbol{A}}\underset{n\times n}{\boldsymbol{P}^{-1}}\underset{n\times 3}{\boldsymbol{A}^{\mathrm{T}}}\underset{3\times 1}{\boldsymbol{K}}+\underset{3\times 1}{\boldsymbol{W}}=\underset{3\times 1}{\boldsymbol{0}} \tag{3-4-2}$$

其具体形式可写成

$$\begin{bmatrix}a_1 & a_2 & \cdots & a_n\\ b_1 & b_2 & \cdots & b_n\\ c_1 & c_2 & \cdots & c_n\end{bmatrix}\begin{bmatrix}\frac{1}{p_1} & & & \\ & \frac{1}{p_2} & & \\ & & \ddots & \\ & & & \frac{1}{p_n}\end{bmatrix}\begin{bmatrix}a_1 & b_1 & c_1\\ a_2 & b_2 & c_2\\ \vdots & \vdots & \vdots\\ a_n & b_n & c_n\end{bmatrix}\begin{bmatrix}k_1\\ k_2\\ k_3\end{bmatrix}+\begin{bmatrix}w_1\\ w_2\\ w_3\end{bmatrix}=\begin{bmatrix}0\\ 0\\ 0\end{bmatrix}$$

则有

$$\begin{bmatrix}\frac{a_1}{p_1} & \frac{a_2}{p_2} & \cdots & \frac{a_n}{p_n}\\ \frac{b_1}{p_1} & \frac{b_2}{p_2} & \cdots & \frac{b_n}{p_n}\\ \frac{c_1}{p_1} & \frac{c_2}{p_2} & \cdots & \frac{c_n}{p_n}\end{bmatrix}\begin{bmatrix}a_1 & b_1 & c_1\\ a_2 & b_2 & c_2\\ \vdots & \vdots & \vdots\\ a_n & b_n & c_n\end{bmatrix}\begin{bmatrix}k_1\\ k_2\\ k_3\end{bmatrix}+\begin{bmatrix}w_1\\ w_2\\ w_3\end{bmatrix}=\begin{bmatrix}0\\ 0\\ 0\end{bmatrix}$$

$$\begin{aligned}\left[\frac{aa}{p}\right]k_1+\left[\frac{ab}{p}\right]k_2+\left[\frac{ac}{p}\right]k_3+w_1=0\\ \left[\frac{ab}{p}\right]k_1+\left[\frac{bb}{p}\right]k_2+\left[\frac{bc}{p}\right]k_3+w_2=0\\ \left[\frac{ac}{p}\right]k_1+\left[\frac{bc}{p}\right]k_2+\left[\frac{cc}{p}\right]k_3+w_3=0\end{aligned}$$

[例 3-2]某平差问题的条件方程为

$$\begin{aligned}2v_1+3v_2+v_3+1=0\\ v_2+2v_3+v_4+3=0\end{aligned}$$

4 个观测值的权分别为 1、2、2、1。请组成法方程。

解:$r=2$,即有 2 个法方程。法方程的系数为

$$\left[\frac{aa}{p}\right]=\frac{a_1a_1}{p_1}+\frac{a_2a_2}{p_2}+\frac{a_3a_3}{p_3}=9$$

$$\left[\frac{ab}{p}\right]=\frac{a_2b_2}{p_2}+\frac{a_3b_3}{p_3}=2.5$$

$$\left[\frac{bb}{p}\right]=\frac{b_2b_2}{p_2}+\frac{b_3b_3}{p_3}+\frac{b_4b_4}{p_4}=3.5$$

可得法方程为

$$\begin{bmatrix}9 & 2.5\\2.5 & 3.5\end{bmatrix}\begin{bmatrix}k_1\\k_2\end{bmatrix}+\begin{bmatrix}1\\3\end{bmatrix}=\mathbf{0}$$

表示为纯量形式为

$$9k_1+2.5k_2+1=0$$

$$2.5k_1+3.5k_2+3=0$$

二、法方程的解算

解算法方程的目的主要是求各个联系数的值。法方程的解算方法,总的来说,可以分为两大类,即直接法和迭代法,本书仅介绍直接法。

法方程的矩阵表达式为

$$\underset{r\times r}{\boldsymbol{N}_{AA}}\underset{r\times 1}{\boldsymbol{K}}+\underset{r\times 1}{\boldsymbol{W}}=\underset{r\times 1}{\boldsymbol{0}}$$

式中

$$\underset{r\times r}{\boldsymbol{N}_{AA}}=\underset{r\times n}{\boldsymbol{A}}\underset{n\times n}{\boldsymbol{P}^{-1}}\underset{n\times r}{\boldsymbol{A}^{\mathrm{T}}}$$

$$\underset{r\times 1}{\boldsymbol{W}}=\underset{r\times n}{\boldsymbol{A}}\underset{n\times 1}{\boldsymbol{L}}+\underset{r\times 1}{\boldsymbol{A}_0}$$

对等式两边同时左乘 $\boldsymbol{N}_{AA}^{-1}$ 并移项可得

$$\underset{r\times 1}{\boldsymbol{K}}=-\underset{r\times r}{\boldsymbol{N}_{AA}^{-1}}\underset{r\times 1}{\boldsymbol{W}}$$

式中,$\boldsymbol{N}_{AA}^{-1}$ 是法方程系数矩阵的逆矩阵,可用伴随矩阵法和初等变换等方法求解。求解最简便的方法是采用 MATLAB 软件计算。

三、技能训练——法方程的组成与解算

(一)范例

[范例 3-4]设有条件方程为

$$v_1+v_4-v_6+2=0$$

$$v_2-v_4+v_5-5=0$$

$$v_3-v_5+v_6+4=0$$

观测值的权倒数 $1/p_i(i=1,2,\cdots,6)$ 分别为 2、2、2、1、1、1。试求:

(1)分别采用矩阵法和列表法组成法方程。

(2)应用 MATLAB 软件组成并解算法方程。

解:(1)组成法方程。

利用矩阵法计算法方程系数,即

$$N_{AA}=AP^{-1}A^{\mathrm{T}}=\begin{bmatrix}1&0&0&1&0&-1\\0&1&0&-1&1&0\\0&0&1&0&-1&1\end{bmatrix}\begin{bmatrix}2&&&&&\\&2&&&&\\&&2&&&\\&&&1&&\\&&&&1&\\&&&&&1\end{bmatrix}\begin{bmatrix}1&0&0\\0&1&0\\0&0&1\\1&-1&0\\0&1&-1\\-1&0&1\end{bmatrix}$$

$$=\begin{bmatrix}4&-1&-1\\-1&4&-1\\-1&-1&4\end{bmatrix}$$

利用列表法计算法方程系数。将条件方程系数依次填入表 3-2 中。

表 3-2　条件方程系数及权倒数

观测编号	a	b	c	$1/p$
1	1	0	0	2
2	0	1	0	2
3	0	0	1	2
4	1	−1	0	1
5	0	1	−1	1
6	−1	0	1	1

根据表中数据用求乘积和的方法算得法方程系数，即

$$\left[\frac{aa}{p}\right]=4,\left[\frac{ab}{p}\right]=-1,\left[\frac{ac}{p}\right]=-1,\left[\frac{bb}{p}\right]=4,\left[\frac{bc}{p}\right]=-1,\left[\frac{cc}{p}\right]=4$$

(2)应用 MATLAB 软件组成并解算法方程，计算联系数 $\boldsymbol{K}$。

```
>>clear
>>A=[1,0,0,1,0,-1;0,1,0,-1,1,0;0,0,1,0,-1,1];
>>Pa=[2,2,2,1,1,1];
>>QP=diag(Pa);
>>W=[2,-5,4]';
>>Naa=A*QP*A'
Naa=
     4    -1    -1
    -1     4    -1
    -1    -1     4
>>Q=inv(Naa)
Q=
    0.3000    0.1000    0.1000
    0.1000    0.3000    0.1000
    0.1000    0.1000    0.3000
>>K=-Q*W
K=
    -0.5000
     0.9000
    -0.9000
```

其中:

(1)"Pa"为观测值的权倒数,"QP"为权倒数的对角矩阵,"Q"为法方程的逆矩阵。

(2)"diag"为提取对角元素生成对角矩阵命令。

[范例 3-5]在[范例 3-2]的水准网中(图 3-5),组成的条件方程为

$$\begin{bmatrix}1 & 1 & -1 & 0\\0 & 1 & 0 & -1\end{bmatrix}\begin{bmatrix}v_1\\v_2\\v_3\\v_4\end{bmatrix}+\begin{bmatrix}0\\-4\end{bmatrix}=\mathbf{0}$$

试组成法方程,并求算:

(1)观测值的平差值。

(2)待定点 C、D 的高程平差值(最或然值)。

解:令 1 km 观测高差为单位观测,即 $p_i=1/S_i$,于是有

$$\frac{1}{p_1}=S_1=2,\frac{1}{p_2}=S_2=1,\frac{1}{p_3}=S_3=2,\frac{1}{p_4}=S_4=1.5$$

法方程系数为

$$\mathbf{N}_{AA}=\boldsymbol{AP}^{-1}\mathbf{A}^{\mathrm{T}}=\begin{bmatrix}1 & 1 & -1 & 0\\0 & 1 & 0 & -1\end{bmatrix}\begin{bmatrix}2 & & & \\ & 1 & & \\ & & 2 & \\ & & & 1.5\end{bmatrix}\begin{bmatrix}1 & 0\\1 & 1\\-1 & 0\\0 & -1\end{bmatrix}=\begin{bmatrix}5 & 1\\1 & 2.5\end{bmatrix}$$

由此得法方程为

$$\begin{bmatrix}5 & 1\\1 & 2.5\end{bmatrix}\begin{bmatrix}k_1\\k_2\end{bmatrix}-\begin{bmatrix}0\\4\end{bmatrix}=\mathbf{0}$$

解算法方程得联系数 $k_1=-0.35$、$k_2=1.74$。代入改正数方程解算改正数(单位为 mm)为

$$\mathbf{V}=[-0.7\quad 1.4\quad 0.7\quad -2.6]^{\mathrm{T}}$$

观测值的平差值为

$$\hat{L}_1=-1.004\,7\text{ m},\hat{L}_2=1.517\,4\text{ m},\hat{L}_3=2.512\,7\text{ m},\hat{L}_4=1.517\,4\text{ m}$$

用平差值重新列出平差值条件方程,得

$$-1.004\,7+1.517\,4-2.512\,7+2.000=0$$

$$1.517\,4-1.517\,4=0$$

经检核无误,最后解算 C、D 两点的平差高程值为

$$H_C=H_A+\hat{L}_1=11.008\text{ m}$$

$$H_D=H_A+\hat{L}_1+\hat{L}_2=12.526\text{ m}$$

(二)实训

[实训 3-5]设某水准网的四个条件方程为

$$v_2-v_5-v_7-2=0$$

$$v_4-v_6+v_7+4=0$$

$$v_5-v_6+v_8+4=0$$

$$v_1+v_4+v_8+0=0$$

各路线长度为 $S_1=S_4=1$ km，$S_2=S_3=S_5=S_6=2$ km，$S_7=S_8=2.5$ km。以 1 km 观测高差作为单位权观测，试组成并解算法方程。

[实训 3-6]在[实训 3-3]已组成条件方程的基础上，试完成以下计算：

(1)组成并解算法方程(以 1 km 观测高差作为单位权观测)。

(2)求算 E、F 两点的高程平差值。

任务 3-5　条件平差的精度评定

为了了解观测结果和平差计算求出的最或然值是否达到预期的精度、是否满足生产要求，还必须评定测量成果的精度。测量成果精度包括两个方面：一是观测值的实际精度；二是由观测值经平差得到的观测值函数的精度。

所谓平差值函数，就是用平差值计算的某些量的最或然值。例如，水准网平差先得到的是观测高差的平差值，但是水准网平差后要求得到的是各待定点高程的最或然值，它是平差值的函数。

精度评定主要是计算平差值函数的中误差。根据权与中误差的关系可求得平差值函数中误差为

$$\hat{\sigma}_F=\hat{\sigma}_0\sqrt{\frac{1}{P_F}} \tag{3-5-1}$$

式中，$\hat{\sigma}_0$ 为单位权中误差；P_F 为某平差值函数的权。

由式(3-5-1)可知，求任何量的中误差，都可分解为求单位权中误差和该量的权或权倒数。

一、单位权中误差

(一)单位权中误差的计算式

在项目二中，已导出了由非等精度观测值的真误差计算单位权中误差的式(2-7-4)，即

$$\hat{\sigma}_0=\sqrt{\frac{[p\Delta\Delta]}{n}}$$

由于真误差 Δ_i 一般无法得知，除个别情况外，不能直接应用此式。但是通过平差计算，可求出改正数 v_i，下面推导用改正数计算单位权中误差的公式。

由最小二乘原理可知

$$\boldsymbol{V}^{\mathrm{T}}\boldsymbol{PV}=[pvv]=\min$$

故有

$$[pvv]<[p\Delta\Delta]$$

为了找出 $[pvv]$ 与 $[p\Delta\Delta]$ 之间的关系，引进一个待定的正整数 i，使

$$\frac{[pvv]}{n-i}=\frac{[p\Delta\Delta]}{n}=\hat{\sigma}_0^2$$

即

$$[pvv]=\hat{\sigma}_0^2(n-i) \tag{3-5-2}$$

现在设法确定 i 值。当 $n=t$ 时(无多余观测)，不存在平差问题，也就不存在改正数。在这种情况下，$v_i\equiv 0$，$[pvv]\equiv 0$。由式(3-5-2)可得

$$\hat{\sigma}_0^2(t-i)=0$$

因为 $\hat{\sigma}_0^2 \neq 0$,所以必有 $t-i=0$,即 $i=t$。将 $i=t$ 代入式(3-5-2),可得

$$\hat{\sigma}_0^2=\frac{[pvv]}{n-t}=\frac{[pvv]}{r}=\frac{\boldsymbol{V}^{\mathrm{T}}\boldsymbol{P}\boldsymbol{V}}{r}\left(\text{或 }\hat{\sigma}_0=\sqrt{\frac{[pvv]}{r}}=\sqrt{\frac{\boldsymbol{V}^{\mathrm{T}}\boldsymbol{P}\boldsymbol{V}}{r}}\right) \tag{3-5-3}$$

式中,n 为观测值的个数;t 为必要观测数;r 为多余观测数。这就是用改正数计算单位权中误差的计算式。

(二) $\boldsymbol{V}^{\mathrm{T}}\boldsymbol{P}\boldsymbol{V}$ 的计算

计算单位权中误差,必须首先计算 $\boldsymbol{V}^{\mathrm{T}}\boldsymbol{P}\boldsymbol{V}$。计算 $\boldsymbol{V}^{\mathrm{T}}\boldsymbol{P}\boldsymbol{V}$ 有下列三种方法可选。

(1)用改正数直接计算,即

$$\boldsymbol{V}^{\mathrm{T}}\boldsymbol{P}\boldsymbol{V}=[pvv]=p_1v_1^2+p_2v_2^2+\cdots+p_nv_n^2 \tag{3-5-4}$$

(2)用矩阵计算,即

$$[pvv]=\boldsymbol{V}^{\mathrm{T}}\boldsymbol{P}\boldsymbol{V}=\boldsymbol{V}^{\mathrm{T}}\boldsymbol{P}\boldsymbol{P}^{-1}\boldsymbol{A}^{\mathrm{T}}\boldsymbol{K}=(\boldsymbol{A}\boldsymbol{V})^{\mathrm{T}}\boldsymbol{K}=-\boldsymbol{W}^{\mathrm{T}}\boldsymbol{K} \tag{3-5-5}$$

或

$$[pvv]=\boldsymbol{V}^{\mathrm{T}}\boldsymbol{P}\boldsymbol{V}=(\boldsymbol{P}^{-1}\boldsymbol{A}^{\mathrm{T}}\boldsymbol{K})^{\mathrm{T}}\boldsymbol{P}\boldsymbol{P}^{-1}\boldsymbol{A}^{\mathrm{T}}\boldsymbol{K}=\boldsymbol{K}^{\mathrm{T}}\boldsymbol{A}\boldsymbol{P}^{-1}\boldsymbol{A}^{\mathrm{T}}\boldsymbol{K}=\boldsymbol{K}^{\mathrm{T}}\boldsymbol{N}_{AA}\boldsymbol{K}$$

式中,$\boldsymbol{N}_{AA}=\boldsymbol{A}\boldsymbol{P}^{-1}\boldsymbol{A}^{\mathrm{T}}$ 为法方程的系数矩阵。

(3)用法方程的联系数及自由项计算。式(3-5-5)的纯量形式为

$$[pvv]=-w_1k_1-w_2k_2-\cdots-w_rk_r \tag{3-5-6}$$

即 $[pvv]$ 等于法方程自由项与相应联系数的乘积和,并将其反号。实际计算时可以用两种方法加以检核。

二、平差值函数的权倒数

首先将以平差值 $\hat{\boldsymbol{L}}$ 为自变量的函数化为以独立观测值 $\boldsymbol{L}$ 为自变量的函数,再应用独立观测值函数的协因数传播律计算平差值函数的协因数(权倒数)。平差值函数有线性和非线性两种形式。下面先讨论平差值线性函数的权倒数,然后推广到非线性函数。

(一)平差值线性函数的权倒数

设平差值线性函数的一般形式为

$$F=f_1\hat{L}_1+f_2\hat{L}_2+\cdots+f_n\hat{L}_n+f_0 \tag{3-5-7}$$

式中,f_i 为平差值$\hat{L}_i$ 的系数($i=1,2,\cdots,n$);f_0 为不包含误差的常数项。

为了将平差值函数 F 逐步化为独立观测值的函数,现将 $\hat{L}_i=L_i+v_i$ 代入式(3-5-7),得

$$F=f_1L_1+f_2L_2+\cdots+f_nL_n+f_0+f_1v_1+f_2v_2+\cdots+f_nv_n$$

令

$$\boldsymbol{f}=\begin{bmatrix}f_1\\f_2\\\vdots\\f_n\end{bmatrix},\ \boldsymbol{L}=\begin{bmatrix}L_1\\L_2\\\vdots\\L_n\end{bmatrix},\ \boldsymbol{V}=\begin{bmatrix}v_1\\v_2\\\vdots\\v_n\end{bmatrix}$$

则平差值函数式可写成

$$F=\boldsymbol{f}^{\mathrm{T}}\boldsymbol{L}+\boldsymbol{f}^{\mathrm{T}}\boldsymbol{V}+f_0 \tag{3-5-8}$$

如前所述,为了将 F 化为独立观测值的函数,应先将式(3-5-8)中的改正数 $\boldsymbol{V}$ 化为联系数

$\boldsymbol{K}$ 的函数。已知改正数方程为

$$\boldsymbol{V}=\boldsymbol{P}^{-1}\boldsymbol{A}^{\mathrm{T}}\boldsymbol{K}$$

将改正数方程代入式(3-5-8)，则有

$$F=\boldsymbol{f}^{\mathrm{T}}\boldsymbol{L}+\boldsymbol{f}^{\mathrm{T}}\boldsymbol{P}^{-1}\boldsymbol{A}^{\mathrm{T}}\boldsymbol{K}+f_0 \tag{3-5-9}$$

将 $\boldsymbol{K}=-\boldsymbol{N}_{AA}^{-1}\boldsymbol{W}$ 代入式(3-5-9)，则有

$$F=\boldsymbol{f}^{\mathrm{T}}\boldsymbol{L}-\boldsymbol{f}^{\mathrm{T}}\boldsymbol{P}^{-1}\boldsymbol{A}^{\mathrm{T}}\boldsymbol{N}_{AA}^{-1}\boldsymbol{W}+f_0 \tag{3-5-10}$$

又因 $\boldsymbol{W}=\boldsymbol{A}\boldsymbol{L}+\boldsymbol{A}_0$，则

$$\begin{aligned}F&=\boldsymbol{f}^{\mathrm{T}}\boldsymbol{L}-\boldsymbol{f}^{\mathrm{T}}\boldsymbol{P}^{-1}\boldsymbol{A}^{\mathrm{T}}\boldsymbol{N}_{AA}^{-1}(\boldsymbol{A}\boldsymbol{L}+\boldsymbol{A}_0)+f_0\\&=\boldsymbol{f}^{\mathrm{T}}\boldsymbol{L}-\boldsymbol{f}^{\mathrm{T}}\boldsymbol{P}^{-1}\boldsymbol{A}^{\mathrm{T}}\boldsymbol{N}_{AA}^{-1}\boldsymbol{A}\boldsymbol{L}-\boldsymbol{f}^{\mathrm{T}}\boldsymbol{P}^{-1}\boldsymbol{A}^{\mathrm{T}}\boldsymbol{N}_{AA}^{-1}\boldsymbol{A}_0+f_0\\&=(\boldsymbol{f}^{\mathrm{T}}-\boldsymbol{f}^{\mathrm{T}}\boldsymbol{P}^{-1}\boldsymbol{A}^{\mathrm{T}}\boldsymbol{N}_{AA}^{-1}\boldsymbol{A})\boldsymbol{L}-\boldsymbol{f}^{\mathrm{T}}\boldsymbol{P}^{-1}\boldsymbol{A}^{\mathrm{T}}\boldsymbol{N}_{AA}^{-1}\boldsymbol{A}_0+f_0\end{aligned} \tag{3-5-11}$$

式中，$\boldsymbol{f}$、$\boldsymbol{A}$、$\boldsymbol{A}_0$、f_0 都是与观测值无关的常数。

至此，已将平差值函数 F 化为独立观测值 $\boldsymbol{L}$ 的函数。为便于计算，令

$$\boldsymbol{q}=-(\boldsymbol{f}^{\mathrm{T}}\boldsymbol{P}^{-1}\boldsymbol{A}^{\mathrm{T}}\boldsymbol{N}_{AA}^{-1})^{\mathrm{T}}=-\boldsymbol{N}_{AA}^{-1}\boldsymbol{A}\boldsymbol{P}^{-1}\boldsymbol{f} \tag{3-5-12}$$

两边同时左乘 $\boldsymbol{N}_{AA}$ 并移项，得

$$\boldsymbol{N}_{AA}\boldsymbol{q}+\boldsymbol{A}\boldsymbol{P}^{-1}\boldsymbol{f}=\boldsymbol{0} \tag{3-5-13}$$

将式(3-5-13)与条件平差的法方程进行比较，可以看出，该式是与法方程系数相同的线性对称方程，通常称该式为转换系数方程，而 $\boldsymbol{q}$ 是由 r 个元素 $q_1,q_2,\cdots,q_r$ 组成的列矩阵，称为转换系数，仅与观测值的权、条件方程系数及函数式的系数有关。将式(3-5-12) 代入式(3-5-11) 得

$$F=(\boldsymbol{f}^{\mathrm{T}}+\boldsymbol{q}^{\mathrm{T}}\boldsymbol{A})\boldsymbol{L}+\boldsymbol{q}^{\mathrm{T}}\boldsymbol{A}_0+f_0=(\boldsymbol{f}+\boldsymbol{A}^{\mathrm{T}}\boldsymbol{q})^{\mathrm{T}}\boldsymbol{L}+\boldsymbol{q}^{\mathrm{T}}\boldsymbol{A}_0+f_0 \tag{3-5-14}$$

根据协因数传播律可得平差值函数的权倒数为

$$\begin{aligned}\frac{1}{P_F}&=(\boldsymbol{f}+\boldsymbol{A}^{\mathrm{T}}\boldsymbol{q})^{\mathrm{T}}\boldsymbol{P}^{-1}(\boldsymbol{f}+\boldsymbol{A}^{\mathrm{T}}\boldsymbol{q})\\&=\boldsymbol{f}^{\mathrm{T}}\boldsymbol{P}^{-1}\boldsymbol{f}+\boldsymbol{f}^{\mathrm{T}}\boldsymbol{P}^{-1}\boldsymbol{A}^{\mathrm{T}}\boldsymbol{q}+\boldsymbol{q}^{\mathrm{T}}\boldsymbol{A}\boldsymbol{P}^{-1}\boldsymbol{f}+\boldsymbol{q}^{\mathrm{T}}\boldsymbol{A}\boldsymbol{P}^{-1}\boldsymbol{A}^{\mathrm{T}}\boldsymbol{q}\end{aligned}$$

顾及 $\boldsymbol{N}_{AA}\boldsymbol{q}=-\boldsymbol{A}\boldsymbol{P}^{-1}\boldsymbol{f}$，$\boldsymbol{N}_{AA}=\boldsymbol{A}\boldsymbol{P}^{-1}\boldsymbol{A}^{\mathrm{T}}$，则有

$$\frac{1}{P_F}=\underset{1\times n}{\boldsymbol{f}^{\mathrm{T}}}\underset{n\times n}{\boldsymbol{P}^{-1}}\underset{n\times 1}{\boldsymbol{f}}+(\underset{r\times n}{\boldsymbol{A}}\underset{n\times n}{\boldsymbol{P}^{-1}}\underset{n\times 1}{\boldsymbol{f}})^{\mathrm{T}}\underset{r\times 1}{\boldsymbol{q}} \tag{3-5-15}$$

或

$$\frac{1}{P_F}=\underset{1\times n}{\boldsymbol{f}^{\mathrm{T}}}\underset{n\times n}{\boldsymbol{P}^{-1}}\underset{n\times 1}{\boldsymbol{f}}-(\underset{r\times n}{\boldsymbol{A}}\underset{n\times n}{\boldsymbol{P}^{-1}}\underset{n\times 1}{\boldsymbol{f}})^{\mathrm{T}}\underset{r\times r}{\boldsymbol{N}_{AA}^{-1}}\underset{r\times n}{\boldsymbol{A}}\underset{n\times n}{\boldsymbol{P}^{-1}}\underset{n\times 1}{\boldsymbol{f}} \tag{3-5-16}$$

式(3-5-15)的纯量形式为

$$\frac{1}{P_F}=\left[\frac{ff}{p}\right]+\left[\frac{af}{p}\right]q_1+\left[\frac{bf}{p}\right]q_2+\cdots+\left[\frac{rf}{p}\right]q_r \tag{3-5-17}$$

式(3-5-15)、式(3-5-16)、式(3-5-17)为平差值函数的权倒数计算式。

(二)平差值非线性函数的权倒数

如果平差值函数为非线性函数。设其一般形式为

$$F=f(\hat{L}_1,\hat{L}_2,\cdots,\hat{L}_n) \tag{3-5-18}$$

若将 $\hat{L}_i=L_i+v_i$ 代入式(3-5-18)，并按泰勒级数展开取一次项，得

$$F=f(L_1,L_2,\cdots,L_n)+\left(\frac{\partial F}{\partial\hat{L}_1}\right)_{\hat{L}_1=L_1}v_1+\left(\frac{\partial F}{\partial\hat{L}_2}\right)_{\hat{L}_2=L_2}v_2+\cdots+\left(\frac{\partial F}{\partial\hat{L}_n}\right)_{\hat{L}_n=L_n}v_n \tag{3-5-19}$$

令

$$f_1=\left(\frac{\partial F}{\partial \hat{L}_1}\right)_{\hat{L}_1=L_1},\ f_2=\left(\frac{\partial F}{\partial \hat{L}_2}\right)_{\hat{L}_2=L_2},\ \cdots,\ f_n=\left(\frac{\partial F}{\partial \hat{L}_n}\right)_{\hat{L}_n=L_n}$$

同时,设 $\mathbf{V}=[v_1\ \ v_2\ \ \cdots\ \ v_n]^{\mathrm{T}}$,$\boldsymbol{f}=[f_1\ \ f_2\ \ \cdots\ \ f_n]^{\mathrm{T}}$。于是式(3-5-19)变成

$$F=f(L_1,L_2,\cdots,L_n)+f_1v_1+f_2v_2+\cdots+f_nv_n=f(L_1,L_2,\cdots,L_n)+\boldsymbol{f}^{\mathrm{T}}\mathbf{V} \tag{3-5-20}$$

设 $F=F^0+\delta_F$,则函数 F 的改正数为

$$\delta_F=\boldsymbol{f}^{\mathrm{T}}\mathbf{V} \tag{3-5-21}$$

按照求线性函数权倒数的方法,将改正数先化为联系数的函数,然后化为闭合差的函数,再化为观测值的函数,最后对其进行全微分即可得到非线性函数的线性式,则可与线性函数一样求其权倒数。

由此可知,只需要求出 f_i 就可以应用式(3-5-15)、式(3-5-16)、式(3-5-17)计算函数的权倒数 $1/P_F$。为此,取函数的改正数项,即

$$\delta_F=f_1v_1+f_2v_2+\cdots+f_nv_n \tag{3-5-22}$$

式中,$f_i=\left(\frac{\partial F}{\partial \hat{L}_i}\right)_{\hat{L}_i=L_i}$。该式称为权函数式,用于计算函数的权倒数。

由此可见,当平差值函数为非线性函数时,求函数权倒数的计算步骤基本与平差值函数为线性函数时相同,只不过在列出函数式之后,还要用求全微分的方法列出其线性的权函数式,并借以确定 f_i 的值。但应注意的是,对于线性函数来说,f_i 代表已知常数,即平差值的系数项;而对于非线性函数来说,f_i 代表函数 F 对于各独立观测值求偏导数的值。二者含义是不同的。

实际计算时,可用平差值函数的微分式代替式(3-5-22)作为权函数式,即

$$\delta_F=f_1\mathrm{d}\hat{L}_1+f_2\mathrm{d}\hat{L}_2+\cdots+f_n\mathrm{d}\hat{L}_n \tag{3-5-23}$$

三、平差值函数的中误差

根据权与中误差的关系,有

$$\hat{\sigma}_F=\hat{\sigma}_0\sqrt{\frac{1}{P_F}}$$

综上所述,求平差值函数的中误差的步骤可归纳如下:

(1)列平差值函数式,即按题意要求,将需要求中误差的量表达成平差值的函数式。

(2)求平差值函数的权倒数。

(3)求平差值函数的中误差。

注意:当平差值函数式 $f(\hat{L}_1,\hat{L}_2,\cdots,\hat{L}_n)$ 中只有一个平差值 $\hat{L}_i$,且其系数为 1 时,平差值函数为 $F=\hat{L}_i$,就是平差值。因此,平差值是平差值函数的特例,求平差值的中误差,仍可以应用求平差值函数中误差的公式。本书不做详细介绍。

四、技能训练——平差值函数权倒数计算

(一)范例

[范例 3-6]在图 3-8 所示的水准网中,各路线的距离为 $S_1=S_3=S_4=4\ \mathrm{km}$,$S_2=S_5=$

2 km。试求 C 点高程最或然值的权倒数。

解：(1)由图可知 $r=2$，两个条件方程分别为

$$v_1+v_2-v_3+w_1=0$$

$$v_3+v_4+v_5+w_2=0$$

按题意列出平差值函数式为

$$H_C=H_A+\hat{h}_3$$

所以 $f_3=1, f_1=f_2=f_4=f_5=0$。

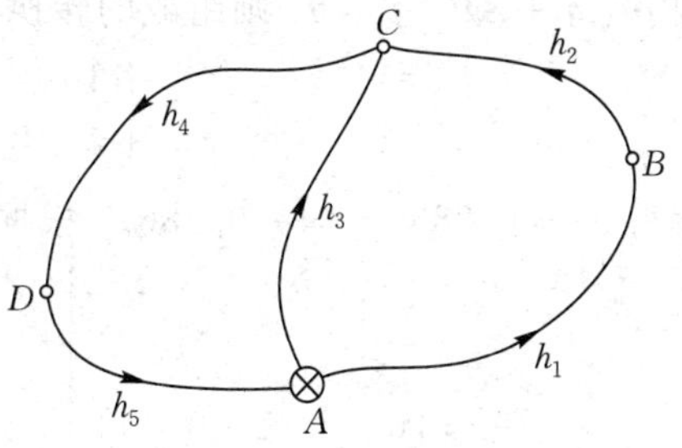

图 3-8　闭合水准网

(2)令 $C=1$ km，即以 1 km 观测高差为单位权观测值，所以有 $\frac{1}{p_i}=S_i$。

(3)计算权倒数。一种方法是采用列表法计算。将条件方程、权函数式的系数填入表 3-3 中。

表 3-3　条件式、权函数式的系数及观测高差的权倒数

观测编号	a	b	f	$1/p$
1	1	0	0	4
2	1	0	0	2
3	−1	1	1	4
4	0	1	0	4
5	0	1	0	2

计算得

$$\left[\frac{aa}{p}\right]=10,\ \left[\frac{ab}{p}\right]=-4,\ \left[\frac{bb}{p}\right]=10$$

$$\left[\frac{af}{p}\right]=-4,\ \left[\frac{bf}{p}\right]=4,\ \left[\frac{ff}{p}\right]=4$$

组成转换系数方程为

$$10q_1-4q_2-4=0$$

$$-4q_1+10q_2+4=0$$

解得 $q_1=0.286$、$q_2=-0.286$。按式(3-5-17)计算权倒数为

$$\frac{1}{P_{H_C}}=\left[\frac{ff}{p}\right]+\left[\frac{af}{p}\right]q_1+\left[\frac{bf}{p}\right]q_2=1.71$$

另一种方法是采用矩阵法计算。法方程系数为

$$\boldsymbol{N}_{AA}=\boldsymbol{A}\boldsymbol{P}^{-1}\boldsymbol{A}^{\mathrm{T}}=\begin{bmatrix}1 & 1 & -1 & 0 & 0\\0 & 0 & 1 & 1 & 1\end{bmatrix}\begin{bmatrix}4 & & & & \\ & 2 & & & \\ & & 4 & & \\ & & & 4 & \\ & & & & 2\end{bmatrix}\begin{bmatrix}1 & 0\\1 & 0\\-1 & 1\\0 & 1\\0 & 1\end{bmatrix}=\begin{bmatrix}10 & -4\\-4 & 10\end{bmatrix}$$

$$\boldsymbol{A}\boldsymbol{P}^{-1}\boldsymbol{f}=\begin{bmatrix}1 & 1 & -1 & 0 & 0\\0 & 0 & 1 & 1 & 1\end{bmatrix}\begin{bmatrix}4 & & & & \\ & 2 & & & \\ & & 4 & & \\ & & & 4 & \\ & & & & 2\end{bmatrix}\begin{bmatrix}0\\0\\1\\0\\0\end{bmatrix}=\begin{bmatrix}-4\\4\end{bmatrix}$$

因 $\boldsymbol{N}_{AA}\boldsymbol{q}+\boldsymbol{A}\boldsymbol{P}^{-1}\boldsymbol{f}=\boldsymbol{0}$，则组成的转换系数方程为

$$\begin{bmatrix}10 & -4\\ -4 & 10\end{bmatrix}\begin{bmatrix}q_1\\ q_2\end{bmatrix}+\begin{bmatrix}-4\\ 4\end{bmatrix}=\begin{bmatrix}0\\ 0\end{bmatrix}$$

解得 $q_1=0.286$、$q_2=-0.286$。根据式(3-5-15)可得

$$\frac{1}{P_{H_C}}=\begin{bmatrix}0 & 0 & 1 & 0 & 0\end{bmatrix}\begin{bmatrix}4 & & & & \\ & 2 & & & \\ & & 4 & & \\ & & & 4 & \\ & & & & 2\end{bmatrix}\begin{bmatrix}0\\ 0\\ 1\\ 0\\ 0\end{bmatrix}+\begin{bmatrix}-4 & 4\end{bmatrix}\begin{bmatrix}0.286\\ -0.286\end{bmatrix}=1.71$$

(二)实训

[**实训 3-7**]在图 3-9 中，各路线的距离为 $S_1=S_2=S_3=S_4=S_5=2\ \text{km}$。试求平差后 C、D 两点间高差的权倒数。

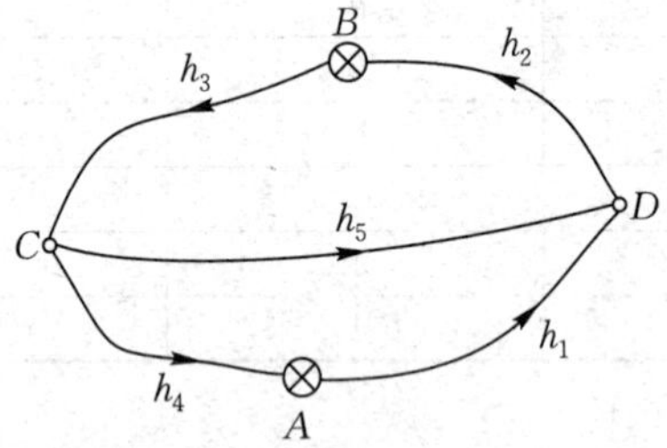

图 3-9 闭合水准网

任务 3-6 项目综合技能训练——水准网条件平差

一、范例

[**范例 3-7**]在图 3-10 所示的水准网中，A、B 为已知高程的水准点，P_1、P_2、P_3 为待定点，观测数据和已知数据见表 3-4。试按条件平差求：

(1)各待定点的高程平差值。

(2) P_1、P_2 两点间平差后高差的中误差。

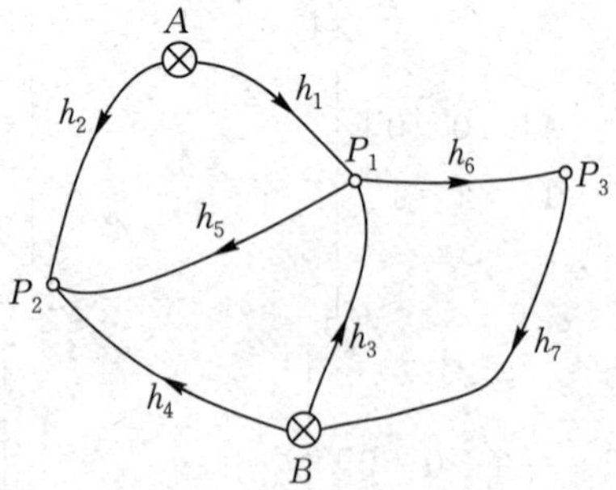

图 3-10 闭合水准网

表 3-4　观测数据

路线编号	1	2	3	4	5	6	7
观测高差 h/m	1.359	2.009	0.363	1.012	0.657	0.238	−0.595
路线长度 S/km	1.1	1.7	2.3	2.7	2.4	1.4	2.6
已知点高程 H/m	$H_A=5.016$，$H_B=6.016$						

解法一：本题 $n=7, t=3$，故有 $r=n-t=4$。

(1)列立条件方程为

$$\begin{aligned} &v_1-v_2+v_5+7=0\\ &v_3-v_4+v_5+8=0\\ &v_3+v_6+v_7+6=0\\ &v_2-v_4-3=0 \end{aligned}$$

条件方程闭合差以 mm 为单位。

列立平差值函数式为

$$F=\hat{h}_5$$

其系数为

$$f_5=1, f_1=f_2=f_3=f_4=f_6=f_7=0$$

(2)定权。令 $C=1$ km，即 1 km 观测高差为单位权观测值，故有 $\dfrac{1}{p_i}=S_i$，则可得高差观测值的权倒数(协因数)矩阵为

$$\boldsymbol{P}^{-1}=\mathrm{diag}(1.1, 1.7, 2.3, 2.7, 2.4, 1.4, 2.6)$$

式中，diag 是表示对角矩阵的函数，也是 MATLAB 软件中的常用函数。

(3)法方程的组成与解算。条件方程系数矩阵及闭合差矩阵为

$$\boldsymbol{A}=\begin{bmatrix}1&-1&0&0&1&0&0\\0&0&1&-1&1&0&0\\0&0&1&0&0&1&1\\0&1&0&-1&0&0&0\end{bmatrix}, \boldsymbol{W}=\begin{bmatrix}7\\8\\6\\-3\end{bmatrix}$$

组成法方程为

$$\boldsymbol{AP}^{-1}\boldsymbol{A}^{\mathrm{T}}\boldsymbol{K}+\boldsymbol{W}=\begin{bmatrix}5.2&2.4&0&-1.7\\2.4&7.4&2.3&2.7\\0&2.3&6.3&0\\-1.7&2.7&0&4.4\end{bmatrix}\begin{bmatrix}k_1\\k_2\\k_3\\k_4\end{bmatrix}+\begin{bmatrix}7\\8\\6\\-3\end{bmatrix}=\begin{bmatrix}0\\0\\0\\0\end{bmatrix}$$

用解线性方程组的任意方法解算法方程，可得联系数 $\boldsymbol{K}$，即

$$k_1=-0.2206,\ k_2=-1.4053,\ k_3=-0.4393,\ k_4=1.4589$$

(4)计算改正数。利用改正数方程可求得

$$\boldsymbol{V}=[-0.24\quad 2.86\quad -4.24\quad -0.14\quad -3.90\quad -0.62\quad -1.14]^{\mathrm{T}}$$

式中，$\boldsymbol{V}$ 以 mm 为单位。

(5)计算平差值。根据 $\hat{\boldsymbol{h}}=\boldsymbol{h}+\boldsymbol{V}$，可得

$$\hat{\boldsymbol{h}}=[1.3588\quad 2.0119\quad 0.3588\quad 1.0119\quad 0.6531\quad 0.2374\quad -0.5961]^{\mathrm{T}}$$

式中，$\hat{\boldsymbol{h}}$ 以 m 为单位。以平差值重列条件方程进行检核，满足所有条件方程。

(6)计算待定点平差高程。根据图 3-10 可得

$$\hat{H}_{P_1}=H_A+\hat{h}_1=6.3748\ \text{m}$$

$$\hat{H}_{P_2}=H_A+\hat{h}_2=7.0279\ \text{m}$$

$$\hat{H}_{P_3}=H_B-\hat{h}_7=6.6121\ \text{m}$$

(7) 计算单位权中误差。根据式(3-5-3)可得

$$\hat{\sigma}_0=\sqrt{\frac{\boldsymbol{V}^{\mathrm{T}}\boldsymbol{P}\boldsymbol{V}}{r}}=\sqrt{\frac{19.80}{4}}=2.22(\text{mm})$$

因 $C=1$ km,故该水准网 1 km 观测高差的中误差为 2.22 mm。

(8)计算平差后 P_1、P_2 两点间高差 $\hat{h}_5$ 的中误差。由平差值函数式可知其矩阵为

$$\boldsymbol{f}=\begin{bmatrix}0 & 0 & 0 & 0 & 1 & 0 & 0\end{bmatrix}^{\mathrm{T}}$$

按组成法方程的方法组成转换系数方程为

$$\boldsymbol{A}\boldsymbol{P}^{-1}\boldsymbol{A}^{\mathrm{T}}\boldsymbol{q}+\boldsymbol{A}\boldsymbol{P}^{-1}\boldsymbol{f}=\begin{bmatrix}5.2 & 2.4 & 0 & -1.7\\ 2.4 & 7.4 & 2.3 & 2.7\\ 0 & 2.3 & 6.3 & 0\\ -1.7 & 2.7 & 0 & 4.4\end{bmatrix}\begin{bmatrix}q_1\\ q_2\\ q_3\\ q_4\end{bmatrix}+\begin{bmatrix}2.4\\ 2.4\\ 0\\ 0\end{bmatrix}=\begin{bmatrix}0\\ 0\\ 0\\ 0\end{bmatrix}$$

解得转换系数为 $\boldsymbol{q}^{\mathrm{T}}=\begin{bmatrix}q_1 & q_2 & q_3 & q_4\end{bmatrix}^{\mathrm{T}}=\begin{bmatrix}-0.336 & -0.253 & 0.093 & 0.026\end{bmatrix}^{\mathrm{T}}$。

根据式(3-5-15)可得

$$\frac{1}{P_{\hat{h}_5}}=\boldsymbol{f}^{\mathrm{T}}\boldsymbol{P}^{-1}\boldsymbol{f}+(\boldsymbol{A}\boldsymbol{P}^{-1}\boldsymbol{f})^{\mathrm{T}}\boldsymbol{q}=2.4+\begin{bmatrix}2.4 & 2.4 & 0 & 0\end{bmatrix}\begin{bmatrix}-0.336\\ -0.253\\ 0.093\\ 0.026\end{bmatrix}=0.99$$

则平差后 P_1、P_2 两点间高差的中误差为

$$\hat{\sigma}_{\hat{h}_5}=\hat{\sigma}_0\sqrt{\frac{1}{P_{\hat{h}_5}}}=2.22\sqrt{0.99}=2.21(\text{mm})$$

解法二:利用解法一所得到的条件方程和平差值函数式,应用 MATLAB 编程进行条件平差计算。计算程序、过程及结果如下。

```
>>clear
>>disp('......水准网条件平差......'); % 范例 3-7
......水准网条件平差......
>>A=[1,-1,0,0,1,0,0;0,0,1,-1,1,0,0;0,0,1,0,0,1,1;0,1,0,-1,0,0,0];
>>W=[-7,-8,-6,3]';
>>f=[0,0,0,0,1,0,0];
>>Qa=[1.1 1.7 2.3 2.7 2.4 1.4 2.6];
>>Q=diag(Qa);
>>L=[1.359,2.009,0.363,1.012,0.657,0.238,-0.595]';
>>Naa=A*Q*A'
Naa=
     5.2000    2.4000         0   -1.7000
     2.4000    7.4000    2.3000    2.7000
          0    2.3000    6.3000         0
    -1.7000    2.7000         0    4.4000
```

```
>>K = inv(Naa) * W
K =
    - 0.2206
    - 1.4053
    - 0.4393
      1.4589
>>V = Q * A' * K
V =
    - 0.2427
      2.8552
    - 4.2427
    - 0.1448
    - 3.9021
    - 0.6151
    - 1.1423
>>Lv = L + V/1000;
>>disp('观测值平差值');
观测值平差值
>>Lv
Lv =
      1.3588
      2.0119
      0.3588
      1.0119
      0.6531
      0.2374
    - 0.5961
>>r = numel(W);
>>m0 = sqrt((V' * inv(Q) * V)/r);
>>Qf = f * Q * f' - f * Q * A' * inv(Naa) * A * Q * f';
>>mh5 = m0 * sqrt(Qf);
>>disp('单位权中误差');
单位权中误差
>>m0
m0 =
    2.2248
>>disp('平差值函数权倒数');
平差值函数权倒数
>>Qf
Qf =
    0.9850
>>disp('平差值函数式的中误差');
```

```
平差值函数式的中误差
>>mh5
mh5 =
    2.2080
```

其中：

(1)“Lv”为平差值,“m0”为单位权中误差,“mh5”为高差中误差。

(2)“numel”为提取矩阵元素个数的命令,通过执行语句“numel(W)=4”可得到多余观测数 r;“sqrt”为开方命令。

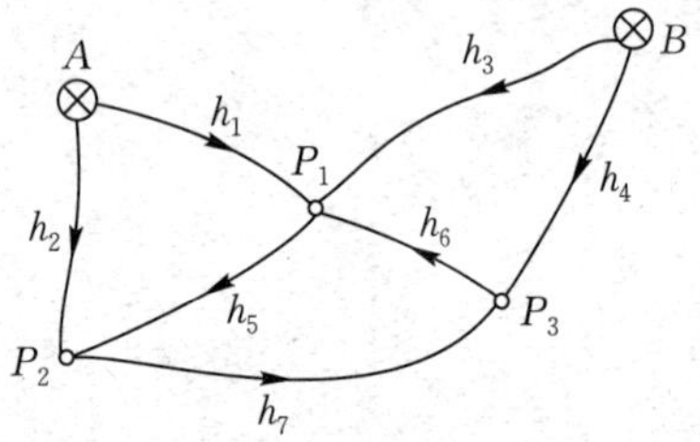

图 3-11 水准网

二、实训

[实训 3-8]在图 3-11 中,观测高差及路线长度列于表 3-5 中。已知 $H_A=50.000$ m、$H_B=40.000$ m,试按条件平差法求:

(1)各观测值的平差值。

(2)平差后 P_1 点与 P_2 点间高差的中误差。

表 3-5 观测数据

路线编号	1	2	3	4	5	6	7
观测高差 h/m	10.356	15.000	20.360	14.501	4.651	5.856	−10.500
路线长度 S/km	1	1	2	2	1	1	2

项目小结

本项目以水准网为基本网型,介绍控制网条件平差的基本原理和基本方法,主要包括:条件总数及各类条件数的确定,条件方程列立及其线性化;法方程的组成与解算;观测值及其函数的最或然值求解;精度评定(单位权中误差的计算、平差值函数权倒数的确定)。

一、重点与难点

(一)重点

本项目重点有:条件平差基本方法和平差计算步骤,条件方程的列立,平差值函数权倒数的计算。

(二)难点

本项目难点有:条件方程的列立,平差值函数权倒数的计算。

二、条件平差计算步骤(以水准网为例)

(1) 确定条件方程个数。根据平差的具体问题,确定其必要观测数 t,总观测数 n,以此确定多余观测数 $r(r=n-t)$,条件方程的个数等于多余观测数 r。水准网的条件方程个数为

$$r=n-P$$

式中,P 为水准网待定点的个数。

(2)列出条件方程。对于水准网而言,根据其图形结构,存在闭合条件方程和附合条件方程两种类型。

(3)组成法方程。根据条件方程式的系数、闭合差及观测值的权(或协因数)组成法方程,法方程的个数等于多余观测数 r。

(4)解算法方程。求出联系数 $\boldsymbol{K}$。

(5)求算平差值。将 $\boldsymbol{K}$ 代入改正数方程求改正数 $\boldsymbol{V}$,并计算平差值 $\hat{\boldsymbol{L}}=\boldsymbol{L}+\boldsymbol{V}$。

(6)进行精度评定。根据实际生产要求,评定某观测值的平差值函数精度。在水准网中常常需要计算平差后某待定点的高程中误差或平差后某段路线高差的中误差。

(7)检核结果。用平差值检核平差计算结果的正确性。

三、主要计算公式汇编

(一)平差计算

(1)条件方程为

$$\boldsymbol{A}\boldsymbol{V}+\boldsymbol{W}=\boldsymbol{0}$$
$$\boldsymbol{W}=\boldsymbol{A}\boldsymbol{L}+\boldsymbol{A}_0$$

(2)法方程为

$$\boldsymbol{N}_{AA}\boldsymbol{K}+\boldsymbol{W}=\boldsymbol{0}$$
$$\boldsymbol{N}_{AA}=\boldsymbol{A}\boldsymbol{P}^{-1}\boldsymbol{A}^{\mathrm{T}}$$

(3)改正数方程为

$$\boldsymbol{V}=\boldsymbol{P}^{-1}\boldsymbol{A}^{\mathrm{T}}\boldsymbol{K}$$

(4)平差值为

$$\hat{\boldsymbol{L}}=\boldsymbol{L}+\boldsymbol{V}$$

(二)精度评定

(1)单位权中误差为

$$\hat{\sigma}=\sqrt{\frac{\boldsymbol{V}^{\mathrm{T}}\boldsymbol{P}\boldsymbol{V}}{n-t}}$$

(2)平差值函数与权函数为

$$F=f(\hat{L}_1,\hat{L}_2,\cdots,\hat{L}_n)$$

$$\delta_F=f_1v_1+f_2v_2+\cdots+f_nv_n,\ f_i=\left(\frac{\partial f}{\partial \hat{L}_i}\right)_{\hat{L}_i=L_i}$$

(3)平差值函数的权倒数和中误差为

$$\frac{1}{P_F}=\boldsymbol{f}^{\mathrm{T}}\boldsymbol{P}^{-1}\boldsymbol{f}+(\boldsymbol{A}\boldsymbol{P}^{-1}\boldsymbol{f})^{\mathrm{T}}\boldsymbol{q}$$

或

$$\frac{1}{P_F}=\boldsymbol{f}^{\mathrm{T}}\boldsymbol{P}^{-1}\boldsymbol{f}-(\boldsymbol{A}\boldsymbol{P}^{-1}\boldsymbol{f})^{\mathrm{T}}\boldsymbol{N}_{AA}^{-1}\boldsymbol{A}\boldsymbol{P}^{-1}\boldsymbol{f}$$

$$\hat{\sigma}_F=\hat{\sigma}_0\sqrt{\frac{1}{P_F}}=\hat{\sigma}_0\sqrt{Q_{FF}}$$

思考与练习题

1. 在平差问题中,条件方程的个数是多少?法方程个数是多少?改正数方程的个数是多少?

2. 试以一般符号写出两个条件的条件方程、改正数方程和法方程。这些方程组的用途是什么?

3. 怎样由条件方程组成法方程?

4. 怎样计算 $[pvv]$?

5. 如何列立平差值的函数式?

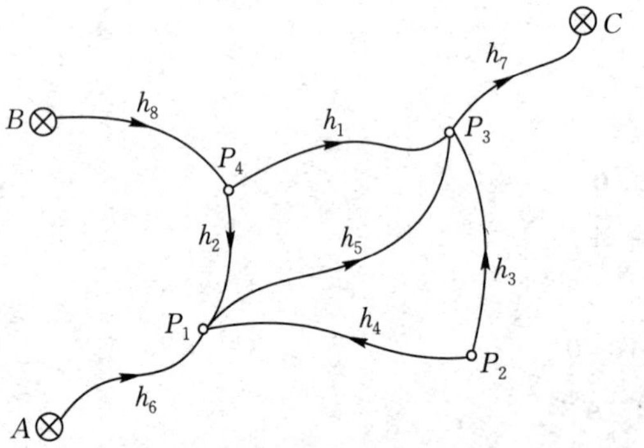

图 3-12 8 题图

6. 什么情况下要列立权函数式?如何计算平差值函数的权倒数?如何计算平差值函数的中误差?

7. 在 $\frac{1}{P_F}$ 的各个计算公式中,f_i 的含义是什么?现有平差值函数 $F=\hat{L}_1+\hat{L}_2-\hat{L}_3$,试说明各 f_i 的值是多少?

8. 某水准网如图 3-12 所示。已知 $H_A=5.000$ m、$H_B=5.000$ m、$H_C=5.000$ m,各路线的观测高差及长度列于表 3-6 中,试组成法方程。

表 3-6 8 题水准网观测数据

路线编号	1	2	3	4	5	6	7	8
观测高差 h/m	1.359	2.008	0.363	1.000	−0.657	0.357	0.304	−1.654
路线长度 S/km	2	2	2	2	4	4	4	4

9. 解算下列法方程组

$$8.44k_1-2.17k_2+0k_3+0k_4-50.34=0$$
$$-2.17k_1+11.57k_2-1.72k_3-1.59k_4+51.32=0$$
$$0k_1-1.72k_2+6.88k_3-2.38k_4+17.18=0$$
$$0k_1-1.59k_2-2.38k_3+3.97k_4-30.94=0$$

10. 在图 3-13 中,等精度测得 $L_1=35°20'15''$、$L_2=65°19'28''$、$L_3=29°59'10''$,已知 L_1、L_2、L_3 相互独立,试求平差后 $\angle AOB$ 的权倒数。

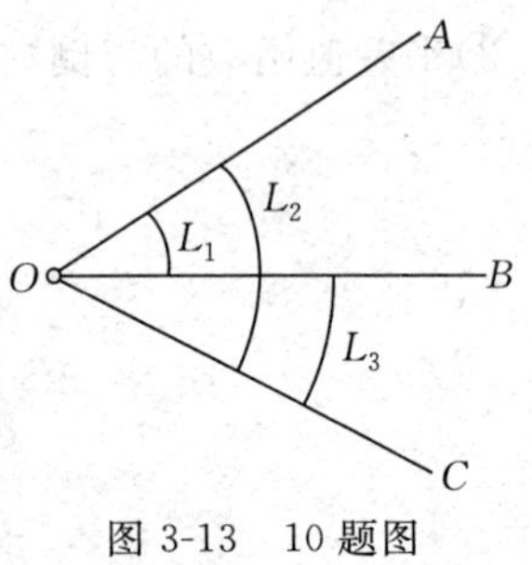

图 3-13 10 题图

11. 在图 3-14 中,A 为已知点,B、C、D 为待定点,测得 $h_1=1.357$ m、$h_2=2.008$ m、$h_3=0.353$ m、$h_4=1.000$ m、$h_5=-0.657$ m,已知各路线长度为 $S_1=S_2=S_3=S_4=1$ km、$S_5=2$ km。定权时,取 $C=1$。试求:

(1)平差后 B 点高程的权。

(2)平差后 A、C 两点间高差的权。

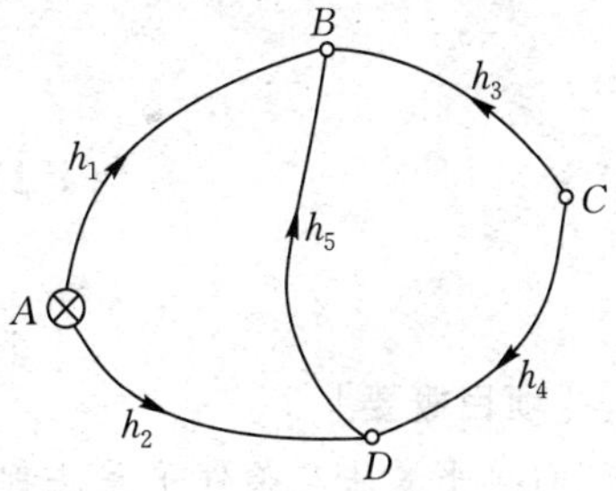

图 3-14　11 题图

12. 在图 3-15 中，A、B、C 为已知点，$H_A=12.000$ m，$H_B=12.500$ m，$H_C=14.000$ m；观测高差及路线长度列于表 3-7 中。试按条件平差法求：

(1)各观测值的平差值。

(2)平差后 P_1、P_2 点的高程。

(3)平差后 P_2 点高程的中误差。

表 3-7　12 题水准网观测数据

路线编号	1	2	3	4
观测高差 h/m	2.500	2.000	1.352	1.851
路线长度 S/km	1	1	2	1

13. 在图 3-16 所示的水准网中，A、B、C、D 均为待定点，等精度独立观测了 6 条路线的高差(表 3-8)。试按条件平差法求高差的平差值。

表 3-8　13 题水准网观测数据

路线编号	1	2	3	4	5	6
观测高差 h/m	1.576	2.216	−3.800	0.871	−2.438	−1.350

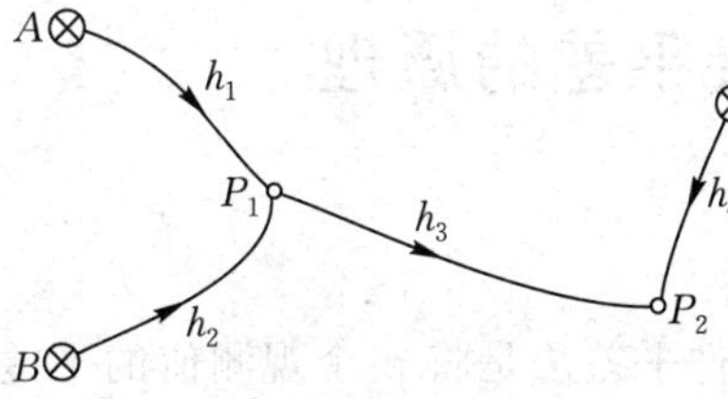

图 3-15　12 题图

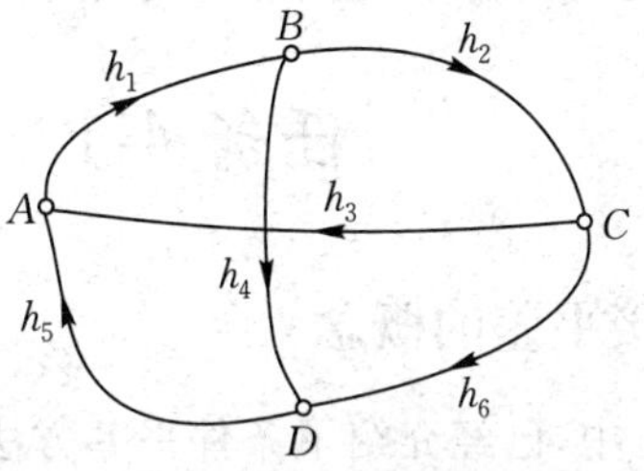

图 3-16　13 题图

项目四　间接平差

［项目概要］

间接平差法与条件平差法都是测量数据误差处理的基本方法。本项目包括：间接平差的基本原理、方法与步骤；水准网误差方程个数的确定与误差方程的列立，法方程的组成与解算，精度评定；水准网间接平差的综合技能训练。

［学习目标］

(1)知识目标：①理解间接平差的基本原理，熟悉相关的计算公式；②了解间接平差的基本方法和步骤；③熟悉矩阵计算公式的基本形式和运算方法。

(2)技能目标：①能正确地确定水准网误差方程的个数并列立误差方程(核心技能)；②掌握组成并解算法方程的方法；③掌握计算单位权中误差的方法；④能正确计算参数函数的权倒数；⑤借助函数型计算器和 MATLAB 软件完成 $t \leqslant 6$ 的水准网误差方程的列立、法方程的组成与解算和精度评定等平差全过程(核心技能)。

(3)素养目标：①在误差分析和平差计算的过程中逐步养成有条不紊的工作习惯、耐心细致的工作作风和精益求精的工匠精神；②严格按照规范作业，确保数据来源的原始性和成果的可靠性；③注重培养分析问题和解决问题的技术素养。

任务 4-1　间接平差的原理

一、间接平差的概念

在项目三中，已经介绍了条件平差方法。条件平差法是将 n 个观测值的平差值作为未知数，基于它们之间存在的 $r=n-t$ 个条件方程，运用求条件极值的方法解出观测值改正数，从而消除观测值之间的不符值，求得各观测量的最或然值。

本项目将介绍测量平差的另一基本方法——间接平差法。

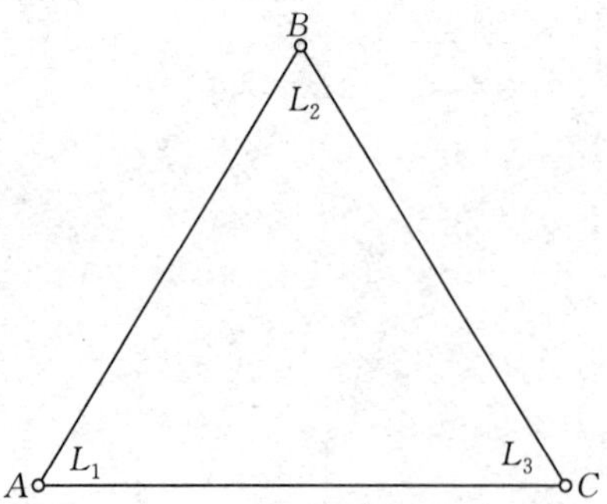

图 4-1　单三角形

下面就来讨论间接平差法解决问题的过程。以图 4-1 的三角形为例，既然三角形的形状由两个内角就足以确定，那么不妨选取两个内角作为未知参数，只要确定这两个角，该三角形便唯一确定了，所有量都可由这 $t=2$ 个量求解得到。也就是说，该问题中所有量都一定可以表达成所选各独立未知参数的函数。

如图 4-1 所示，设等精度观测的三个内角分别为 L_1、L_2、L_3，其真误差为 Δ_1、Δ_2、Δ_3，则其真值为 $\widetilde{L}_1 = L_1+\Delta_1$、$\widetilde{L}_2=L_2+\Delta_2$、$\widetilde{L}_3=L_3+\Delta_3$。选择 $t=2$ 个量作为未知参数，这里就以 $\angle A$、$\angle B$ 的真值 $\widetilde{x}_1$、$\widetilde{x}_2$ 为未知参数。由 $\widetilde{x}_1$ 和 $\widetilde{x}_2$ 便可唯一确定三角形的形状，因此每一个观测值的真值都可表达为两个未知参数的函数，即

$$\left.\begin{aligned}\tilde{L}_1&=\tilde{x}_1\\\tilde{L}_2&=\tilde{x}_2\\\tilde{L}_3&=-\tilde{x}_1-\tilde{x}_2+180^\circ\end{aligned}\right\}\tag{4-1-1}$$

则有

$$\left.\begin{aligned}L_1+\Delta_1&=\tilde{x}_1\\L_2+\Delta_2&=\tilde{x}_2\\L_3+\Delta_3&=-\tilde{x}_1-\tilde{x}_2+180^\circ\end{aligned}\right\}\tag{4-1-2}$$

将 L_1、L_2、L_3 移至等式右端，可得

$$\left.\begin{aligned}\Delta_1&=\tilde{x}_1-L_1\\\Delta_2&=\tilde{x}_2-L_2\\\Delta_3&=-\tilde{x}_1-\tilde{x}_2+180^\circ-L_3\end{aligned}\right\}\tag{4-1-3}$$

因观测值的真值或真误差无法求得，故设观测值的最或然值为 $\hat{L}_i(i=1,2,3)$，观测值的改正数为 v_i，未知参数的最或然值为 $x_j(j=1,2)$，并分别代替观测值的真值 $\tilde{L}_i$、观测值的真误差 Δ_i 和未知参数 $\tilde{x}_j$。则有

$$\left.\begin{aligned}\hat{L}_1&=x_1\\\hat{L}_2&=x_2\\\hat{L}_3&=-x_1-x_2+180^\circ\end{aligned}\right\}\tag{4-1-4}$$

$$\left.\begin{aligned}L_1+v_1&=x_1\\L_2+v_2&=x_2\\L_3+v_3&=-x_1-x_2+180^\circ\end{aligned}\right\}\tag{4-1-5}$$

可得

$$\left.\begin{aligned}v_1&=x_1-L_1\\v_2&=x_2-L_2\\v_3&=-x_1-x_2+180^\circ-L_3\end{aligned}\right\}\tag{4-1-6}$$

式(4-1-4)或式(4-1-5)表述的是观测值的平差值与未知参数之间的函数关系，称为平差值方程；式(4-1-6)称为误差方程。

在式(4-1-6)中，未知参数 x_1、x_2 的数值一经确定，与其对应的一组改正数便随之确定。对任意一组未知量，都可求得一组对应的改正数，且不论未知参数取何值，只要是由式(4-1-6)求得的改正数，都满足

$$(L_1+v_1)+(L_2+v_2)+(L_2+v_3)=180^\circ$$

说明由式(4-1-6)求得的改正数，均可达到消除观测值不符值的目的。

但由式(4-1-6)所求得的改正数随未知参数的取值不同而不同，有无穷多组解。人们希望最终得到唯一且在无穷多组解中最优的一组解，怎样获取这样一组解呢？测量平差中，就是依据最小二乘法原则获取最优解的。

根据最小二乘法原理的要求，在这无穷多组解中能满足 $\boldsymbol{V}^{\mathrm{T}}\boldsymbol{PV}=\min$ 的一组改正数就是

最优的。考虑观测值等精度,观测值的权为 1,权矩阵为单位矩阵,$\boldsymbol{V}^{\mathrm{T}}\boldsymbol{P}\boldsymbol{V}=\min$ 可表达为

$$\boldsymbol{V}^{\mathrm{T}}\boldsymbol{V}=v_1^2+v_2^2+v_3^2=\min$$

将式(4-1-6)代入上式,得

$$\boldsymbol{V}^{\mathrm{T}}\boldsymbol{V}=(x_1-L_1)^2+(x_2-L_2)^2+(-x_1-x_2+180^\circ-L_3)^2=\min$$

由于未知参数 x_1、x_2 是独立变量,要使上式成立,可按数学中自由极值的求解方法,使

$$\frac{\partial \boldsymbol{V}^{\mathrm{T}}\boldsymbol{V}}{\partial x_1}=0$$

$$\frac{\partial \boldsymbol{V}^{\mathrm{T}}\boldsymbol{V}}{\partial x_2}=0$$

得

$$2x_1+x_2-L_1+L_3-180^\circ=0$$

$$x_1+2x_2-L_2+L_3-180^\circ=0$$

称其为法方程。解算法方程,得未知参数 x_1、x_2 的最或然值为

$$x_1=L_1-(L_1+L_2+L_3-180^\circ)/3$$

$$x_2=L_2-(L_1+L_2+L_3-180^\circ)/3$$

将 x_1、x_2 代入式(4-1-6),求得改正数为

$$v_1=-(L_1+L_2+L_3-180^\circ)/3$$

$$v_2=-(L_1+L_2+L_3-180^\circ)/3$$

$$v_3=-(L_1+L_2+L_3-180^\circ)/3$$

由此改正数便可求出观测值的最或然值。

综上所述,间接平差思想就是针对具体的平差问题,选定 t 个平差值作为未知参数,建立未知参数与观测值间平差值的函数关系,进而转化为误差方程,并依据最小二乘法原理,按求自由极值的方法解算出未知量的最优估值。间接平差法是以最小二乘为平差原则,以平差值方程、误差方程为函数模型的平差方法。

二、间接平差的数学模型

(一)函数模型

式(4-1-1)用矩阵形式可表示为

$$\widetilde{\boldsymbol{L}}=\boldsymbol{B}\widetilde{\boldsymbol{X}}+\boldsymbol{d} \tag{4-1-7}$$

式中

$$\widetilde{\boldsymbol{L}}=\begin{bmatrix}\widetilde{L}_1\\ \widetilde{L}_2\\ \widetilde{L}_3\end{bmatrix},\ \boldsymbol{B}=\begin{bmatrix}1 & 0\\ 0 & 1\\ -1 & -1\end{bmatrix},\ \widetilde{\boldsymbol{X}}=\begin{bmatrix}\widetilde{x}_1\\ \widetilde{x}_2\end{bmatrix},\ \boldsymbol{d}=\begin{bmatrix}0\\ 0\\ 180\end{bmatrix}$$

将 $\widetilde{\boldsymbol{L}}=\boldsymbol{L}+\boldsymbol{\Delta}$ 代入式(4-1-7),并令 $\boldsymbol{l}=\boldsymbol{L}-\boldsymbol{d}$,可得

$$\boldsymbol{\Delta}=\boldsymbol{B}\widetilde{\boldsymbol{X}}-\boldsymbol{l} \tag{4-1-8}$$

式中,$\boldsymbol{L}=[L_1\ \ L_2\ \ L_3]^{\mathrm{T}}$;$\boldsymbol{\Delta}=[\Delta_1\ \ \Delta_2\ \ \Delta_3]^{\mathrm{T}}$。

如果某平差问题有 n 个观测值,必要观测数为 t,选择 t 个独立量组成未知参数 $\widetilde{\boldsymbol{X}}$,则每个观测值必定可以表达成这 t 个参数的函数。参照式(4-1-7) 和式(4-1-8) 可得

$$\underset{n\times1}{\widetilde{\boldsymbol{L}}}=\underset{n\times t}{\boldsymbol{B}}\underset{t\times1}{\widetilde{\boldsymbol{X}}}+\underset{n\times1}{\boldsymbol{d}} \tag{4-1-9}$$

$$\underset{n\times1}{\boldsymbol{\Delta}}=\underset{n\times t}{\boldsymbol{B}}\underset{t\times1}{\widetilde{\boldsymbol{X}}}-\underset{t\times1}{\boldsymbol{l}} \tag{4-1-10}$$

式(4-1-9)和式(4-1-10)就是间接平差的函数模型。实际平差时，用未知参数的最或然值 $\boldsymbol{X}$ 代替未知参数$\widetilde{\boldsymbol{X}}$，观测值的最或然值$\hat{\boldsymbol{L}}$ 代替真值$\widetilde{\boldsymbol{L}}$，改正数 $\boldsymbol{V}$ 代替真误差 $\boldsymbol{\Delta}$，则有

$$\underset{n\times1}{\hat{\boldsymbol{L}}}=\underset{n\times t}{\boldsymbol{B}}\underset{t\times1}{\boldsymbol{X}}+\underset{n\times1}{\boldsymbol{d}} \tag{4-1-11}$$

$$\underset{n\times1}{\boldsymbol{V}}=\underset{n\times t}{\boldsymbol{B}}\underset{t\times1}{\boldsymbol{X}}-\underset{t\times1}{\boldsymbol{l}} \tag{4-1-12}$$

式(4-1-11)和式(4-1-12)就是间接平差的实际函数模型。其中，式(4-1-11)称为平差值方程；式(4-1-12)称为误差方程。

(二)随机模型

观测向量 $\underset{n\times1}{\boldsymbol{L}}=[L_1\ \ L_2\ \ \cdots\ \ L_n]^{\mathrm{T}}$ 的随机模型与条件平差相同，即为

$$\underset{n\times n}{\boldsymbol{D}}=\sigma_0^2\underset{n\times n}{\boldsymbol{Q}}=\sigma_0^2\underset{n\times n}{\boldsymbol{P}^{-1}} \tag{4-1-13}$$

三、间接平差的解算方法

设有某一平差问题，其观测值及相应量表示为

n 个独立观测值	$L_1,L_2,\cdots,L_n$
观测值的平差值	$\hat{L}_1,\hat{L}_2,\cdots,\hat{L}_n$
观测值的权	$p_1,p_2,\cdots,p_n$
观测值的改正数	$v_1,v_2,\cdots,v_n$

(一)列立平差值方程，组成误差方程

设必要观测数为 t，选定未知参数 $\boldsymbol{X}=[x_1\ \ x_2\ \ \cdots\ \ x_t]^{\mathrm{T}}$ 分别表示 t 个未知量的最或然值，将每一个观测值的平差值表达为未知参数的函数，即列出 n 个平差值方程为

$$\left.\begin{aligned}L_1+v_1&=a_1x_1+b_1x_2+\cdots+t_1x_t+d_1\\L_2+v_2&=a_2x_1+b_2x_2+\cdots+t_2x_t+d_2\\&\vdots\\L_n+v_n&=a_nx_1+b_nx_2+\cdots+t_nx_t+d_n\end{aligned}\right\} \tag{4-1-14}$$

为了便于计算，令 $x_j=x_j^0+\delta_{x_j}$（x_j^0 为x_j 无误差的近似值，δ_{x_j} 为改正数项，$j=1,2,\cdots,t$），将式中观测值移至等式右端，并设

$$l_i=a_ix_1^0+b_ix_2^0+\cdots+t_ix_t^0+d_i-L_i\quad(i=1,2,\cdots,n) \tag{4-1-15}$$

得到误差方程的一般形式为

$$\left.\begin{aligned}v_1&=a_1\delta_{x_1}+b_1\delta_{x_2}+\cdots+t_1\delta_{x_t}+l_1\\v_2&=a_2\delta_{x_1}+b_2\delta_{x_2}+\cdots+t_2\delta_{x_t}+l_2\\&\vdots\\v_n&=a_n\delta_{x_1}+b_n\delta_{x_2}+\cdots+t_n\delta_{x_t}+l_n\end{aligned}\right\} \tag{4-1-16}$$

令

$$\underset{n\times1}{\boldsymbol{V}}=[v_1\ \ v_2\ \ \cdots\ \ v_n]^{\mathrm{T}}$$

$$\underset{n\times1}{\boldsymbol{l}}=[l_1\ \ l_2\ \ \cdots\ \ l_n]^{\mathrm{T}}$$

$$\underset{t\times1}{\boldsymbol{\delta_X}}=[\delta_{x_1}\quad\delta_{x_2}\quad\cdots\quad\delta_{x_t}]^{\mathrm T}$$

$$\underset{n\times t}{\boldsymbol B}=\begin{bmatrix}a_1 & b_1 & \cdots & t_1\\ a_2 & b_2 & \cdots & t_2\\ \vdots & \vdots & & \vdots\\ a_n & b_n & \cdots & t_n\end{bmatrix}$$

则可得误差方程的矩阵形式

$$\underset{n\times1}{\boldsymbol V}=\underset{n\times t}{\boldsymbol B}\,\underset{t\times1}{\boldsymbol{\delta_X}}+\underset{n\times1}{\boldsymbol l}\tag{4-1-17}$$

(二)求未知参数的自由极值,组成法方程

满足式(4-1-17)的解有无穷多组,为求解唯一一组最或然值,根据最小二乘法原理,式(4-1-17)的 $\boldsymbol{\delta_X}$ 必须满足 $\boldsymbol V^{\mathrm T}\boldsymbol{PV}=\min$ 的要求。其中,$\boldsymbol P$ 为观测值的权矩阵,当观测值为独立观测值时,$\boldsymbol P$ 是对角矩阵,即

$$\underset{n\times n}{\boldsymbol P}=\begin{bmatrix}p_1 & 0 & \cdots & 0\\ 0 & p_2 & \cdots & 0\\ \vdots & \vdots & & \vdots\\ 0 & 0 & \cdots & p_n\end{bmatrix}$$

根据最小二乘法原理,按数学中求自由极值的方法,使

$$\frac{\partial \boldsymbol V^{\mathrm T}\boldsymbol{PV}}{\partial \boldsymbol X}=2\boldsymbol V^{\mathrm T}\boldsymbol P\,\frac{\partial \boldsymbol V}{\partial \boldsymbol X}=2\boldsymbol V^{\mathrm T}\boldsymbol{PB}=\boldsymbol 0$$

转置后得

$$\boldsymbol B^{\mathrm T}\boldsymbol{PV}=\boldsymbol 0\tag{4-1-18}$$

在式(4-1-17)和式(4-1-18)中,待求量的个数是 n 个改正数 $v_i(i=1,2,\cdots,n)$ 加 t 个未知参数 $\delta_{x_j}(j=1,2,\cdots,t)$,方程的个数为 $n+t$,有唯一的解,故称式(4-1-17) 和式(4-1-18) 为间接平差的基础方程。解算这组基础方程的方法是:将式(4-1-17) 代入式(4-1-18),消去改正数 $\boldsymbol V$,得

$$\underset{t\times n}{\boldsymbol B^{\mathrm T}}\,\underset{n\times n}{\boldsymbol P}\,\underset{n\times t}{\boldsymbol B}\,\underset{t\times t}{\boldsymbol{\delta_X}}+\underset{t\times n}{\boldsymbol B^{\mathrm T}}\,\underset{n\times n}{\boldsymbol P}\,\underset{n\times t}{\boldsymbol l}=\underset{t\times t}{\boldsymbol 0}\tag{4-1-19}$$

称其为解算未知参数 $\boldsymbol{\delta_X}$ 的法方程。令 $\boldsymbol N_{BB}=\boldsymbol B^{\mathrm T}\boldsymbol{PB}$,$\boldsymbol W=\boldsymbol B^{\mathrm T}\boldsymbol{Pl}$,并代入式(4-1-19),法方程简化为

$$\underset{t\times t}{\boldsymbol N_{BB}}\underset{t\times1}{\boldsymbol{\delta_X}}+\underset{t\times1}{\boldsymbol W}=\underset{t\times1}{\boldsymbol 0}\tag{4-1-20}$$

(三)解算法方程,求算未知参数 $\boldsymbol X$

由式(4-1-19)或式(4-1-20)可解算出未知参数,即

$$\left.\begin{aligned}\boldsymbol{\delta_X}&=-\boldsymbol N_{AA}^{-1}\boldsymbol W\\ \boldsymbol{\delta_X}&=-(\boldsymbol B^{\mathrm T}\boldsymbol{PB})^{-1}\boldsymbol B^{\mathrm T}\boldsymbol{Pl}\end{aligned}\right\}\tag{4-1-21}$$

$$\underset{t\times1}{\boldsymbol X}=\underset{t\times1}{\boldsymbol X^0}+\underset{t\times1}{\boldsymbol{\delta_X}}\tag{4-1-22}$$

(四)求算改正数 $\boldsymbol V$ 和观测值的平差值 $\hat{\boldsymbol L}$

将 $\boldsymbol{\delta_X}$ 代入误差方程式(4-1-17)可求得改正数为

$$\underset{n\times1}{\boldsymbol V}=\underset{n\times t}{\boldsymbol B}\underset{t\times1}{\boldsymbol{\delta_X}}+\underset{n\times1}{\boldsymbol l}\tag{4-1-23}$$

从而得观测值的平差值为

$$\hat{\boldsymbol{L}}_{n\times1}=\boldsymbol{L}_{n\times1}+\boldsymbol{V}_{n\times1} \tag{4-1-24}$$

将误差方程的系数矩阵$\boldsymbol{B}$、常数矩阵$\boldsymbol{l}$及权矩阵$\boldsymbol{P}$代入法方程式(4-1-19)中，展开后，可得法方程的纯量形式为

$$\left.\begin{array}{l}\sum_{i=1}^{n}p_ia_ia_i\delta_{x_1}\sum_{i=1}^{n}p_ia_ib_i\delta_{x_2}+\cdots+\sum_{i=1}^{n}p_ia_it_i\delta_{x_t}+\sum_{i=1}^{n}p_ia_il_i=0\\ \sum_{i=1}^{n}p_ia_ib_i\delta_{x_1}+\sum_{i=1}^{n}p_ib_ib_i\delta_{x_2}+\cdots+\sum_{i=1}^{n}p_ib_it_i\delta_{x_t}+\sum_{i=1}^{n}p_ib_il_i=0\\ \vdots\\ \sum_{i=1}^{n}p_ia_it_i\delta_{x_1}+\sum_{i=1}^{n}p_ib_it_i\delta_{x_2}+\cdots+\sum_{i=1}^{n}p_it_it_i\delta_{x_t}+\sum_{i=1}^{n}p_it_il_i=0\end{array}\right\} \tag{4-1-25}$$

或以[·]运算符取代$\sum_{i=1}^{n}$运算符，表示为

$$\left.\begin{array}{l}[paa]\delta_{x_1}+[pab]\delta_{x_2}+\cdots+[pat]\delta_{x_t}+[pal]=0\\ [pab]\delta_{x_1}+[pbb]\delta_{x_2}+\cdots+[pbt]\delta_{x_t}+[pbl]=0\\ \vdots\\ [pat]\delta_{x_1}+[pbt]\delta_{x_2}+\cdots+[ptt]\delta_{x_t}+[ptl]=0\end{array}\right\} \tag{4-1-26}$$

四、间接平差的步骤

根据上述讨论，归纳间接平差法的计算步骤如下：

(1)根据平差问题的性质，确定必要观测数t，选定t个独立量作为未知参数。

(2)将每一个观测量的平差值分别表达成所选未知参数的函数，即平差值方程，并列出误差方程。

(3)由误差方程的系数$\boldsymbol{B}$与自由项$\boldsymbol{l}$组成法方程，法方程个数等于未知参数的个数t。

(4)解算法方程，求解未知参数$\boldsymbol{X}$，计算未知参数的平差值。

(5)将未知参数$\boldsymbol{X}$代入误差方程，求解改正数$\boldsymbol{V}$，并求出观测值的平差值$\hat{\boldsymbol{L}}$。

(6)将平差值代入平差值方程，检核平差计算结果的正确性。

五、技能训练——间接平差基本方法

(一)范例

[范例 4-1]在如图 4-1 所示三角形中，等精度独立观测三角形的三个内角分别为$L_1=39°23'40''$、$L_2=88°33'06''$、$L_3=52°03'17''$。试按间接平差法，求角度观测值的平差值。

解：(1)依据该问题，确定必要观测数$t=2$，选定 2 个未知参数，即将$\angle A$、$\angle B$的平差值作为未知参数的最优估值，表示为x_1、x_2。

(2)列立 3 个平差值方程，即

$$\begin{array}{l}L_1+v_1=x_1\\ L_2+v_2=x_2\\ L_3+v_3=-x_1-x_2+180°\end{array}$$

将 L_1、L_2、L_3 移至等式右端,可得误差方程为

$$v_1 = x_1 - L_1$$
$$v_2 = x_2 - L_2$$
$$v_3 = -x_1 - x_2 + 180° - L_3$$

将观测值代入上式,即可算得误差方程的常数项。但如果直接解算,常数项相对较大,这对后续计算不利。为了便于计算,可以引入未知参数的近似值。令

$$x_1^0 = L_1 = 39°23'40''$$
$$x_2^0 = L_2 = 88°33'06''$$

则

$$x_1 = x_1^0 + \delta_{x_1} = \delta_{x_1} + L_1 = \delta_{x_1} + 39°23'40''$$
$$x_2 = x_2^0 + \delta_{x_2} = \delta_{x_2} + L_2 = \delta_{x_2} + 88°33'06''$$

将上式代入误差方程,得

$$v_1 = \delta_{x_1}$$
$$v_2 = \delta_{x_2}$$
$$v_3 = -\delta_{x_1} - \delta_{x_2} - 3$$

用矩阵表示相关量,则有

$$\boldsymbol{V} = [v_1 \quad v_2 \quad v_3]^{\mathrm{T}},\ \boldsymbol{\delta_X} = [\delta_{x_1} \quad \delta_{x_2}]^{\mathrm{T}},\ \boldsymbol{B} = \begin{bmatrix} 1 & 0 \\ 0 & 1 \\ -1 & -1 \end{bmatrix},\ \boldsymbol{l} = \begin{bmatrix} 0 \\ 0 \\ -3 \end{bmatrix}$$

由于引入了未知参数的近似值,误差方程的常数项将是有效数字较小的一个数值,为了计算方便,应该用观测值相应的小单位来表示。该问题的观测值是以度分秒制表示的角度,因此常数项以($''$)为单位。

由于观测值是独立等精度的,其权矩阵为单位矩阵,即

$$\boldsymbol{P} = \begin{bmatrix} 1 & 0 & 0 \\ 0 & 1 & 0 \\ 0 & 0 & 1 \end{bmatrix}$$

(3)根据误差方程的系数矩阵 $\boldsymbol{B}$、常数矩阵 $\boldsymbol{l}$ 及权矩阵 $\boldsymbol{P}$ 组成法方程,即

$$\boldsymbol{N_{BB}} = \boldsymbol{B}^{\mathrm{T}}\boldsymbol{PB} = \begin{bmatrix} 2 & 1 \\ 1 & 2 \end{bmatrix},\ \boldsymbol{W} = \boldsymbol{B}^{\mathrm{T}}\boldsymbol{Pl} = \begin{bmatrix} 3 \\ 3 \end{bmatrix}$$

$$\begin{bmatrix} 2 & 1 \\ 1 & 2 \end{bmatrix} \begin{bmatrix} \delta_{x_1} \\ \delta_{x_2} \end{bmatrix} + \begin{bmatrix} 3 \\ 3 \end{bmatrix} = \boldsymbol{0}$$

展开,得

$$2\delta_{x_1} + \delta_{x_2} + 3 = 0$$
$$\delta_{x_1} + 2\delta_{x_2} + 3 = 0$$

(4)解算法方程,得

$$\delta_{x_1} = -1''$$
$$\delta_{x_2} = -1''$$

(5)代入误差方程计算改正数，得

$$v_1 = -1''$$
$$v_2 = -1''$$
$$v_3 = -1''$$

(6)求解观测值的平差值及未知参数的最或然值，即

$$\hat{L}_1 = L_1 + v_1 = 39°23'39''$$
$$\hat{L}_2 = L_2 + v_2 = 88°33'05''$$
$$\hat{L}_3 = L_3 + v_3 = 52°03'16''$$
$$x_1 = x_1^0 + \delta_{x_1} = 39°23'39''$$
$$x_2 = x_2^0 + \delta_{x_2} = 88°33'05''$$

对观测值的平差值进行检核，有

$$\hat{L}_1 + \hat{L}_2 + \hat{L}_3 = 180°$$

间接平差所得结果与条件平差完全相同。可见，一个平差问题，无论采用条件平差还是间接平差，其最小二乘解是唯一的、一致的，即它与采用的具体平差方法无关。

(二)实训

[实训 4-1]设对某个三角形的 3 个内角进行不等精度观测，得观测值为 $L_1 = 62°17'53.6''$、$L_2 = 33°52'19.8''$、$L_3 = 83°49'43.6''$。设已知观测值的权分别为 $p_1 = 1$、$p_2 = 1$、$p_3 = 2$。试求 3 个内角的平差值。

[实训 4-2] 对[范例 3-2]的水准网采用间接平差，试求 C、D 点的高程平差值。

任务 4-2　误差方程

利用间接平差法进行平差计算，第一步就是要建立间接平差函数模型，即误差方程。列立误差方程，首先要确定必要观测数 t，选取 t 个独立的未知参数，再根据具体平差问题列立误差方程。

一、未知参数的确定与选择

(一)未知参数个数的确定

间接平差中，未知参数的个数等于必要观测数。根据条件平差中关于必要观测数的讨论可知如下规律。

1. 水准网平差

(1)当水准网中有已知点时，未知参数的个数等于全部待定点的个数 P，即 $t = P$。

(2)当水准网中无已知点时，未知参数的个数等于全部待定点的个数 P 减 1，即 $t = P - 1$。

2. 方向观测测站平差

(1)有已知方向时，未知参数的个数等于待定方向的个数 P，即 $t = P$。

(2)无已知方向时，未知参数的个数等于待定方向的个数 P 减 1，即 $t = P - 1$。

(二)未知参数的选择

确定了未知参数的个数 t 后，正确地选择某些量作为未知参数是十分重要的。选择未知参数应遵循以下三个原则。

(1)所选未知参数的个数必须等于必要观测数 t。

(2)未知参数之间不能存在函数关系。如果在选定的 t 个未知参数中,存在着确定的函数关系式 $\varphi(x_1,x_2,\cdots,x_t)=0$,则在这 t 个未知参数中,必有1个未知参数可以表达为其余未知参数的函数,因而它们就不是互为独立的自由变量。在图4-2中,如果选取3个内角作为未知参数,则它们的关系为

$$\angle A+\angle B+\angle C=180^\circ$$

因此,3个角中的任意1个角都与其他2个角构成函数关系,所以3个角中只有2个相互独立,不存在任何函数关系。

另外,即使未知参数个数是对的,但如果其中有相互不独立的未知参数,就会遗漏独立的未知参数,从而得到不正确的平差结果。如果在图4-2中选取 α 和 α' 作为未知参数,实际上则遗漏了1个独立的未知参数,因此三角形的形状无法确定。

(3)选择的未知参数应便于判断其是否相互独立,是否便于计算。在图4-3中,A、B、C、D 为已知水准点,E、F 为两个待定点,必要观测数 $t=2$。选择其未知参数的方法可以有很多种,如

$$\left.\begin{array}{l}x_1=H_E\\x_2=H_F\end{array}\right\},\left.\begin{array}{l}x_1=h_1+v_1\\x_2=h_4+v_4\end{array}\right\},\left.\begin{array}{l}x_1=H_E\\x_2=h_5+v_5\end{array}\right\},\left.\begin{array}{l}x_1=h_1+v_1\\x_2=h_3+v_3\end{array}\right\},\cdots$$

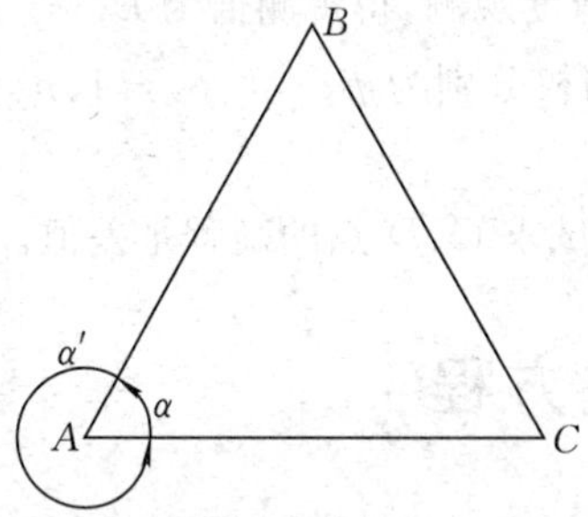

图4-2　测角三角网未知参数的选择

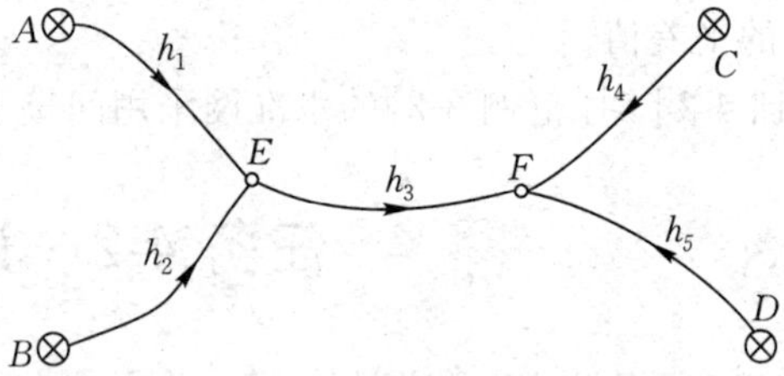

图4-3　水准网未知参数的选择

只要求出以上任何一组的未知参数,则图4-3中任何一个量的最或然值都可以算出来。但是,不能选择以下任何一组未知量作为未知参数,即

$$\left.\begin{array}{l}x_1=h_1+v_1\\x_2=h_2+v_2\end{array}\right\}\quad(a)$$

$$\left.\begin{array}{l}x_1=h_4+v_4\\x_2=h_5+v_5\end{array}\right\}\quad(b)$$

从(a)组的情况看,$H_A+x_1=H_B+x_2$,即 $x_1-x_2+H_A-H_B=0$;从(b)组的情况看,$H_C+x_1=H_D+x_2$,即 $x_1-x_2+H_C-H_D=0$。(a)、(b)两组中的 x_1、x_2 互为函数,而不是相互独立。选择这样的未知参数,实质上就相当于少选了一个未知参数。

由以上讨论可知,在进行水准网间接平差时,一般选择待定点高程的最或然值作为未知参数,因为它们总是独立的。

二、误差方程的列立

下面介绍水准网组成误差方程的方法。

[**例 4-1**]在图 4-4 所示的水准网中,已知水准点 A、B、C 的高程分别为 $H_A=11.000$ m、$H_B=11.500$ m、$H_C=12.008$ m,为求待定点 P_1、P_2 的高程进行水准测量,高差观测值及水准路线长度见表 4-1。试列立该水准网的误差方程。

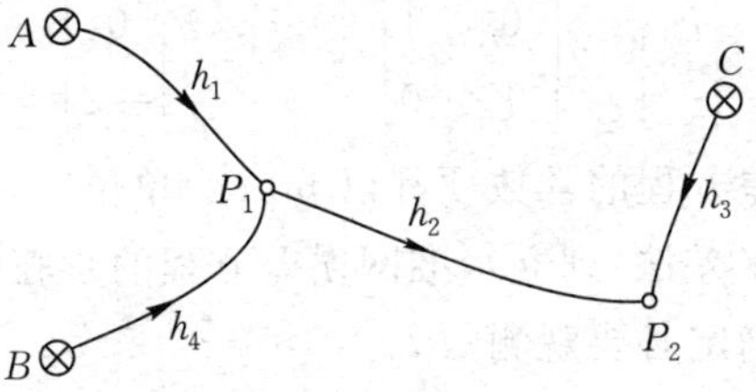

图 4-4　附合水准网

表 4-1　水准网观测数据

路线编号	1	2	3	4
观测高差 h/m	1.003	0.501	0.503	0.505
路线长度 S/km	1	2	2	1

解:(1)根据题意得必要观测数 $t=2$。

(2)选取待定点 P_1、P_2 的高程为未知参数 x_1、x_2。为便于后续计算,选取未知参数的近似值为

$$x_1^0=H_A+h_1=12.003 \text{ m}$$

$$x_2^0=H_C+h_3=12.511 \text{ m}$$

则后续计算求解的是未知参数近似值的改正数 δ_{x_1}、δ_{x_2},即

$$x_1=x_1^0+\delta_{x_1}=\delta_{x_1}+H_A+h_1=\delta_{x_1}+12.003$$

$$x_2=x_2^0+\delta_{x_2}=\delta_{x_2}+H_C+h_3=\delta_{x_2}+12.511$$

(3)列立平差值方程,并转化为误差方程。根据图 4-4 的水准网路线,列出 4 个平差值方程,即

$$h_1+v_1=x_1-H_A$$

$$h_2+v_2=-x_1+x_2$$

$$h_3+v_3=x_2-H_C$$

$$h_4+v_4=x_1-H_B$$

将观测值移至等式右端,即得误差方程为

$$v_1=x_1-(H_A+h_1)$$

$$v_2=-x_1+x_2-h_2$$

$$v_3=x_2-(H_C+h_3)$$

$$v_4=x_1-(H_B+h_4)$$

将有关数据代入误差方程,计算得

$$v_1=\delta_{x_1}$$

$$v_2=-\delta_{x_1}+\delta_{x_2}+7$$

$$v_3=\delta_{x_2}$$

$$v_4=\delta_{x_1}-2$$

写成矩阵形式为

$$\begin{bmatrix} v_1 \\ v_2 \\ v_3 \\ v_4 \end{bmatrix} = \begin{bmatrix} 1 & 0 \\ -1 & 1 \\ 0 & 1 \\ 1 & 0 \end{bmatrix} \begin{bmatrix} \delta_{x_1} \\ \delta_{x_2} \end{bmatrix} + \begin{bmatrix} 0 \\ 7 \\ 0 \\ -2 \end{bmatrix}$$

式中,改正数、未知参数和误差方程的常数项都以 mm 为单位。

由[例 4-1]可知,按间接平差法,列立水准网误差方程的步骤如下:

(1)根据具体平差问题,确定必要观测数 t。

(2)选取 t 个待定点高程作为未知参数,并确定未知参数的近似值。

(3)列立平差值方程、误差方程。

三、技能训练——列立水准网误差方程

(一)范例

[**范例 4-2**]见[例 4-1]。

(二)实训

[**实训 4-3**]现对[实训 3-3]的水准网采用间接平差法平差,试组成误差方程。

任务 4-3 间接平差的法方程

一、法方程的组成

间接平差的第一步是列立误差方程 $\boldsymbol{V}=\boldsymbol{B}\boldsymbol{\delta}_X+\boldsymbol{l}$,然后在检查误差方程无误的前提下组成法方程,即

$$\underset{t\times t}{\boldsymbol{N}_{BB}}\underset{t\times 1}{\boldsymbol{\delta}_X}+\underset{t\times 1}{\boldsymbol{W}}=\underset{t\times 1}{\boldsymbol{0}}$$

或

$$\boldsymbol{B}^{\mathrm{T}}\boldsymbol{P}\boldsymbol{B}\boldsymbol{\delta}_X+\boldsymbol{B}^{\mathrm{T}}\boldsymbol{P}\boldsymbol{l}=\boldsymbol{0}$$

其纯量形式为

$$\begin{gathered}
[paa]\delta_{x_1}+[pab]\delta_{x_2}+\cdots+[pat]\delta_{x_t}+[pal]=0 \\
[pab]\delta_{x_1}+[pbb]\delta_{x_2}+\cdots+[pbt]\delta_{x_t}+[pbl]=0 \\
\vdots \\
[pat]\delta_{x_1}+[pbt]\delta_{x_2}+\cdots+[ptt]\delta_{x_t}+[ptl]=0
\end{gathered}$$

组成法方程,实际上就是求解法方程的系数和常数项。法方程的系数、常数项由误差方程的系数矩阵 $\boldsymbol{B}$、常数矩阵 $\boldsymbol{l}$ 及观测值的权矩阵 $\boldsymbol{P}$ 求得,即

$$\underset{t\times t}{\boldsymbol{N}_{BB}}=\underset{t\times n}{\boldsymbol{B}^{\mathrm{T}}}\underset{n\times n}{\boldsymbol{P}}\underset{n\times t}{\boldsymbol{B}}$$

$$\underset{t\times 1}{\boldsymbol{W}}=\underset{t\times n}{\boldsymbol{B}^{\mathrm{T}}}\underset{n\times n}{\boldsymbol{P}}\underset{n\times 1}{\boldsymbol{l}}$$

[**例 4-2**]在[例 4-1]中,已列立如图 4-4 所示的水准网的误差方程,即

$$\begin{bmatrix} v_1 \\ v_2 \\ v_3 \\ v_4 \end{bmatrix} = \begin{bmatrix} 1 & 0 \\ -1 & 1 \\ 0 & 1 \\ 1 & 0 \end{bmatrix} \begin{bmatrix} \delta_{x_1} \\ \delta_{x_2} \end{bmatrix} + \begin{bmatrix} 0 \\ 7 \\ 0 \\ -2 \end{bmatrix}$$

试组成法方程。

解:由误差方程可知

$$\boldsymbol{B} = \begin{bmatrix} 1 & 0 \\ -1 & 1 \\ 0 & 1 \\ 1 & 0 \end{bmatrix},\ \boldsymbol{l} = \begin{bmatrix} 0 \\ 7 \\ 0 \\ -2 \end{bmatrix}$$

由[例 4-1]可知各水准路线的长度,根据 $p_i = C/S_i$,取 $C = 2$ km,则观测值的权矩阵为

$$\boldsymbol{P} = \begin{bmatrix} 2 & 0 & 0 & 0 \\ 0 & 1 & 0 & 0 \\ 0 & 0 & 1 & 0 \\ 0 & 0 & 0 & 2 \end{bmatrix}$$

可得法方程的系数和常数项为

$$\boldsymbol{N_{BB}} = \boldsymbol{B}^{\mathrm{T}}\boldsymbol{PB} = \begin{bmatrix} 1 & -1 & 0 & 1 \\ 0 & 1 & 1 & 0 \end{bmatrix} \begin{bmatrix} 2 & 0 & 0 & 0 \\ 0 & 1 & 0 & 0 \\ 0 & 0 & 1 & 0 \\ 0 & 0 & 0 & 2 \end{bmatrix} \begin{bmatrix} 1 & 0 \\ -1 & 1 \\ 0 & 1 \\ 1 & 0 \end{bmatrix} = \begin{bmatrix} 5 & -1 \\ -1 & 2 \end{bmatrix}$$

$$\boldsymbol{W} = \boldsymbol{B}^{\mathrm{T}}\boldsymbol{Pl} = \begin{bmatrix} 1 & -1 & 0 & 1 \\ 0 & 1 & 1 & 0 \end{bmatrix} \begin{bmatrix} 2 & 0 & 0 & 0 \\ 0 & 1 & 0 & 0 \\ 0 & 0 & 1 & 0 \\ 0 & 0 & 0 & 2 \end{bmatrix} \begin{bmatrix} 0 \\ 7 \\ 0 \\ -2 \end{bmatrix} = \begin{bmatrix} -11 \\ 7 \end{bmatrix}$$

则法方程为

$$\begin{bmatrix} 5 & -1 \\ -1 & 2 \end{bmatrix} \begin{bmatrix} \delta_{x_1} \\ \delta_{x_2} \end{bmatrix} + \begin{bmatrix} -11 \\ 7 \end{bmatrix} = \boldsymbol{0}$$

展开上式,得法方程的纯量形式为

$$5\delta_{x_1} - \delta_{x_2} - 11 = 0$$
$$-\delta_{x_1} + 2\delta_{x_2} + 7 = 0$$

二、法方程的解算

解算法方程

$$\boldsymbol{N_{BB}}\boldsymbol{\delta_X} + \boldsymbol{W} = \boldsymbol{0}$$

可得

$$\boldsymbol{\delta_X} = -\boldsymbol{N_{BB}^{-1}}\boldsymbol{W} \text{ 或 } \boldsymbol{\delta_X} = -(\boldsymbol{B}^{\mathrm{T}}\boldsymbol{PB})^{-1}\boldsymbol{B}^{\mathrm{T}}\boldsymbol{Pl}$$

因此,求出法方程系数的逆矩阵 $\boldsymbol{N_{BB}^{-1}}$,再乘以法方程的常数矩阵,即可求得未知参数的改正数。

[**例 4-3**]在[例 4-2]中,已求得法方程为

$$\begin{bmatrix}5 & -1\\ -1 & 2\end{bmatrix}\begin{bmatrix}\delta_{x_1}\\ \delta_{x_2}\end{bmatrix}+\begin{bmatrix}-11\\ 7\end{bmatrix}=0$$

试解算法方程,并求算观测值的平差值和未知参数。

解:计算未知参数的改正数(以 mm 为单位),即

$$\boldsymbol{N}_{BB}^{-1}=\begin{bmatrix}5 & -1\\ -1 & 2\end{bmatrix}^{-1}=\frac{1}{9}\begin{bmatrix}2 & 1\\ 1 & 5\end{bmatrix}$$

$$\boldsymbol{\delta}_X=-\boldsymbol{N}_{BB}^{-1}\boldsymbol{W}=-\frac{1}{9}\begin{bmatrix}2 & 1\\ 1 & 5\end{bmatrix}\begin{bmatrix}-11\\ 7\end{bmatrix}=\begin{bmatrix}5/3\\ -8/3\end{bmatrix}=\begin{bmatrix}1.667\\ -2.667\end{bmatrix}$$

将其代入误差方程 $\boldsymbol{V}=\boldsymbol{B}\boldsymbol{\delta}_X+\boldsymbol{l}$,得观测值的改正数(以 mm 为单位)为

$$\boldsymbol{V}=\boldsymbol{B}\boldsymbol{\delta}_X+\boldsymbol{l}=\begin{bmatrix}1 & 0\\ -1 & 1\\ 0 & 1\\ 1 & 0\end{bmatrix}\begin{bmatrix}5/3\\ -8/3\end{bmatrix}+\begin{bmatrix}0\\ 7\\ 0\\ -2\end{bmatrix}=\begin{bmatrix}1.7\\ 2.7\\ -2.7\\ -0.3\end{bmatrix}$$

因此,观测值的平差值(以 m 为单位)及未知参数的最或然值(以 m 为单位)为

$$\begin{bmatrix}\hat{h}_1\\ \hat{h}_2\\ \hat{h}_3\\ \hat{h}_4\end{bmatrix}=\begin{bmatrix}h_1\\ h_2\\ h_3\\ h_4\end{bmatrix}+\begin{bmatrix}v_1\\ v_2\\ v_3\\ v_4\end{bmatrix}=\begin{bmatrix}1.005\\ 0.504\\ 0.500\\ 0.505\end{bmatrix}$$

$$\boldsymbol{X}=\begin{bmatrix}x_1\\ x_2\end{bmatrix}=\begin{bmatrix}x_1^0\\ x_2^0\end{bmatrix}+\begin{bmatrix}\delta_{x_1}\\ \delta_{x_2}\end{bmatrix}=\begin{bmatrix}12.003\\ 12.511\end{bmatrix}+\begin{bmatrix}0.0017\\ -0.0027\end{bmatrix}=\begin{bmatrix}12.005\\ 12.508\end{bmatrix}$$

三、技能训练——法方程的组成与解算

(一)范例

[**范例 4-3**]设有某平差问题,已知其误差方程及观测值的权为

$$\boldsymbol{V}=\begin{bmatrix}v_1\\ v_2\\ v_3\\ v_4\\ v_5\end{bmatrix}=\begin{bmatrix}1 & 0 & 0\\ 0 & -1 & 0\\ 1 & 0 & 0\\ 0 & -1 & 0\\ 0 & 1 & -1\end{bmatrix}\begin{bmatrix}\delta_{x_1}\\ \delta_{x_2}\\ \delta_{x_3}\end{bmatrix}+\begin{bmatrix}0\\ 0\\ 0\\ 78\\ -5\end{bmatrix},\ \boldsymbol{P}=\begin{bmatrix}2 & 0 & 0 & 0 & 0\\ 0 & 1 & 0 & 0 & 0\\ 0 & 0 & 2 & 0 & 0\\ 0 & 0 & 0 & 2 & 0\\ 0 & 0 & 0 & 0 & 1\end{bmatrix}$$

试组成并解算法方程,求算未知参数 $\boldsymbol{\delta}_X$。

解:(1)组成法方程,其系数矩阵为

$$\boldsymbol{N}_{BB}=\boldsymbol{B}^{\mathrm{T}}\boldsymbol{P}\boldsymbol{B}=\begin{bmatrix}1 & 0 & 1 & 0 & 0\\ 0 & -1 & 0 & -1 & 1\\ 0 & 0 & 1 & 0 & -1\end{bmatrix}\begin{bmatrix}2 & 0 & 0 & 0 & 0\\ 0 & 1 & 0 & 0 & 0\\ 0 & 0 & 2 & 0 & 0\\ 0 & 0 & 0 & 2 & 0\\ 0 & 0 & 0 & 0 & 1\end{bmatrix}\begin{bmatrix}1 & 0 & 0\\ 0 & -1 & 0\\ 1 & 0 & 1\\ 0 & -1 & 0\\ 0 & 1 & -1\end{bmatrix}=\begin{bmatrix}4 & 0 & 2\\ 0 & 4 & -1\\ 2 & -1 & 3\end{bmatrix}$$

法方程的常数矩阵为

$$\boldsymbol{W}=\boldsymbol{B}^{\mathrm{T}}\boldsymbol{P}\boldsymbol{l}=\begin{bmatrix}1&0&1&0&0\\0&-1&0&-1&1\\0&0&1&0&-1\end{bmatrix}\begin{bmatrix}2&0&0&0&0\\0&1&0&0&0\\0&0&2&0&0\\0&0&0&2&0\\0&0&0&0&1\end{bmatrix}\begin{bmatrix}0\\0\\0\\78\\-5\end{bmatrix}=\begin{bmatrix}0\\-161\\5\end{bmatrix}$$

则法方程为

$$\begin{bmatrix}4&0&2\\0&4&-1\\2&-1&3\end{bmatrix}\begin{bmatrix}\delta_{x_1}\\\delta_{x_2}\\\delta_{x_3}\end{bmatrix}+\begin{bmatrix}0\\-161\\5\end{bmatrix}=\boldsymbol{0}$$

(2)解算法方程，求得法方程系数矩阵的逆矩阵为

$$\boldsymbol{N}_{BB}^{-1}=\begin{bmatrix}0.3929&-0.0714&-0.2857\\-0.0714&0.2857&0.1429\\-0.2857&0.1429&0.5714\end{bmatrix}$$

未知参数的解为

$$\boldsymbol{\delta}_X=-\boldsymbol{N}_{BB}^{-1}\boldsymbol{W}=-\begin{bmatrix}0.3929&-0.0714&-0.2857\\-0.0714&0.2857&0.1429\\-0.2857&0.1429&0.5714\end{bmatrix}\begin{bmatrix}0\\-161\\5\end{bmatrix}=\begin{bmatrix}-10.1\\45.3\\20.1\end{bmatrix}$$

(二)实训

[实训 4-4]设有某平差问题，已知其误差方程及观测值的权为

$$\boldsymbol{V}=\begin{bmatrix}v_1\\v_2\\v_3\\v_4\\v_5\end{bmatrix}=\begin{bmatrix}1&0&0\\-1&1&0\\0&1&0\\0&1&-1\\0&0&1\end{bmatrix}\begin{bmatrix}\delta_{x_1}\\\delta_{x_2}\\\delta_{x_3}\end{bmatrix}+\begin{bmatrix}0\\-23\\0\\14\\0\end{bmatrix},\ \boldsymbol{P}=\begin{bmatrix}2.9&0&0&0&0\\0&3.7&0&0&0\\0&0&2.5&0&0\\0&0&0&3.3&0\\0&0&0&0&4.0\end{bmatrix}$$

试组成并解算法方程，求算未知参数 $\boldsymbol{\delta}_X$。

[实训 4-5]在[实训 4-3]已列立误差方程的基础上，试完成下列计算：

(1)组成并解算法方程(以 1 km 观测高差为单位权观测)。

(2)求算 E、F 两点的高程平差值。

任务 4-4　间接平差的精度评定

间接平差与条件平差虽采用了不同的平差方法，但它们是在相同的最小二乘法原理下进行的，所以两种方法的平差结果总是相同的。间接平差的精度评定主要是计算未知参数和某个参数函数的中误差，计算公式为

$$\hat{\sigma}_F=\hat{\sigma}_0\sqrt{\frac{1}{P_F}}$$

式中，$\hat{\sigma}_0$ 为单位权中误差；P_F 为未知参数或某个参数函数的权。

一、单位权中误差

(一)单位权中误差的计算式

间接平差中,单位权方差 $\hat{\sigma}_0^2$ 的计算公式与条件平差相同,即

$$\hat{\sigma}_0^2=\frac{\boldsymbol{V}^{\mathrm{T}}\boldsymbol{PV}}{r}=\frac{\boldsymbol{V}^{\mathrm{T}}\boldsymbol{PV}}{n-t}$$

单位权中误差为

$$\hat{\sigma}_0=\sqrt{\frac{\boldsymbol{V}^{\mathrm{T}}\boldsymbol{PV}}{n-t}} \tag{4-4-1}$$

式中,n 为观测值个数;t 为必要观测数;$r=n-t$ 为多余观测数。

(二) $\boldsymbol{V}^{\mathrm{T}}\boldsymbol{PV}$ 的计算

1. 利用改正数直接计算

由误差方程式求算改正数,即

$$v_i=a_i\delta_{x_1}+b_i\delta_{x_2}+\cdots+t_i\delta_{x_t}+l_i \quad (i=1,2,\cdots,n) \tag{4-4-2}$$

将 v_i 代入求算 $\boldsymbol{V}^{\mathrm{T}}\boldsymbol{PV}$,即

$$\boldsymbol{V}^{\mathrm{T}}\boldsymbol{PV}=p_1v_1^2+p_2v_2^2+\cdots+p_nv_n^2 \tag{4-4-3}$$

2. 利用法方程的常数项与未知参数的乘积和计算

将误差方程式代入 $\boldsymbol{V}^{\mathrm{T}}\boldsymbol{PV}$,则有

$$\boldsymbol{V}^{\mathrm{T}}\boldsymbol{PV}=(\boldsymbol{B}\boldsymbol{\delta}_X+\boldsymbol{l})^{\mathrm{T}}\boldsymbol{PV}=\boldsymbol{\delta}_X^{\mathrm{T}}\boldsymbol{B}^{\mathrm{T}}\boldsymbol{PV}+\boldsymbol{l}^{\mathrm{T}}\boldsymbol{PV}$$

顾及 $\boldsymbol{B}^{\mathrm{T}}\boldsymbol{PV}=\boldsymbol{0}$,则

$$\boldsymbol{V}^{\mathrm{T}}\boldsymbol{PV}=\boldsymbol{l}^{\mathrm{T}}\boldsymbol{PV}=\boldsymbol{l}^{\mathrm{T}}\boldsymbol{P}(\boldsymbol{B}\boldsymbol{\delta}_X+\boldsymbol{l})=\boldsymbol{l}^{\mathrm{T}}\boldsymbol{Pl}+\boldsymbol{l}^{\mathrm{T}}\boldsymbol{PB}\boldsymbol{\delta}_X$$

由于 $\boldsymbol{l}^{\mathrm{T}}\boldsymbol{PB}=(\boldsymbol{B}^{\mathrm{T}}\boldsymbol{Pl})^{\mathrm{T}}$,故

$$\boldsymbol{V}^{\mathrm{T}}\boldsymbol{PV}=\boldsymbol{l}^{\mathrm{T}}\boldsymbol{Pl}+(\boldsymbol{B}^{\mathrm{T}}\boldsymbol{Pl})^{\mathrm{T}}\boldsymbol{\delta}_X \tag{4-4-4}$$

其纯量形式为

$$\boldsymbol{V}^{\mathrm{T}}\boldsymbol{PV}=\sum_{i=1}^{n}p_il_il_i+\sum_{i=1}^{n}p_ia_il_i\delta_{x_1}+\sum_{i=1}^{n}p_ib_il_i\delta_{x_2}+\cdots+\sum_{i=1}^{n}p_it_il_i\delta_{x_t}$$

或以[·]运算符取代 $\sum_{i=1}^{n}$ 运算符,表示为

$$\boldsymbol{V}^{\mathrm{T}}\boldsymbol{PV}=[pll]+[pal]\delta_{x_1}+[pbl]\delta_{x_2}+\cdots+[ptl]\delta_{x_t} \tag{4-4-5}$$

二、未知参数的协因数和中误差

(一)未知参数的协因数矩阵

设未知参数为 $\boldsymbol{X}=[x_1\quad x_2\quad\cdots\quad x_t]^{\mathrm{T}}$,一般表示为 $\boldsymbol{X}=\boldsymbol{X}^0+\boldsymbol{\delta}_X$,$\boldsymbol{X}^0$ 为选定常数,设无误差,则有

$$\boldsymbol{Q}_{XX}=\boldsymbol{Q}_{\delta_X\delta_X} \tag{4-4-6}$$

已知观测值的协因数矩阵 $\boldsymbol{Q}_{LL}=\boldsymbol{P}^{-1}=\boldsymbol{Q}$,由法方程解得未知参数 $\boldsymbol{\delta}_X=-\boldsymbol{N}_{BB}^{-1}\boldsymbol{B}^{\mathrm{T}}\boldsymbol{Pl}$。其中,$\boldsymbol{l}=\boldsymbol{d}-\boldsymbol{L}$,$\boldsymbol{d}$ 为平差值方程的常数项,对于讨论精度不产生影响。因此有

$$\boldsymbol{Q}_{ll}=\boldsymbol{Q}_{LL}=\boldsymbol{P}^{-1}=\boldsymbol{Q} \tag{4-4-7}$$

由 $\boldsymbol{\delta}_{X}=-\boldsymbol{N}_{BB}^{-1}\boldsymbol{B}^{\mathrm{T}}\boldsymbol{Pl}$，$\boldsymbol{Q}=\boldsymbol{P}^{-1}$，$\boldsymbol{N}_{BB}=\boldsymbol{B}^{\mathrm{T}}\boldsymbol{PB}$，按协因数传播律得未知参数 $\boldsymbol{X}$ 的协因数矩阵为

$$\boldsymbol{Q}_{XX}=\boldsymbol{N}_{BB}^{-1}\boldsymbol{B}^{\mathrm{T}}\boldsymbol{PQ}(\boldsymbol{N}_{BB}^{-1}\boldsymbol{B}^{\mathrm{T}}\boldsymbol{P})^{\mathrm{T}}=\boldsymbol{N}_{BB}^{-1}\boldsymbol{B}^{\mathrm{T}}\boldsymbol{PQPBN}_{BB}^{-1}=\boldsymbol{N}_{BB}^{-1}$$

则

$$\boldsymbol{Q}_{XX}=\boldsymbol{N}_{BB}^{-1}=\begin{bmatrix} Q_{x_1x_1} & Q_{x_1x_2} & \cdots & Q_{x_1x_t} \\ Q_{x_2x_1} & Q_{x_2x_2} & \cdots & Q_{x_2x_t} \\ \vdots & \vdots & & \vdots \\ Q_{x_tx_1} & Q_{x_tx_2} & \cdots & Q_{x_tx_t} \end{bmatrix} \tag{4-4-8}$$

由此可知，未知参数的协因数矩阵 $\boldsymbol{Q}_{XX}$ 就是法方程系数矩阵的逆矩阵 $\boldsymbol{N}_{BB}^{-1}$，为对称方阵。其主对角线元素 $Q_{x_ix_i}$ 是未知参数 x_i 的协因数，即 x_i 的权倒数；非主对角线元素 $Q_{x_ix_j}(i\neq j)$ 为 x_i 对 x_j 的互协因数，也称为相关权倒数，且 $Q_{x_ix_j}=Q_{x_jx_i}$。

（二）未知参数的中误差

未知参数 x_i 的中误差为

$$\hat{\sigma}_{x_i}=\hat{\sigma}_0\sqrt{Q_{x_ix_i}} \tag{4-4-9}$$

三、参数函数的权倒数和中误差

间接平差中，由法方程解算出 t 个未知参数，则该平差问题中的任一量的平差值都可根据这 t 个未知参数计算。

在如图 4-4 所示的水准网中，A、B、C 点的高程已知，选定 P_1、P_2 待定点高程的平差值作为未知参数 x_1、x_2。经平差计算解得未知参数后，则可由未知参数求解水准网中任一量的平差值。例如，P_1、P_2 点间高差的平差值为

$$\hat{h}_{P_1P_2}=\hat{h}_2=x_2-x_1$$

A、P_2 点间高差平差值为

$$\hat{h}_{AP_2}=\hat{h}_1+\hat{h}_2=x_2-H_A$$

P_1、P_2 点高程的平差值为

$$H_{P_1}=x_1,\ H_{P_2}=x_2$$

可见，在间接平差中，任一量的平差值都可由所选的 t 个未知参数求得，即都可表达为 t 个未知参数的函数。因此，对平差问题中任意待定量平差值的精度评定，即求任意待定量平差值的中误差，实质上就是求参数函数的中误差。下面从一般情况讨论如何求解参数函数的中误差。

设间接平差问题中 t 个未知参数为 $x_1,x_2,\cdots,x_t$，参数函数为

$$\varphi=f(x_1,x_2,\cdots,x_t)$$

为求参数函数 φ 的中误差，首先对其求全微分，得权函数式为

$$\mathrm{d}\varphi=\left(\frac{\partial f}{\partial x_1}\right)_0\mathrm{d}x_1+\left(\frac{\partial f}{\partial x_2}\right)_0\mathrm{d}x_2+\cdots+\left(\frac{\partial f}{\partial x_t}\right)_0\mathrm{d}x_t \tag{4-4-10}$$

习惯表示为

$$\delta_{\varphi}=f_1\delta_{x_1}+f_2\delta_{x_2}+\cdots+f_t\delta_{x_t} \tag{4-4-11}$$

式中,用未知参数近似值的改正数 δ_{x_i} 代替 $\mathrm{d}x_i$;$f_i=\left(\dfrac{\partial f}{\partial x_i}\right)_0$。

当参数函数是线性形式时,其函数式为

$$\varphi=f_1x_1+f_2x_2+\cdots+f_tx_t+f_0 \tag{4-4-12}$$

式中,f_0 为常数。对于评定 φ 的精度而言,式(4-4-11)与式(4-4-12)是等价的,得到的结果相同。

设 $\boldsymbol{f}=[f_1\ \ f_2\ \ \cdots\ \ f_t]^{\mathrm{T}}$,$\boldsymbol{\delta_X}=[\delta_{x_1}\ \ \delta_{x_2}\ \ \cdots\ \ \delta_{x_t}]^{\mathrm{T}}$ 则式(4-4-11)的矩阵表达式为

$$\delta_{\varphi}=\boldsymbol{f}^{\mathrm{T}}\boldsymbol{\delta_X} \tag{4-4-13}$$

由协因数传播律可知,参数函数 φ 的协因数为

$$Q_{\varphi\varphi}=\underset{1\times t}{\boldsymbol{f}^{\mathrm{T}}}\underset{t\times t}{\boldsymbol{Q_{XX}}}\underset{t\times 1}{\boldsymbol{f}}=\underset{1\times t}{\boldsymbol{f}^{\mathrm{T}}}\underset{t\times t}{\boldsymbol{N_{BB}^{-1}}}\underset{t\times 1}{\boldsymbol{f}} \tag{4-4-14}$$

因此,φ 的中误差为

$$\hat{\sigma}_{\varphi}=\hat{\sigma}_0\sqrt{Q_{\varphi\varphi}} \tag{4-4-15}$$

综上所述,在间接平差精度评定中求参数函数中误差的一般步骤如下:

(1)根据具体平差问题,将待定量的平差值表达为未知参数的函数。

(2)对参数函数求全微分,得权函数式。参数函数若为线性函数,则不需要求全微分。

(3)利用权函数的系数、未知参数的协因数矩阵,应用协因数传播律求参数函数的协因数,并求解其中误差。

[例 4-4]如图 4-4 所示的水准网,其观测值、已知数据见[例 4-1]。试求待定点 P_1、P_2 高程平差值的中误差,以及 P_1、P_2 两点间高差平差值的中误差。

解:由[例 4-1]可知,以待定点高程平差值为未知参数,误差方程及权矩阵为

$$\begin{bmatrix}v_1\\v_2\\v_3\\v_4\end{bmatrix}=\begin{bmatrix}1&0\\-1&1\\0&1\\1&0\end{bmatrix}\begin{bmatrix}\delta_{x_1}\\\delta_{x_2}\end{bmatrix}+\begin{bmatrix}0\\7\\0\\-2\end{bmatrix},\ \boldsymbol{P}=\begin{bmatrix}2&0&0&0\\0&1&0&0\\0&0&1&0\\0&0&0&2\end{bmatrix}$$

(1)组成法方程,即

$$\begin{bmatrix}5&-1\\-1&2\end{bmatrix}\begin{bmatrix}\delta_{x_1}\\\delta_{x_2}\end{bmatrix}+\begin{bmatrix}-11\\7\end{bmatrix}=\boldsymbol{0}$$

(2)求解法方程系数的逆矩阵,即

$$\boldsymbol{N_{BB}^{-1}}=\begin{bmatrix}5&-1\\-1&2\end{bmatrix}^{-1}=\frac{1}{9}\begin{bmatrix}2&1\\1&5\end{bmatrix}$$

(3)解算未知参数,即

$$\boldsymbol{\delta_X}=-\boldsymbol{N_{BB}^{-1}W}=\begin{bmatrix}5/3\\-8/3\end{bmatrix}=\begin{bmatrix}1.667\\-2.667\end{bmatrix}$$

(4)求改正数,即

$$\boldsymbol{V}=\boldsymbol{B\delta_X}+\boldsymbol{l}=\begin{bmatrix}1.667\\2.667\\-2.667\\-0.333\end{bmatrix}$$

(5)计算单位权中误差,其计算式为

$$\hat{\sigma}_0=\sqrt{\frac{\boldsymbol{V}^{\mathrm{T}}\boldsymbol{PV}}{n-t}}$$

$\boldsymbol{V}^{\mathrm{T}}\boldsymbol{PV}$ 可按两种方法计算。一种方法是直接将改正数、权代入,得

$$\boldsymbol{V}^{\mathrm{T}}\boldsymbol{PV}=p_1v_1^2+p_2v_2^2+\cdots+p_nv_n^2=20$$

或

$$\boldsymbol{V}^{\mathrm{T}}\boldsymbol{PV}=\begin{bmatrix}1.667\\2.667\\-2.667\\-0.333\end{bmatrix}^{\mathrm{T}}\begin{bmatrix}2&0&0&0\\0&1&0&0\\0&0&1&0\\0&0&0&2\end{bmatrix}\begin{bmatrix}1.667\\2.667\\-2.667\\-0.333\end{bmatrix}=20$$

另一种方法是利用未知参数的改正数计算,即

$$\boldsymbol{V}^{\mathrm{T}}\boldsymbol{PV}=[pll]+[pal]\delta_{x_1}+[pbl]\delta_{x_2}=57+[(-11)\times1.667]+[7\times(-2.667)]=20$$

或

$$\boldsymbol{V}^{\mathrm{T}}\boldsymbol{PV}=\boldsymbol{l}^{\mathrm{T}}\boldsymbol{Pl}+(\boldsymbol{B}^{\mathrm{T}}\boldsymbol{Pl})^{\mathrm{T}}\boldsymbol{\delta}_x=\begin{bmatrix}0\\7\\0\\-2\end{bmatrix}^{\mathrm{T}}\begin{bmatrix}2&0&0&0\\0&1&0&0\\0&0&1&0\\0&0&0&2\end{bmatrix}\begin{bmatrix}0\\7\\0\\-2\end{bmatrix}+\begin{bmatrix}-11\\7\end{bmatrix}^{\mathrm{T}}\begin{bmatrix}5/3\\-8/3\end{bmatrix}=20$$

则单位权中误差为

$$\hat{\sigma}_0=\sqrt{\frac{\boldsymbol{V}^{\mathrm{T}}\boldsymbol{PV}}{n-t}}=\sqrt{\frac{20}{4-2}}=3.16(\mathrm{mm})$$

(6)求解待定点 P_1、P_2 高程平差值的中误差及 P_1、P_2 两点间高差平差值的中误差。首先,计算未知参数的协因数矩阵及其中误差,即

$$\boldsymbol{Q}_{XX}=\boldsymbol{N}_{BB}^{-1}=\frac{1}{9}\begin{bmatrix}2&1\\1&5\end{bmatrix}$$

P_1、P_2 高程平差值的中误差为

$$\sigma_{H_{P_1}}=\sigma_{x_1}=\sigma_0\sqrt{Q_{x_1x_1}}=3.16\sqrt{2/9}=1.49(\mathrm{mm})$$

$$\sigma_{H_{P_2}}=\sigma_{x_2}=\sigma_0\sqrt{Q_{x_2x_2}}=3.16\sqrt{5/9}=2.36(\mathrm{mm})$$

其次,计算参数函数的权倒数及其中误差。列出待定量的平差值函数式,即

$$\hat{h}_{P_1P_2}=\hat{h}_2=-x_1+x_2=\begin{bmatrix}-1&1\end{bmatrix}\begin{bmatrix}x_1\\x_2\end{bmatrix}=\boldsymbol{f}^{\mathrm{T}}\boldsymbol{X}$$

这里,P_1、P_2 两点间高差平差值是未知参数的线性函数,函数中未知参数的系数与其权函数式系数相同,故可直接用函数的系数矩阵和未知参数的协因数矩阵 $\boldsymbol{Q}_{XX}$。应用协因数传播律,计算$\hat{h}_{P_1P_2}$ 的协因数,得

$$Q_{\hat{h}_{P_1P_2}}=\boldsymbol{f}^{\mathrm{T}}\boldsymbol{Q}_{XX}\boldsymbol{f}=\boldsymbol{f}^{\mathrm{T}}\boldsymbol{N}_{BB}^{-1}\boldsymbol{f}=\begin{bmatrix}-1&1\end{bmatrix}\begin{bmatrix}2/9&1/9\\1/9&5/9\end{bmatrix}\begin{bmatrix}-1\\1\end{bmatrix}=\frac{5}{9}=0.56$$

则 $\hat{h}_{P_1P_2}$ 的中误差为

$$\sigma_{\hat{h}_{P_1P_2}}=\hat{\sigma}_0\sqrt{Q_{h_{P_1P_2}}}=3.16\sqrt{5/9}=2.36(\mathrm{mm})$$

四、技能训练——求解参数函数的权倒数

(一)范例

[范例 4-4]如图 4-5 所示，A、B 为已知点，其高程为 H_A、H_B，设为无误差，P_1、P_2 为待定点，各路线的长度分别为 $S_1=4$ km、$S_2=2$ km、$S_3=2$ km、$S_4=4$ km。试求 P_1 点高程最或然值的权倒数。

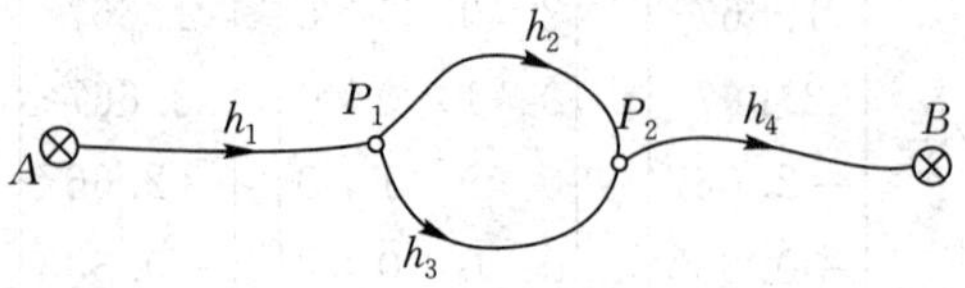

图 4-5　水准网

解:(1)列立误差方程式和权函数式。依题意有 $t=2$，选择 P_1、P_2 点的高程最或然值作为未知参数，设为 x_1、x_2。列立误差方程式为

$$
\begin{aligned}
v_1 &= \delta_{x_1} &&+l_1\\
v_2 &= -\delta_{x_1}+\delta_{x_2} &&+l_2\\
v_3 &= -\delta_{x_1}+\delta_{x_2} &&+l_3\\
v_4 &= \quad -\delta_{x_2} &&+l_4
\end{aligned}
$$

其矩阵形式为

$$
\boldsymbol{V}=\begin{bmatrix}1 & 0\\-1 & 1\\-1 & 1\\0 & -1\end{bmatrix}\begin{bmatrix}\delta_{x_1}\\\delta_{x_2}\end{bmatrix}+\begin{bmatrix}l_1\\l_2\\l_3\\l_4\end{bmatrix}
$$

令 $C=4$ km，则据 $p_i=\dfrac{C}{S_i}$ 可得权为

$$p_1=p_4=1,\ p_2=p_3=2$$

权矩阵表达式为

$$
\boldsymbol{P}=\begin{bmatrix}1&0&0&0\\0&2&0&0\\0&0&2&0\\0&0&0&1\end{bmatrix}
$$

P_1 点高程最或然值为 $H_{P_1}=H_A+x_1$，其权函数式系数为

$$f_1=1,\ f_2=0$$

(2)组成法方程系数矩阵，即

$$
\boldsymbol{N}_{BB}=\boldsymbol{B}^{\mathrm{T}}\boldsymbol{P}\boldsymbol{B}=\begin{bmatrix}1&-1&-1&0\\0&1&1&-1\end{bmatrix}\begin{bmatrix}1&0&0&0\\0&2&0&0\\0&0&2&0\\0&0&0&1\end{bmatrix}\begin{bmatrix}1&0\\-1&1\\-1&1\\0&-1\end{bmatrix}=\begin{bmatrix}5&-4\\-4&5\end{bmatrix}
$$

(3)计算权倒数，即

$$N_{BB}^{-1}=Q_{XX}=\begin{bmatrix}0.56 & 0.44\\0.44 & 0.56\end{bmatrix}$$

$$\frac{1}{P_{H_{P_2}}}=f^{T}N_{BB}^{-1}f=\begin{bmatrix}1 & 0\end{bmatrix}\begin{bmatrix}0.56 & 0.44\\0.44 & 0.56\end{bmatrix}\begin{bmatrix}1\\0\end{bmatrix}=0.56$$

(二)实训

[**实训 4-6**]对[实训 3-7]的水准网采用间接平差法平差,求算平差后 C、D 两点间高差的权倒数,并分析两种平差方法求权倒数的优缺点。

任务 4-5　间接平差特例——直接平差

在实际测量工作中,常常会遇到这类的问题:对某边观测若干次,要确定该边的值;对某角度进行 n 测回测量,确定被测角度的最终结果;对某两点间高差进行往返观测,求这两点间的高差等。上述问题都是对某一未知量进行多次直接观测,求得该量的平差值,并评定精度,通常称为直接平差。与一般间接平差相比,这类问题的共同特点就是必要观测数皆等于1,因此它是间接平差中只有一个未知参数的特殊情况。直接平差在实际测量中具有广泛的用途。下面导出直接平差的一般计算公式。

一、非等精度观测值的直接平差

设对某未知量独立进行 n 次非等精度观测,观测值为 $L_1,L_2,\cdots,L_n$,相应权为 $p_1,p_2,\cdots,p_n$。现按间接平差确定该量的平差值及中误差。

显然,该问题只有一个必要观测,即 $t=1$,选该量的最或然值 x 作为未知参数,则误差方程为

$$\left.\begin{aligned}v_1&=x-L_1\\v_2&=x-L_2\\&\vdots\\v_n&=x-L_n\end{aligned}\right\}\tag{4-5-1}$$

组成法方程为

$$\sum_{i=1}^{n}p_i x-\sum_{i=1}^{n}p_i L_i=0\tag{4-5-2}$$

解算法方程,得未知参数的最或然值为

$$x=\frac{\sum\limits_{i=1}^{n}p_iL_i}{\sum\limits_{i=1}^{n}P_i}=\frac{[pL]}{[p]}=\frac{p_1L_1+p_2L_2+\cdots+p_nL_n}{p_1+p_2+\cdots+p_n}\tag{4-5-3}$$

式(4-5-3)即为求解 n 次非等精度观测值的最或然值的一般公式,也称为 n 次非等精度观测值的加权平均值。因此,实际测量中,取 n 次非等精度观测值的加权平均值作为待定量的最或然值。

实际工作中,为便于计算,设

$$x=x^0+\delta_x$$

代入式(4-5-1),得误差方程为

$$\left.\begin{aligned} v_1 &= \delta_x + x^0 - L_1 \\ v_2 &= \delta_x + x^0 - L_2 \\ &\vdots \\ v_n &= \delta_x + x^0 - L_n \end{aligned}\right\} \tag{4-5-4}$$

令 $l_i = L_i - x^0$,得

$$\left.\begin{aligned} v_1 &= \delta_x - l_1 \\ v_2 &= \delta_x - l_2 \\ &\vdots \\ v_n &= \delta_x - l_n \end{aligned}\right\} \tag{4-5-5}$$

法方程为

$$\sum_{i=1}^{n} p_i \delta_x - \sum_{i=1}^{n} p_i l_i = 0 \tag{4-5-6}$$

解算法方程,得

$$\delta_x = \frac{\sum_{i=1}^{n} p_i l_i}{\sum_{i=1}^{n} p_i} = \frac{[pl]}{[p]} = \frac{p_1 l_1 + p_2 l_2 + \cdots + p_n l_n}{p_1 + p_2 + \cdots + p_n} \tag{4-5-7}$$

则未知参数的最或然值为

$$x = x^0 + \delta_x = x^0 + \frac{[pl]}{[p]} \tag{4-5-8}$$

直接平差问题仅有一个未知参数,即 $t=1$,故单位权中误差计算式为

$$\hat{\sigma}_0 = \sqrt{\frac{\boldsymbol{V}^{\mathrm{T}}\boldsymbol{P}\boldsymbol{V}}{n-t}} = \sqrt{\frac{\boldsymbol{V}^{\mathrm{T}}\boldsymbol{P}\boldsymbol{V}}{n-1}} \tag{4-5-9}$$

由法方程式(4-5-2)可知,法方程系数 $N_{BB} = \sum_{i=1}^{n} p_i$,则未知参数 x 的协因数为

$$\frac{1}{P_x} = Q_{xx} = N_{BB}^{-1} = \frac{1}{\sum_{i=1}^{n} p_i} \tag{4-5-10}$$

或

$$\frac{1}{P_x} = \frac{1}{[P]} \tag{4-5-11}$$

则未知参数 x 即非等精度观测值的加权平均值的中误差为

$$\hat{\sigma}_x = \hat{\sigma}_0 \sqrt{Q_{xx}} = \hat{\sigma}_0 \sqrt{\frac{1}{[p]}} = \sqrt{\frac{\boldsymbol{V}^{\mathrm{T}}\boldsymbol{P}\boldsymbol{V}}{(n-1)[p]}} \tag{4-5-12}$$

观测值 L_i 的中误差为

$$\hat{\sigma}_{L_i} = \hat{\sigma}_0 \sqrt{\frac{1}{p_i}} = \sqrt{\frac{\boldsymbol{V}^{\mathrm{T}}\boldsymbol{P}\boldsymbol{V}}{(n-1)p_i}} \tag{4-5-13}$$

二、等精度观测值的直接平差

特别的,当对某未知量独立进行 n 次等精度观测时,$p_1 = p_2 = \cdots = p_n = 1$,则由式(4-5-3)

可得未知参数的最或然值(未知参数)为

$$x=\frac{\sum_{i=1}^{n}L_i}{n}=\frac{[L]}{n}=\frac{L_1+L_2+\cdots+L_n}{n} \tag{4-5-14}$$

或由式(4-5-7)和式(4-5-8)可得

$$\delta_x=\frac{\sum_{i=1}^{n}L_i}{n}=\frac{[l]}{n}=\frac{l_1+l_2+\cdots+l_n}{n} \tag{4-5-15}$$

$$x=x^0+\delta_x=x^0+\frac{[l]}{n} \tag{4-5-16}$$

即某量的 n 次等精度观测值的算术平均值为该量的最或然值。实际测量中,均以 n 次等精度观测值的算术平均值为待定量的最优估值。

未知参数 x 即等精度观测值的算术平均值的中误差为

$$\hat{\sigma}_x=\hat{\sigma}_0\sqrt{Q_{xx}}=\hat{\sigma}_0\sqrt{\frac{1}{n}}=\sqrt{\frac{\boldsymbol{V}^{\mathrm{T}}\boldsymbol{PV}}{n(n-1)}} \tag{4-5-17}$$

观测值 L_i 的中误差为

$$\hat{\sigma}_{L_i}=\hat{\sigma}_0\sqrt{\frac{1}{p_1}}=\sqrt{\frac{\boldsymbol{V}^{\mathrm{T}}\boldsymbol{PV}}{n-1}} \tag{4-5-18}$$

三、技能训练

(一)范例

[范例 4-5]如图 4-6 所示,由 4 个已知高程点 A、B、C、D 向 P 点进行水准测量,由此求得的 P 点的 4 个高程近似值及路线长度列于表 4-2 中。令 10 km 的观测高差为单位权观测值,试求 P 点高程的最或然值。

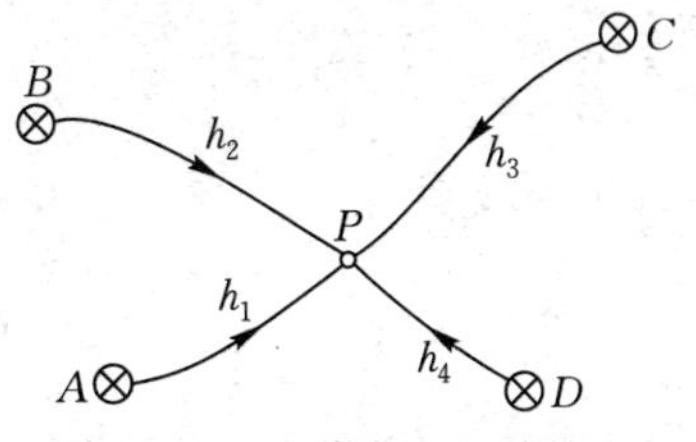

图 4-6　一个待定点的单结点

表 4-2　单结点水准网观测数据

路线编号	1	2	3	4
近似高程 H_i/m	112.814	112.807	112.802	112.816
路线长度 S_i/km	2.5	4.0	5.0	1.0

解:由该题知 $t=1$,设 P 点高程的最或然值为 x。由于 P 点高程近似值的权与观测高差的权相等,故可依据 $p_i=C/S_i$ 确定各高程近似值的权(列于表 4-3 中)。

为方便计算,取 $x^0=112.810$ m,则 $x=x^0+\delta_x=112.810+\delta_x$。设 $l_i=H_i-x^0$,则有

$$\delta_x=\frac{[pl]}{[p]}=\frac{p_1l_1+p_2l_2+p_3l_3+p_4l_4}{p_1+p_2+p_3+p_4}=\frac{52.5}{18.5}=2.8(\text{mm})$$

式中,$l_i(i=1,2,3,4)$、p_il_i 及$[pl]$、$[p]$ 的计算见表 4-3。

未知参数的最或然值为

$$x=x^0+\delta_x=112.810+2.8/1\,000=112.813(\text{m})$$

未知参数的中误差为

$$\hat{\sigma}_x=\sqrt{\frac{\boldsymbol{V}^{\mathrm{T}}\boldsymbol{PV}}{(n-1)[p]}}=\sqrt{\frac{426}{(4-1)\times 18.5}}=2.8(\text{mm})$$

式中,$\boldsymbol{V}^{T}\boldsymbol{PV}$($[pvv]$)的计算见表 4-3。

表 4-3 单结点水准网直接平差的数据计算

i	1	2	3	4	[·]
H_i/m	112.814	112.807	112.802	112.816	
p_i	4.0	2.5	2.0	10.0	18.5
$l_i=H_i-x^0$/mm	4	−3	−8	6	
p_il_i	16.0	−7.5	−16.0	60.0	52.5
v_i/mm	−1	6	11	−3	
$p_iv_iv_i$	4	90	242	90	426

(二)实训

[**实训 4-7**]在图 4-7 所示的水准网中,A、B、C 为已知点,P 为待定高程点。已知 $H_A=21.910$ m、$H_B=22.870$ m、$H_C=26.890$ m,观测高差及相应的路线长度:$h_1=3.552$ m,$S_1=2$ km;$h_2=2.605$ m,$S_2=6$ km;$h_3=-1.425$ m,$S_3=3$ km。令 1 km 的观测高差为单位权观测值。试求:

(1)平差后 P 点的高程值。

(2)平差后 P 点高程的权。

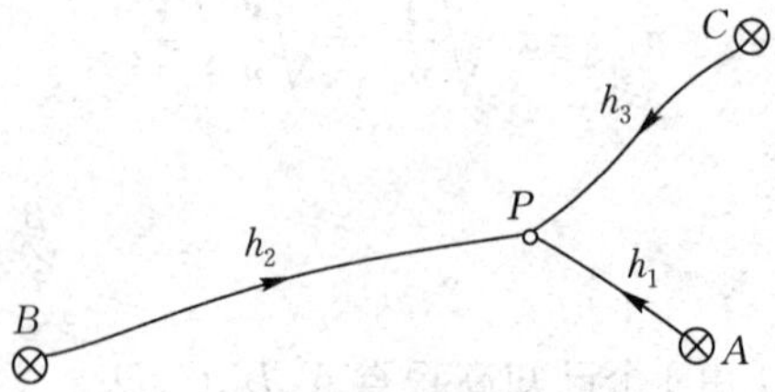

图 4-7 一个待定点的单结点水准网

任务 4-6 项目综合技能训练——水准网间接平差

一、范例

[**范例 4-6**]在图 4-8 所示的水准网中,已知水准点 A、B 的高程分别为 $H_A=5.000$ m、$H_B=6.008$ m,P_1、P_2、P_3 为待定点,高差观测值及水准路线长度见表 4-4。试按间接平差法求:

(1)各待定点的高程平差值。

(2)各待定点高程平差值的中误差。

(3) P_2、P_3 两点间高差平差值的中误差。

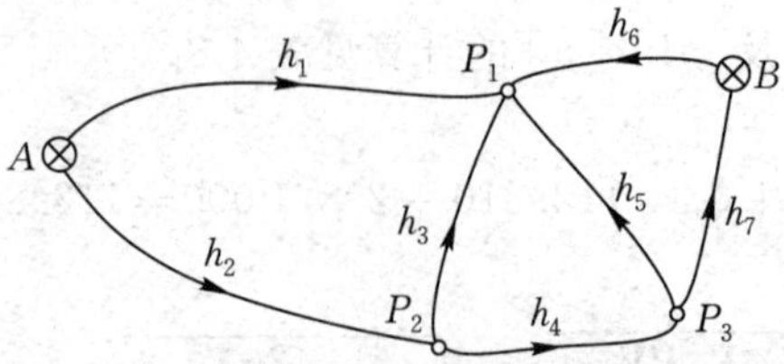

图 4-8 水准网

表 4-4　水准网观测数据

路线编号	1	2	3	4	5	6	7
观测高差 h/m	1.010	1.003	0.005	0.501	−0.500	0.004	−0.502
路线长度 S/km	2	2	1	1	1	1	1

解法一：(1)根据题意，必要观测数 $t=3$。

(2)选取待定点 P_1、P_2、P_3 平差后的高程为未知参数 x_1、x_2、x_3，为便于后续计算，选取未知参数的近似值为

$$x_1^0=H_A+h_1=6.010$$
$$x_2^0=H_A+h_2=6.003$$
$$x_3^0=H_B-h_7=6.510$$

则

$$x_1=x_1^0+\delta_{x_1}=6.010+\delta_{x_1}$$
$$x_2=x_2^0+\delta_{x_2}=6.003+\delta_{x_2}$$
$$x_3=x_3^0+\delta_{x_3}=6.510+\delta_{x_3}$$

(3)列立平差值方程，并转化为误差方程。根据图 4-8 的水准网路线，列立平差值方程为

$$\hat{h}_1=h_1+v_1=x_1-H_A$$
$$\hat{h}_2=h_2+v_2=x_2-H_A$$
$$\hat{h}_3=h_3+v_3=x_1-x_2$$
$$\hat{h}_4=h_4+v_4=-x_2+x_3$$
$$\hat{h}_5=h_5+v_5=x_1-x_3$$
$$\hat{h}_6=h_6+v_6=x_1-H_B$$
$$\hat{h}_7=h_7+v_7=-x_3+H_B$$

将观测值移至等式右端，并将 $x_i=x_i^0+\delta_{x_i}$ 代入，得

$$v_1=\delta_{x_1}-(h_1-x_1^0+H_A)$$
$$v_2=\delta_{x_2}-(h_2-x_2^0+H_A)$$
$$v_3=\delta_{x_1}-\delta_{x_2}-(h_3-x_1^0+x_2^0)$$
$$v_4=-\delta_{x_2}+\delta_{x_3}-(h_4+x_2^0-x_3^0)$$
$$v_5=\delta_{x_1}-\delta_{x_3}-(h_5-x_1^0+x_3^0)$$
$$v_6=\delta_{x_1}-(h_6-x_1^0+H_B)$$
$$v_7=-\delta_{x_3}-(h_7+x_3^0-H_B)$$

将未知参数近似值 x_i^0、观测值和已知高程代入，即得误差方程为

$$
\begin{aligned}
v_1 &= \delta_{x_1} \\
v_2 &= \delta_{x_2} \\
v_3 &= \delta_{x_1} - \delta_{x_2} + 2 \\
v_4 &= -\delta_{x_2} + \delta_{x_3} + 6 \\
v_5 &= \delta_{x_1} - \delta_{x_3} \\
v_6 &= \delta_{x_1} - 2 \\
v_7 &= -\delta_{x_3}
\end{aligned}
$$

式中,常数项以 mm 为单位。其中

$$
\boldsymbol{B} = \begin{bmatrix} 1 & 0 & 0 \\ 0 & 1 & 0 \\ 1 & -1 & 0 \\ 0 & -1 & 1 \\ 1 & 0 & -1 \\ 1 & 0 & 0 \\ 0 & 0 & -1 \end{bmatrix}, \boldsymbol{l} = \begin{bmatrix} 0 \\ 0 \\ 2 \\ 6 \\ 0 \\ -2 \\ 0 \end{bmatrix}
$$

取 $C = 2$ km,由 $p_i = C/S_i$ 确定各观测高差的权,得观测值的权矩阵为

$$
\boldsymbol{P} = \begin{bmatrix} 1 & 0 & 0 & 0 & 0 & 0 & 0 \\ 0 & 1 & 0 & 0 & 0 & 0 & 0 \\ 0 & 0 & 2 & 0 & 0 & 0 & 0 \\ 0 & 0 & 0 & 2 & 0 & 0 & 0 \\ 0 & 0 & 0 & 0 & 2 & 0 & 0 \\ 0 & 0 & 0 & 0 & 0 & 2 & 0 \\ 0 & 0 & 0 & 0 & 0 & 0 & 2 \end{bmatrix}
$$

(4)列立未知参数函数的权函数式。P_2、P_3 两点间高差平差值为

$$
\hat{h}_{P_2P_3} = \hat{h}_4 = -x_2 + x_3 = \begin{bmatrix} 0 & -1 & 1 \end{bmatrix} \begin{bmatrix} x_1 \\ x_2 \\ x_3 \end{bmatrix} = \boldsymbol{f}^{\mathrm{T}} \boldsymbol{X}
$$

该式为未知参数的线性函数,其系数 $\boldsymbol{f}$ 就是其权函数式的系数。

(5)组成法方程,即

$$
\boldsymbol{N}_{BB} \boldsymbol{\delta}_X + \boldsymbol{W} = \boldsymbol{0}
$$

式中,$\boldsymbol{N}_{BB} = \boldsymbol{B}^{\mathrm{T}} \boldsymbol{P} \boldsymbol{B}$,$\boldsymbol{W} = \boldsymbol{B}^{\mathrm{T}} \boldsymbol{P} \boldsymbol{l}$,则有

$$
\begin{bmatrix} 7 & -2 & -2 \\ -2 & 5 & -2 \\ -2 & -2 & 6 \end{bmatrix} \begin{bmatrix} \delta_{x_1} \\ \delta_{x_2} \\ \delta_{x_3} \end{bmatrix} + \begin{bmatrix} 0 \\ -16 \\ 12 \end{bmatrix} = \boldsymbol{0}
$$

(6)解算法方程,得

$$N_{BB}^{-1}=\begin{bmatrix}0.2131 & 0.1311 & 0.1148\\0.1311 & 0.3115 & 0.1475\\0.1148 & 0.1475 & 0.2541\end{bmatrix}$$

则

$$\boldsymbol{\delta}_X=\begin{bmatrix}\delta_{x_1}\\\delta_{x_2}\\\delta_{x_3}\end{bmatrix}=-N_{BB}^{-1}W=-\begin{bmatrix}0.2131 & 0.1311 & 0.1148\\0.1311 & 0.3115 & 0.1475\\0.1148 & 0.1475 & 0.2541\end{bmatrix}\begin{bmatrix}0\\-16\\12\end{bmatrix}=\begin{bmatrix}0.7213\\3.2131\\-0.6885\end{bmatrix}$$

式中，$\boldsymbol{\delta}_X$ 以 mm 为单位。

(7)计算改正数 $\boldsymbol{V}$。将未知参数的改正数代入误差方程 $\boldsymbol{V}=\boldsymbol{B}\boldsymbol{\delta}_X+\boldsymbol{l}$，得

$$\boldsymbol{V}=[0.72\quad 3.21\quad -0.49\quad 2.10\quad 1.41\quad -1.28\quad 0.69]^{\mathrm{T}}$$

式中，$\boldsymbol{V}$ 以 mm 为单位。

(8)求解高差平差值和未知参数。高差观测值的平差值 $\hat{\boldsymbol{h}}=\boldsymbol{h}+\boldsymbol{V}$，则

$$\hat{\boldsymbol{h}}=[1.0107\quad 1.0062\quad 0.0045\quad 0.5031\quad -0.4986\quad 0.0027\quad -0.5013]^{\mathrm{T}}$$

式中，$\hat{\boldsymbol{h}}$ 以 m 为单位。未知参数 $x_i=x_i^0+\delta_{x_i}$，则

$$\boldsymbol{X}=\begin{bmatrix}x_1\\x_2\\x_3\end{bmatrix}=\begin{bmatrix}6.0107\\6.0062\\6.5093\end{bmatrix}$$

式中，$\boldsymbol{X}$ 以 m 为单位。

(9)精度评定。

$$\boldsymbol{V}^{\mathrm{T}}\boldsymbol{P}\boldsymbol{V}=28.33$$

单位权中误差为

$$\hat{\sigma}_0=\sqrt{\frac{\boldsymbol{V}^{\mathrm{T}}\boldsymbol{P}\boldsymbol{V}}{n-t}}=\sqrt{\frac{28.33}{7-3}}=2.66(\mathrm{mm})$$

未知参数的协因数矩阵为

$$\boldsymbol{Q}_{XX}=N_{BB}^{-1}=\begin{bmatrix}0.2131 & 0.1311 & 0.1148\\0.1311 & 0.3115 & 0.1475\\0.1148 & 0.1475 & 0.2541\end{bmatrix}$$

待定点 P_1、P_2、P_3 高程平差值的中误差为

$$\hat{\sigma}_{H_{P_1}}=\hat{\sigma}_{x_1}=\hat{\sigma}_0\sqrt{Q_{x_1x_1}}=2.66\sqrt{0.2131}=1.23(\mathrm{mm})$$

$$\hat{\sigma}_{H_{P_2}}=\hat{\sigma}_{x_2}=\hat{\sigma}_0\sqrt{Q_{x_2x_2}}=2.66\sqrt{0.3115}=1.48(\mathrm{mm})$$

$$\hat{\sigma}_{H_{P_3}}=\hat{\sigma}_{x_3}=\hat{\sigma}_0\sqrt{Q_{x_3x_3}}=2.66\sqrt{0.2541}=1.34(\mathrm{mm})$$

P_2、P_3 两点间高差平差值 $\hat{h}_{P_2P_3}$ 的协因数及中误差为

$$Q_{\hat{h}_{P_2P_3}}=\boldsymbol{f}^{\mathrm{T}}\boldsymbol{Q}_{XX}\boldsymbol{f}=[0\quad -1\quad 1]\begin{bmatrix}0.2131 & 0.1311 & 0.1148\\0.1311 & 0.3115 & 0.1475\\0.1148 & 0.1475 & 0.2541\end{bmatrix}\begin{bmatrix}0\\-1\\1\end{bmatrix}=0.2706$$

$$\hat{\sigma}_{\hat{h}_{P_2P_3}}=\hat{\sigma}_0\sqrt{Q_{\hat{h}_{P_2P_3}}}=2.66\sqrt{2.2706}=1.38(\mathrm{mm})$$

解法二：利用解法一所得误差方程和未知参数的权函数式系数，现应用 MATLAB 编程进行间接平差计算。计算程序、过程及结果如下。

```
>>clear
>>disp('......水准网间接平差计算......'); % 范例 4-6
......水准网间接平差计算......
>>B = [1,0,0;0,1,0;1,-1,0;0,-1,1;1,0,-1;1,0,0;0,0,-1];
>>l = [0;0;2;6;0;-2;0];
>>f = [0,-1,1];
>>X0 = [6.010;6.003;6.510];
>>Pa = [1,1,2,2,2,2,2];
>>P = diag(Pa)
P =
    1    0    0    0    0    0    0
    0    1    0    0    0    0    0
    0    0    2    0    0    0    0
    0    0    0    2    0    0    0
    0    0    0    0    2    0    0
    0    0    0    0    0    2    0
    0    0    0    0    0    0    2
>>Nbb = B' * P * B
Nbb =
     7    -2    -2
    -2     5    -2
    -2    -2     6
>>W = B' * P * l
W =
     0
   -16
    12
>>Qxx = inv(Nbb)
Qxx =
    0.2131    0.1311    0.1148
    0.1311    0.3115    0.1475
    0.1148    0.1475    0.2541
>>dX = -inv(Nbb) * W
dX =
      0.7213
      3.2131
    -0.6885
>>disp('待定点高程平差值');
待定点高程平差值
>>X = X0 + dX/1000
```

```
X =
    6.0107
    6.0062
    6.5093
>>V = B * dX + l
V =
      0.7213
      3.2131
    - 0.4918
      2.0984
      1.4098
    - 1.2787
      0.6885
>>[n,t] = size(B)
n =
    7
t =
    3
>>m0 = sqrt(V' * P * V/(n - t))
m0 =
    2.6612
>>mp1 = m0 * sqrt(Qxx(1,1))
mp1 =
    1.2285
>>mp2 = m0 * sqrt(Qxx(2,2))
mp2 =
    1.4852
>>mp3 = m0 * sqrt(Qxx(3,3))
mp3 =
    1.3415
>>mf = m0 * sqrt(f * Qxx * f')
mf =
    1.3841
```

其中,“size”为获取矩阵行列数的命令,通过执行语句“$[n,t]=\text{size}(B)$”可获得观测值个数 n 和必要观测数 t。

二、实训

[实训 4-8]在图 4-9 所示的水准网中,A、B 为已知水准点,其余为待定点。已知点的高程、观测高差及路线长度见表 4-5。试按间接平差法求:

(1)各待定点的高程平差值。

(2)各待定点高程平差值的中误差。

(3) P_1、P_2 两点间高差平差值的中误差。

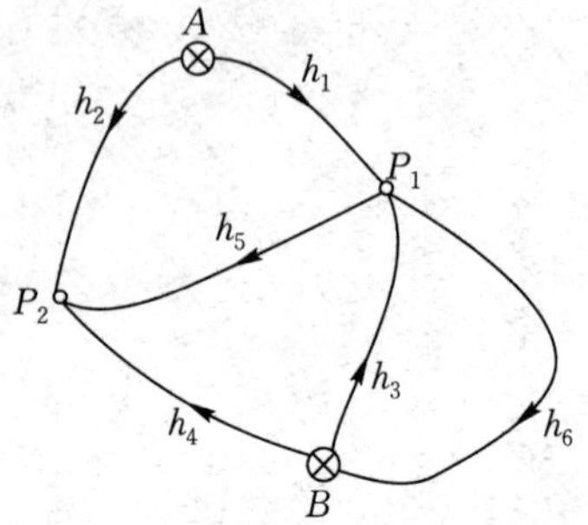

图 4-9　水准网

表 4-5　水准网已知数据和观测数据

路线编号	1	2	3	4	5	6
观测高差 h/m	1.359	2.009	0.363	1.012	0.657	−0.357
路线长度 S/km	1.1	1.7	2.3	2.7	2.4	4.0
已知点高程/m	$H_A=15.016$，$H_B=16.016$					

项目小结

本项目以水准网为基本网型，介绍控制网间接平差的基本原理和基本方法，主要包括：设定未知参数(其个数为必要观测数 t)；列立误差方程并线性化；组成与解算法方程，求解未知参数；按工作需要求算观测值的平差值；进行精度评定，包括单位权中误差的计算、参数函数权倒数的确定、参数函数中误差的计算。

一、重点难点

(一)重点

本项目重点有：间接平差的基本方法和平差计算步骤，误差方程的列立，参数函数的权倒数计算。

(二)难点

本项目难点有：误差方程的列立，参数函数的权倒数计算。

二、间接平差计算步骤(以水准网为例)

(1)选定未知参数。根据平差问题的性质，确定必要观测个数 t，选定 t 个独立量的平差值作为未知参数。其中，水准网的未知参数个数为待定点的个数 P。

(2)列立误差方程。将每一个观测值的平差值分别表达成所选未知参数的函数，即平差值方程，依次列出误差方程。误差方程的个数等于总观测数 n。

(3)组成法方程。由误差方程的系数 $\boldsymbol{B}$ 与自由项 $\boldsymbol{l}$ 组成法方程，法方程个数等于未知参数的个数 t。

(4)解算法方程。求解未知参数 X，计算未知参数的平差值。

(5)求算平差值。将未知参数 X 代入误差方程，求解改正数，并求出观测值的平差值。

(6)评定精度。根据需要评定参数函数的精度,如计算水准网中待定点的高程平差值的中误差等。

(7)检核结果。用平差值检核平差计算结果的正确性。

三、主要计算公式

(一)平差计算

(1)误差方程为

$$\boldsymbol{V}=\boldsymbol{B}\boldsymbol{\delta}_X+\boldsymbol{l}$$

(2)法方程为

$$\boldsymbol{N}_{BB}\boldsymbol{\delta}_X+\boldsymbol{W}=\boldsymbol{0}$$

$$\boldsymbol{N}_{BB}=\boldsymbol{B}^{\mathrm{T}}\boldsymbol{P}\boldsymbol{B},\boldsymbol{W}=\boldsymbol{B}^{\mathrm{T}}\boldsymbol{P}\boldsymbol{l}$$

(3)未知参数近似值的改正数为

$$\boldsymbol{\delta}_X=-\boldsymbol{N}_{BB}^{-1}\boldsymbol{W}$$

(4)观测值和未知参数的平差值为

$$\boldsymbol{X}=\boldsymbol{X}^0+\boldsymbol{\delta}_X$$

$$\hat{\boldsymbol{L}}=\boldsymbol{L}+\boldsymbol{V}$$

(二)精度评定

(1)单位权中误差为

$$\hat{\sigma}_0=\sqrt{\frac{\boldsymbol{V}^{\mathrm{T}}\boldsymbol{P}\boldsymbol{V}}{n-t}}$$

(2)未知参数的协因数矩阵为

$$\boldsymbol{Q}_{XX}=\boldsymbol{N}_{BB}^{-1}$$

(3)参数函数与权函数为

$$\varphi=f(x_1,x_2,\cdots,x_n)$$

$$\delta_\varphi=\boldsymbol{f}^{\mathrm{T}}\boldsymbol{\delta}_X=f_1\delta_{x_1}+f_2\delta_{x_2}+\cdots+f_n\delta_{x_n},\ f_i=\left(\frac{\partial f}{\partial x_i}\right)_0$$

(4)参数函数的权倒数和中误差为

$$\frac{1}{P_\varphi}=\boldsymbol{f}^{\mathrm{T}}\boldsymbol{Q}_{XX}\boldsymbol{f}=\boldsymbol{f}^{\mathrm{T}}\boldsymbol{N}_{BB}^{-1}\boldsymbol{f}$$

$$\hat{\sigma}_\varphi=\hat{\sigma}_0\sqrt{\frac{1}{P_\varphi}}=\hat{\sigma}_0\sqrt{Q_{\varphi\varphi}}$$

思考与练习题

1. 间接平差原理与条件平差原理有何异同?同一平差问题,用两种方法平差,结果是否相同?

2. 在间接平差中,有多少个误差方程式?有多少个法方程式?

3. 在间接平差中,怎样确定未知参数的个数?

4. 在间接平差中,法方程系数及常数项与条件平差中法方程系数及常数项的组成有何不同?

5. 在间接平差计算中,对未知参数的近似值取值有什么要求?

6. 计算参数函数的权倒数 $1/P_\varphi$ 有几种方法?试写出各种方法的计算公式。

7. 在同一平差问题中,求同一量的权倒数,用间接平差算得的 $1/P_\varphi$ 与用条件平差算得的 $1/P_F$ 是否相等?

8. 水准网误差方程式的常数项 l_i 一般以什么为单位?为什么在间接平差计算中,总要引进未知参数的近似值?

9. 已知某平差问题的误差方程及观测值的权为

$$\left.\begin{aligned}v_1&=\delta_{x_1}\\v_2&=\delta_{x_2}\\v_3&=\delta_{x_1}-4\\v_4&=-\delta_{x_3}\\v_5&=-\delta_{x_1}+\delta_{x_2}-7\\v_6&=\delta_{x_1}-\delta_{x_3}-1\\v_7&=\delta_{x_2}-\delta_{x_3}-1\end{aligned}\right\},\quad\left.\begin{aligned}p_1&=1\\p_2&=1\\p_3&=0.5\\p_4&=0.5\\p_5&=1\\p_6&=1\\p_7&=0.67\end{aligned}\right\}$$

试组成法方程。

10. 解算下列法方程组

$$\begin{aligned}2.00\delta_{x_1}+1.00\delta_{x_2}+1.00\delta_{x_3}-5.00&=0\\1.00\delta_{x_1}+4.50\delta_{x_2}+1.50\delta_{x_3}-8.50&=0\\1.00\delta_{x_1}+1.50\delta_{x_2}+2.75\delta_{x_3}-8.00&=0\end{aligned}$$

11. 在上题中,设[pll]=150,试求其[pvv]。

12. 在图 4-10 中,设 P_1 和 P_2 的最或然值为未知参数 x_1 和 x_2,其法方程为

$$\begin{aligned}5\delta_{x_1}-4\delta_{x_2}+2.5&=0\\-4\delta_{x_1}+5\delta_{x_2}-1.2&=0\end{aligned}$$

试求 P_1 和 P_2 两点间高差最或然值的权倒数。

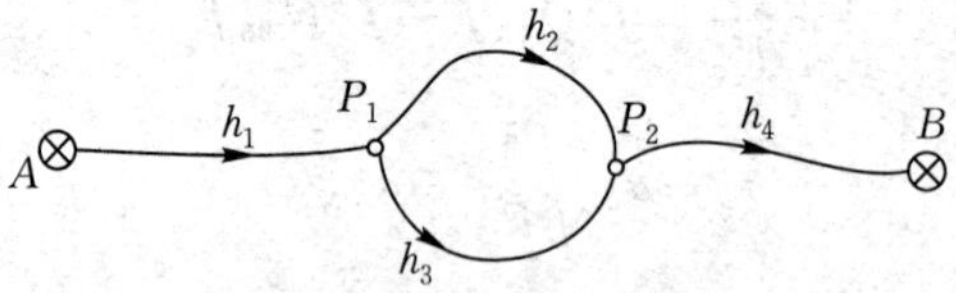

图 4-10 12 题图

13. 有法方程为

$$\begin{aligned}9\delta_{x_1}-2\delta_{x_2}-2\delta_{x_3}+12&=0\\-2\delta_{x_1}+9\delta_{x_2}-2\delta_{x_3}-10&=0\\-2\delta_{x_1}-2\delta_{x_2}+9\delta_{x_3}-2&=0\end{aligned}$$

试计算:

(1)法方程系数矩阵的逆矩阵。

(2)全部未知参数的值。

(3)参数函数 $\varphi=\delta_{x_1}+\delta_{x_2}+\delta_{x_3}$ 的权倒数。

14. 在图 4-11 中，A 点为已知点，$H_A=10.000$ m，设无误差，各点间的高差观测值为 $h_1=1.015$ m、$h_2=-12.574$ m、$h_3=6.161$ m、$h_4=-11.563$ m、$h_5=-6.414$ m。设观测值的权矩阵为单位矩阵。试按间接平差求：

(1)待定点 P_1、P_2、P_3 的高程最或然值及其中误差。

(2)平差后 P_1、P_3 两点间的高差最或然值及其中误差。

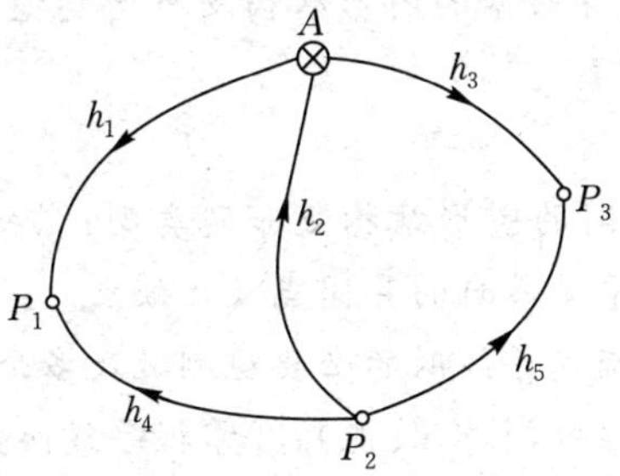

图 4-11　14 题图

项目五　导线网平差

［项目概要］

导线网是小测区平面控制网的主要布网形式之一，在地形测量、地籍测绘及各类工程测量中应用广泛。本项目主要包括：导线网的图形结构及布网类型，导线观测量的定权方法；导线网的条件平差；导线网的间接平差。

［学习目标］

(1)知识目标：①熟悉导线网的图形结构及布网类型；②知晓导线网观测量的定权方法；③了解导线网条件平差和间接平差各自的异同点及优缺点。

(2)技能目标：①能正确地确定导线网的必要观测数及多余观测数，并在此基础上，确定导线网的条件总数与各类条件方程数(核心技能)；②掌握导线网条件平差的方法，能借助函数型计算器和 MATLAB 软件完成单导线的条件平差计算；③熟悉导线网间接平差的方法，能借助函数型计算器和 MATLAB 软件完成单导线(待定点数不大于 3 个)的间接平差计算；④能较熟练地应用专业测量数据处理软件完成各类导线网的平差计算(核心技能)。

(3)素养目标：①在误差分析和平差计算的过程中逐步养成有条不紊的工作习惯、耐心细致的工作作风和精益求精的工匠精神；②严格按照规范作业，确保数据来源的原始性和成果的可靠性；③注重培养分析问题和解决问题的技术素养。

［教学建议］

在进行本项目的综合实训时，应穿插安排专业软件的学习及实训。

任务 5-1　导线网简介

平面导线控制测量是将控制网布设成折线状，通过测量导线边的水平折角和边长求算待定点的平面坐标。导线网因具有布设灵活、组织测量容易、边长精度均匀等特点，在测绘生产中被广泛采用，成为普通控制网布设的主流方法。

一、导线网的图形结构

图 5-1 为导线控制网的主要布网形式，根据图形结构，可分为单导线、结点导线[图 5-1(c)]及环形导线网[图 5-1(d)]。其中，单导线又分为附合导线[图 5-1(a)]和闭合导线[图 5-1(b)]。

二、导线网的必要起算数据和必要观测数

导线网的必要起算数据有三个，即一个点的纵、横坐标及一条边的坐标方位角。因此，根据导线网中起算数据的情况，又可将导线网分成两类：没有多余起算数据的称为独立导线网，如图 5-1(b)所示；具有多余起算数据的称为附合导线网，如图 5-1(a)、图 5-1(c)、图 5-1(d)所示。

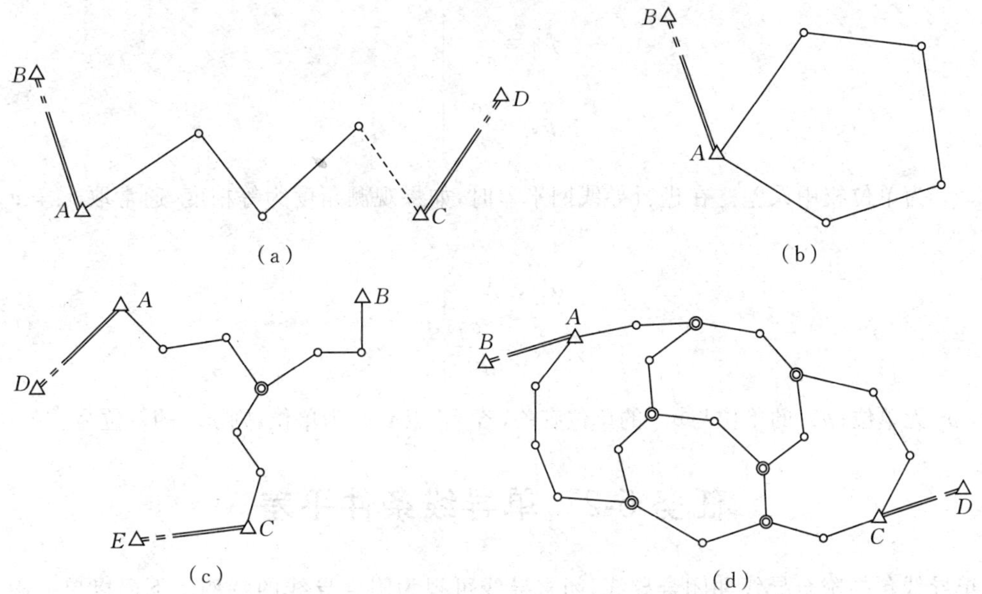

图 5-1　导线控制网的主要布网形式

导线网既可采用条件平差，也可采用间接平差，无论采用何种平差方法，必要观测数的确定至关重要。导线测量是从已知点出发，用极坐标的方法通过测量水平折角和导线边长，逐一确定各待定点的平面坐标。因此，1 个待定点需要的必要观测数为 2 个。设某导线网的待定点数为 P，则其必要观测数 $t=2P$，如果观测总数为 n，则其多余观测数为

$$r=n-t=n-2P \tag{5-1-1}$$

三、导线网观测量的定权方法

导线网包含角度和边长两类不同性质的观测量，在平差时应首先正确地估算它们的先验精度（即先验中误差），合理确定权值。

(一)观测量的精度估算

1. 测角中误差

测角中误差 σ_β 可采用规范中各等级控制网测角中误差的限差规定值。

2. 测距中误差

测距中误差可采用测距仪出厂的标称精度。测距仪的测距标称精度计算式一般为

$$\sigma_{S_i}=a+b\times 10^{-6}S_i \tag{5-1-2}$$

可改写为

$$\sigma_{S_i}=a+bS_i \tag{5-1-3}$$

式中，a 为固定误差，以 mm 为单位，与测距边的长度无关；b 为比例误差，与测距边的长度成正比；S_i 为测距边的长度，以 km 为单位。

实践证明，采用式(5-1-3)计算的中误差往往偏小，平差定权时可把 a、b 的值适当放大，或采用经验公式估算观测精度。

(二)定权

导线网观测量的权可以表示为

$$\left.\begin{aligned} p_\beta &= \frac{\sigma_0^2}{\sigma_\beta^2} \\ p_{S_i} &= \frac{\sigma_0^2}{\sigma_{S_i}^2} \end{aligned}\right\} \tag{5-1-4}$$

式中，σ_0 为单位权中误差。在进行导线网平差时，如果观测角度为等精度，通常取 $\sigma_0=\sigma_\beta$，此时有

$$\left.\begin{aligned} p_\beta &= 1 \\ p_{S_i} &= \frac{\sigma_\beta^2}{\sigma_{S_i}^2} \end{aligned}\right\} \tag{5-1-5}$$

式中，p_β 无单位；p_{S_i} 的单位与 σ_{S_i} 的单位有关，若 σ_{S_i} 以 mm 为单位，则 p_{S_i} 的单位为$('')^2/\text{mm}^2$。

任务 5-2 单导线条件平差

单导线包括附合导线和闭合导线，闭合导线可视为附合导线的特例。下面以单一附合导线为例，介绍单导线条件平差方法。

一、条件方程

图 5-2 为单一附合导线，$A(x_A, y_A)$、$C(x_C, y_C)$ 为已知点，α_{AB}、α_{CD} 为已知方位角。设角度观测值为 $\beta_1, \beta_2, \cdots, \beta_{n+1}$，测角中误差为 σ_0，观测边长为 $S_1, S_2, \cdots, S_n$，相应的测距中误差为 $\sigma_{S_i}(i=1,2,\cdots,n)$，导线的待定点有 $n-1$ 个，观测值总数为 $2n+1$ 个，必要观测数为 $2(n-1)$ 个，于是多余观测数 $r=(2n+1)-2(n-1)=3$。

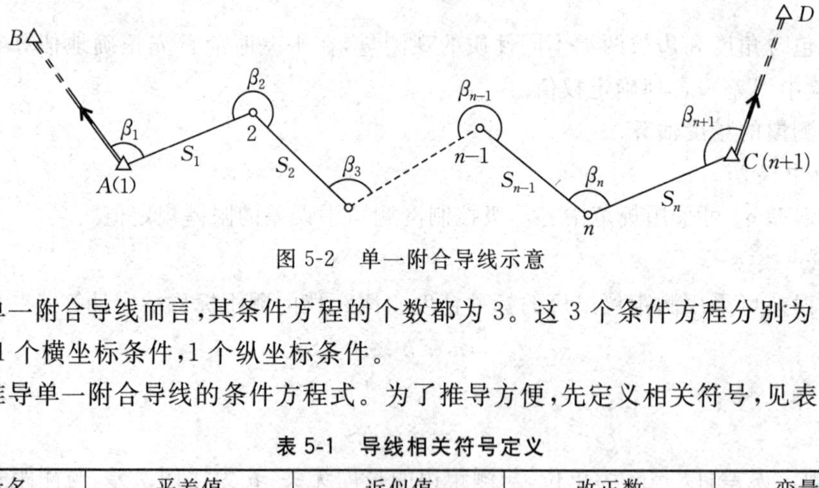

图 5-2 单一附合导线示意

对于单一附合导线而言，其条件方程的个数都为 3。这 3 个条件方程分别为 1 个坐标方位角条件，1 个横坐标条件，1 个纵坐标条件。

下面推导单一附合导线的条件方程式。为了推导方便，先定义相关符号，见表 5-1。

表 5-1 导线相关符号定义

变量名	平差值	近似值	改正数	变量个数
水平折角	$\hat{\beta}_i$	β_i（观测值）	v_{β_i}	$i=1,2,\cdots,n+1$
边长	$\hat{S}_i$	S_i（观测值）	v_{S_i}	$i=1,2,\cdots,n$
方位角	α_i	α_i^0	δ_{α_i}	
待定点坐标	(x_i, y_i)	(x_i^0, y_i^0)	$(\delta_{x_i}, \delta_{y_i})$	
坐标增量	$(\Delta x, \Delta y)$	$(\Delta x^0, \Delta y^0)$	$(\delta_{\Delta x}, \delta_{\Delta y})$	

(一)坐标方位角条件

坐标方位角平差值条件式为

$$\alpha_{AB}+\sum_{i=1}^{n+1}\hat{\beta}_i-n\cdot 180^\circ-\alpha_{CD}=0 \tag{5-2-1}$$

改正数条件式为

$$\left.\begin{aligned}&\sum_{i=1}^{n+1}v_{\beta_i}+w_\alpha=0\\&w_\alpha=\alpha_{AB}+\sum_{i=1}^{n+1}\beta_i-n\cdot 180^\circ-\alpha_{CD}\end{aligned}\right\} \tag{5-2-2}$$

(二)坐标条件

1. 列立平差值条件式

根据图 5-2,可列出坐标平差值条件式为

$$\left.\begin{aligned}x_A+\sum_{i=1}^{n}\Delta x_i-x_C=0\\y_A+\sum_{i=1}^{n}\Delta y_i-y_C=0\end{aligned}\right\} \tag{5-2-3}$$

2. 列出改正数条件式初步形式

因为坐标增量可表达为

$$\left.\begin{aligned}\Delta x_i=\Delta x_i^0+\delta_{\Delta x_i}\\\Delta y_i=\Delta y_i^0+\delta_{\Delta y_i}\end{aligned}\right\} \tag{5-2-4}$$

可得条件式初步形式为

$$\left.\begin{aligned}\sum_{i=1}^{n}\delta_{\Delta x_i}+w_x=0\\\sum_{i=1}^{n}\delta_{\Delta y_i}+w_y=0\end{aligned}\right\} \tag{5-2-5}$$

坐标条件闭合差为

$$\left.\begin{aligned}w_x=\left(x_A+\sum_{i=1}^{n}\Delta x_i^0\right)-x_C=x_C^0-x_C\\w_y=\left(y_A+\sum_{i=1}^{n}\Delta y_i^0\right)-y_C=y_C^0-y_C\end{aligned}\right\} \tag{5-2-6}$$

3. 推算坐标增量改正数表达式

坐标增量平差值表达式为

$$\left.\begin{aligned}\Delta x_i=\hat{S}_i\cos\alpha_i=\Delta x_i^0+\delta_{\Delta x_i}\\\Delta y_i=\hat{S}_i\sin\alpha_i=\Delta y_i^0+\delta_{\Delta y_i}\end{aligned}\right\} \tag{5-2-7}$$

式中,坐标增量平差值 Δx_i、Δy_i 是边长平差值 $\hat{S}_i$、方位角平差值 α_i 的非线性函数,必须线性

化。将式(5-2-7)按泰勒级数在 $\hat{S}_i$、α_i 的近似值 S_i(观测值)、α_i^0(推算近似值)处展开,并整理得

$$\left.\begin{aligned}\Delta x_i &= \Delta x_i^0 + \cos\alpha_i^0 \cdot v_{S_i} - \Delta y_i^0 \frac{\delta_{\alpha_i}}{\rho''} \\ \Delta y_i &= \Delta y_i^0 + \sin\alpha_i^0 \cdot v_{S_i} + \Delta x_i^0 \frac{\delta_{\alpha_i}}{\rho''}\end{aligned}\right\} \tag{5-2-8}$$

式中,δ_{α_i} 以($''$)为单位。坐标增量改正数可表示为

$$\left.\begin{aligned}\delta_{\Delta x_i} &= \cos\alpha_i^0 \cdot v_{S_i} - \Delta y_i^0 \frac{\delta_{\alpha_i}}{\rho''} \\ \delta_{\Delta y_i} &= \sin\alpha_i^0 \cdot v_{S_i} + \Delta x_i^0 \frac{\delta_{\alpha_i}}{\rho''}\end{aligned}\right\} \tag{5-2-9}$$

而

$$\alpha_i = \alpha_{AB} + \sum_{j=1}^{i} \hat{\beta}_j - (i-1) \cdot 180^\circ$$

即

$$\alpha_i^0 + \delta_{\alpha_i} = \alpha_{AB} + \sum_{j=1}^{i} (\beta_j + v_{\beta_j}) - (i-1) \cdot 180^\circ$$

由此可得方位角改正数为

$$\delta_{\alpha_i} = \sum_{j=1}^{i} v_{\beta_j} = v_{\beta_1} + v_{\beta_2} + \cdots + v_{\beta_i} \tag{5-2-10}$$

将式(5-2-10)代入式(5-2-9),得

$$\left.\begin{aligned}\delta_{\Delta x_i} &= \cos\alpha_i^0 \cdot v_{S_i} - \frac{\Delta y_i^0}{\rho''} \sum_{j=1}^{i} v_{\beta_j} \\ \delta_{\Delta y_i} &= \sin\alpha_i^0 \cdot v_{S_i} + \frac{\Delta x_i^0}{\rho''} \sum_{j=1}^{i} v_{\beta_j}\end{aligned}\right\} \tag{5-2-11}$$

4. 列出坐标条件式的最终表达式

对式(5-2-11)从 $i=1$ 到 $i=n$ 求和,得

$$\left.\begin{aligned}\sum_{i=1}^{n} \delta_{\Delta x_i} &= \sum_{i=1}^{n} \cos\alpha_i^0 \cdot v_{S_i} - \frac{1}{\rho''} \sum_{i=1}^{n} \left(\Delta y_i^0 \sum_{j=1}^{i} v_{\beta_j}\right) \\ \sum_{i=1}^{n} \delta_{\Delta y_i} &= \sum_{i=1}^{n} \sin\alpha_i^0 \cdot v_{S_i} + \frac{1}{\rho''} \sum_{i=1}^{n} \left(\Delta x_i^0 \sum_{j=1}^{i} v_{\beta_j}\right)\end{aligned}\right\} \tag{5-2-12}$$

将 $\sum_{i=1}^{n}(\Delta y_i^0 \sum_{j=1}^{i} v_{\beta_j})$、$\sum_{i=1}^{n}(\Delta x_i^0 \sum_{j=1}^{i} v_{\beta_j})$ 按 v_β 集项,得

$$\begin{aligned}\sum_{i=1}^{n}(\Delta y_i^0 \sum_{j=1}^{i} v_{\beta_j}) &= \Delta y_1^0 v_{\beta_1} + \Delta y_2^0 (v_{\beta_1} + v_{\beta_2}) + \Delta y_3^0 (v_{\beta_1} + v_{\beta_2} + v_{\beta_3}) + \cdots + \\ &\quad \Delta y_n^0 (v_{\beta_1} + v_{\beta_2} + \cdots + v_{\beta_n}) \\ &= (y_{n+1}^0 - y_1^0) v_{\beta_1} + (y_{n+1}^0 - y_2^0) v_{\beta_2} + \cdots + (y_{n+1}^0 - y_n^0) v_{\beta_n} \\ &= \sum_{i=1}^{n} (y_{n+1}^0 - y_i^0) v_{\beta_i}\end{aligned}$$

同理可推导得

$$\sum_{i=1}^{n}(\Delta x_i^0 \sum_{j=1}^{i} v_{\beta_j}) = \sum_{i=1}^{n}(x_{n+1}^0 - x_i^0) v_{\beta_i}$$

则纵、横坐标条件式的最终形式为

$$\left.\begin{aligned}
&\sum_{i=1}^{n}\cos\alpha_i^0 \cdot v_{S_i} - \frac{1}{\rho''}\sum_{i=1}^{n}(y_{n+1}^0 - y_i^0)v_{\beta_i} + w_x = 0\\
&w_x = \left(x_A + \sum_{i=1}^{n}\Delta x_i^0\right) - x_C = x_C^0 - x_C\\
&\sum_{i=1}^{n}\sin\alpha_i^0 \cdot v_{S_i} + \frac{1}{\rho''}\sum_{i=1}^{n}(x_{n+1}^0 - x_i^0)v_{\beta_i} + w_y = 0\\
&w_y = \left(y_A + \sum_{i=1}^{n}\Delta y_i^0\right) - y_C = y_C^0 - y_C
\end{aligned}\right\} \tag{5-2-13}$$

二、法方程

单一附合导线按条件平差的法方程为

$$\underset{3\times3}{\boldsymbol{N}_{\boldsymbol{AA}}}\underset{3\times1}{\boldsymbol{K}} + \underset{3\times1}{\boldsymbol{W}} = \underset{3\times1}{\boldsymbol{0}} \tag{5-2-14}$$

或表达为

$$\begin{bmatrix} \left[\frac{aa}{p}\right] & \left[\frac{ab}{p}\right] & \left[\frac{ac}{p}\right] \\ \left[\frac{ab}{p}\right] & \left[\frac{bb}{p}\right] & \left[\frac{bc}{p}\right] \\ \left[\frac{ac}{p}\right] & \left[\frac{bc}{p}\right] & \left[\frac{cc}{p}\right] \end{bmatrix} \begin{bmatrix} k_1 \\ k_2 \\ k_3 \end{bmatrix} + \begin{bmatrix} w_\alpha \\ w_x \\ w_y \end{bmatrix} = \boldsymbol{0} \tag{5-2-15}$$

三、改正数的计算

(一)观测值改正数

利用改正数方程计算观测值改正数,即

$$v_i = \frac{1}{p_i}(a_i k_1 + b_i k_2 + c_i k_3) \tag{5-2-16}$$

(二)方位角改正数

任意边 i 的方位角改正数为

$$\delta_{\alpha_i} = \sum_{j=1}^{i} v_{\beta_j} = v_{\beta_1} + v_{\beta_2} + \cdots + v_{\beta_i} \tag{5-2-17}$$

(三)坐标增量改正数

由式(5-2-11)计算坐标增量改正数,即

$$\left.\begin{aligned}
\delta_{\Delta x_i} &= \cos\alpha_i^0 \cdot v_{S_i} - \frac{\Delta y_i^0}{\rho''}\sum_{j=1}^{i} v_{\beta_j}\\
\delta_{\Delta y_i} &= \sin\alpha_i^0 \cdot v_{S_i} + \frac{\Delta x_i^0}{\rho''}\sum_{j=1}^{i} v_{\beta_j}
\end{aligned}\right\}$$

四、精度评定

(1)单位权中误差为

$$\hat{\sigma}_0=\sqrt{\frac{\boldsymbol{V}^{\mathrm{T}}\boldsymbol{PV}}{r}}=\sqrt{\frac{[pvv]}{r}}=\sqrt{\frac{[p_\beta v_\beta v_\beta]+[p_S v_S v_S]}{3}} \tag{5-2-18}$$

(2)边长观测值的中误差为

$$\hat{\sigma}_{S_i}=\hat{\sigma}_0\sqrt{\frac{1}{P_{S_i}}} \tag{5-2-19}$$

(3)平差值函数的中误差为

$$\hat{\sigma}_F=\hat{\sigma}_0\sqrt{\frac{1}{P_F}} \tag{5-2-20}$$

计算 $\hat{\sigma}_F$ 可分解为计算单位权中误差 σ_0 和平差值函数的权倒数 $\frac{1}{P_F}$。

计算平差值函数的权倒数 $1/P_F$ 先要列出其权函数式。平差后导线的方位角与纵、横坐标都是折角和导线边长的函数,其一般形式为

$$F=f(\hat{S}_1,\hat{S}_2\cdots,\hat{S}_n,\hat{\beta}_1,\hat{\beta}_2,\cdots,\hat{\beta}_{n+1})$$

故其权函数式为

$$\delta_F=f_{S_1}v_{S_1}+f_{S_2}v_{S_2}+\cdots+f_{S_n}v_{S_n}+f_{\beta_1}v_{\beta_1}+f_{\beta_2}v_{\beta_2}+\cdots+f_{\beta_{n+1}}v_{\beta_{n+1}} \tag{5-2-21}$$

式中,$f_{S_i}=\left(\frac{\partial F}{\partial S_i}\right)_{S_i=\hat{S}_i}$,$f_{\beta_i}=\left(\frac{\partial F}{\partial \beta_i}\right)_{\beta_i=\hat{\beta}_i}$。设

$$\boldsymbol{f}=[f_{S_1}\quad f_{S_2}\quad\cdots\quad f_{S_n}\quad f_{\beta_1}\quad f_{\beta_2}\quad\cdots\quad f_{\beta_{n+1}}]^{\mathrm{T}}$$
$$\boldsymbol{V}=[v_{S_1}\quad v_{S_2}\quad\cdots\quad v_{S_n}\quad v_{\beta_1}\quad v_{\beta_2}\quad\cdots\quad v_{\beta_{n+1}}]^{\mathrm{T}}$$

则权函数的矩阵表达式为

$$\boldsymbol{\delta}_F=\boldsymbol{f}^{\mathrm{T}}\boldsymbol{V} \tag{5-2-22}$$

下面讨论权函数式的列立。

(1)边平差值权函数式。现要评定平差后导线边 $\hat{S}_j$ 的精度,因导线边长是观测值,故其权函数式为

$$\delta_{F_{\hat{S}_j}}=v_{S_j} \tag{5-2-23}$$

(2)坐标方位角平差值的权函数式为

$$\delta_{F_{\alpha_j}}=\sum_{i=1}^{j}v_{\beta_i} \tag{5-2-24}$$

(3)坐标平差值的权函数式。现要评定导线中第 $j+1$ 点坐标平差值的精度,先列出第 $j+1$ 点纵、横坐标的计算式为

$$x_{j+1}=x_0+\Delta x_1+\Delta x_2+\cdots+\Delta x_j$$
$$y_{j+1}=y_0+\Delta y_1+\Delta y_2+\cdots+\Delta y_j$$

式中,x_0、y_0 为起算点已知坐标。

因坐标增量是 β 和 S 的函数,则需将 x_{j+1}、y_{j+1} 分别对 β_i 和 S_i 求全微分(推导过程可参照纵、横坐标条件的推导)。经整理后可得 $j+1$ 点坐标增量的权函数为

$$\left.\begin{aligned}\delta_{F_{x_{j+1}}}&=\sum_{i=1}^{j}\cos\alpha_i^0\cdot v_{S_i}-\sum_{i=1}^{j}(y_{j+1}^0-y_i^0)\frac{v_{\beta_i}}{\rho''}\\\delta_{F_{y_{j+1}}}&=\sum_{i=1}^{j}\sin\alpha_i^0\cdot v_{S_i}+\sum_{i=1}^{j}(x_{j+1}^0-x_i^0)\frac{v_{\beta_i}}{\rho''}\end{aligned}\right\}\tag{5-2-25}$$

单一附合导线按条件平差,计算平差值函数的权倒数的通用公式为

$$\left.\begin{aligned}\frac{1}{P_F}&=\underset{1\times n}{\boldsymbol{f}^{\mathrm{T}}}\underset{n\times n}{\boldsymbol{P}^{-1}}\underset{n\times1}{\boldsymbol{f}}+\underset{1\times n}{\boldsymbol{f}^{\mathrm{T}}}\underset{n\times n}{\boldsymbol{P}^{-1}}\underset{n\times3}{\boldsymbol{A}^{\mathrm{T}}}\underset{3\times1}{\boldsymbol{q}}\\\frac{1}{P_F}&=\underset{1\times n}{\boldsymbol{f}^{\mathrm{T}}}\underset{n\times n}{\boldsymbol{P}^{-1}}\underset{n\times1}{\boldsymbol{f}}-\underset{1\times n}{\boldsymbol{f}^{\mathrm{T}}}\underset{n\times n}{\boldsymbol{P}^{-1}}\underset{n\times3}{\boldsymbol{A}^{\mathrm{T}}}\underset{3\times3}{\boldsymbol{N}_{AA}^{-1}}\underset{3\times n}{\boldsymbol{A}}\underset{n\times n}{\boldsymbol{P}^{-1}}\underset{n\times1}{\boldsymbol{f}}\\\underset{3\times3}{\boldsymbol{N}_{AA}}&=\underset{3\times n}{\boldsymbol{A}}\underset{n\times n}{\boldsymbol{P}^{-1}}\underset{n\times3}{\boldsymbol{A}^{\mathrm{T}}}\\\underset{3\times1}{\boldsymbol{q}}&=-\underset{3\times3}{\boldsymbol{N}_{AA}^{-1}}\underset{3\times n}{\boldsymbol{A}}\underset{n\times n}{\boldsymbol{P}^{-1}}\underset{n\times1}{\boldsymbol{f}}\end{aligned}\right\}\tag{5-2-26}$$

式中,n 为观测值 β 和 S 的总个数,3 为多余观测数。

五、平差计算步骤

(1)用极坐标法计算各边方位角近似值 α_i^0 和各点的坐标增量近似值 Δx_i^0、Δy_i^0。

(2)列立方位角条件方程和坐标条件方程。

(3)按照条件平差计算的一般程序,计算最或然值。

(4)计算单位权中误差,并根据需要计算观测值平差值函数的中误差。

六、闭合导线条件平差的处理

如图 5-3 所示,只要将附合导线的 A 点(点号为 1)和 C 点(点号为 $n+1$)、B 点和 D 点分别重合,则附合导线变为闭合导线。因此,可以把闭合导线看作附合导线的特例。在图 5-3 中,闭合导线的条件方程个数及类型与附合导线完全一样。

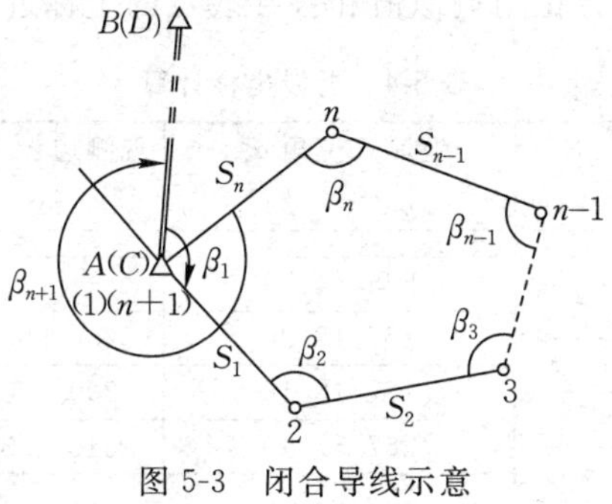

图 5-3　闭合导线示意

七、技能训练——单导线条件平差

(一)范例

[范例 5-1]在单一附合导线(图 5-4)上观测了 4 个左角和 3 条边长,B、C 为已知点,P_1、P_2 为待定导线点,已知起算数据列于表 5-2 中,观测值列于表 5-3 中,观测值的测角中误差 $\sigma_\beta=5''$,边长中误差 $\sigma_{S_i}=(10+10S_i)\mathrm{mm}$($S_i$ 以 km 为单位)。试按条件平差法计算:

(1)观测值的平差值。

(2) P_1、P_2 两点平差后的坐标值。

(3) P_2 点平差后的点位中误差。

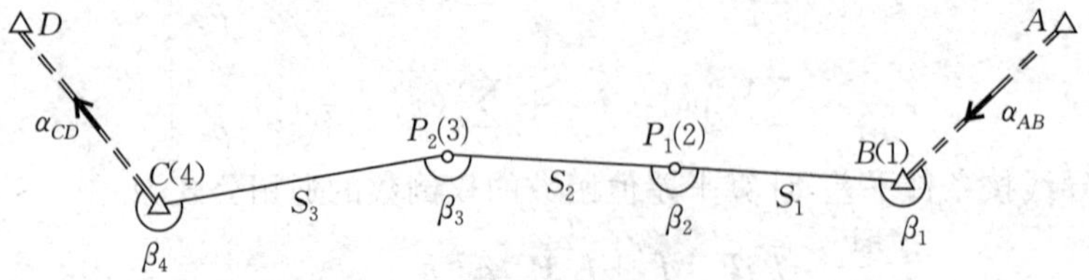

图 5-4 单一附合导线

表 5-2 已知数据

点名	坐标/m		方位角
	x	y	
A	3 157.385	−8 904.127	$\alpha_{AB}=226°44'59''$
B	3 020.348	−9 049.801	
C	3 059.503	−9 796.549	$\alpha_{CD}=324°46'03''$
D	3 222.867	−9 911.928	

表 5-3 观测数据

角号	角度观测/(° ′ ″)	边号	边观测值/m
1	230 32 37	1	204.952
2	180 00 42	2	200.130
3	170 39 22	3	345.153
4	236 48 37		

解法一:该题的导线图与习惯看到的略有不同,它是从右到左布设的,但计算方法和过程与从左到右布设的导线是完全相同的。从本节内容可知,该题的条件方程是 3 个,分别为方位角条件和纵、横坐标条件。

(1)计算各导线边的坐标方位角近似值和各导线点的坐标近似值(列于表 5-4 中)。

表 5-4 近似坐标计算

点号 i (或角号)	观测角 β_i /(° ′ ″)	坐标方位角 α_i^0 /(° ′ ″)	观测边长 S_i /m	近似坐标/m x_i^0	 y_i^0
A					
		226 44 59			
$B(1)$	230 32 37			3 020.348	−9 049.801
		277 17 36	204.952		
$P_1(2)$	180 00 42			3 046.366	−9 253.095
		277 18 18	200.130		
$P_2(3)$	170 39 22			3 071.813	−9 451.600
		267 57 40	345.153		
$C(4)$	236 48 37			3 059.533	−9 796.535
		324 46 17			
D					

注:为了便于计算改正数方程的系数,将 B、C 的已知坐标也列入表中。

(2)列条件方程。

角度改正数 v_β 以(″)为单位,边长改正数 v_S 以 mm 为单位,计算条件方程系数时,近似坐标以 m 为单位。按式(5-2-2)、式(5-2-13)得改正数条件方程为

$$v_{\beta_1}+v_{\beta_2}+v_{\beta_3}+v_{\beta_4}+w_\alpha=0$$

$$\sum_{i=1}^{3}\cos\alpha_i^0\cdot v_{S_i}-\frac{1\,000}{\rho''}\sum_{i=1}^{3}(y_C^0-y_i^0)v_{\beta_i}+w_x=0$$

$$\sum_{i=1}^{3}\sin\alpha_i^0\cdot v_{S_i}+\frac{1\,000}{\rho''}\sum_{i=1}^{3}(x_C^0-x_i^0)v_{\beta_i}+w_y=0$$

式中，当 $i=1$ 时，$x_1^0=x_B$，$y_1^0=y_B$，$\alpha_1^0=\alpha_{BP_1}^0$，得闭合差项为

$$w_\alpha=\alpha_{CD}^0-\alpha_{CD}=14''$$

$$w_x=x_C^0-x_C=30.5\ \text{mm}$$

$$w_y=y_C^0-y_C=14.1\ \text{mm}$$

列表计算得条件方程及其系数(表 5-5)，进而列立条件方程为

$$v_{\beta_1}+v_{\beta_2}+v_{\beta_3}+v_{\beta_4}+14=0$$

$$0.127v_{S_1}+0.127v_{S_2}-0.036v_{S_3}+3.620v_{\beta_1}+2.634v_{\beta_2}+1.672v_{\beta_3}+30.5=0$$

$$-0.992v_{S_1}-0.992v_{S_2}-0.999v_{S_3}+0.190v_{\beta_1}+0.064v_{\beta_2}-0.060v_{\beta_3}+14.1=0$$

矩阵形式为

$$\boldsymbol{AV}+\boldsymbol{W}=\boldsymbol{0}$$

式中

$$\boldsymbol{V}=[v_{S_1}\quad v_{S_2}\quad v_{S_3}\quad v_{\beta_1}\quad v_{\beta_2}\quad v_{\beta_3}\quad v_{\beta_4}]^{\mathrm{T}}$$

$$\boldsymbol{A}=\begin{bmatrix}0 & 0 & 0 & 1 & 1 & 1 & 1\\ 0.127 & 0.127 & -0.036 & 3.620 & 2.634 & 1.672 & 0\\ -0.992 & -0.992 & -0.999 & 0.190 & 0.064 & -0.060 & 0\end{bmatrix},\ \boldsymbol{W}=\begin{bmatrix}14.0\\30.0\\14.0\end{bmatrix}$$

表 5-5　条件方程系数和权函数系数解算

点号 i（或角号）	方位角 α_i^0 /(° ′ ″)	近似坐标/m x_i^0	近似坐标/m y_i^0	$\cos\alpha_i^0$	$\sin\alpha_i^0$	$-\frac{1\,600(y_C^0-y_i)}{\rho''}$	$\frac{1\,600(x_C^0-x_i)}{\rho''}$
A							
	226 44 59						
B		3 020.348	−9 049.801			3.620	0.190
(1)	277 17 36			0.127	−0.992		
P_1		3 046.366	−9 253.095			2.635	0.064
(2)	277 18 18			0.127	−0.992		
P_2		3 071.813	−9 451.600			1.672	−0.060
(3)	267 57 40			−0.036	−0.999		
C		3 059.533	−9 796.535				
(4)	324 46 17						
D	324 46 03						

(3)定权。由题目给出的边长中误差的计算式 $\sigma_{S_i}=(10+10S_i)\text{mm}$，将边长值代入，得各边长观测值的先验精度为

$$\sigma_{S_1}=12.04\ \text{mm},\ \sigma_{S_2}=12.00\ \text{mm},\ \sigma_{S_3}=13.45\ \text{mm}$$

取 $\sigma_0=\sigma_\beta=5''$，按式(5-1-5)可知

$$p_\beta=1,p_{S_i}=\frac{\sigma_\beta^2}{\sigma_{S_i}^2}=\frac{25}{\sigma_{S_i}^2}$$

得观测值的权矩阵为

$$\boldsymbol{P}=\text{diag}(0.172,0.174,0.138,1,1,1,1)$$

式中，$\boldsymbol{P}$ 为对角矩阵，其前 3 项是测边的权，单位为$('')^2/\text{mm}^2$，后 4 项是测角的权，无单位。

(4)组成并解算法方程。法方程为

$$\boldsymbol{N}_{AA}\boldsymbol{K}+\boldsymbol{W}=\boldsymbol{0}$$

经计算得到其系数矩阵为

$$N_{AA}=AQA^{\mathrm{T}}=AP^{-1}A^{\mathrm{T}}=\begin{bmatrix}4.0000 & 7.9260 & 0.1940\\ 7.9260 & 23.0338 & -0.4398\\ 0.1940 & -0.4398 & 18.6525\end{bmatrix}$$

解得联系数为

$$K=-N_{AA}^{-1}W=\begin{bmatrix}-2.6906\\ -0.3906\\ -0.7318\end{bmatrix}$$

(5)求算改正数、观测值平差值和坐标平差值。将联系数 $\boldsymbol{K}$ 代入改正数方程 $\boldsymbol{V}=\boldsymbol{P}^{-1}\boldsymbol{A}^{\mathrm{T}}\boldsymbol{K}$，得观测值的改正数为

$$V=QA^{\mathrm{T}}K=[3.93\quad 3.89\quad 5.40\quad -4.24\quad -3.77\quad -3.30\quad -2.69]^{\mathrm{T}}$$

式中，$\boldsymbol{V}$ 的前 3 项为测边的改正数，单位为 mm；后 4 项为测角的改正数，单位为(″)。

平差后边长为 $\hat{S}_1=204.9559$ m、$\hat{S}_2=200.1339$ m、$\hat{S}_3=345.1584$ m 。

平差后角值为 $\hat{\beta}_1=230°32'32.8''$、$\hat{\beta}_2=180°00'38.2''$、$\hat{\beta}_3=170°39'18.7''$、$\hat{\beta}_4=236°48'34.3''$。

从已知点 B 出发，用平差后的边长和角度，计算得到平差后 P_1、P_2 点的坐标值为

$$\left.\begin{aligned}x_{P_1}&=3046.3623\text{ m}\\ y_{P_1}&=-9253.0993\text{ m}\end{aligned}\right\},\quad \left.\begin{aligned}x_{P_2}&=3071.8019\text{ m}\\ y_{P_2}&=-9451.6102\text{ m}\end{aligned}\right\}$$

检核方法为：沿 P_2 点平差后坐标值再推算到已知点 C，得 C 点坐标 $\hat{x}_C=3059.5029$ m，$\hat{y}_C=-9796.5491$ m。比较后可看出，C 点坐标平差值与该点的已知值除了有一点舍入误差外，是完全一致的，而与 C 点坐标的近似值就相差很多，这是因为近似坐标是用观测值计算的。因此，平差能够消除观测值之间、观测值与已知值之间的矛盾。

(6)评定精度。单位权中误差为

$$V^{\mathrm{T}}PV=[pvv]_{角}+[pvv]_{边}=59.6305$$

$$\hat{\sigma}_0=\sqrt{\frac{V^{\mathrm{T}}PV}{r}}=\sqrt{\frac{59.6305}{3}}=4.46''$$

计算参数函数的权倒数(协因数)。P_2 点坐标的函数式为

$$x_{P_2}=x_B+\Delta x_1+\Delta x_2=x_B+\hat{S}_1\cos\hat{\alpha}_{BP_1}+\hat{S}_2\cos\hat{\alpha}_{P_1P_2}$$

$$y_{P_2}=y_B+\Delta y_1+\Delta y_2=y_B+\hat{S}_1\sin\hat{\alpha}_{BP_1}+\hat{S}_2\sin\hat{\alpha}_{P_1P_2}$$

按式(5-2-25)，求全微分后得 P_2 点坐标平差值的权函数式为

$$\delta_{x_{P_2}}=\cos\alpha^0_{BP_1}\cdot v_{S_1}+\cos\alpha^0_{P_1P_2}\cdot v_{S_2}-\frac{1000}{\rho''}(y^0_{P_1}-y_B)v_{\beta_1}-\frac{1000}{\rho''}(y^0_{P_2}-y^0_{P_1})v_{\beta_2}$$

$$\delta_{y_{P_2}}=\sin\alpha^0_{BP_1}\cdot v_{S_1}+\sin\alpha^0_{P_1P_2}\cdot v_{S_2}+\frac{1000}{\rho''}(x^0_{P_2}-x_B)v_{\beta_1}+\frac{1000}{\rho''}(x^0_{P_2}-x^0_{P_1})v_{\beta_2}$$

代入数据，列表计算得权函数式的系数(表 5-6)，用矩阵形式表示为

$$f^{\mathrm{T}}=\begin{bmatrix}0.127 & 0.127 & 0 & 1.948 & 0.962 & 0 & 0\\ -0.992 & -0.992 & 0 & 0.249 & 0.123 & 0 & 0\end{bmatrix}$$

设 $\boldsymbol{F}=\begin{bmatrix}\hat{x}_{P_2}\\ \hat{y}_{P_2}\end{bmatrix}$，有 $\boldsymbol{\delta}_F=\begin{bmatrix}\delta_{x_{P_2}}\\ \delta_{y_{P_2}}\end{bmatrix}=\boldsymbol{f}^{\mathrm{T}}\boldsymbol{V}$，则

$$Q_{FF}=f^{T}P^{-1}f-f^{T}P^{-1}A^{T}N_{AA}^{-1}AP^{-1}f=\begin{bmatrix}0.5722 & -0.1585\\ -0.1585 & 4.4019\end{bmatrix}$$

因此，P_2 点平差后的点位中误差为

$$\hat{\sigma}_{P_2}=\hat{\sigma}_0\sqrt{Q_{\hat{x}_{P_2}\hat{x}_{P_2}}+Q_{\hat{y}_{P_2}\hat{y}_{P_2}}}=4.46\times\sqrt{0.5722+4.4019}=9.95(\text{mm})$$

表 5-6 条件方程和权函数系数

对应改正数	条件方程式系数			权函数式系数		p
	x	y	α	δ_x	δ_y	
v_{S_1}	0.127	−0.992	0	0.127	−0.992	0.172
v_{S_2}	0.127	−0.992	0	0.127	−0.992	0.174
v_{S_3}	−0.036	0.999	0	0.000	0.000	0.138
v_{β_1}	3.620	0.190	1	1.948	0.249	1.000
v_{β_2}	2.635	0.064	1	0.962	0.123	1.000
v_{β_3}	1.672	−0.060	1	0.000	0.000	1.000
v_{β_4}	0.000	0.000	1	0.000	0.000	1.000

解法二：利用解法一得到的条件方程式和权函数式，应用 MATLAB 软件编程进行条件平差计算。计算程序、过程及结果如下（因 MATLAB 软件中角度不能直接换算，故没有计算观测值的平差值；另外，没有推算待定点的坐标平差值）。

```
>>clear
>>disp('......导线网条件平差......'); % 范例 5-1
......导线网条件平差......
>>A = [0,0,0,1,1,1,1;0.127,0.127, - 0.036,3.620,2.634,1.672,0; - 0.992, - 0.992, - 0.999,
0.190,0.064, - 0.060,0];
>>W = [ - 14, - 30, - 14]';
>>f = [0.127,0.127,0,1.948,0.962,0,0; - 0.992, - 0.992,0,0.249,0.123,0,0];
>>Pa = [0.172,0.174,0.138,1,1,1,1];
>>P = diag(Pa)
P =
    0.1720         0         0         0         0         0         0
         0    0.1740         0         0         0         0         0
         0         0    0.1380         0         0         0         0
         0         0         0    1.0000         0         0         0
         0         0         0         0    1.0000         0         0
         0         0         0         0         0    1.0000         0
         0         0         0         0         0         0    1.0000
>>Q = inv(P);
>>Naa = A * Q * A'
Naa =
    4.0000      7.9260       0.1940
    7.9260     23.0338     - 0.4398
    0.1940     - 0.4398     18.6525
```

```
>>K = inv(Naa) * W
K =
   -2.6906
   -0.3906
   -0.7318
>>V = Q * A' * K
V =
    3.9322
    3.8870
    5.3994
   -4.2435
   -3.7662
   -3.2997
   -2.6906
>>r = numel(W);
>>disp('单位权中误差');
单位权中误差
>>m0 = sqrt((V' * inv(Q) * V)/r)
m0 =
   4.4583
>>disp('函数权倒数');
函数权倒数
>>Qf = f * Q * f' - f * Q * A' * inv(Naa) * A * Q * f'
Qf =
    0.5722    -0.1585
   -0.1585     4.4019
>>disp('点位中误差');
点位中误差
>>mp2 = m0 * sqrt(Qf(1,1) + Qf(2,2))
mp2 =
   9.9453
```

(二)实训

[**实训 5-1**]图 5-5 为一条单一附合导线,观测了 4 个角度和 3 条边长。已知数据列于表 5-7 中,观测值见表 5-8。已知测角中误差 $\sigma_\beta = 2.5''$,测边中误差 $\sigma_{S_i} = (5 + 5S_i)\text{mm}$(S_i 以 km 为单位)。试按条件平差法求:

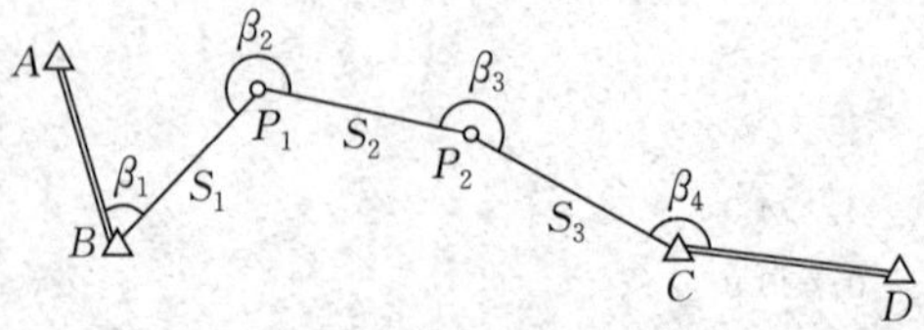

图 5-5 单一附合导线

(1)各观测值的平差值。

(2)各导线点的坐标平差值及点位精度。

表 5-7　已知数据

点名	坐标/m		方位角 /(° ′ ″)	
	x	y		
B	3 143.237	5 260.334	α_{AB}	170 54 27.0
C	4 157.197	8 853.254	α_{CD}	109 31 44.9

表 5-8　观测数据

角号	观测角度/(° ′ ″)	边号	观测边长/m
1	44 05 44.8	1	2 185.070
2	244 32 18.4	2	1 500.017
3	201 57 34.0	3	1 009.021
4	168 01 45.2		

任务 5-3　导线网条件平差

在实际工作中,导线常布设成由若干单一导线构成的环形或结点形式的导线网。当导线网进行条件平差时,每一个闭合环和每一条附合导线的多余观测数均为 3(均应列 3 个条件方程)。当导线网中闭合环数和附合导线数较多时,导线网平差计算应组成条件方程,求解法方程的工作量是相当大的,一般均在计算机上用导线网平差程序进行。这里仅介绍导线网进行条件平差时如何确定条件方程的个数、存在的条件方程类型,以及条件方程列立和平差计算的步骤,为以后使用平差软件进行导线网平差和分析导线网精度提供知识帮助。

一、导线网的条件数

导线网进行条件平差时,条件数仍等于多余观测数。

(一)条件类型

1. 闭合条件

导线网中由单一导线形成闭合环时,每一闭合环的多余观测数为 3,故每一环有 3 个条件,其中 1 个是多边形角度闭合条件,2 个是多边形坐标闭合条件。

在图 5-6 所示的导线网中,有 4 个闭合环,共有 12 个条件,为网中闭合环数的 3 倍。设闭合环数为 q,则闭合条件数应为 $3q$。

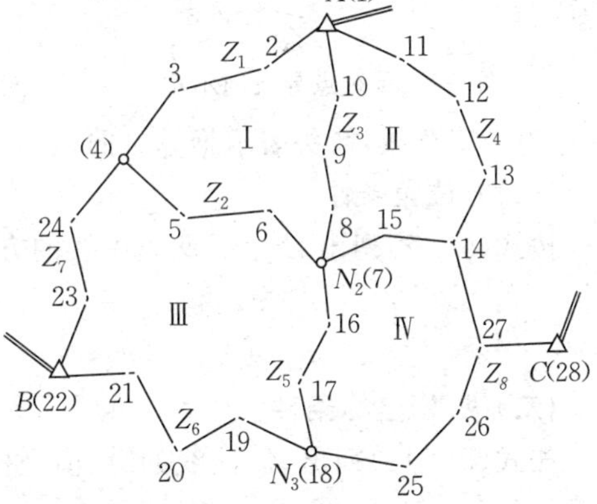

图 5-6　多结点导线网示意

2. 附合条件

多余 1 个已知方位角,将产生 1 个方位角条件;多余 1 个已知点,将产生纵坐标条件、横坐标条件各 1 个。也就是说,每一条附合导线也产生 3 个条件。

在图 5-6 中,有 3 个已知点,3 个已知方位角,多余 2 个已知点和 2 个已知方位角,共产生

6个附合条件:① $A \to B$ 附合导线产生1个方位角条件,2个坐标条件;② $A \to C$ 路线产生1个方位角条件,2个坐标条件。若设 R 为有起算坐标和方位角的已知点数,则由此而产生的附合条件数为 $3(R-1)$。

3. 圆周条件

导线测量时,在中心结点处水平角一般采用方向观测,因此将会产生圆周条件。图5-6的 N_2(即结点7)处构成一个圆周条件。设有圆周条件的结点数为 K,则圆周条件数为 K。

(二)条件总数

导线网条件总数的一般计算式为

$$r = 3q + 3(R-1) + K = 3(q + R - 1) + K \tag{5-3-1}$$

式中,方位角和多边形角度闭合条件数为 $q+R-1$;坐标条件数为 $2(q+R-1)$;结点所产生的圆周条件数为 K。

对图5-6中的导线网,用式(5-3-1)计算,其条件方程总数为

$$r = 3(q+R-1) + K = 3(4+3-1) + 1 = 19$$

式中,多边形角度闭合条件为4个;方位角条件为2个;纵、横坐标闭合条件为8个;纵、横坐标附合条件为4个;圆周条件为1个。

若用 n_S 表示导线网中测边的个数、n_β 表示测角的个数、P 表示待定点的个数,则条件总数计算式为

$$r = n - t = n_S + n_\beta - 2P \tag{5-3-2}$$

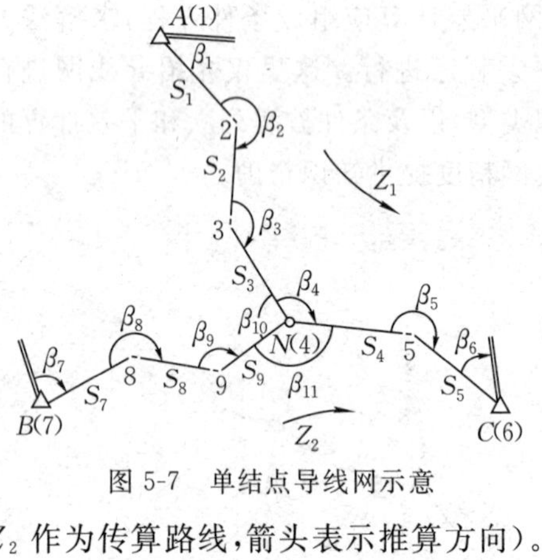

图5-7 单结点导线网示意

二、条件方程列立

为简便起见,现以单结点导线网为例,列立条件方程。

图5-7中的 A、B、C 为具有起算方位角和坐标的已知点,N 为结点。导线网中 $q=0$,$R=3$,$K=1$,故条件方程总数为 $r=3\times(3-1)+1=7$。其中有2个方位角条件,4个坐标条件,以及1个圆周条件。

在选择附合条件的传算路线时,为了节省计算工作量,一般以最短中线为传算路线(图5-7中选取 Z_1、Z_2 作为传算路线,箭头表示推算方向)。

(一)方位角条件

按式(5-2-2)列出 Z_1、Z_2 两条中线的方位角条件分别为

$$v_{\beta_1} + v_{\beta_2} + v_{\beta_3} + v_{\beta_4} + v_{\beta_5} + v_{\beta_6} + w_{\alpha_1} = 0$$

$$v_{\beta_7} + v_{\beta_8} + v_{\beta_9} + v_{\beta_{10}} + v_{\beta_4} + v_{\beta_5} + v_{\beta_6} + w_{\alpha_2} = 0$$

(二)纵、横坐标条件

按式(5-2-13)列出 Z_1 路线的纵、横坐标条件为

$$\sum_{i=1}^{5} \cos\alpha_i^0 \cdot v_{S_i} - \frac{1}{\rho''}\sum_{i=1}^{5}(y_C^0 - y_i^0) \cdot v_{\beta_i} + w_{x_1} = 0$$

$$\sum_{i=1}^{5} \sin\alpha_i^0 \cdot v_{S_i} + \frac{1}{\rho''}\sum_{i=1}^{5}(x_C^0 - x_i^0) \cdot v_{\beta_i} + w_{y_1} = 0$$

Z_2 路线的纵、横坐标条件为

$$\sum_{i=7}^{9}\cos\alpha_i^0 \cdot v_{S_i} + \cos\alpha'^0_4 \cdot v_{S_4} + \cos\alpha_5^0 \cdot v_{S_5} - \frac{1}{\rho''}\sum_{i=7}^{9}(y_C^0 - y_i^0)v_{\beta_i} - \frac{1}{\rho''}(y_C^0 - y_4^0)v_{\beta_{10}} - \frac{1}{\rho''}(y_C^0 - y_4^0)v_{\beta_4} - \frac{1}{\rho''}(y_C^0 - y_5^0)v_{\beta_5} + w_{x_2} = 0$$

$$\sum_{i=7}^{9}\sin\alpha_i^0 \cdot v_{S_i} + \sin\alpha'^0_4 \cdot v_{S_4} + \sin\alpha_5^0 \cdot v_{S_5} + \frac{1}{\rho''}\sum_{i=7}^{9}(x_C^0 - x_i^0)v_{\beta_i} + \frac{1}{\rho''}(x_C^0 - x_4^0)v_{\beta_{10}} + \frac{1}{\rho''}(x_C^0 - x_4^0)v_{\beta_4} + \frac{1}{\rho''}(x_C^0 - x_5^0)v_{\beta_5} + w_{y_2} = 0$$

式中，α_4^0、α'^0_4 分别为从 Z_1、Z_2 两条路线推算的 $N(4)-5$ 边的方位角。

(三)圆周条件

圆周条件为

$$v_{\beta_4} + v_{\beta_{10}} + v_{\beta_{11}} + w_{圆} = 0$$

由上述 7 个条件方程，顾及观测值的权，便可组成 7 个法方程；解算法方程，求得联系数 $\boldsymbol{K}$，代入改正数方程后，便可得各观测值改正数；用经过改正后的边长和角度值计算方位角，最后求得各导线点坐标平差值。

三、精度评定

导线网平差后计算单位权中误差 σ_0、平差值函数中误差 σ_F、点位中误差 σ_P，这些均与任务 5-2 所述相同。

四、导线网条件平差的步骤

(1)绘平差略图，编制起算数据表。
(2)计算条件数，选取传算路线。
(3)确定观测值的权。
(4)依推算路线计算角度闭合差。
(5)由角度和边长推算坐标增量和各点坐标。
(6)计算坐标条件闭合差。
(7)计算条件方程式系数和权函数式系数。
(8)组成并解算法方程。
(9)按改正数方程求各折角和观测边长的改正数。
(10)以改正后的角度、边长计算方位角和坐标增量。
(11)计算各导线点的坐标平差值。
(12)评定精度。

任务 5-4　导线网间接平差

一、导线网的误差方程

导线网的观测值是导线边的水平折角和边长，因此存在两类误差方程：角度误差方程和边长误差方程。对导线网进行间接平差时，通常选取待定点坐标为未知参数。习惯上将以待定点坐标为未知参数的间接平差称为坐标平差。

(一)角度误差方程

1. 角度误差方程列立及线性化

下面推导导线网按坐标进行平差的角度误差方程的一般通用公式。

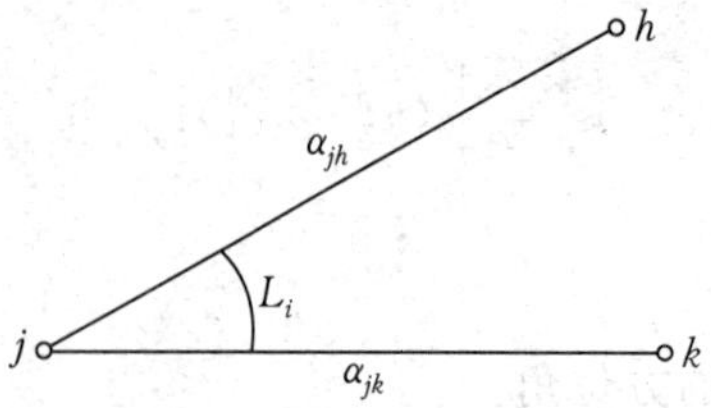

图 5-8 水平角观测示意

如图 5-8 所示,任一角度观测值 L_i,j、h、k 均为待定点,设其坐标平差值为(x_j,y_j)、(x_h,y_h)、(x_k,y_k)。现将待定点的坐标平差值设为未知参数,从图 5-8 可知,角度 L_i 可由方位角 α_{jh}、α_{jk} 计算而得,是关于 α_{jh}、α_{jk} 的函数,而 α_{jh}、α_{jk} 则是关于待定点坐标平差值的函数。由此分步导出角度误差方程。

(1)列出角度误差方程的初步形式。根据角度与方位角的关系可得

$$L_i + v_i = \alpha_{jk} - \alpha_{jh}$$

将 L_i 移至等式右端,得

$$v_i = \alpha_{jk} - \alpha_{jh} - L_i \tag{5-4-1}$$

式中,方位角平差值 α_{jk}、α_{jh} 是坐标平差值的函数,其计算公式为

$$\left.\begin{aligned}\alpha_{jk} &= \arctan\frac{y_k - y_j}{x_k - x_j}\\ \alpha_{jh} &= \arctan\frac{y_h - y_j}{x_h - x_j}\end{aligned}\right\} \tag{5-4-2}$$

代入式(5-4-1)得

$$v_i = \arctan\frac{y_k - y_j}{x_k - x_j} - \arctan\frac{y_h - y_j}{x_h - x_j} - L_i \tag{5-4-3}$$

即关于角度 L_i 的误差方程初步形式是非线性关系式,必须将其线性化。

(2)对 α_{jk}、α_{jh} 进行线性化,导出坐标方位角改正数方程。

为了使推导过程简明扼要,把角度误差方程的线性化分解为对方位角 α_{jh}、α_{jk} 的线性化,最后得出误差方程的线性形式。

为此,先统一相关符号。设坐标近似值为(x_j^0,y_j^0)、(x_k^0,y_k^0)、(x_h^0,y_h^0),相应的坐标改正数为$(\delta_{x_j},\delta_{y_j})$、$(\delta_{x_k},\delta_{y_k})$、$(\delta_{x_h},\delta_{y_h})$,则坐标平差值可表示为

$$\left.\begin{aligned}\hat{x}_j &= x_j^0 + \delta_{x_j}\\ \hat{y}_j &= y_j^0 + \delta_{y_j}\end{aligned}\right\},\quad \left.\begin{aligned}\hat{x}_k &= x_k^0 + \delta_{x_k}\\ \hat{y}_k &= y_k^0 + \delta_{y_k}\end{aligned}\right\},\quad \left.\begin{aligned}\hat{x}_h &= x_h^0 + \delta_{x_h}\\ \hat{y}_h &= y_h^0 + \delta_{y_h}\end{aligned}\right\}$$

同理,设坐标方位角的平差值为 α_{jk}、α_{jh},坐标方位角近似值为 α_{jk}^0、α_{jh}^0,其相应的方位角改正数为 $\delta_{\alpha_{jk}}$、$\delta_{\alpha_{jh}}$,则坐标方位角平差值可表示为

$$\alpha_{jk} = \alpha_{jk}^0 + \delta_{\alpha_{jk}}$$

$$\alpha_{jh} = \alpha_{jh}^0 + \delta_{\alpha_{jh}}$$

将式(5-4-2)中第一式按泰勒级数展开至一次项,即

$$\alpha_{jk}=\alpha_{jk}^0+\delta_{\alpha_{jk}}$$
$$=\arctan\frac{y_k^0-y_j^0}{x_k^0-x_j^0}+\left(\frac{\partial\alpha_{jk}}{\partial x_j}\right)_0\delta_{x_j}+\left(\frac{\partial\alpha_{jk}}{\partial y_j}\right)_0\delta_{y_j}+\left(\frac{\partial\alpha_{jk}}{\partial x_k}\right)_0\delta_{x_k}+\left(\frac{\partial\alpha_{jk}}{\partial y_k}\right)_0\delta_{y_k}$$

式中

$$\alpha_{jk}^0=\arctan\frac{y_k^0-y_j^0}{x_k^0-x_j^0}\tag{5-4-4}$$

$$\delta_{\alpha_{jk}}=\left(\frac{\partial\alpha_{jk}}{\partial x_j}\right)_0\delta_{x_j}+\left(\frac{\partial\alpha_{jk}}{\partial y_j}\right)_0\delta_{y_j}+\left(\frac{\partial\alpha_{jk}}{\partial x_k}\right)_0\delta_{x_k}+\left(\frac{\partial\alpha_{jk}}{\partial y_j}\right)_0\delta_{y_k}\tag{5-4-5}$$

其中

$$\left(\frac{\partial\alpha_{jk}}{\partial x_j}\right)_0=\frac{\dfrac{y_k^0-y_j^0}{(x_k^0-x_j^0)^2}}{1+\left(\dfrac{y_k^0-y_j^0}{x_k^0-x_j^0}\right)^2}=\frac{y_k^0-y_j^0}{(x_k^0-x_j^0)^2+(y_k^0-y_j^0)^2}=\frac{\Delta y_{jk}^0}{(S_{jk}^0)^2}$$

同理可得

$$\left(\frac{\partial\alpha_{jk}}{\partial y_j}\right)_0=-\frac{\Delta x_{jk}^0}{(S_{jk}^0)^2}$$

$$\left(\frac{\partial\alpha_{jk}}{\partial x_k}\right)_0=-\frac{\Delta y_{jk}^0}{(S_{jk}^0)^2}$$

$$\left(\frac{\partial\alpha_{jk}}{\partial y_k}\right)_0=\frac{\Delta x_{jk}^0}{(S_{jk}^0)^2}$$

将以上偏导数值代入式(5-4-5)，得

$$\delta_{\alpha_{jk}}=\frac{\Delta y_{jk}^0}{(S_{jk}^0)^2}\delta_{x_j}-\frac{\Delta x_{jk}^0}{(S_{jk}^0)^2}\delta_{y_j}-\frac{\Delta y_{jk}^0}{(S_{jk}^0)^2}\delta_{x_k}+\frac{\Delta x_{jk}^0}{(S_{jk}^0)^2}\delta_{y_k}\tag{5-4-6}$$

同理可得

$$\delta_{\alpha_{jh}}=\frac{\Delta y_{jh}^0}{(S_{jh}^0)^2}\delta_{x_j}-\frac{\Delta x_{jh}^0}{(S_{jh}^0)^2}\delta_{y_j}-\frac{\Delta y_{jh}^0}{(S_{jh}^0)^2}\delta_{x_h}+\frac{\Delta x_{jh}^0}{(S_{jh}^0)^2}\delta_{y_h}\tag{5-4-7}$$

式(5-4-6)、式(5-4-7)中的 $\delta_{\alpha_{jk}}$、$\delta_{\alpha_{jh}}$ 的单位是弧度，考虑数字较小，一般以(″)为单位，可得

$$\left.\begin{aligned}\delta''_{\alpha_{jk}}&=\frac{\rho''\Delta y_{jk}^0}{(S_{jk}^0)^2}\delta_{x_j}-\frac{\rho''\Delta x_{jk}^0}{(S_{jk}^0)^2}\delta_{y_j}-\frac{\rho''\Delta y_{jk}^0}{(S_{jk}^0)^2}\delta_{x_k}+\frac{\rho''\Delta x_{jk}^0}{(S_{jk}^0)^2}\delta_{y_k}\\\delta''_{\alpha_{jh}}&=\frac{\rho''\Delta y_{jh}^0}{(S_{jh}^0)^2}\delta_{x_j}-\frac{\rho''\Delta x_{jh}^0}{(S_{jh}^0)^2}\delta_{y_j}-\frac{\rho''\Delta y_{jh}^0}{(S_{jh}^0)^2}\delta_{x_h}+\frac{\rho''\Delta x_{jh}^0}{(S_{jh}^0)^2}\delta_{y_h}\end{aligned}\right\}\tag{5-4-8}$$

或写成

$$\left.\begin{aligned}\delta''_{\alpha_{jk}}&=\frac{\rho''\sin\alpha_{jk}^0}{S_{jk}^0}\delta_{x_j}-\frac{\rho''\cos\alpha_{jk}^0}{S_{jk}^0}\delta_{y_j}-\frac{\rho''\sin\alpha_{jk}^0}{S_{jk}^0}\delta_{x_k}+\frac{\rho''\cos\alpha_{jk}^0}{S_{jk}^0}\delta_{y_k}\\\delta''_{\alpha_{jh}}&=\frac{\rho''\sin\alpha_{jh}^0}{S_{jh}^0}\delta_{x_j}-\frac{\rho''\cos\alpha_{jh}^0}{S_{jh}^0}\delta_{y_j}-\frac{\rho''\sin\alpha_{jh}^0}{S_{jh}^0}\delta_{x_h}+\frac{\rho''\cos\alpha_{jh}^0}{S_{jh}^0}\delta_{y_h}\end{aligned}\right\}\tag{5-4-9}$$

式(5-4-8)、式(5-4-9)表达的是坐标改正数与坐标方位角改正数的线性关系式，称为坐标方位角改正数方程。在进行平差计算时，可根据其计算便利程度自行选用，导线网平差时往往采用式(5-4-9)。

设 $a=\dfrac{\rho''\sin\alpha^0}{S^0}$，$b=\dfrac{\rho''\cos\alpha^0}{S^0}$，并将其代入式(5-4-9)，得

$$\left.\begin{aligned}\delta''_{\alpha_{jk}}&=a_{jk}\delta_{x_j}-b_{jk}\delta_{y_j}-a_{jk}\delta_{x_k}+b_{jk}\delta_{y_k}\\\delta''_{\alpha_{jh}}&=a_{jh}\delta_{x_j}-b_{jh}\delta_{y_j}-a_{jh}\delta_{x_h}+b_{jh}\delta_{y_h}\end{aligned}\right\}\tag{5-4-10}$$

式(5-4-10)表明，坐标改正数 δ_{x_j} 与 δ_{x_k} 的系数、δ_{y_j} 与 δ_{y_k} 的系数数值相等，符号相反。因此，实际计算时，对每一条边只需将 a 和 b 代入式(5-4-10)，即可得该边的坐标方位角改正数方程。

(3)导出误差方程的线性形式。将 $\alpha_{jk}=\alpha_{jk}^0+\delta_{\alpha_{jk}}$、$\alpha_{jh}=\alpha_{jh}^0+\delta_{\alpha_{jh}}$ 代入式(5-4-1)，得

$$v_i=\alpha_{jk}^0+\delta_{\alpha_{jk}}-(\alpha_{jh}^0+\delta_{\alpha_{jh}})-L_i$$

令

$$l_i=(\alpha_{jk}^0-\alpha_{jh}^0)-L_i\tag{5-4-11}$$

则误差方程为

$$v_i=\delta_{\alpha_{jk}}-\delta_{\alpha_{jh}}+l_i\tag{5-4-12}$$

将式(5-4-8)或式(5-4-9)代入，并整理得

$$\begin{aligned}v_i=&\left[\frac{\rho''\Delta y_{jk}^0}{(S_{jk}^0)^2}-\frac{\rho''\Delta y_{jh}^0}{(S_{jh}^0)^2}\right]\delta_{x_j}-\left[\frac{\rho''\Delta x_{jk}^0}{(S_{jk}^0)^2}-\frac{\rho''\Delta x_{jh}^0}{(S_{jh}^0)^2}\right]\delta_{y_j}-\\&\frac{\rho''\Delta y_{jk}^0}{(S_{jk}^0)^2}\delta_{x_k}+\frac{\rho''\Delta x_{jk}^0}{(S_{jk}^0)^2}\delta_{y_k}+\frac{\rho''\Delta y_{jh}^0}{(S_{jh}^0)^2}\delta_{x_h}-\frac{\rho''\Delta x_{jh}^0}{(S_{jh}^0)^2}\delta_{y_h}+l_i\end{aligned}\tag{5-4-13}$$

或

$$\begin{aligned}v_i=&\left(\frac{\rho''}{S_{jk}^0}\sin\alpha_{jk}^0-\frac{\rho''}{S_{jh}^0}\sin\alpha_{jh}^0\right)\delta_{x_j}-\left(\frac{\rho''}{S_{jk}^0}\cos\alpha_{jk}^0-\frac{\rho''}{S_{jh}^0}\cos\alpha_{jh}^0\right)\delta_{y_j}-\\&\frac{\rho''\sin\alpha_{jk}^0}{S_{jk}^0}\delta_{x_k}+\frac{\rho''\cos\alpha_{jk}^0}{S_{jk}^0}\delta_{y_k}+\frac{\rho''\sin\alpha_{jh}^0}{S_{jh}^0}\delta_{x_h}-\frac{\rho''\cos\alpha_{jh}^0}{S_{jh}^0}\delta_{y_h}+l_i\end{aligned}\tag{5-4-14}$$

式(5-4-13)、式(5-4-14)就是角度误差方程的一般形式。这是在假设 j、h、k 三点均为待定点的前提下导出的，在实际平差计算时，可根据观测角的三个端点是已知点还是待定点灵活应用。其中，δ_α 以(″)为单位，Δx^0、Δy^0、S^0、δ_x、δ_y 一般以 m 为单位。

2. *角度误差方程的特点*

(1)若测站点 j 为已知点，则 $\delta_{x_j}=\delta_{y_j}=0$，$L_i$ 的误差方程为

$$v_i=-\frac{\rho''\Delta y_{jk}^0}{(S_{jk}^0)^2}\delta_{x_k}+\frac{\rho''\Delta x_{jk}^0}{(S_{jk}^0)^2}\delta_{y_k}+\frac{\rho''\Delta y_{jh}^0}{(S_{jh}^0)^2}\delta_{x_h}-\frac{\rho''\Delta x_{jh}^0}{(S_{jh}^0)^2}\delta_{y_h}+l_i\tag{5-4-15}$$

(2)若两照准点均为已知点(这种情况在导线网中基本没有，在三角网中常见)，则 $\delta_{x_k}=\delta_{y_k}=\delta_{x_h}=\delta_{y_h}=0$，误差方程为

$$v_i=\left[\frac{\rho''\Delta y_{jk}^0}{(S_{jk}^0)^2}-\frac{\rho''\Delta y_{jh}^0}{(S_{jh}^0)^2}\right]\delta_{x_j}-\left[\frac{\rho''\Delta x_{jk}^0}{(S_{jk}^0)^2}-\frac{\rho''\Delta x_{jh}^0}{(S_{jh}^0)^2}\right]\delta_{y_j}+l_i\tag{5-4-16}$$

(3)若有一个照准点为已知点，则有两种情况。当 $\delta_{x_k}=\delta_{y_k}=0$ 时，有

$$\begin{aligned}v_i=&\left[\frac{\rho''\Delta y_{jk}^0}{(S_{jk}^0)^2}-\frac{\rho''\Delta y_{jh}^0}{(S_{jh}^0)^2}\right]\delta_{x_j}-\left[\frac{\rho''\Delta x_{jk}^0}{(S_{jk}^0)^2}-\frac{\rho''\Delta x_{jh}^0}{(S_{jh}^0)^2}\right]\delta_{y_j}+\\&\frac{\rho''\Delta y_{jh}^0}{(S_{jh}^0)^2}\delta_{x_h}-\frac{\rho''\Delta x_{jh}^0}{(S_{jh}^0)^2}\delta_{y_h}+l_i\end{aligned}\tag{5-4-17}$$

当 $\delta_{x_h}=\delta_{y_h}=0$ 时，有

$$v_i=\left[\frac{\rho''\Delta y_{jk}^0}{(S_{jk}^0)^2}-\frac{\rho''\Delta y_{jh}^0}{(S_{jh}^0)^2}\right]\delta_{x_j}-\left[\frac{\rho''\Delta x_{jk}^0}{(S_{jk}^0)^2}-\frac{\rho''\Delta x_{jh}^0}{(S_{jh}^0)^2}\right]\delta_{y_j}-\frac{\rho''\Delta y_{jk}^0}{(S_{jk}^0)^2}\delta_{x_k}+\frac{\rho''\Delta x_{jk}^0}{(S_{jk}^0)^2}\delta_{y_k}+l_i \tag{5-4-18}$$

(4)同一边的正反坐标方位角的改正数相等，即 $\delta_{\alpha_{jk}}=\delta_{\alpha_{kj}}$。因顾及

$$\Delta x_{jk}^0=-\Delta x_{kj}^0$$
$$\Delta y_{jk}^0=-\Delta y_{kj}^0$$

对照

$$\delta_{\alpha_{jk}}=\frac{\rho''\Delta y_{jk}^0}{(S_{jk}^0)^2}\delta_{x_j}-\frac{\rho''\Delta x_{jk}^0}{(S_{jk}^0)^2}\delta_{y_j}-\frac{\rho''\Delta y_{jk}^0}{(S_{jk}^0)^2}\delta_{x_k}+\frac{\rho''\Delta x_{jk}^0}{(S_{jk}^0)^2}\delta_{y_k}$$

$$\delta_{\alpha_{kj}}=\frac{\rho''\Delta y_{kj}^0}{(S_{kj}^0)^2}\delta_{x_k}-\frac{\rho''\Delta x_{kj}^0}{(S_{kj}^0)^2}\delta_{y_k}-\frac{\rho''\Delta y_{kj}^0}{(S_{kj}^0)^2}\delta_{x_j}+\frac{\rho''\Delta x_{kj}^0}{(S_{kj}^0)^2}\delta_{y_j}$$

于是得

$$\delta_{\alpha_{jk}}=\delta_{\alpha_{kj}}$$

根据这一性质，实际计算时，对每条待定边只要列立一个坐标方位角改正数方程即可。

3. *列立角度误差方程的步骤*

综上所述，以待定点坐标平差值为未知参数时，列立误差方程的步骤如下：

(1)计算各待定点的近似坐标 (x^0, y^0)。

(2)由待定点近似坐标及已知点坐标计算各待定边近似坐标方位角 α^0 和近似边长 S^0。

(3)列出各待定边的坐标方位角改正数方程，并求解其系数。

(4)按式(5-4-13)或式(5-4-14)列立角度误差方程，计算系数和常数。

(二)边长误差方程

1. *边长误差方程的列立及线性化*

下面导出边长坐标平差误差方程的一般公式。如图 5-9 所示，任一边长观测值为 S_i，设 j、k 均为待定点，其坐标平差值 (x_j, y_j)、(x_k, y_k) 为未知参数，令

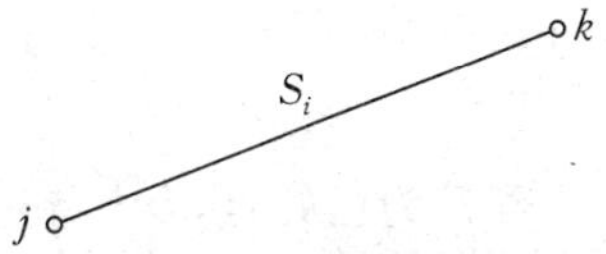

图 5-9　边长观测示意

$$\left.\begin{aligned}x_j&=x_j^0+\delta_{x_j}\\y_j&=y_j^0+\delta_{y_j}\end{aligned}\right\},\quad\left.\begin{aligned}x_k&=x_k^0+\delta_{x_k}\\y_k&=y_k^0+\delta_{y_k}\end{aligned}\right\}$$

根据距离公式可得观测边的平差值关系式为

$$S_i+v_i=\hat{S}_{jk}=\sqrt{(x_k-x_j)^2+(y_k-y_j)^2} \tag{5-4-19}$$

将上式按泰勒级数展开至一次项，得

$$\begin{aligned}\hat{S}_{jk}&=S_{jk}^0+\delta_{S_{jk}}\\&=\sqrt{(x_k^0-x_j^0)^2+(y_k^0-y_j^0)^2}+\left(\frac{\partial\hat{S}_{jk}}{\partial x_j}\right)_0\delta_{x_j}+\left(\frac{\partial\hat{S}_{jk}}{\partial y_j}\right)_0\delta_{y_j}+\left(\frac{\partial\hat{S}_{jk}}{\partial x_k}\right)_0\delta_{x_k}+\left(\frac{\partial\hat{S}_{jk}}{\partial y_k}\right)_0\delta_{y_k}\end{aligned}$$

由此可得边长误差方程为

$$v_i=\left(\frac{\partial\hat{S}_{jk}}{\partial x_j}\right)_0\delta_{x_j}+\left(\frac{\partial\hat{S}_{jk}}{\partial y_j}\right)_0\delta_{y_j}+\left(\frac{\partial\hat{S}_{jk}}{\partial x_k}\right)_0\delta_{x_k}+\left(\frac{\partial\hat{S}_{jk}}{\partial y_k}\right)_0\delta_{y_k}+S_{jk}^0-S_i \tag{5-4-20}$$

式中

$$S_{jk}^0=\sqrt{(x_k^0-x_j^0)^2+(y_k^0-y_j^0)^2}$$

$$\left(\frac{\partial\hat{S}_{jk}}{\partial x_j}\right)_0=-\frac{2(x_k^0-x_j^0)}{2\sqrt{(x_k^0-x_j^0)^2+(y_k^0-y_j^0)^2}}=-\frac{\Delta x_{jk}^0}{S_{jk}^0}=-\cos\alpha_{jk}^0$$

同理可得

$$\left(\frac{\partial\hat{S}_{jk}}{\partial y_j}\right)_0=-\frac{\Delta y_{jk}^0}{S_{jk}^0}=-\sin\alpha_{jk}^0$$

$$\left(\frac{\partial\hat{S}_{jk}}{\partial x_k}\right)_0=\frac{\Delta x_{jk}^0}{S_{jk}^0}=\cos\alpha_{jk}^0$$

$$\left(\frac{\partial\hat{S}_{jk}}{\partial y_k}\right)_0=\frac{\Delta y_{jk}^0}{S_{jk}^0}=\sin\alpha_{jk}^0$$

将偏导数值代入式(5-4-20),并令 $l_i=S_{jk}^0-S_i$,得

$$v_i=-\frac{\Delta x_{jk}^0}{S_{jk}^0}\delta_{x_j}-\frac{\Delta y_{jk}^0}{S_{jk}^0}\delta_{y_j}+\frac{\Delta x_{jk}^0}{S_{jk}^0}\delta_{x_k}+\frac{\Delta y_{jk}^0}{S_{jk}^0}\delta_{y_k}+l_i \tag{5-4-21}$$

或

$$v_i=-\cos\alpha_{jk}^0\delta_{x_j}-\sin\alpha_{jk}^0\delta_{y_j}+\cos\alpha_{jk}^0\delta_{x_k}+\sin\alpha_{jk}^0\delta_{y_k}+l_i \tag{5-4-22}$$

式(5-4-21)、式(5-4-22)即为边长观测值的误差方程线性形式。

2. 边长误差方程的特点

(1)若某边两端点均为待定点,则式(5-4-21)即为该观测边的误差方程。式中,δ_{x_j} 与 δ_{x_k}、δ_{y_j} 与 δ_{y_k} 的系数绝对值相等,符号相反;常数项等于近似边长 S_{jk}^0 减去其观测边长 S_i。

(2)若 j 为已知点,k 为待定点,则 $\delta_{x_j}=\delta_{y_j}=0$,于是误差方程为

$$\mathrm{v}_i=\frac{\Delta x_{jk}^0}{S_{jk}^0}\delta_{x_k}+\frac{\Delta y_{jk}^0}{S_{jk}^0}\delta_{y_k}+l_i$$

若 k 为已知点,j 为待定点,则 $\delta_{x_k}=\delta_{y_k}=0$,于是误差方程为

$$v_i=-\frac{\Delta x_{jk}^0}{S_{jk}^0}\delta_{x_j}-\frac{\Delta y_{jk}^0}{S_{jk}^0}\delta_{y_j}+l_i$$

若 j、k 皆为已知点,则该边为已知边(不观测),不需要列立误差方程。

(3)某边 jk 的误差方程,不论按 jk 方向列立还是按 kj 方向列立,其结果均相同。因 jk 方向误差方程为

$$v_i=-\frac{\Delta x_{jk}^0}{S_{jk}^0}\delta_{x_j}-\frac{\Delta y_{jk}^0}{S_{jk}^0}\delta_{y_j}+\frac{\Delta x_{jk}^0}{S_{jk}^0}\delta_{x_k}+\frac{\Delta y_{jk}^0}{S_{jk}^0}\delta_{y_k}+l_i$$

而 kj 方向误差方程为

$$v_i=-\frac{\Delta x_{kj}^0}{S_{kj}^0}\delta_{x_k}-\frac{\Delta y_{kj}^0}{S_{kj}^0}\delta_{y_k}+\frac{\Delta x_{kj}^0}{S_{kj}^0}\delta_{x_j}+\frac{\Delta y_{kj}^0}{S_{kj}^0}\delta_{y_j}+l_i$$

常数项相等,对比 δ_{x_j}、δ_{y_j}、δ_{x_k}、δ_{y_k} 的系数,并顾及

$$\Delta x_{jk}^0=-\Delta x_{kj}^0$$

$$\Delta y_{jk}^0=-\Delta y_{kj}^0$$

可知两误差方程相同。

3．列立边长误差方程的步骤

边长误差方程列立的步骤与角度误差方程基本相同，具体如下：

(1)计算各待定点的近似坐标 (x^0, y^0)。

(2)由待定点的近似坐标及已知点坐标计算各待定边的近似边长 S^0。

(3)按式(5-4-21)或式(5-4-22)列立边长误差方程，计算系数和常数。

二、导线网的法方程

根据间接平差的法方程的通式 $\boldsymbol{B}^{\mathrm{T}}\boldsymbol{P}\boldsymbol{B}\boldsymbol{\delta}_{\boldsymbol{X}}+\boldsymbol{B}^{\mathrm{T}}\boldsymbol{P}\boldsymbol{l}=\boldsymbol{0}$，可得导线网间接平差的法方程为

$$\begin{bmatrix} [paa] & [pab] & \cdots & [pa(t-1)] & [pat] \\ [pab] & [pbb] & \cdots & [pb(t-1)] & [pbt] \\ \vdots & \vdots & & \vdots & \vdots \\ [pat] & [pbt] & \cdots & [pt(t-1)] & [ptt] \end{bmatrix} \begin{bmatrix} \delta_{x_1} \\ \delta_{y_1} \\ \vdots \\ \delta_{x_p} \\ \delta_{y_p} \end{bmatrix} + \begin{bmatrix} [pal] \\ [pbl] \\ \vdots \\ [ptl] \end{bmatrix} = \boldsymbol{0} \tag{5-4-23}$$

式中，p 为导线网的待定点个数，t 为必要观测数，$t=2p$。

三、导线网的精度评定

(一)单位权中误差

单位权中误差为

$$\sigma_0=\sqrt{\frac{\boldsymbol{V}^{\mathrm{T}}\boldsymbol{P}\boldsymbol{V}}{r}}=\sqrt{\frac{[pvv]}{r}} =\sqrt{\frac{[p_\beta v_\beta v_\beta]+[p_S v_S v_S]}{3}} \tag{5-4-24}$$

(二)未知参数的中误差

由项目四可知，未知参数的协因数矩阵为法方程的逆矩阵，即

$$\boldsymbol{Q}_{\boldsymbol{XX}}=\boldsymbol{N}_{\boldsymbol{BB}}^{-1}=(\boldsymbol{B}^{\mathrm{T}}\boldsymbol{P}\boldsymbol{B})^{-1}$$

导线网的未知参数为待定点的纵、横坐标，因此其协因数矩阵为

$$\underset{t\times t}{\boldsymbol{Q}_{\boldsymbol{XX}}}=\underset{t\times t}{\boldsymbol{N}_{\boldsymbol{BB}}^{-1}}=\begin{bmatrix} Q_{x_1x_1} & Q_{x_1y_1} & Q_{x_1x_2} & Q_{x_1y_2} & \cdots & Q_{x_1x_p} & Q_{x_1y_p} \\ Q_{y_1x_1} & Q_{y_1y_1} & Q_{y_1x_2} & Q_{x_2y_2} & \cdots & Q_{y_1x_p} & Q_{y_1y_p} \\ \vdots & \vdots & \vdots & \vdots & & \vdots & \vdots \\ Q_{x_px_1} & Q_{x_py_1} & Q_{x_px_2} & Q_{x_py_2} & \cdots & Q_{x_px_p} & Q_{x_py_p} \\ Q_{y_px_1} & Q_{y_py_1} & Q_{y_px_2} & Q_{y_py_2} & \cdots & Q_{y_px_p} & Q_{y_py_p} \end{bmatrix} \tag{5-4-25}$$

待定点坐标平差值的中误差为

$$\left.\begin{aligned} \sigma_{x_i} &= \sigma_0\sqrt{Q_{x_ix_i}} \\ \sigma_{y_i} &= \sigma_0\sqrt{Q_{y_iy_i}} \end{aligned}\right\} \tag{5-4-26}$$

(三)未知参数函数的中误差

1．未知参数函数的中误差计算式

未知参数函数的中误差计算式为

$$\sigma_{\varphi}=\sigma_{0}\sqrt{\frac{1}{P_{\varphi}}} \tag{5-4-27}$$

2. 未知参数函数的权函数

(1)边长平差值的权函数为

$$\hat{S}_{jk}=\sqrt{(x_{k}-x_{j})^{2}+(y_{k}-y_{j})^{2}}$$

$$\mathrm{d}\hat{S}_{jk}=\delta_{S_{jk}}=-\cos\alpha_{jk}^{0}\delta_{x_{j}}-\sin\alpha_{jk}^{0}\delta_{y_{j}}+\cos\alpha_{jk}^{0}\delta_{x_{k}}+\sin\alpha_{jk}^{0}\delta_{y_{k}} \tag{5-4-28}$$

(2)方位角的权函数为

$$\alpha_{jk}=\arctan\frac{y_{k}-y_{j}}{x_{k}-x_{j}}$$

$$\delta''_{\alpha_{jk}}=\frac{\rho''\Delta y_{jk}^{0}}{(S_{jk}^{0})^{2}}\delta_{x_{j}}-\frac{\rho''\Delta x_{jk}^{0}}{(S_{jk}^{0})^{2}}\delta_{y_{j}}-\frac{\rho''\Delta y_{jk}^{0}}{(S_{jk}^{0})^{2}}\delta_{x_{k}}+\frac{\rho''\Delta x_{jk}^{0}}{(S_{jk}^{0})^{2}}\delta_{y_{k}} \tag{5-4-29}$$

或

$$\delta''_{\alpha_{jk}}=\frac{\rho''\sin\alpha_{jk}^{0}}{S_{jk}^{0}}\delta_{x_{j}}-\frac{\rho''\cos\alpha_{jk}^{0}}{S_{jk}^{0}}\delta_{y_{j}}-\frac{\rho''\sin\alpha_{jk}^{0}}{S_{jk}^{0}}\delta_{x_{k}}+\frac{\rho''\cos\alpha_{jk}^{0}}{S_{jk}^{0}}\delta_{y_{k}} \tag{5-4-30}$$

3. 未知参数函数的权倒数

未知参数函数的权倒数为

$$\frac{1}{P_{\varphi}}=Q_{\varphi\varphi}=\underset{1\times t}{\boldsymbol{f}^{\mathrm{T}}}\underset{t\times t}{\boldsymbol{Q}_{XX}}\underset{t\times 1}{\boldsymbol{f}}=\underset{1\times t}{\boldsymbol{f}^{\mathrm{T}}}\underset{t\times t}{\boldsymbol{N}_{BB}^{-1}}\underset{t\times 1}{\boldsymbol{f}} \tag{5-4-31}$$

四、技能训练——单导线间接平差

(一)范例

[范例 5-2] 单一附合导线如[范例 5-1]中图 5-4 所示,已知数据和观测数据见表 5-2、表 5-3。试按间接平差法求:

(1)各导线点的坐标平差值及点位精度。

(2)各观测值的平差值。

解法一:本题必要观测数 $t=2\times2=4$,选定待定点坐标平差值为未知参数,即

$$\boldsymbol{X}=\begin{bmatrix}x_{P_1} & y_{P_1} & x_{P_2} & y_{P_2}\end{bmatrix}^{\mathrm{T}}$$

并令

$$\boldsymbol{X}=\boldsymbol{X}^{0}+\boldsymbol{\delta}_{X}$$

(1)计算待定点近似坐标,见表 5-9。

(2)由近似坐标和已知点坐标,计算各边坐标方位角改正数方程系数及边长改正数方程系数,$\boldsymbol{\delta}_{X}$ 以 mm 为单位,见表 5-10。

坐标方位角改正数方程为

$$\delta_{\alpha_{jk}}=\frac{\rho''\sin\alpha_{jk}^{0}}{1\,000S_{jk}^{0}}\delta_{x_{j}}-\frac{\rho''\cos\alpha_{jk}^{0}}{1\,000S_{jk}^{0}}\delta_{y_{j}}-\frac{\rho''\sin\alpha_{jk}^{0}}{1\,000S_{jk}^{0}}\delta_{x_{k}}+\frac{\rho''\cos\alpha_{jk}^{0}}{1\,000S_{jk}^{0}}\delta_{y_{k}}$$

设 $a_{jk}=\dfrac{\rho''\sin\alpha_{jk}^{0}}{1\,000S_{jk}^{0}}, b_{jk}=-\dfrac{\rho''\cos\alpha_{jk}^{0}}{1\,000S_{jk}^{0}}$,上式可表示为

$$\delta_{\alpha''_{jk}}=a_{jk}\delta_{x_{j}}+b_{jk}\delta_{y_{j}}-a_{jk}\delta_{x_{k}}-b_{jk}\delta_{y_{k}}$$

边长改正数方程为

$$\delta_{S_{jk}}=-\cos\alpha_{jk}^{0}\delta_{x_{j}}-\sin\alpha_{jk}^{0}\delta_{y_{j}}+\cos\alpha_{jk}^{0}\delta_{x_{k}}+\sin\alpha_{jk}^{0}\delta_{y_{k}}$$

表 5-9 近似坐标计算

点名(角号)	观测角 β /(° ′ ″)	坐标方位角 α^0 /(° ′ ″)	观测边长 S /m	近似坐标/m	
				x^0	y^0
A				3 157.385	−8 904.127
		226 44 59			
B(1)	230 32 37			3 020.348	−9 049.801
		227 17 36	204.952		
P_1 (2)	180 00 42			3 046.366	−9 253.095
		277 18 18	200.130		
P_2 (3)	170 39 22			3 071.813	−9 451.601
C(4)				3 059.503	−9 796.549

注:为了便于计算改正数方程的系数,将 A、B、C 的已知坐标也列入表中。

表 5-10 改正数方程系数计算

方向	α^0 /(° ′ ″)	S^0 /m	$\sin\alpha^0_{jk}$	$\cos\alpha^0_{jk}$	$a_{jk}=\frac{\rho''\sin\alpha^0}{1\,000S^0_{jk}}$ /(″)/mm	$b_{jk}=-\frac{\rho''\cos\alpha^0}{1\,000S^0_{jk}}$ /(″)/mm
BP_1	277 17 36	204.952	−0.992	0.127	−0.998	0.128
P_1P_2	277 18 18	200.130	−0.992	0.127	−1.022	−0.131
P_2C	267 57 22	345.167	−0.999	−0.036	−0.597	0.021

(3)确定观测值的权。设单位权中误差 $\sigma_0=5''$,则角度观测值的权为 $P_{\beta_i}=\frac{\sigma_0^2}{\sigma_\beta^2}=1$,各导线边的权为 $P_{S_i}=\frac{\sigma_0^2}{\sigma_{S_i}^2}=\frac{25}{\sigma_{S_i}^2}$ [单位为$('')^2/\text{mm}^2$]。各观测值的权列于表 5-11 的 P 列。

(4)计算误差方程的系数和常数项,见表 5-11。

表 5-11 误差方程的系数和常数项

项目		δ_{x_1}	δ_{y_1}	δ_{x_2}	δ_{y_2}	l	P
β	1	0.998	0.128	0.000	0.000	0″	1
	2	−2.020	−0.259	1.022	0.131	0″	1
	3	1.022	0.131	−1.619	−0.110	−18″	1
	4	0.000	0.000	0.597	−0.021	4″	1
S	1	0.127	−0.992	0.000	0.000	0 mm	0.172
	2	−0.127	0.992	0.127	−0.992	0 mm	0.174
	3	0.000	0.000	0.036	0.999	15 mm	0.138

误差方程表达式为

$$\boldsymbol{V}=\boldsymbol{B}\boldsymbol{\delta}_X+\boldsymbol{l}$$

角度误差方程为

$$v_{\beta_i}=\delta_{\alpha_{jk}}-\delta_{\alpha_{jh}}+l_i$$
$$l_i=\alpha^0_{jk}L_i-\alpha^0_{jh}-\beta_i$$

边长误差方程为

$$v_{S_i}=\delta_{\hat{S}_{jk}}+l_i$$

$$l_i = S_{jk}^0 - S_{jk}$$

代入具体数据可得

$$\boldsymbol{V} = \begin{bmatrix} 0.998 & 0.128 & 0 & 0 \\ -2.020 & -0.259 & 1.022 & 0.131 \\ 1.022 & 0.131 & -1.619 & -0.110 \\ 0 & 0 & 0.597 & -0.021 \\ 0.127 & -0.992 & 0 & 0 \\ -0.127 & 0.992 & 0.127 & -0.992 \\ 0 & 0 & 0.036 & 0.999 \end{bmatrix} \begin{bmatrix} \delta_{x_{P_1}} \\ \delta_{y_{P_1}} \\ \delta_{x_{P_2}} \\ \delta_{y_{P_2}} \end{bmatrix} + \begin{bmatrix} 0 \\ 0 \\ -18 \\ 4 \\ 0 \\ 0 \\ 15 \end{bmatrix}$$

(5)组成法方程。依据

$$\boldsymbol{N_{BB}\delta_X} + \boldsymbol{W} = \boldsymbol{0} \quad (\boldsymbol{N_{BB}} = \boldsymbol{B}^{\mathrm{T}}\boldsymbol{PB}, \boldsymbol{W} = \boldsymbol{B}^{\mathrm{T}}\boldsymbol{Pl})$$

可得

$$\begin{bmatrix} 6.1265 & 0.7412 & -3.7219 & -0.3551 \\ 0.7412 & 0.4411 & -0.4549 & -0.2196 \\ -3.7219 & -0.4549 & 4.0250 & 0.2825 \\ -0.3551 & -0.2196 & 0.2825 & 0.3387 \end{bmatrix} \begin{bmatrix} \delta_{x_{P_1}} \\ \delta_{y_{P_1}} \\ \delta_{x_{P_2}} \\ \delta_{y_{P_2}} \end{bmatrix} + \begin{bmatrix} -18.3960 \\ -2.3580 \\ 31.6045 \\ 3.9639 \end{bmatrix} = \boldsymbol{0}$$

(6)解算法方程，求未知参数的改正数，计算待定点坐标平差值，即

$$\boldsymbol{N_{BB}^{-1}} = \begin{bmatrix} 0.4158 & -0.3950 & 0.3475 & -0.1100 \\ -0.3950 & 3.9560 & -0.0734 & 2.2119 \\ 0.3475 & -0.0734 & 0.5728 & -0.1610 \\ -0.1100 & 2.2119 & -0.1610 & 4.4059 \end{bmatrix}$$

根据

$$\boldsymbol{\delta_X} = -\boldsymbol{N_{BB}^{-1}W},\ \boldsymbol{X} = \boldsymbol{X}^0 + \boldsymbol{\delta_X}$$

可得

$$\boldsymbol{\delta_X} = \begin{bmatrix} -3.83 \\ -4.39 \\ -11.25 \\ -9.19 \end{bmatrix},\ \boldsymbol{X} = \begin{bmatrix} x_{P_1} \\ y_{P_1} \\ x_{P_2} \\ y_{P_2} \end{bmatrix} = \begin{bmatrix} x_{P_1}^0 \\ y_{P_1}^0 \\ x_{P_2}^0 \\ y_{P_2}^0 \end{bmatrix} + \begin{bmatrix} \delta_{x_{P_1}} \\ \delta_{y_{P_1}} \\ \delta_{x_{P_2}} \\ \delta_{y_{P_2}} \end{bmatrix} = \begin{bmatrix} 3046.3622 \\ -9253.0994 \\ 3071.8018 \\ -9451.6102 \end{bmatrix} (\mathrm{m})$$

式中，$\boldsymbol{\delta_X}$ 以 mm 为单位；$\boldsymbol{X}$ 以 m 为单位。

(7)计算观测值改正数及平差值。依据

$$\boldsymbol{V} = \boldsymbol{B\delta_X} + \boldsymbol{l},\ \hat{\boldsymbol{L}} = \boldsymbol{L} + \boldsymbol{V}$$

可得 $\boldsymbol{V} = [-4.38\ \ -3.82\ \ -3.27\ \ -2.52\ \ 3.86\ \ 3.82\ \ 5.42]^{\mathrm{T}}$；$\hat{\beta}_1 = 230°32'32.6''$，$\hat{\beta}_2 = 180°00'38.2''$，$\hat{\beta}_3 = 179°39'18.7''$，$\hat{\beta}_4 = 236°48'34.5''$，$\hat{S}_1 = 204.9559\ \mathrm{m}$，$\hat{S}_2 = 200.1338\ \mathrm{m}$，$\hat{S}_3 = 345.1584\ \mathrm{m}$。

(8)精度评定。单位权中误差为

$$\hat{\sigma}_0 = \sqrt{\frac{\boldsymbol{V}^{\mathrm{T}}\boldsymbol{PV}}{n-t}} = \sqrt{\frac{60.0560}{7-4}} = 4.47''$$

由 N_{BB}^{-1} 可知未知参数的权倒数[即协因数，单位为 $mm^2/('')^2$]，待定点点位中误差为

$$\hat{\sigma}_{P_1}=\hat{\sigma}_0\sqrt{Q_{x_{P_1}x_{P_1}}+Q_{y_{P_1}y_{P_1}}}=4.47\sqrt{0.4158+3.9560}=9.35(\text{mm})$$

$$\hat{\sigma}_{P2}=\hat{\sigma}_0\sqrt{Q_{x_{P_2}x_{P_2}}+Q_{y_{P_2}y_{P_2}}}=4.47\sqrt{0.5728+4.4059}=9.98(\text{mm})$$

解法二：利用解法一得到的条件方程式和权函数式系数，应用 MATLAB 软件编程进行间接平差计算。计算程序、过程及结果如下。

```
>>clear
>>disp('......导线网间接平差计算......'); % 范例 5-2
......导线网间接平差计算......
>>B = [0.998,0.128,0,0; - 2.020, - 0.259,1.022,0.131;1.022,0.131, - 1.619, - 0.110; …
0,0,0.597, - 0.021;0.127, - 0.992,0,0; - 0.127,0.992,0.127, - 0.992;0,0,0.036,0.999];
>>l = [0;0; - 18;4;0;0;15];
>>X0 = [3046.366; - 9253.095;3071.813; - 9451.601];
>>Pa = [1,1,1,1,0.172,0.174,0.138];
>>P = diag(Pa);
>>W = B' * P * l
W =
    - 18.3960
    - 2.3580
      31.6045
      3.9639
>>Nbb = B' * P * B
Nbb =
      6.1265      0.7412     - 3.7219     - 0.3551
      0.7412      0.4411     - 0.4549     - 0.2196
    - 3.7219    - 0.4549       4.0250       0.2825
    - 0.3551    - 0.2196       0.2825       0.3387
>>Qxx = inv(Nbb)
Qxx =
      0.4158    - 0.3950       0.3475     - 0.1100
    - 0.3950      3.9560     - 0.0734       2.2119
      0.3475    - 0.0734       0.5728     - 0.1610
    - 0.1100      2.2119     - 0.1610       4.4059
>>dX = - inv(Nbb) * W;
>>disp('未知参数');
未知参数
>>dX
dX =
    - 3.8305
    - 4.3856
    - 11.2449
    - 9.1855
```

```
>>V = B * dX + l
V =
    - 4.3842
    - 3.8222
    - 3.2733
    - 2.5203
      3.8641
      3.8199
      5.4188
>>[n,t] = size(B);
>>m0 = sqrt(V' * P * V/(n - t));
>>mp1 = m0 * sqrt(Qxx(1,1) + Qxx(2,2));
>>mp2 = m0 * sqrt(Qxx(3,3) + Qxx(4,4));
>>disp('单位权中误差');
单位权中误差
>>m0
m0 =
    4.4742
>>disp('点位中误差');
点位中误差
>>mp1 = m0 * sqrt(Qxx(1,1) + Qxx(2,2))
mp1 =
    9.3551
>>mp2 = m0 * sqrt(Qxx(3,3) + Qxx(4,4))
mp2 =
    9.9833
>>X = X0 + dX/1000;
>>format long
>>disp('待定点坐标');
待定点坐标
>>X
X =
      1.0e + 003 *
      3.04636216952247
    - 9.25309938561211
      3.07180175509028
    - 9.45161018553096
```

(二)实训

[实训 5-2]对[实训 5-1]中图 5-5 所示的附合导线进行间接平差,已知数据和观测数据见表 5-8、表 5-9。试求:

(1)各导线点的坐标平差值及点位精度。

(2)各观测值的平差值。

任务 5-5　项目综合技能训练——导线网平差

一、范例(间接平差)

[**范例 5-3**]图 5-10 所示的是有一个节点的导线网。其中，A、B、C 为已知点，P_1、P_2、P_3、P_4 为待定点，观测了 9 个角度和 6 条边长。已知测角中误差 $\sigma_\beta = 10''$，测边中误差 $\sigma_{S_i} = \sqrt{S_i}$ mm($i=1,2,\cdots,6$，S_i 以 m 为单位)；已知起算数据见表 5-12，观测值见表 5-13。设待定点坐标平差值为未知参数，按间接平差法求待定点坐标平差值及点位精度。

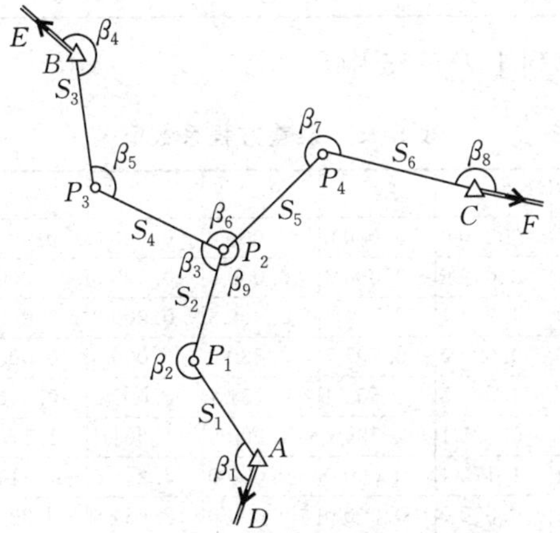

图 5-10　单结点导线网

表 5-12　已知数据

已知点	已知坐标/m		至点	已知方位角/(°　′　″)	待定点	近似坐标值/m	
A	619.943	347.832	D	202 42 54.1	P_1	663.380 2	323.587 9
B	822.790	281.202	E	313 57 29.2	P_2	719.888 1	348.815 7
C	785.482	509.202	F	130 57 20.1	P_3	754.207 1	298.349 1
					P_4	778.424 6	431.552 1

表 5-13　观测数据

角号	角观测值/(°　′　″)	边号	边观测值/m
1	128 07 02.1	1	49.745
2	233 13 24.6	2	61.883
3	100 09 33.7	3	70.694
4	212 00 16.4	4	61.048
5	138 15 09.6	5	101.356
6	110 30 46.3	6	77.970
7	210 04 42.5		
8	226 08 55.6		
9	149 19 42.8		

解：(1)计算待定点近似坐标及边、角误差方程系数值。

从已知点 A、B、C 出发，利用观测的角度和边长计算各边的坐标增量，进而可以推算各待定点的近似坐标值，而节点 P_2 的近似坐标值可取 3 条路线推算值的平均值。近似坐标值列于表 5-14 中。

表 5-14 近似坐标值

方向	$\alpha^0/(° \ ' \ '')$	S^0 /m	$a/[('')\cdot mm^{-1}]$	$b/[('')\cdot mm^{-1}]$	$\sin\alpha^0$	$\cos\alpha^0$
AP_1	330 49 56.20	49.745 0	−2.020 8	−3.620 7	−0.487 4	0.873 2
P_1P_2	24 03 29.68	61.883 6	1.358 8	−3.043 6	0.407 7	0.913 1
BP_3	165 57 45.60	70.694 0	0.707 7	2.830 6	0.242 6	−0.970 1
P_3P_2	124 13 01.31	61.030 1	2.974 7	1.900 5	0.826 9	−0.562 3
CP_4	264 48 24.50	77.970 0	−2.634 6	0.239 4	−0.995 9	−0.090 5
P_4P_2	234 43 13.30	101.350 1	−1.661 4	1.175 4	−0.816 3	−0.577 6

误差方程系数值的计算列于表 5-15 中。

表 5-15 误差方程系数值

	δ_{x_1}	δ_{y_1}	δ_{x_2}	δ_{y_2}	δ_{x_3}	δ_{y_3}	δ_{x_4}	δ_{y_4}	l	P	v
β_1	2.020 8	3.620 7	0.000 0	0.000 0	0.000 0	0.000 0	0.000 0	0.000 0	0.00″	1	2.28″
β_2	−0.662 0	−6.664 3	−1.358 8	3.043 6	0.000 0	0.000 0	0.000 0	0.000 0	−8.88″	1	−0.76″
β_3	−1.358 8	3.043 6	−1.435 9	−4.944 1	2.794 7	1.900 5	0.000 0	0.000 0	2.07″	1	0.02″
β_4	0.000 0	0.000 0	0.000 0	0.000 0	−0.707 7	−2.830 6	0.000 0	0.000 0	0.00″	1	4.12″
β_5	0.000 0	0.000 0	−2.794 7	−1.900 5	3.502 4	4.731 1	0.000 0	0.000 0	−6.11″	1	−3.28″
β_6	0.000 0	0.000 0	4.456 1	0.725 1	−2.794 7	−1.900 5	−1.661 4	1.175 4	34.31″	1	−5.74″
β_7	0.000 0	0.000 0	−1.661 4	1.175 4	0.000 0	0.000 0	4.296 0	−1.414 8	−28.70″	1	0.10″
β_8	0.000 0	0.000 0	0.000 0	0.000 0	0.000 0	0.000 0	−2.634 6	0.239 4	0.00″	1	5.29″
β_9	1.358 8	−3.043 6	−3.020 2	4.219 0	0.000 0	0.000 0	1.661 4	−1.175 4	−33.58″	1	2.92″
S_1	0.873 2	−0.487 4	0.000 0	0.000 0	0.000 0	0.000 0	0.000 0	0.000 0	0.00 mm	2.01	0.27 mm
S_2	−0.913 1	−0.407 7	0.913 1	0.407 7	0.000 0	0.000 0	0.000 0	0.000 0	−0.60 mm	1.62	6.44 mm
S_3	0.000 0	0.000 0	0.000 0	0.000 0	−0.970 1	0.242 6	0.000 0	0.000 0	0.00 mm	1.41	−8.21 mm
S_4	0.000 0	0.000 0	−0.562 3	0.826 9	0.562 3	−0.826 9	0.000 0	0.000 0	17.90 mm	1.64	−14.03 mm
S_5	0.000 0	0.000 0	−0.577 6	−0.816 3	0.000 0	0.000 0	0.577 6	0.816 3	5.90 mm	0.99	−3.38 mm
S_6	0.000 0	0.000 0	0.000 0	0.000 0	0.000 0	0.000 0	−0.090 5	−0.995 9	0.00 mm	1.28	−9.24 mm

其中，角度观测值的权都等于 1，无量纲；边长观测值的权为

$$p_{S_i}=\frac{\sigma_\beta^2}{\sigma_{S_i}^2}=\frac{10^2}{S_i}[('')^2/\text{mm}^2]$$

(2)计算法方程系数矩阵及其逆矩阵，即

$$\boldsymbol{N}_{BB}=\boldsymbol{B}^{\mathrm{T}}\boldsymbol{P}\boldsymbol{B}$$

$$=\begin{bmatrix} 11.0978 & 3.2048 & -2.6039 & 9.8329 & -3.7974 & -2.5824 & 2.2575 & -1.5971 \\ 3.2048 & 76.7961 & 13.2743 & -48.4415 & 8.5059 & 5.7844 & -5.0566 & 3.5774 \\ -2.6039 & 13.2743 & 45.6567 & -2.8817 & -26.7731 & -3.6572 & -19.8888 & 10.6714 \\ 9.8329 & -48.4415 & -2.8817 & 59.0772 & -21.7375 & -20.8871 & 10.3875 & -6.4294 \\ -3.7974 & 8.5059 & -26.7731 & -21.7375 & 30.2338 & 28.1017 & 4.6431 & -3.2849 \\ -2.5824 & 5.7844 & -23.6572 & -20.8871 & 28.1017 & 38.8238 & 3.1575 & -2.2338 \\ 2.2575 & -5.0566 & -19.8888 & 10.3875 & 4.6431 & 3.1575 & 31.2580 & -10.0322 \\ -1.5971 & 3.5774 & 10.6714 & -6.4294 & -3.2849 & -2.2338 & -10.0322 & 6.7513 \end{bmatrix}$$

$$Q_{XX}=N_{BB}^{-1}$$

$$=\begin{bmatrix} 0.2516 & -0.1029 & 0.1042 & -0.1154 & 0.0973 & 0.0441 & 0.0360 & -0.0744 \\ -0.1029 & 0.0774 & -0.0545 & 0.0836 & -0.0360 & 0.0246 & -0.0199 & 0.0614 \\ 0.1042 & -0.0545 & 0.1832 & -0.0110 & 0.1886 & -0.0249 & 0.0498 & -0.0889 \\ -0.1154 & 0.0836 & -0.0110 & 0.1401 & 0.0420 & 0.0243 & -0.0111 & 0.0910 \\ 0.0973 & -0.0360 & 0.1886 & 0.0420 & 0.3340 & -0.0971 & 0.0495 & -0.0120 \\ -0.0441 & 0.0246 & -0.0249 & 0.0243 & -0.0971 & 0.0885 & -0.0086 & 0.0082 \\ 0.0360 & -0.0199 & 0.0498 & -0.0111 & 0.0495 & -0.0086 & 0.0752 & 0.0627 \\ -0.0744 & 0.0614 & -0.0889 & 0.0910 & -0.0120 & 0.0082 & 0.0627 & 0.4152 \end{bmatrix}$$

(3)平差值计算。平差后得 4 个待定点坐标平差值为

$$x_1=x_1^0+\delta_{x_1}=663.3802+0.0005=663.3807(\text{m})$$

$$y_1=y_1^0+\delta_{y_1}=323.5879+0.0003=323.5882(\text{m})$$

$$x_2=x_2^0+\delta_{x_2}=719.8881+0.0067=719.8948(\text{m})$$

$$y_2=y_2^0+\delta_{y_2}=348.8157+0.0007=348.8164(\text{m})$$

$$x_3=x_3^0+\delta_{x_3}=754.2071+0.0076=754.2147(\text{m})$$

$$y_3=y_3^0+\delta_{y_3}=298.3491-0.0034=298.3457(\text{m})$$

$$x_4=x_4^0+\delta_{x_4}=778.4246-0.0012=778.4234(\text{m})$$

$$y_4=y_4^0+\delta_{y_4}=431.5521+0.0094=431.5615(\text{m})$$

观测值的改正数列于表 5-17 中。

(4)精度评定。具体计算为

$$\boldsymbol{V}^{\mathrm{T}}\boldsymbol{P}\boldsymbol{V}=[pvv]_{角}+[pvv]_{边}=708.8718$$

$$\hat{\sigma}_0=\sqrt{\frac{\boldsymbol{V}^{\mathrm{T}}\boldsymbol{P}\boldsymbol{V}}{r}}=\sqrt{\frac{708.8718}{7}}=10.06''$$

$$\hat{\sigma}_{P_1}=\hat{\sigma}_0\sqrt{Q_{x_1x_1}+Q_{y_1y_1}}=10.06\sqrt{0.2516+0.0774}=5.77(\text{mm})$$

$$\hat{\sigma}_{P_2}=\hat{\sigma}_0\sqrt{Q_{x_2x_2}+Q_{y_2y_2}}=10.06\sqrt{0.1832+0.1401}=5.72(\text{mm})$$

$$\hat{\sigma}_{P_3}=\hat{\sigma}_0\sqrt{Q_{x_3x_3}+Q_{y_3y_3}}=10.06\sqrt{0.3340+0.0885}=6.54(\text{mm})$$

$$\hat{\sigma}_{P_4}=\hat{\sigma}_0\sqrt{Q_{x_4x_4}+Q_{y_4y_4}}=10.06\sqrt{0.0752+0.4152}=7.04(\text{mm})$$

二、实训

[实训 5-3] 试确定[范例 5-3]导线网的条件总数及各类条件数，用文字符号形式列出其条件方程，同时应用专用测量数据处理软件完成平差计算，并将结果与[范例 5-3]的计算结果相比较(测距误差可采用 $\sigma_{S_i}=(10+10S_i)$mm 估算，其中 S_i 以 km 为单位)。

项目小结

导线网是普通控制测量的主要布网形式之一，其特点是网型结构灵活，便于组织施测，边长精度均匀。单导线是构成各类导线网的基本图形，而单一闭合导线可以看成起点和终点相

互重合的特殊附合导线。因此,对于导线网平差,首先,理解单一附合导线的平差原理,掌握其平差方法,并注意区分条件平差和间接平差之间的异同点;其次,确定导线网的必要观测数和多余观测数,列立正确的条件方程或误差方程,这是平差的前提;最后,合理估算观测量的先验精度,这是得到观测值最可靠值(最或然值)的基础。

一、重点和难点

(一)重点

本项目的重点是单一附合导线条件平差和间接平差。

(二)难点

本项目的难点有:导线网条件方程总数及各类条件数的确定,单导线条件方程的列立;导线网误差方程的列立;观测值先验误差的估算。

二、主要计算公式

(一)单导线条件平差

1. 附合条件方程

(1)坐标方位角条件方程为

$$\sum_{i=1}^{n+1} v_{\beta_i} + w_\alpha = 0$$

$$w_\alpha = \alpha_{AB} + \sum_{i=1}^{n+1} \beta_i - n \cdot 180° - \alpha_{CD}$$

(2)纵、横坐标条件方程为

$$\sum_{i=1}^{n} \cos\alpha_i^0 \cdot v_{S_i} - \frac{1}{\rho''} \sum_{i=1}^{n} (y_{n+1}^0 - y_i^0) v_{\beta_i} + w_x = 0$$

$$w_x = \left(x_A + \sum_{i=1}^{n} \Delta x_i^0\right) - x_C = x_C^0 - x_C$$

$$\sum_{i=1}^{n} \sin\alpha_i^0 \cdot v_{S_i} + \frac{1}{\rho''} \sum_{i=1}^{n} (x_{n+1}^0 - x_i^0) v_{\beta_i} + w_y = 0$$

$$w_y = \left(y_A + \sum_{i=1}^{n} \Delta y_i^0\right) - y_C = y_C^0 - y_C$$

2. 法方程

法方程为

$$\boldsymbol{N}_{AA}\boldsymbol{K} + \boldsymbol{W} = \boldsymbol{0}$$

3. 改正数的计算

(1)观测值改正数为

$$v_i = \frac{1}{p_i}(a_i k_1 + b_i k_2 + c_i k_3)$$

(2)方位角改正数为

$$\delta_{\alpha_i} = \sum_{j=1}^{i} v_{\beta_j} = v_{\beta_1} + v_{\beta_2} + \cdots + v_{\beta_i}$$

(3)坐标增量改正数为

$$\delta_{\Delta x_i}=\cos\alpha_i^0\cdot v_{S_i}-\frac{\Delta y_i^0}{\rho''}\sum_{j=1}^{i}v_{\beta_j}$$

$$\delta_{\Delta y_i}=\sin\alpha_i^0\cdot v_{S_i}+\frac{\Delta x_i^0}{\rho''}\sum_{j=1}^{i}v_{\beta_j}$$

4. 精度评定

(1)单位权中误差为

$$\hat{\sigma}_0=\sqrt{\frac{\mathbf{V}^{\mathrm{T}}\mathbf{P}\mathbf{V}}{r}}=\sqrt{\frac{[pvv]}{r}}$$

$$=\sqrt{\frac{[p_\beta v_\beta v_\beta]+[p_S v_S v_S]}{3}}$$

(2)边长观测值中误差为

$$\hat{\sigma}_{S_i}=\hat{\sigma}_0\sqrt{\frac{1}{P_{S_i}}}$$

(3)平差值函数的中误差。

——平差值函数的中误差计算式为

$$\hat{\sigma}_F=\hat{\sigma}_0\sqrt{\frac{1}{P_F}}$$

——边平差值权函数为

$$\delta_{F_{\hat{S}_j}}=v_{S_j}$$

——坐标方位角平差值的权函数为

$$\delta_{F_{\alpha_j}}=\sum_{i=1}^{j}v_{\beta_i}$$

——坐标平差值的权函数为

$$\delta_{F_{x_{j+1}}}=\sum_{i=1}^{j}\cos\alpha_i^0\cdot v_{s_i}-\sum_{i=1}^{j}(y_{j+1}^0-y_i^0)\frac{v_{\beta_i}}{\rho''}$$

$$\delta_{F_{y_{j+1}}}=\sum_{i=1}^{j}\sin\alpha_i^0\cdot v_{s_i}+\sum_{i=1}^{j}(x_{j+1}^0-x_i^0)\frac{v_{\beta_i}}{\rho''}$$

(二)导线网间接平差

1. 误差方程

(1)角度误差方程为

$$v_i=\left[\frac{\rho''\Delta y_{jk}^0}{(S_{jk}^0)^2}-\frac{\rho''\Delta y_{jh}^0}{(S_{jh}^0)^2}\right]\delta_{x_j}-\left[\frac{\rho''\Delta x_{jk}^0}{(S_{jk}^0)^2}-\frac{\rho''\Delta x_{jh}^0}{(S_{jh}^0)^2}\right]\delta_{y_j}-$$

$$\frac{\rho''\Delta y_{jk}^0}{(S_{jk}^0)^2}\delta_{x_k}+\frac{\rho''\Delta x_{jk}^0}{(S_{jk}^0)^2}\delta_{y_k}+\frac{\rho''\Delta y_{jh}^0}{(S_{jh}^0)^2}\delta_{x_h}-\frac{\rho''\Delta x_{jh}^0}{(S_{jh}^0)^2}\delta_{y_h}+l_i$$

式中，$l_i=(\alpha_{jk}^0-\alpha_{jh}^0)-L_i$。

(2)边长误差方程为

$$v_i=-\frac{\Delta x_{jk}^0}{S_{jk}^0}\delta_{x_j}-\frac{\Delta y_{jk}^0}{S_{jk}^0}\delta_{y_j}+\frac{\Delta x_{jk}^0}{S_{jk}^0}\delta_{x_k}+\frac{\Delta y_{jk}^0}{S_{jk}^0}\delta_{y_k}+l_i$$

式中，$l_i = S_{jk}^0 - S_i$。

2. 法方程

法方程为

$$\boldsymbol{B}^{\mathrm{T}}\boldsymbol{P}\boldsymbol{B}\boldsymbol{\delta}_{\boldsymbol{X}} + \boldsymbol{B}^{\mathrm{T}}\boldsymbol{P}\boldsymbol{l} = \boldsymbol{0}$$

3. 精度评定

(1)单位权中误差为

$$\sigma_0 = \pm\sqrt{\frac{\boldsymbol{V}^{\mathrm{T}}\boldsymbol{P}\boldsymbol{V}}{r}} = \pm\sqrt{\frac{[p_\beta v_\beta v_\beta] + [p_S v_S v_S]}{3}}$$

(2)未知参数(即待定点坐标平差值)的中误差为

$$\sigma_{x_i} = \sigma_0\sqrt{Q_{x_i x_i}}$$

$$\sigma_{y_i} = \sigma_0\sqrt{Q_{y_i y_i}}$$

(3)参数函数的中误差。

——参数函数的中误差计算式为

$$\sigma_\varphi = \sigma_0\sqrt{\frac{1}{P_\varphi}}$$

——边长平差值的函数及权函数为

$$\hat{S}_{jk} = \sqrt{(x_k - x_j)^2 + (y_k - y_j)^2}$$

$$\mathrm{d}\hat{S}_{jk} = \delta_{\hat{S}_{jk}} = -\cos\alpha_{jk}^0\delta_{x_j} - \sin\alpha_{jk}^0\delta_{y_j} + \cos\alpha_{jk}^0\delta_{x_k} + \sin\alpha_{jk}^0\delta_{y_k}$$

——方位角平差值的函数及权函数为

$$\hat{\alpha}_{jk} = \arctan\frac{y_k - y_j}{x_k - x_j}$$

$$\delta_{\alpha_{jk}} = \frac{\rho''\Delta y_{jk}^0}{(S_{jk}^0)^2}\delta_{x_j} - \frac{\rho''\Delta x_{jk}^0}{(S_{jk}^0)^2}\delta_{y_j} - \frac{\rho''\Delta y_{jk}^0}{(S_{jk}^0)^2}\delta_{x_k} + \frac{\rho''\Delta x_{jk}^0}{(S_{jk}^0)^2}\delta_{y_k}$$

或

$$\delta_{\alpha_{jk}} = \frac{\rho''\sin\alpha_{jk}^0}{S_{jk}^0}\delta_{x_j} - \frac{\rho''\cos\alpha_{jk}^0}{S_{jk}^0}\delta_{y_j} - \frac{\rho''\sin\alpha_{jk}^0}{S_{jk}^0}\delta_{x_k} + \frac{\rho''\cos\alpha_{jk}^0}{S_{jk}^0}\delta_{y_k}$$

——参数函数的权倒数为

$$\frac{1}{P_\varphi} = Q_{\varphi\varphi} = \boldsymbol{f}^{\mathrm{T}}\boldsymbol{Q}_{\boldsymbol{XX}}\boldsymbol{f} = \boldsymbol{f}^{\mathrm{T}}\boldsymbol{N}_{\boldsymbol{BB}}^{-1}\boldsymbol{f}$$

思考与练习题

1. 对单一附合导线进行条件平差时，为什么只有3个条件？它们是怎样产生的？

2. 坐标方位角条件和纵、横坐标条件的最后形式是什么？怎样计算这3个条件的闭合差 w_α、w_x、w_y？

3. 导线网平差时，如何定权？

4. 某单一附合导线共有5个导线点(图5-11)，试用文字符号列出条件平差时的条件方程。

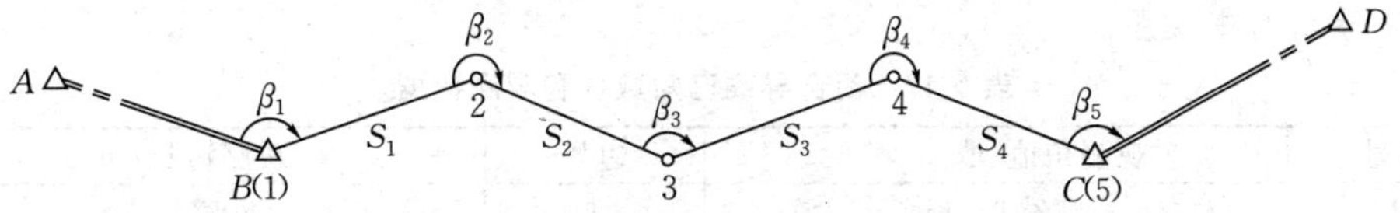

图 5-11　4 题图

5. 评定精度时，计算$[pvv]$及某导线点坐标的权倒数用到了哪些公式？如何列立导线点坐标的权函数？

6. 如图 5-12 所示，已知数据和观测数据见表 5-16。试用条件平差法，解出图 5-12 中各导线点的坐标最或然值（$\sigma_\beta = 1.8''$；$\sigma_s = (5 + 5S_i)$ mm，S_i 以 km 为单位），并求 3 号点坐标平差值的中误差和点位中误差。

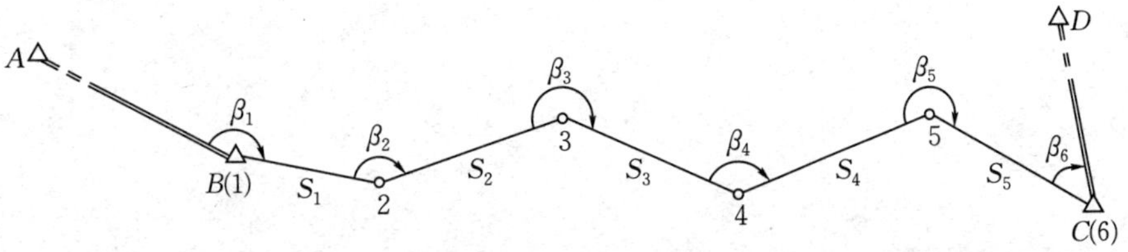

图 5-12　6 题图

表 5-16　附合导线已知数据和观测数据

点号	已知坐标/m		编号	方位角/(° ′ ″)
	x	y		
B	3 358 992.328	68 225.416	α_{AB}	168 51 06.3
C	3 347 724.976	79 833.124	α_{CD}	40 23 22.7

角号	观测角值/(° ′ ″)	边号	观测边长/m
1	167 43 17.5	1	2 555.539
2	130 47 41.7	2	4 409.385
3	197 18 17.5	3	3 038.541
4	174 51 42.9	4	4 760.178
5	244 37 49.1	5	3 540.426
6	36 13 27.1		

7. 导线网如图 5-1(d)所示，试回答：

(1)用条件平差法平差时应列多少个条件方程？各类条件方程有多少个？应组成几阶法方程？

(2)按角度进行坐标平差时应列多少个误差方程？应组成几阶法方程？

8. 有闭合导线如图 5-13 所示，构成 4 条边长和 5 个左转折角，已知测角中误差 $\sigma_\beta = 5''$，边长中误差 $\sigma_{S_i} = (3 + 2S_i)$mm（$S_i$ 以 km 为单位），起算数据为 $x_A = 2\,272.045$ m、$y_A = 5071.330$ m、$x_B = 2\,343.895$ m、$y_B = 5\,140.882$ m，观测值见表 5-17。试分别按条件平差法和间接平差法求算：

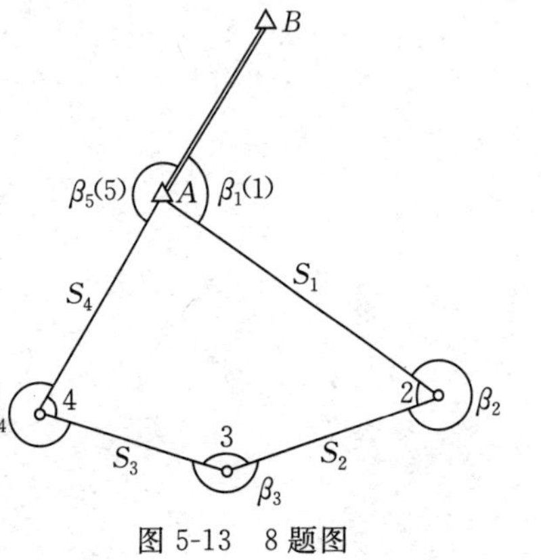

图 5-13　8 题图

(1)待定点的坐标平差值。

(2)3 号点的中误差。

表 5-17 闭合导线已知数据和观测数据

角号	观测角值/(° ′ ″)	边号	观测边长/m
1	92 49 43	1	805.191
2	316 43 58	2	269.486
3	205 08 16	3	272.718
4	235 44 38	4	441.596
5	229 33 06		

项目六　三角网平差

[项目概要]

三角网曾经是平面控制测量的主要布网形式，目前仍是高精度工程控制网的常见网形。本项目主要包括：三角网的图形结构及布网类型；三角网观测量的定权方法，独立测角网和独立测边网的条件平差，三角网的间接平差。

[学习目标]

(1)知识目标：①熟悉三角网的图形结构及布网类型；②了解测角网、测边网和边角网的特点，了解其平差方法。

(2)技能目标：①能正确地确定三角网的必要观测数及多余观测数，在此基础上，确定三角网的条件总数与各类条件方程数；②能借助函数型计算器和 MATLAB 软件完成典型图形的条件平差计算；③能借助函数型计算器和 MATLAB 软件完成简单图形三角网的间接平差计算；④能正确应用专业测量数据处理软件完成各类三角网的平差计算。

(3)素养目标：①在误差分析和平差计算的过程中逐步养成有条不紊的工作习惯、耐心细致的工作作风和精益求精的工匠精神；②严格按照规范作业，确保数据来源的原始性和成果的可靠性；③注重培养分析问题和解决问题的技术素养。

[教学建议]可根据专业特点和实际需要选学相关内容。

任务 6-1　三角网简介

平面三角控制测量是将控制点连接成三角形或三角形组合的图形，通过观测三角形的内角和边长，从已知坐标点逐一推算出待定点的平面坐标。仅观测角度的三角网称为测角网，仅观测边长的三角网称为测边网，既测角又量边的三角网称为边角网。三角网曾经是平面控制测量最主要的布网形式，目前在高精度工程测量中的应用仍很普遍。三角网的平差主要是求待定点的坐标平差值(最或然值)，并进行精度评定。

一、三角网的图形结构和布网类型

图 6-1 所示为构成三角网的主要网形，根据图形结构，可分为单三角形、大地四边形、中点多边形及上述图形的组合图形。

根据观测元素的类型不同，可将三角网分为测角网、测边网和边角网。

二、必要起算数据和必要观测数

(一)必要起算数据

1. 测角网必要起算数据个数 $d=4$

试将图 6-1(c)作为测角网，测角网平差的起算数据为一个点的坐标、一条边的方位角及一条边的边长，或者网中两点的坐标。测角网平差的起算数据的特点是：当起算点坐标或起算方位角未知时,均可给予一个假定值,但唯独一条边长必须是已知边长(不能假定)。

2. 测边网、边角网必要起算数据个数 $d=3$

试将图 6-1(c)作为测边网或边角网。由于边长均已观测,网形已构成一个刚体,只要已知一个点的坐标(定位)、一条边的方位角(定向),则该网图形的位置及方向可定。

因此,根据三角网中起算数据的数量,又可将三角网分成两类:没有多余起算数据的称为独立三角网,如图 6-1(a)、图 6-1(b)、图 6-1(c)所示;具有多余起算数据的称为附合三角网,如图 6-1(d)所示的一个多余已知点 C,如图 6-1(e)所示的一条多余已知边。

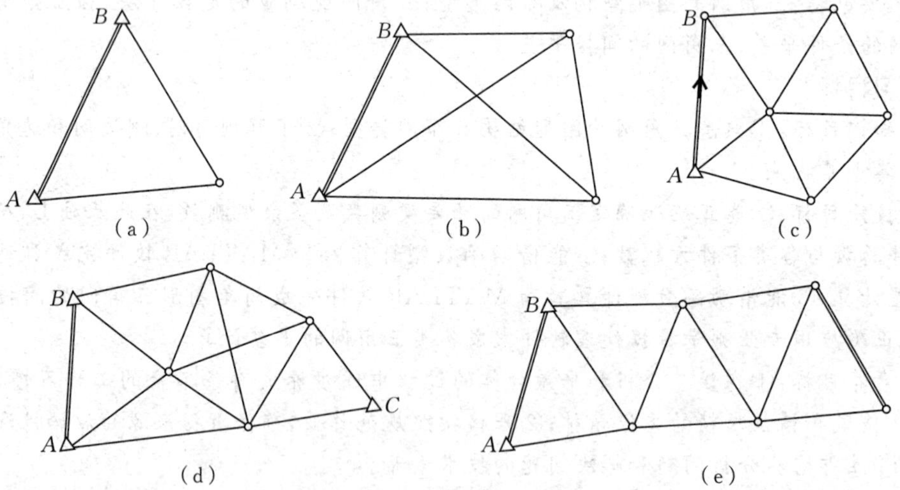

图 6-1 三角网的常见网形

(二)必要观测数

1. 独立网

当控制网中只有必要起算数据,或起算数据不足但已假定了某些未知量是已知时,都可视为独立网的情况。此时若将已知值或假设已知值都称为起算数据,则测角网的必要观测数为

$$t=P\times 2 \tag{6-1-1}$$

测边网、边角网的必要观测数为

$$t=P\times 2-1 \tag{6-1-2}$$

式中,P 为网中待定点数。

在此特别强调:若起算数据不足,需将网中个别待定点假定为已知点,则式(6-1-1)和式(6-1-2)中的 P 是在扣除了这些假定已知点后网中剩下的待定控制点的个数。因此,只有在正确了解控制网必要起算数据个数 d 后,才能正确确定必要观测数 t。

2. 附合网

当控制网中已知起算数据超过必要起算数据时,控制网称为附合网。这时,无论是测角网、测边网还是边角网,其必要观测数均为

$$t=P\times 2 \tag{6-1-3}$$

三、三角网观测量的定权

对于三角网,无论是测角网、测边网还是边角网,只涉及角度和边长两类不同性质的观测量,在平差时应首先正确地估算它们的先验精度,合理确定权值。

(一)观测量的先验精度估算

1. 测角中误差

测角中误差 σ_β 采用规范中各等级控制网测角中误差的限差规定值;如果三角网的三角形足够多,采用菲列罗公式计算,即

$$\sigma_\beta=\sqrt{\frac{[ww]}{3n}} \tag{6-1-4}$$

式中,w 为三角形闭合差;n 为三角形的个数。

2. 测距中误差

测距中误差可采用测距仪出厂的标称精度。测距仪的测距标称精度的一般计算式为

$$\sigma_{S_i}=(a+b\times10^{-6}S_i)\text{mm} \tag{6-1-5}$$

可改写为

$$\sigma_{S_i}=(a+b\times S_i)\text{mm} \tag{6-1-6}$$

式中,a 为固定误差,与测距长度无关,以 mm 为单位;b 为比例误差,与测距边长度成正比;S_i 为测距边的长度,以 km 为单位。实践证明,采用该式计算的中误差往往偏小,平差定权时可把 a、b 的值适当放大。

(二)定权

三角网观测值的权可以表示为

$$\left.\begin{aligned} p_\beta&=\frac{\sigma_0^2}{\sigma_\beta^2}\\ p_{S_i}&=\frac{\sigma_0^2}{\sigma_{S_i}^2}\end{aligned}\right\} \tag{6-1-7}$$

式中,σ_0 为单位权中误差;p_β 是无单位的;p_{S_i} 的单位则与 σ_{S_i} 的单位有关,若 σ_{S_i} 以 mm 为单位,则 p_{S_i} 的单位为$('')^2/\text{mm}^2$。

在进行导线网平差时,如果观测角度为等精度,通常取 $\sigma_0=\sigma_\beta$,此时

$$p_{S_i}=\frac{\sigma_\beta^2}{\sigma_{S_i}^2} \tag{6-1-8}$$

四、本项目的教学内容

根据目前测绘实际生产需要,本项目选择的教学内容为独立测角网、独立测边网的条件平差,以及三角网的间接平差。

任务 6-2　独立测角网条件平差

一、独立测角网的条件方程

(一)单三角形

三角形观测了 3 个内角 L_1、L_2、L_3,这是 1 个最简单的测角网。虽然构成该三角形的 3 点坐标都是未知的,但由于测角网的必要起算数据是已知的两点坐标,所以要假设三角形中

的 2 点为已知点,第 3 点就是待定点,于是有

$$n=3,\ t=2,\ r=1$$

有 1 个条件方程(即三角形内角和条件),也称为“图形条件”。条件方程为

$$\left.\begin{aligned}&v_1+v_2+v_3+w=0\\&w=L_1+L_2+L_3-180°\end{aligned}\right\}\qquad(6\text{-}2\text{-}1)$$

(二)中点多边形

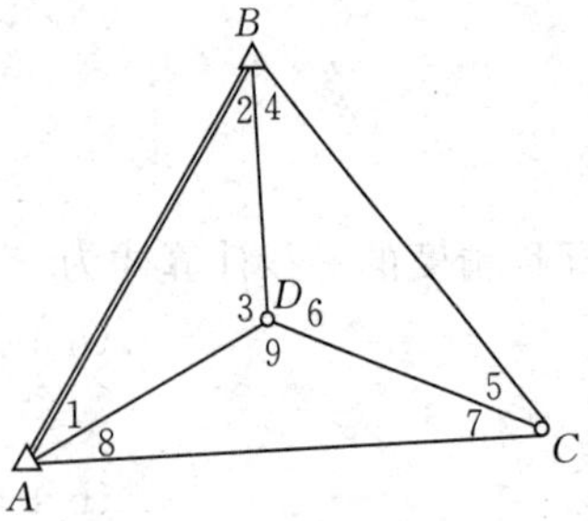

图 6-2 测角中点三边形

图 6-2 是 1 个中点三边形,有 9 个观测角值 $L_1, L_2, \cdots, L_9$,2 个已知点 A、B,2 个待定点 C、D。则

$$n=9,\ t=2\times2=4,\ r=n-t=5$$

即有 5 个条件方程,其中有 3 个图形条件、1 个圆周角条件、1 个极条件。

1. 图形条件

3 个图形条件存在于 3 个独立三角形中,其条件方程及其闭合差为

$$\left.\begin{aligned}&v_1+v_2+v_3+w_1=0\\&v_4+v_5+v_6+w_2=0\\&v_7+v_8+v_9+w_3=0\\&w_1=L_1+L_2+L_3-180°\\&w_2=L_4+L_5+L_6-180°\\&w_3=L_7+L_8+L_9-180°\end{aligned}\right\}\qquad(6\text{-}2\text{-}2)$$

2. 圆周角条件

圆周角条件存在于中点多边形中。图 6-2 有一个圆周角条件,其条件方程为

$$\left.\begin{aligned}&v_3+v_6+v_9+w_4=0\\&w_4=L_3+L_6+L_9-360°\end{aligned}\right\}\qquad(6\text{-}2\text{-}3)$$

3. 极条件

在图 6-2 中,AB 的边长已知,平差后要计算 CD 边的长度,可以用正弦定理从 $AB\rightarrow BD\rightarrow CD$ 或者从 $AB\rightarrow AD\rightarrow CD$ 两条路线推算 CD 边长,正确的平差结果应该是无论走哪条路线,所得 CD 边长是一致的,即

$$CD=AB\,\frac{\sin\hat{L}_1}{\sin\hat{L}_3}\,\frac{\sin\hat{L}_4}{\sin\hat{L}_5}=AB\,\frac{\sin\hat{L}_2}{\sin\hat{L}_3}\,\frac{\sin\hat{L}_8}{\sin\hat{L}_7}$$

经整理,平差后的角值应该满足的极条件为

$$\frac{\sin\hat{L}_1}{\sin\hat{L}_2}\,\frac{\sin\hat{L}_4}{\sin\hat{L}_5}\,\frac{\sin\hat{L}_7}{\sin\hat{L}_8}=1\qquad(6\text{-}2\text{-}4)$$

所以极条件也称为边条件。为简单起见,极条件也可以 D 点为极,用正弦定理走一个闭合圈,则有

$$\frac{DB}{DA}\,\frac{DC}{DB}\,\frac{DA}{DC}=\frac{\sin\hat{L}_1}{\sin\hat{L}_2}\,\frac{\sin\hat{L}_4}{\sin\hat{L}_5}\,\frac{\sin\hat{L}_7}{\sin\hat{L}_8}=1\qquad(6\text{-}2\text{-}5)$$

比较式(6-2-4)和式(6-2-5),可见平差值条件方程式是完全一样的。式(6-2-4)描述了极条

件产生的原因，但用式(6-2-5)的思路列极条件更简便。由于式(6-2-5)为非线性函数，还需进行线性化，以得到改正数条件方程。设

$$G=\frac{\sin\hat{L}_1}{\sin\hat{L}_2}\frac{\sin\hat{L}_4}{\sin\hat{L}_5}\frac{\sin\hat{L}_7}{\sin\hat{L}_8}=1,\ Q=\frac{\sin L_1}{\sin L_2}\frac{\sin L_4}{\sin L_5}\frac{\sin L_7}{\sin L_8}$$

将函数 G 在观测值点 $L_1,L_2,\cdots,L_8$ 处用泰勒级数展开并取至一次项，并考虑 $\hat{L}_i=L_i+v_i$，有

$$G=\frac{\sin L_1}{\sin L_2}\frac{\sin L_4}{\sin L_5}\frac{\sin L_7}{\sin L_8}+\left(\frac{\partial G}{\partial \hat{L}_1}\right)_{\hat{L}=L}\frac{1}{\rho''}(\hat{L}_1-L_1)+\left(\frac{\partial G}{\partial \hat{L}_2}\right)_{\hat{L}=L}\frac{1}{\rho''}(\hat{L}_2-L_2)+\cdots+\left(\frac{\partial G}{\partial \hat{L}_8}\right)_{\hat{L}=L}\frac{1}{\rho''}(\hat{L}_8-L_8)$$

$$=Q+\left(\frac{\partial G}{\partial \hat{L}_1}\right)_{\hat{L}=L}\frac{v_1}{\rho''}+\left(\frac{\partial G}{\partial \hat{L}_2}\right)_{\hat{L}=L}\frac{v_2}{\rho''}+\cdots+\left(\frac{\partial G}{\partial \hat{L}_8}\right)_{\hat{L}=L}\frac{v_8}{\rho''}=1 \tag{6-2-6}$$

式中，改正数 v_i 以(″)为单位。

对 G 函数式中分子、分母项求导的规律为

$$\left(\frac{\partial G}{\partial \hat{L}_1}\right)_{\hat{L}=L}=Q\cot L_1,\ \left(\frac{\partial G}{\partial \hat{L}_2}\right)_{\hat{L}=L}=-Q\cot L_2$$

代入式(6-2-6)，得

$$G=Q+\frac{Q}{\rho''}(\cot L_1v_1-\cot L_2v_2+\cot L_4v_4-\cot L_5v_5+\cot L_7v_7-\cot L_8v_8)=1$$

即

$$\cot L_1v_1-\cot L_2v_2+\cot L_4v_4-\cot L_5v_5+\cot L_7v_7-\cot L_8v_8+\left(1-\frac{1}{Q}\right)\rho''=0$$

整理后得极条件式(6-2-5)的线性化改正数条件方程为

$$\cot L_1v_1-\cot L_2v_2+\cot L_4v_4-\cot L_5v_5+\cot L_7v_7-\cot L_8v_8+w_5=0 \tag{6-2-7}$$

闭合差为

$$w_5=\left(1-\frac{1}{Q}\right)\rho''=\left(1-\frac{\sin L_2}{\sin L_1}\frac{\sin L_5}{\sin L_4}\frac{\sin L_8}{\sin L_7}\right)\rho'' \tag{6-2-8}$$

[**例 6-1**]在图 6-2 所示的测角网中，9 个等精度观测角值见表 6-1。试按条件平差求各观测角的平差值。

表 6-1 观测值和平差值

角号	观测角值 /(° ′ ″)	平差后角值 /(° ′ ″)	角号	观测角值 /(° ′ ″)	平差后角值 /(° ′ ″)
1	28 00 05.6	28 00 07.1	6	118 52 30.2	118 52 28.6
2	40 44 49.2	40 44 49.9	7	28 09 33.9	28 09 34.3
3	111 15 02.7	111 15 03.0	8	21 57 57.9	21 57 57.2
4	32 12 10.8	32 12 10.3	9	129 52 29.3	129 52 28.5
5	28 55 22.4	28 55 21.1			

解：根据题意，$n=9,t=4,r=n-t=5$，共 5 个条件方程，其中有 3 个图形条件、1 个圆周角条件和 1 个极条件。

根据图形条件列立方程为

$$v_1+v_2+v_3-2.5=0$$
$$v_4+v_5+v_6+3.4=0$$
$$v_7+v_8+v_9+1.1=0$$

根据圆周角条件列立方程为

$$v_3+v_6+v_9+2.2=0$$

根据极条件列立方程为

$$1.88v_1-1.16v_2+1.59v_4-1.81v_5+1.87v_7-2.48v_8-5.89=0$$

得条件方程为

$$\begin{bmatrix}1 & 1 & 1 & 0 & 0 & 0 & 0 & 0 & 0\\0 & 0 & 0 & 1 & 1 & 1 & 0 & 0 & 0\\0 & 0 & 0 & 0 & 0 & 0 & 1 & 1 & 1\\0 & 0 & 1 & 0 & 0 & 1 & 0 & 0 & 1\\1.88 & -1.16 & 0 & 1.59 & -1.81 & 0 & 1.87 & -2.48 & 0\end{bmatrix}\begin{bmatrix}v_1\\v_2\\\vdots\\v_9\end{bmatrix}+\begin{bmatrix}-2.5\\3.4\\1.1\\2.2\\-5.89\end{bmatrix}=\mathbf{0}$$

组成法方程为

$$\begin{bmatrix}3 & 0 & 0 & 1 & 0.72\\0 & 3 & 0 & 1 & -0.22\\0 & 0 & 3 & 1 & -0.61\\1 & 1 & 1 & 3 & 0\\0.72 & -0.22 & -0.61 & 0 & 20.33\end{bmatrix}\begin{bmatrix}k_1\\k_2\\k_3\\k_4\\k_5\end{bmatrix}+\begin{bmatrix}-2.5\\3.4\\1.1\\2.2\\-5.89\end{bmatrix}=\mathbf{0}$$

解法方程得

$$\mathbf{K}=[1.0317\ \ -0.8590\ \ -0.0609\ \ -0.7698\ \ 0.2423]^{\mathrm{T}}$$

得观测值的改正数为

$$\mathbf{V}=[1.5\ \ 0.7\ \ 0.3\ \ -0.5\ \ -1.3\ \ -1.6\ \ 0.4\ \ -0.7\ \ -0.8]^{\mathrm{T}}$$

式中,**V** 以(″)为单位。平差后角值列于表 6-1 中。

(三)大地四边形

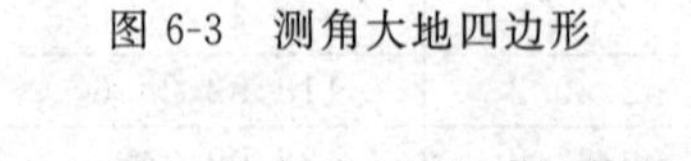

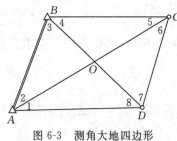

图 6-3 测角大地四边形

图 6-3 是 1 个大地四边形,有 8 个观测角值 L_1,L_2,…,L_8,2 个已知点 A、B(起算数据具备),2 个待定点 C、D,则

$$n=8,\ t=2\times2,\ r=n-t=4$$

也就是说,有 4 个条件方程,其中 3 个图形条件、1 个极条件。3 个图形条件存在于 3 个独立三角形 $\triangle ABC$、$\triangle ACD$、$\triangle ABD$ 之中。极条件只有 1 个,但有不同列法。

(1)以 O 点为极的平差值极条件为

$$\frac{OB}{OA}\frac{OC}{OB}\frac{OD}{OC}\frac{OA}{OD}=\frac{\sin\hat{L}_2}{\sin\hat{L}_3}\frac{\sin\hat{L}_4}{\sin\hat{L}_5}\frac{\sin\hat{L}_7}{\sin\hat{L}_8}\frac{\sin\hat{L}_8}{\sin\hat{L}_1}=1 \tag{6-2-9}$$

其线性化改正数条件方程的方法与中点多边形的相同,在此就不再重复。

(2)以 D 点为极的平差值极条件。有时受观测条件所限,在某些站点(设为 D 点)无法设站观测或在测站上某条视线(设为 DB)通视困难,使图 6-3 中的 L_7 和 L_8 可能没有观测或是被

合并成一个角观测，这时以 D 点为极，其平差值极条件式为

$$\frac{DB}{DA}\frac{DC}{DB}\frac{DA}{DC}=\frac{\sin(\hat{L}_1+\hat{L}_2)}{\sin\hat{L}_3}\frac{\sin\hat{L}_4}{\sin(\hat{L}_5+\hat{L}_6)}\frac{\sin\hat{L}_6}{\sin\hat{L}_1}=1 \tag{6-2-10}$$

从式(6-2-10)能见到选 D 点为极的好处：未用到 D 点观测的角度 L_7 和 L_8。式(6-2-10)的线性化改正数条件方程为

$$[\cot(L_1+L_2)-\cot L_1]v_1+\cot(L_1+L_2)\cdot v_2-\cot L_3\cdot v_3+\cot L_4\cdot v_4-$$
$$\cot(L_5+L_6)\cdot v_5+[\cot L_6-\cot(L_5+L_6)]v_6+w=0$$
$$w=\left[1-\frac{\sin L_3\sin(L_5+L_6)\sin L_1}{\sin(L_1+L_2)\sin L_4\sin L_6}\right]\rho'' \tag{6-2-11}$$

(四)混合测角网

混合测角网列条件方程的原则是以“化整为零”为指导思想，将控制网分解成各种基本图形，并将共用部分的条件方程合并。

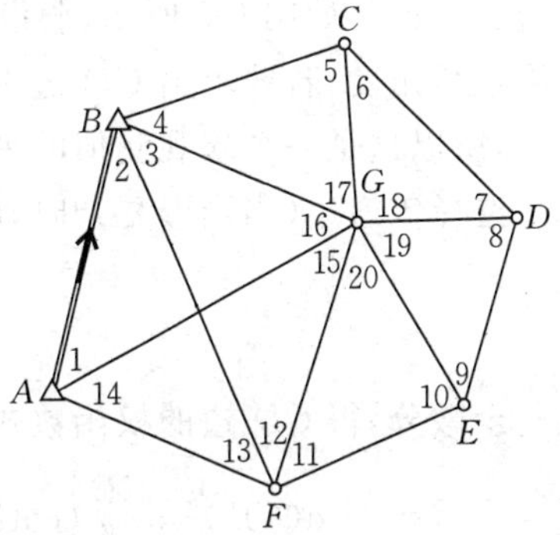

图 6-4　混合测角网

图 6-4 是个混合测角网，已知 A 点坐标及 AB 边的方位角和边长，现要求列出条件方程。

根据已知条件，相当于 A、B 两点是已知点，所以有

$$n=20,\ t=5\times2=10,\ r=n-t=10$$

1. 图形条件

大地四边形 $ABGF$ 中存在 3 个独立的图形条件，中点五边形 $BCDEF$ 中有独立的图形条件 4 个(三角形 BGF 为中点五边形 $BCDEF$ 与大地四边形 $ABGF$ 共用，其图形条件只能用一次)，因此共有图形条件 7 个。

2. 圆周角条件

存在于中点五边形 $BCDEF$ 中，有 1 个圆周角条件。

3. 极条件

中点五边形 $BCDEF$ 中有 1 个以 G 为极的极条件，大地四边形 $ABGF$ 中存在另一个极条件，因此极条件有 2 个(具体条件方程略)。

二、独立测角网的精度评定

在进行测角网平差后，一般要求了解某一条边的方位角中误差和边长的相对中误差(即这条边平差后的边长中误差与其边长之比)。如图 6-5 所示，需要知道 CD 边的方位角中误差和边长相对中误差。

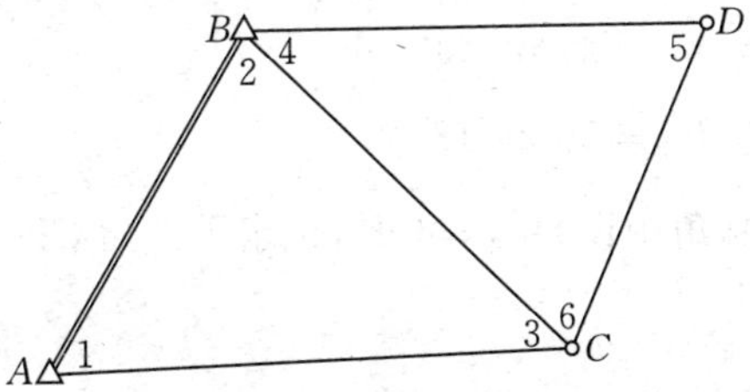

图 6-5　独立测角网

(一)求某一条待定边平差后的方位角中误差

在图 6-5 中，首先选择 CD 边方位角的推算路线 $AB\rightarrow BC\rightarrow CD$。列立函数式为

$$\alpha_{CD}=\alpha_{AB}-\hat{L}_2+\hat{L}_6-3\times180°$$

求全微分，得权函数式为

$$d\alpha_{CD}=-d\hat{L}_2+d\hat{L}_6=f_\alpha^{T}dL$$

式中，$f_\alpha=[0\ \ -1\ \ 0\ \ 0\ \ 0\ \ 1]^{T}$，$d\hat{L}=[d\hat{L}_1\ \ d\hat{L}_2\ \ d\hat{L}_3\ \ d\hat{L}_4\ \ d\hat{L}_5\ \ d\hat{L}_6]^{T}$。$CD$ 边方位角的权倒数为

$$\frac{1}{P_{\alpha_{CD}}}=\boldsymbol{f}_{\alpha}^{\mathrm{T}}\boldsymbol{Q}_{\hat{L}\hat{L}}\boldsymbol{f}_{\alpha}=\boldsymbol{f}_{\alpha}^{\mathrm{T}}\boldsymbol{Q}\boldsymbol{f}_{\alpha}-\boldsymbol{f}_{\alpha}^{\mathrm{T}}\boldsymbol{Q}\boldsymbol{A}^{\mathrm{T}}\boldsymbol{N}_{AA}^{-1}\boldsymbol{A}\boldsymbol{Q}\boldsymbol{f}_{\alpha}$$

CD 边方位角的权倒数为

$$\hat{\sigma}_{\alpha_{CD}}=\hat{\sigma}_0\sqrt{\frac{1}{P_{\alpha_{CD}}}}$$

式中,$\boldsymbol{Q}_{\hat{L}\hat{L}}$ 为平差值的协因数矩阵,$\boldsymbol{Q}$ 为观测值的协因数矩阵,$\boldsymbol{Q}=\boldsymbol{P}^{-1}$;$\boldsymbol{A}$ 和 $\boldsymbol{N}_{AA}$ 分别为条件方程及法方程的系数矩阵。

(二)求某一待定边平差后的相对误差

测角网平差后,有时会要求了解某一条边的相对中误差,即这条边平差后的边长中误差与其边长之比。如图 6-5 所示,假设要了解 CD 边平差后的相对中误差。由于测角网中的直接观测量是角度,若要求出 CD 边平差后的长度,必须从已知边长 AB 通过正弦定理将长度传递过去,所以这是一个求观测值的平差值函数精度的问题。

选择传递边(当网形复杂时,应选择最短路线):$AB\rightarrow BC\rightarrow CD$。列立函数式为

$$CD=AB\,\frac{\sin\hat{L}_1}{\sin\hat{L}_3}\,\frac{\sin\hat{L}_4}{\sin\hat{L}_5}$$

进行全微分,得 CD 边的权函数式为

$$\mathrm{d}(CD)=\frac{CD}{\rho''}(\cot L_1\mathrm{d}\hat{L}_1-\cot L_3\mathrm{d}\hat{L}_3+\cot L_4\mathrm{d}\hat{L}_4-\cot L_5\mathrm{d}\hat{L}_5)$$

令 $\mathrm{d}F=\rho''\frac{\mathrm{d}(CD)}{CD}$,则有

$$\mathrm{d}F=\rho''\frac{\mathrm{d}(CD)}{CD}=\cot L_1\mathrm{d}\hat{L}_1-\cot L_3\mathrm{d}\hat{L}_3+\cot L_4\mathrm{d}\hat{L}_4-\cot L_5\mathrm{d}\hat{L}_5=\boldsymbol{f}_S^{\mathrm{T}}\mathrm{d}\hat{\boldsymbol{L}}$$

式中,$\boldsymbol{f}_S=[\cot L_1\ \ 0\ \ -\cot L_3\ \ \cot L_4\ \ -\cot L_5\ \ 0]^{\mathrm{T}}$。可算得 F 的权倒数为

$$\frac{1}{P_F}=Q_{FF}=\boldsymbol{f}_S^{\mathrm{T}}\boldsymbol{Q}_{\hat{L}\hat{L}}\boldsymbol{f}_S=\boldsymbol{f}_S^{\mathrm{T}}\boldsymbol{Q}\boldsymbol{f}_S-\boldsymbol{f}_S^{\mathrm{T}}\boldsymbol{Q}\boldsymbol{A}^{\mathrm{T}}\boldsymbol{N}_{AA}^{-1}\boldsymbol{A}\boldsymbol{Q}\boldsymbol{f}_S$$

式中,$\boldsymbol{Q}$ 为观测值的协因数矩阵;$\boldsymbol{A}$ 和 $\boldsymbol{N}_{AA}$ 分别为条件方程及法方程的系数矩阵。

CD 边相对误差计算公式为

$$\frac{\hat{\sigma}_{CD}}{CD}=\frac{\hat{\sigma}_F}{\rho''}=\frac{\hat{\sigma}_0\sqrt{Q_{FF}}}{\rho''}$$

[例 6-2]设图 6-5 中的 6 个等精度观测值为

$$L_1=45°30'46'',\ L_2=67°22'10'',\ L_3=67°07'14''$$
$$L_4=69°03'14'',\ L_5=52°32'22'',\ L_6=58°24'18''$$

图 6-5 中 AB 为已知边长,设为无误差,经平差后求得测角中误差 $\hat{\sigma}_0=4.8''$,试求平差后 CD 边的边长相对中误差。

解:根据题意,$n=6$,$t=4$,$r=n-t=2$。

(1)列立条件方程即

$$v_1+v_2+v_3+w_a=0$$
$$v_4+v_5+v_6+w_b=0$$

(2)按题意要求列立平差值函数式，求出权函数式。由图 6-5 可知，平差后 CD 边的边长函数式为

$$CD = AB\frac{\sin\hat{L}_1\sin\hat{L}_4}{\sin\hat{L}_3\sin\hat{L}_5}$$

求其全微分，得权函数式为

$$\mathrm{d}(CD) = \frac{CD}{\rho''}(\cot L_1\mathrm{d}L_1 + \cot L_4\mathrm{d}L_4 - \cot L_3\mathrm{d}L_3 - \cot L_5\mathrm{d}L_5)$$

令

$$\begin{aligned}\mathrm{d}F &= \frac{\mathrm{d}(CD)}{CD}\rho'' = \cot L_1\mathrm{d}\hat{L}_1 + \cot L_4\mathrm{d}\hat{L}_4 - \cot L_3\mathrm{d}\hat{L}_3 - \cot L_5\mathrm{d}\hat{L}_5\\ &= 0.98\mathrm{d}\hat{L}_1 - 0.42\mathrm{d}\hat{L}_3 + 0.38\mathrm{d}\hat{L}_4 - 0.77\mathrm{d}\hat{L}_5\end{aligned}$$

于是有

$$\boldsymbol{f} = [0.98\quad 0\quad -0.42\quad 0.38\quad -0.77\quad 0]^{\mathrm{T}}$$

(3)用矩阵法求权倒数，即

$$\boldsymbol{N}_{AA} = \begin{bmatrix}1 & 1 & 1 & 0 & 0 & 0\\ 0 & 0 & 0 & 1 & 1 & 1\end{bmatrix}\begin{bmatrix}1 & & & & & \\ & 1 & & & & \\ & & 1 & & & \\ & & & 1 & & \\ & & & & 1 & \\ & & & & & 1\end{bmatrix}\begin{bmatrix}1 & 0\\ 1 & 0\\ 1 & 0\\ 0 & 1\\ 0 & 1\\ 0 & 1\end{bmatrix} = \begin{bmatrix}3 & 0\\ 0 & 3\end{bmatrix}$$

$$\boldsymbol{AP}^{-1}\boldsymbol{f} = \begin{bmatrix}1 & 1 & 1 & 0 & 0 & 0\\ 0 & 0 & 0 & 1 & 1 & 1\end{bmatrix}\begin{bmatrix}1 & & & & & \\ & 1 & & & & \\ & & 1 & & & \\ & & & 1 & & \\ & & & & 1 & \\ & & & & & 1\end{bmatrix}\begin{bmatrix}0.98\\ 0\\ -0.42\\ 0.38\\ -0.77\\ 0\end{bmatrix} = \begin{bmatrix}0.56\\ -0.39\end{bmatrix}$$

求 $\dfrac{1}{P_F}$ 有以下两种方法。

解法一：利用转换系数方程解算 $\dfrac{1}{P_F}$。根据 $\boldsymbol{N}_{AA}\boldsymbol{q} + \boldsymbol{AP}^{-1}\boldsymbol{f} = \boldsymbol{0}$，组成转换系数方程为

$$\begin{bmatrix}3 & 0\\ 0 & 3\end{bmatrix}\begin{bmatrix}q_1\\ q_2\end{bmatrix} + \begin{bmatrix}0.56\\ -0.39\end{bmatrix} = \begin{bmatrix}0\\ 0\end{bmatrix}$$

解得

$$\boldsymbol{q} = \begin{bmatrix}q_1\\ q_2\end{bmatrix} = \begin{bmatrix}-0.19\\ 0.13\end{bmatrix}$$

根据 $\dfrac{1}{P_F} = \boldsymbol{f}^{\mathrm{T}}\boldsymbol{P}^{-1}\boldsymbol{f} + (\boldsymbol{AP}^{-1}\boldsymbol{f})^{\mathrm{T}}\boldsymbol{q}$，可得

$$\frac{1}{P_F}=[0.98\quad 0\quad -0.42\quad 0.38\quad -0.77\quad 0]\begin{bmatrix}1&&&&&\\&1&&&&\\&&1&&&\\&&&1&&\\&&&&1&\\&&&&&1\end{bmatrix}\begin{bmatrix}0.98\\0\\-0.42\\0.38\\-0.77\\0\end{bmatrix}+$$

$$[0.56\quad -0.39]\begin{bmatrix}-0.19\\0.13\end{bmatrix}=1.71$$

解法二:直接用公式 $\frac{1}{P_F}=Q_{FF}=\boldsymbol{f}^{\mathrm{T}}\boldsymbol{Q}_{\hat{L}\hat{L}}\boldsymbol{f}=\boldsymbol{f}^{\mathrm{T}}\boldsymbol{P}^{-1}\boldsymbol{f}-\boldsymbol{f}^{\mathrm{T}}\boldsymbol{P}^{-1}\boldsymbol{A}^{\mathrm{T}}\boldsymbol{N}_{AA}^{-1}\boldsymbol{A}\boldsymbol{P}^{-1}\boldsymbol{f}$ 计算,结果与解法一相同(具体计算过程略)。

(4)求 CD 边的相对中误差,即

$$\hat{\sigma}_F=\hat{\sigma}_0\sqrt{\frac{1}{P_F}}=4.8\sqrt{1.71}=6.28''$$

由于

$$\mathrm{d}F=\frac{\mathrm{d}(CD)}{CD}\rho''$$

根据误差传播律得

$$\frac{\hat{\sigma}_{CD}}{CD}=\frac{\hat{\sigma}_F}{\rho''}=\frac{6.28}{206\,265}\approx\frac{1}{33\,000}$$

从计算过程看出,本题中并未告知已知边长 AB 的具体长度,但这并不妨碍计算待定边平差后的边长相对误差。

三、技能训练——独立测角网条件平差

(一)范例

[范例 6-1]图 6-6 所示为测角中点四边形,起算数据见表 6-2,观测值见表 6-3。试求各观测值的平差值,并求最弱边的相对中误差。

表 6-2 起算数据

等级	点名	坐标/m		坐标方位角 α /(° ′ ″)	至何点	边长 /m
		X	Y			
Ⅱ	A	3 553 106.74	412 513.61	15 08 44.6	B	11 532.48
Ⅱ	B	3 564 238.63	415 526.76			

表 6-3 观测数据

角号	观测角 /(° ′ ″)	角号	观测角 /(° ′ ″)	角号	观测角 /(° ′ ″)
1	58 33 13.8	5	123 26 42.3	9	56 27 54.6
2	78 55 03.3	6	31 33 40.7	10	53 31 54.4
3	42 31 42.6	7	46 41 46.9	11	80 47 54.7
4	24 59 36.3	8	76 50 19.7	12	45 40 08.9

解:根据题意,得

$$n=12,\ P=3,\ r=n-2P=12-6=6$$

(1)列立条件方程式及权函数式。其中,图形条件有4个,即

$$v_1+v_2+v_3-0.3=0$$
$$v_4+v_5+v_6-0.7=0$$
$$v_7+v_8+v_9+1.2=0$$
$$v_{10}+v_{11}+v_{12}-2.0=0$$

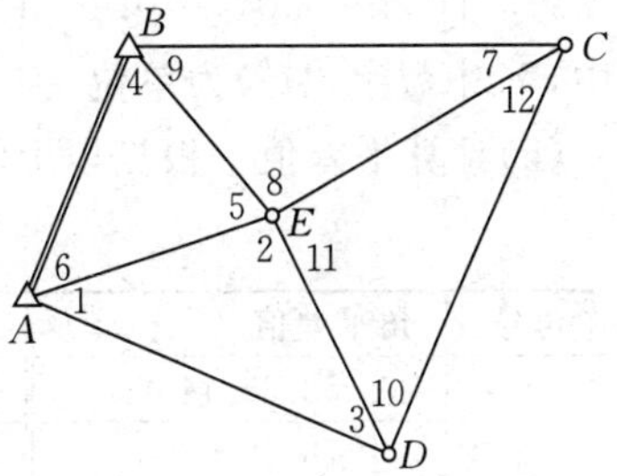

图 6-6　测角中点四边形

圆周角条件有1个,即

$$v_2+v_5+v_8+v_{11}=0$$

极条件有1个,即

$$0.61v_1-1.09v_3+2.15v_4-1.63v_6+0.94v_7-0.66v_9+0.74v_{10}-0.98v_{12}-3.77=0$$

距离起算边最远的边,因其传播误差最大,所以叫最弱边。图6-6的最弱边为CD边,其计算式为

$$\hat{S}_{CD}=S_{AB}\frac{\sin\hat{L}_6\sin\hat{L}_9\sin\hat{L}_{11}}{\sin\hat{L}_5\sin\hat{L}_7\sin\hat{L}_{10}}$$

其权函数式为

$$\mathrm{d}F=\frac{\mathrm{d}\hat{S}_{CD}}{S_{CD}}\rho''=-\cot L_5\cdot v_5+\cot L_6\cdot v_6-\cot L_7\cdot v_7+\cot L_9\cdot v_9-\cot L_{10}\cdot v_{10}+\cot L_{11}\cdot v_{11}$$

$$\boldsymbol{f}=[0\ \ 0\ \ 0\ \ 0\ \ 0.66\ \ 1.63\ \ -0.94\ \ 0\ \ 0.66\ \ -0.74\ \ 0.16\ \ 0]^{\mathrm{T}}$$

(2)定权。设为等精度观测,所以$p_i=1(i=1,2,\cdots,12)$。

(3)组成法方程并解算。由题意可知

$$\boldsymbol{A}=\begin{bmatrix}1&1&1&0&0&0&0&0&0&0&0&0\\0&0&0&1&1&1&0&0&0&0&0&0\\0&0&0&0&0&0&1&1&1&0&0&0\\0&0&0&0&0&0&0&0&0&1&1&1\\0&1&0&0&1&0&0&1&0&0&1&0\\0.61&0&-1.09&2.15&0&-1.63&0.94&0&-0.66&0.74&0&-0.98\end{bmatrix}$$

$$\boldsymbol{W}=[-0.3\ \ -0.7\ \ 1.2\ \ -2.0\ \ 0\ \ -3.77]^{\mathrm{T}}$$

组成的法方程为

$$\begin{bmatrix}3&0&0&0&1&-0.48\\0&3&0&0&1&0.52\\0&0&3&0&1&0.28\\0&0&0&3&1&-0.24\\1&1&1&1&4&0\\-0.48&0.52&0.28&-0.24&0&11.67\end{bmatrix}\begin{bmatrix}k_1\\k_2\\k_3\\k_4\\k_5\\k_6\end{bmatrix}+\begin{bmatrix}-0.3\\-0.7\\1.2\\-2.0\\0\\-3.77\end{bmatrix}=\begin{bmatrix}0\\0\\0\\0\\0\\0\end{bmatrix}$$

解得

$$k_1=0.229\,2,\ k_2=0.247\,2,\ k_3=-0.358\,4,\ k_4=0.768\,2,\ k_5=-0.221\,5,\ k_6=0.345\,9$$

(4)计算改正数。利用改正数方程可求得

$$\boldsymbol{V}=[0.4\quad 0.0\quad -0.1\quad 1.0\quad 0.0\quad -0.3\quad 0\quad -0.6\quad -0.6\quad 1.0\quad 0.6\quad 0.4]^{\mathrm{T}}$$

式中,$\boldsymbol{V}$ 中数字以(″)为单位。

(5)计算平差值。根据以上结果,求得平差值见表 6-4。

表 6-4 观测角平差值

角号	角平差值/(° ′ ″)	角号	角平差值/(° ′ ″)	角号	角平差值/(° ′ ″)
1	58 33 14.2	5	123 26 42.3	9	56 27 54.0
2	78 55 03.3	6	31 33 40.4	10	53 31 55.4
3	42 31 42.6	7	46 41 46.9	11	80 47 55.3
4	24 59 37.3	8	76 50 19.1	12	45 40 09.3

以平差值重列条件方程进行检核,经检验满足所有条件方程。

(6)计算单位权中误差,即

$$\hat{\sigma}_0=\sqrt{\frac{\boldsymbol{V}^{\mathrm{T}}\boldsymbol{PV}}{r}}=\sqrt{\frac{3.50}{6}}=0.76''$$

(7)计算最弱边 CD 的相对中误差。计算权倒数得

$$\boldsymbol{f}^{\mathrm{T}}\boldsymbol{P}^{-1}\boldsymbol{f}=4.98,\ \boldsymbol{AP}^{-1}\boldsymbol{f}=[0\quad 1.63\quad -2.8\quad -0.58\quad 0.82\quad -4.52]^{\mathrm{T}}$$

$$\frac{1}{P_F}=\boldsymbol{f}^{\mathrm{T}}\boldsymbol{P}^{-1}\boldsymbol{f}+(\boldsymbol{AP}^{-1}\boldsymbol{f})^{-1}\boldsymbol{N}_{AA}^{-1}(\boldsymbol{AP}^{-1}\boldsymbol{f})=2.15$$

计算 CD 边的相对中误差为

$$\hat{\sigma}_F=\hat{\sigma}_0\sqrt{\frac{1}{P_F}}=0.76\sqrt{2.15}=1.11''$$

$$\frac{\hat{\sigma}_{S_{CD}}}{S_{CD}}=\frac{\hat{\sigma}_F}{\rho''}=\frac{1.11}{206\,265}\approx\frac{1}{185\,000}$$

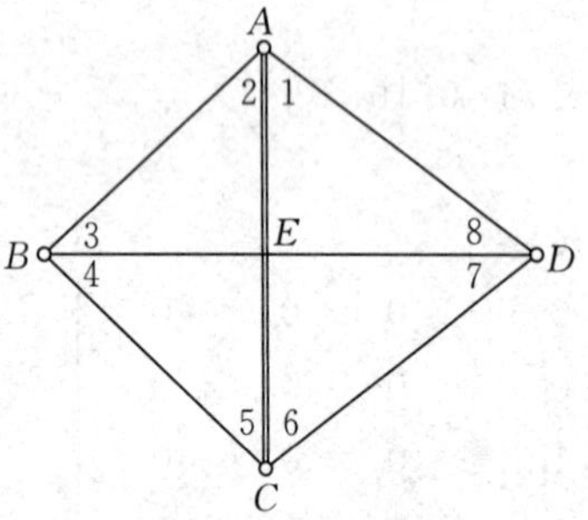

图 6-7 测角大地四边形

(二)实训

[实训 6-1]设有大地四边形,如图 6-7 所示,等精度观测值见表 6-5。试用条件平差法求:

(1)各观测角度的最或然值。

(2)由 AC 边推算 BD 边最或然值的相对中误差。

表 6-5 观测数据

角号	观测值/(° ′ ″)	角号	观测值/(° ′ ″)
1	65 52 35.03	5	69 45 14.74
2	63 14 25.02	6	61 40 57.38
3	23 28 50.06	7	25 02 19.23
4	23 31 29.31	8	27 24 08.77

任务 6-3 独立测边网条件平差

单纯观测边长的三角网称为测边网。测边网的必要起算数据是 1 个点的坐标和 1 条边的方位角。仅具有必要起算数据的测边网称为独立网,具有多余起算数据的测边网称为附合网。

这里只讨论独立测边网的条件平差。

一、独立测边网的条件方程

与测角网一样，测边网也可分解为单三角形、大地四边形和中点多边形三种基本图形。对于测边三角形，决定其形状和大小的必要观测为 3 条边长，即 $t=3$，此时 $r=n-t=3-3=0$，说明测边三角形不存在条件方程。对于大地四边形，要确定第 1 个三角形，必须观测其中 3 条边长，确定第 2 个三角形只需再增加 2 条边长，所以确定 1 个四边形的图形，必须观测 5 条边长，即 $t=5$，所以 $r=n-t=6-5=1$，存在 1 个条件方程。对于中点多边形，如中点五边形，它由 4 个独立三角形组成，此时 $t=3+2\times3=9$，故有 $r=n-t=10-9=1$。因此，测边网中的中点多边形与大地四边形个数之和，即为该网条件方程的总数，这类条件称为图形条件。

测边网图形条件一般按角度闭合法列出。其基本思想是：利用观测边长求出网中的内角，列出角度间应满足的条件，然后以边长改正数代换角度改正数，得到以边长改正数表示的图形条件。下面导出按角度闭合法组成测边网条件方程的方法。

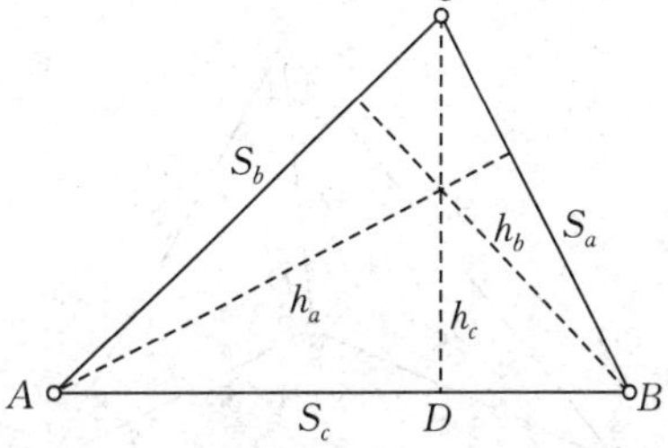

图 6-8　三角形边长与高的示意

（一）角度改正数与边长观测值改正数的关系式

在图 6-8 所示的测边网中，由余弦定理可知

$$S_c^2=S_a^2+S_b^2-2S_aS_b\cos C$$

求全微分得

$$2S_c\mathrm{d}S_c=(2S_a-2S_b\cos C)\mathrm{d}S_a+(2S_b-2S_a\cos C)\mathrm{d}S_b+2S_aS_b\sin C\mathrm{d}C$$

$$\mathrm{d}C=\frac{1}{S_aS_b\sin C}\left[S_c\mathrm{d}S_c-(S_a-S_b\cos C)\mathrm{d}S_a-(S_b-S_a\cos C)\mathrm{d}S_b\right] \tag{6-3-1}$$

由图 6-8 可知

$$S_aS_b\sin C=S_ch_c=2\text{倍三角形面积}$$

$$S_a-S_b\cos C=S_c\cos B$$

$$S_b-S_a\cos C=S_c\cos A$$

故有

$$\mathrm{d}C=\frac{1}{h_c}(\mathrm{d}S_c-\cos B\mathrm{d}S_a-\cos A\mathrm{d}S_b)$$

将上式中的微分换成相应的改正数，同时考虑式中 $\mathrm{d}A$ 的单位是弧度，而角度改正数的单位是（″），则有

$$v''_c=\frac{\rho''}{h_c}(v_{S_c}-\cos Bv_{S_a}-\cos Av_{S_b}) \tag{6-3-2}$$

把边长改正数变成以（″）为单位，则有

$$v''_S=\frac{v_S}{S}\rho''\rightarrow v_S=\frac{Sv''_S}{\rho''}$$

$$v''_c=\frac{S_c}{h_c}v''_{S_c}-\frac{S_a}{h_c}\cos Bv''_{S_a}-\frac{S_a}{h_c}\cos Av''_{S_b}$$

式中

$$\frac{S_c}{h_c}=\frac{1}{h_c}(\overline{AD}+\overline{DB})=\frac{\overline{AD}}{h_c}+\frac{\overline{DB}}{h_c}=\cot A+\cot B$$

$$\frac{S_a}{h_c}\cos B=\cot B$$

$$\frac{S_a}{h_c}\cos A=\cot A$$

故

$$v''_c=(\cot A+\cot B)v''_{S_c}-\cot A v''_{S_b}-\cot B v''_{S_a} \tag{6-3-3}$$

式(6-3-3)即角度改正数与3个边长改正数之间的关系式,称该式为角度改正数方程。其规律极为明显,即某角(如$\angle C$)的改正数等于其对边(如S_c边)改正数乘以2个邻角余切之和,减去某角(如$\angle C$)2条邻边的改正数与各自相应邻角(除$\angle C$外)余切的乘积。

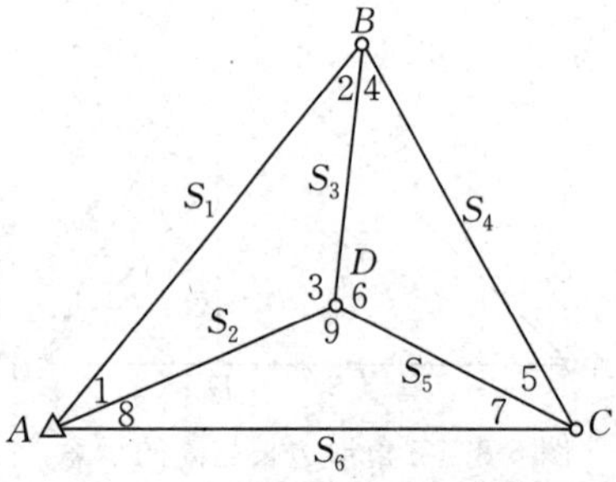

图6-9 测边中点三边形

(二)以角度闭合法列立条件方程

1. 中点多边形

测边中点多边形的多余观测数$r=1$,有1个条件方程,一般选择中点按圆周角列立角度闭合条件方程。图6-9所示为1个中点三边形,由观测边长$S_i(i=1,2,3,\cdots,6)$可算出角值$\beta_j(j=1,2,3)$。此时,按圆周角列出平差值条件方程为

$$\hat{\beta}_3+\hat{\beta}_6+\hat{\beta}_9-360^\circ=0$$

以角度改正数表示的圆周角条件方程式为

$$\left.\begin{aligned}&v_{\beta_3}+v_{\beta_6}+v_{\beta_9}+w_{中}=0\\&w_{中}=\beta_3+\beta_6+\beta_9-360^\circ\end{aligned}\right\} \tag{6-3-4}$$

参考式(6-3-3),有

$$\left.\begin{aligned}v''_{\beta_3}&=(\cot\beta_1+\cot\beta_2)v''_{S_1}-\cot\beta_1\cdot v''_{S_2}-\cot\beta_2\cdot v''_{S_3}\\v''_{\beta_6}&=(\cot\beta_4+\cot\beta_5)v''_{S_4}-\cot\beta_4\cdot v''_{S_3}-\cot\beta_5\cdot v''_{S_5}\\v''_{\beta_9}&=(\cot\beta_7+\cot\beta_8)v''_{S_6}-\cot\beta_7\cdot v''_{S_5}-\cot\beta_8\cdot v''_{S_2}\end{aligned}\right\} \tag{6-3-5}$$

代入式(6-3-4),得

$$\begin{aligned}&(\cot\beta_1+\cot\beta_2)v''_{S_1}+(\cot\beta_4+\cot\beta_5)v''_{S_4}+(\cot\beta_7+\cot\beta_8)v''_{S_6}-\\&(\cot\beta_1+\cot\beta_8)v''_{S_2}-(\cot\beta_2+\cot\beta_4)v''_{S_3}-(\cot\beta_5+\cot\beta_7)v''_{S_5}+w_{中}=0\end{aligned} \tag{6-3-6}$$

式(6-3-6)即按角度闭合法列立的中点三边形的边长条件方程式。

2. 大地四边形

在图6-10所示的大地四边形中选择A点为极点,列立角度闭合条件方程为

$$\left.\begin{aligned}&v_{\beta_1}+v_{\beta_8}-v_{\beta_9}+w_{大}=0\\&w_{大}=\beta_1+\beta_8-\beta_9\end{aligned}\right\} \tag{6-3-7}$$

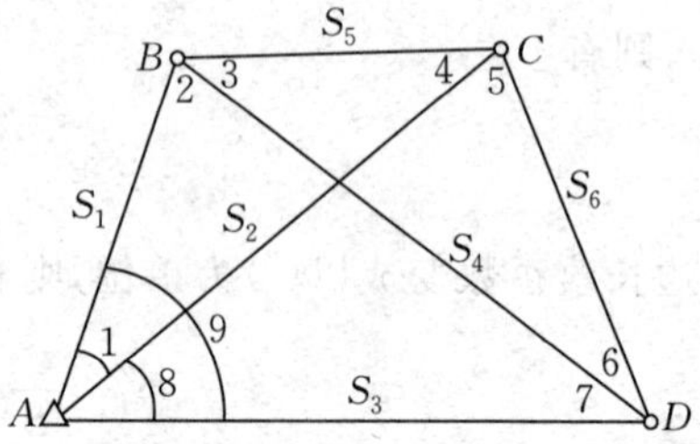

图6-10 测边大地四边形

参考式(6-3-3),有

$$
\left.\begin{aligned}
v''_{\beta_1}&=(\cot\beta_{2+3}+\cot\beta_4)v''_{S_5}-\cot\beta_{2+3}\cdot v''_{S_1}-\cot\beta_4\cdot v''_{S_2}\\
v''_{\beta_8}&=(\cot\beta_5+\cot\beta_{6+7})v''_{S_6}-\cot\beta_5\cdot v''_{S_2}-\cot\beta_{6+7}\cdot v''_{S_3}\\
v''_{\beta_9}&=(\cot\beta_2+\cot\beta_7)v''_{S_4}-\cot\beta_2\cdot v''_{S_1}-\cot\beta_7\cdot v''_{S_3}
\end{aligned}\right\}\tag{6-3-8}
$$

代入式(6-3-7)，得

$$
\begin{aligned}
&(\cot\beta_{2+3}+\cot\beta_4)v''_{S_5}+(\cot\beta_5+\cot\beta_{6+7})v''_{S_6}-(\cot\beta_2+\cot\beta_7)v''_{S_4}-\\
&(\cot\beta_{2+3}-\cot\beta_2)v''_{S_1}-(\cot\beta_4+\cot\beta_5)v''_{S_2}-(\cot\beta_{6+7}-\cot\beta_7)v''_{S_3}+w_{大}=0
\end{aligned}\tag{6-3-9}
$$

式(6-3-9)即为测边大地四边形的边长条件方程式。现对测边网按角度闭合法列立条件方程的规律总结如下：

(1)为了说明测边网条件式的组成规律，约定参与组成条件式的角称为“参与角”，其余的角称为“连接角”，参与角的对边称为“间隔边”，连接角所对的边称为“连接边”。条件式中负角(即角度前面的运算符号为减号“－”)所在的三角形称为“负三角形”。

(2)各边长改正数的系数均为该边的相邻角的余切之和，间隔边改正数的系数取“＋”号，连接边改正数的系数取“－”号。如果角度位于负三角形，则其余切值反号。

(3)利用余切公式计算角度近似值。

二、技能训练——独立测边网条件平差

(一)范例

[**范例 6-2**]图 6-11 所示为中点五边形测边网，网中 A 为已知坐标点，AB 边的方位角 $\alpha_{AB}=180°19'15.31''$，为已知方位角。网中共观测了 10 条边，观测值见表 6-6。已知点坐标为 $x_A=3\ 534\ 631.93$ m、$y_A=40\ 412\ 717.23$ m。试按条件平差法求各边长平差值及 S_8 平差后的边长中误差及相对中误差。

解：(1)确定条件个数。该测边网为中点多边形，故其 $r=1$，即本题有 1 个图形条件。

(2)按余弦公式计算网中各内角近似值。如图 6-12 所示，有

$$\angle A=\arccos\left(\frac{S_b^2+S_c^2-S_a^2}{2S_bS_c}\right)$$

$$\angle B=\arccos\left(\frac{S_a^2+S_c^2-S_b^2}{2S_aS_c}\right)$$

$$\angle C=\arccos\left(\frac{S_a^2+S_b^2-S_c^2}{2S_aS_b}\right)$$

其计算结果列于表 6-6 中，计算结果使每个三角形内角和都等于 180°，故说明计算无误。

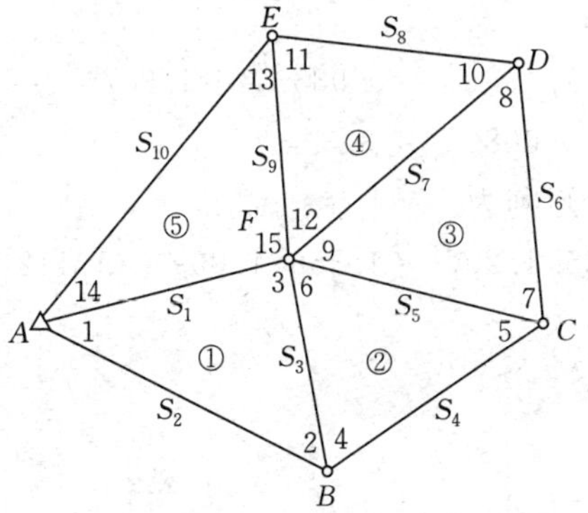

图 6-11　测边中点五边形

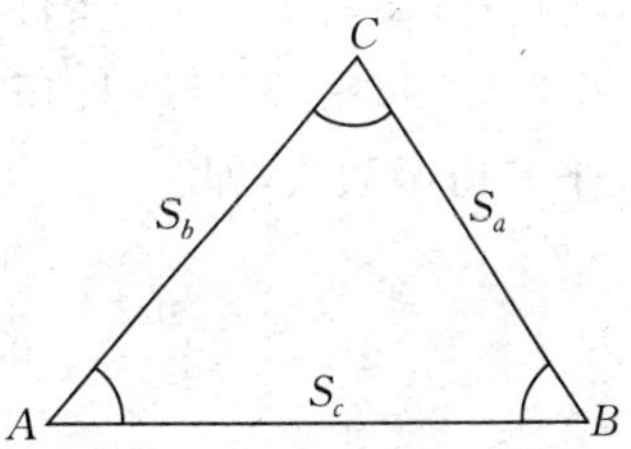

图 6-12　三角形边长观测值编号示意

(3)列立条件方程式。以角度闭合法列立条件方程式为

$$
\begin{aligned}
&(\cot\beta_1+\cot\beta_2)v''_{S_2}+(\cot\beta_4+\cot\beta_5)v''_{S_4}+(\cot\beta_7+\cot\beta_8)v''_{S_6}+\\
&(\cot\beta_{10}+\cot\beta_{11})v''_{S_8}+(\cot\beta_{13}+\cot\beta_{14})v''_{S_{10}}-\\
&(\cot\beta_1+\cot\beta_{14})v''_{S_1}-(\cot\beta_2+\cot\beta_4)v''_{S_3}-(\cot\beta_5+\cot\beta_7)v''_{S_5}-\\
&(\cot\beta_8+\cot\beta_{10})v''_{S_7}-(\cot\beta_{11}+\cot\beta_{13})v''_{S_9}+w_{中}=0
\end{aligned}
$$

计算条件方程式系数,其结果列于表 6-6 中,同时计算闭合差为

$$w=\beta_3+\beta_6+\beta_9+\beta_{12}+\beta_{15}-360°=3.3''$$

表 6-6　边长观测值及条件平差计算数据

三角形编号	点名	边号	边长观测值/m	角号	角度近似值/(° ′ ″)	条件式系数	边长改正数 v_S/(″)	边长改正数 v_S/cm	边长平差值/m
①	A	S_3	1 244.456	1	31 14 27.9				
	F	S_2	2 099.269	3	118 58 03.9	3.395	−0.34	−0.35	2 099.265
	B	S_1	1 192.148	2	29 47 28.2	−2.073	0.21	0.12	1 192.149
				内角和	180 00 00.0				
②	B	S_5	1 054.540	4	47 51 36.8				
	F	S_4	1 345.386	6	71 05 19.3	1.458	−0.15	−0.10	1 345.385
	C	S_3	1 244.456	5	61 03 03.9	−2.652	0.27	0.16	1 244.458
				内角和	180 00 00.0				
③	C	S_7	1 278.241	7	69 08 01.7				
	F	S_6	1 189.819	9	60 25 57.8	1.207	−0.12	−0.07	1 189.818
	D	S_5	1 054.540	8	50 26 00.5	−0.934	0.09	0.05	1 054.540
				内角和	180 00 00.0				
④	D	S_9	1 271.190	10	61 34 45.1				
	F	S_8	1 201.784	12	56 14 55.3	1.069	−0.11	−0.06	1 201.783
	E	S_7	1 278.241	11	62 10 19.6	−1.368	0.14	0.09	1 278.242
				内角和	180 00 00.0				
⑤	E	S_1	1 192.148	13	59 42 25.8				
	F	S_{10}	1 106.452	15	53 15 47.0	1.008	−0.10	−0.05	1 106.451
	A	S_9	1 271.190	14	67 01 47.2	−1.112	0.11	0.07	1 271.191
				内角和	180 00 00.0				

故条件方程为

$$
\begin{aligned}
&-2.073v''_{S_1}+3.395v''_{S_2}-2.652v''_{S_3}+1.458v''_{S_4}-0.935v''_{S_5}+1.207v''_{S_6}-\\
&1.368v''_{S_7}+1.069v''_{S_8}-1.112v''_{S_9}+1.008v''_{S_{10}}+3.3=0
\end{aligned}
$$

式中,v''_{S_i} 精度相等,设其权为 1。条件方程系数矩阵为

$$\boldsymbol{A}=[-2.073\ \ 3.395\ \ -2.652\ \ 1.458\ \ -0.935\ \ 1.207\ \ -1.368\ \ 1.069\ \ -1.112\ \ 1.008]$$

(4)列出平差值函数式,即

$$F=\hat{S}_8$$

其权函数式为

$$\mathrm{d}F=v_{S_8}=\frac{S_8}{\rho''}v''_{S_8}=0.005\,83v''_{S_8}$$

式中，dF 以 cm 为单位，则

$$dF=\frac{10^2 S_8}{\rho''}v''_{S_8}=0.583v''_{S_8}$$

由此得 $f_8=0.583$，其余 $f_i=0$，即 $\boldsymbol{f}=[0\ 0\ 0\ 0\ 0\ 0\ 0\ 0.583\ 0\ 0]^{\mathrm{T}}$。

(5)组成法方程。根据条件方程组成的法方程为

$$32.578k+3.3=0$$

解得

$$k=-0.1013$$

(6)计算改正数。按 $v''_{S_i}=a_ik$、$v_{S_i}=\frac{10^2 S_i}{\rho''}v''_{S_i}$ 计算各边改正数 v''_{S_i}、v_{S_i}（以 cm 为单位）。其结果列于表 6-6 中。

(7)计算观测值平差值。边长平差值计算式为 $\hat{S}_i=S_i+v_{S_i}$，其计算结果列于表 6-6 中。

(8)计算坐标平差值(略)。

(9)评定精度。单位权中误差为

$$\sigma_0=\sqrt{\frac{[v''_S v''_S]}{r}}=\sqrt{\frac{0.3337}{1}}=0.58('')$$

计算权倒数及中误差得

$$\boldsymbol{f}^{\mathrm{T}}\boldsymbol{P}^{-1}\boldsymbol{f}=[0\ 0\ 0\ 0\ 0\ 0\ 0\ 0.583\ 0\ 0]\begin{bmatrix}1&0&0&0&0&0&0&0&0&0\\0&1&0&0&0&0&0&0&0&0\\0&0&1&0&0&0&0&0&0&0\\0&0&0&1&0&0&0&0&0&0\\0&0&0&0&1&0&0&0&0&0\\0&0&0&0&0&1&0&0&0&0\\0&0&0&0&0&0&1&0&0&0\\0&0&0&0&0&0&0&1&0&0\\0&0&0&0&0&0&0&0&1&0\\0&0&0&0&0&0&0&0&0&1\end{bmatrix}\begin{bmatrix}0\\0\\0\\0\\0\\0\\0\\0.583\\0\\0\end{bmatrix}=0.583^2=0.3399$$

同理

$$\boldsymbol{AP}^{-1}\boldsymbol{f}=1.069\times0.583=0.6232,\ \boldsymbol{N}_{AA}^{-1}=1/32.578=0.031$$

$$\frac{1}{P_F}=\boldsymbol{f}^{\mathrm{T}}\boldsymbol{p}^{-1}\boldsymbol{f}-\boldsymbol{f}^{\mathrm{T}}\boldsymbol{P}^{-1}\boldsymbol{A}^{\mathrm{T}}\boldsymbol{N}_{AA}^{-1}\boldsymbol{AP}^{-1}\boldsymbol{f}=0.3279$$

$$\hat{\sigma}_{S_8}=\hat{\sigma}_0\sqrt{\frac{1}{P_F}}=0.33\ \text{cm}$$

边长相对中误差为

$$\frac{\hat{\sigma}_{S_8}}{\hat{S}_8}=\frac{0.33}{1201.783\times100}=\frac{1}{364176}$$

(二)实训

[实训 6-2]某公路桥施工控制网布设的是测边大地四边形，如图 6-13 所示，各边的观测值见表 6-7。试按条件平差法计算该控制网边长观测值的平差值，以及桥轴线 AB 的相对中误差(提示：角度近似值已算出并列于表 6-7 中)。

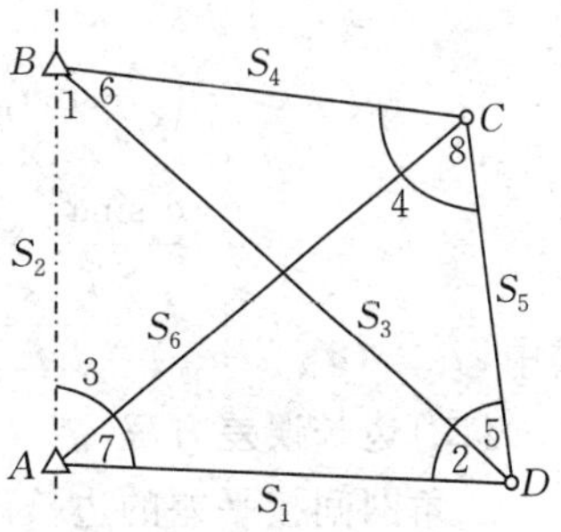

图 6-13　测边大地四边形

表 6-7 边长观测及平差数据

点名	边号	边长观测值 /m	角号	角度近似值 /(° ′ ″)	条件式系数	边长改正数		边长平差值 /m
						v''_S /(″)	v_S /cm	
B D A	S_1	917.428	1	41 11 31.6				
	S_2	1 168.033	2	56 58 49.9				
	S_3	1 378.880	3	81 49 38.5				
			内角和	180 00 00.0				
C D B	S_3	1 378.880	4	94 48 01.4				
	S_4	912.632	5	41 15 54.1				
	S_5	960.085	6	43 56 04.5				
			内角和	180 00 00.0				
A C D	S_5	960.085	7	42 00 26.7				
	S_1	917.428	8	39 45 14.4				
	S_6	1 419.813	9	98 14 18.9				
			内角和	180 00 00.0				

任务 6-4 三角网间接平差

三角网包括测角网、测边网及边角网。测角网的观测量为三角形内角,测边网的观测量为三角形的边长,边角网的观测量兼有角度和边长。三角网间接平差的基本原理和方法与导线网相同。

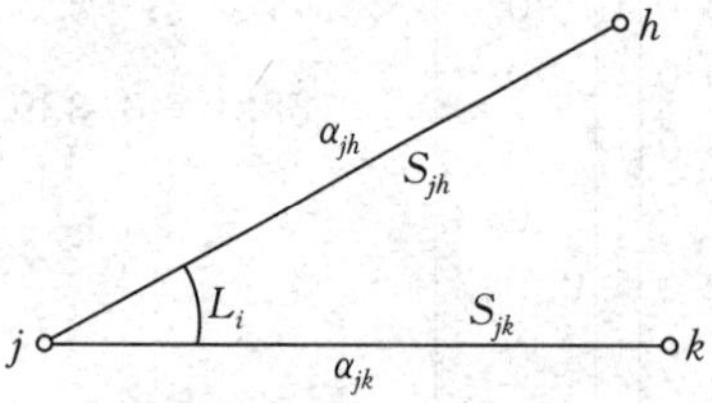

图 6-14 边角观测示意

一、三角网的误差方程

对三角网进行间接平差时,角度误差方程及边长误差方程与导线网相同。其中,测角网只有角度误差方程,测边网只有边长误差方程。

(一)角度误差方程

如图 6-14 所示,三角网间接平差的角度误差方程为

$$v_i=\left[\frac{\rho''\Delta y^0_{jk}}{(S^0_{jk})^2}-\frac{\rho''\Delta y^0_{jh}}{(S^0_{jh})^2}\right]\delta_{x_j}-\left[\frac{\rho''\Delta x^0_{jk}}{(S^0_{jk})^2}-\frac{\rho''\Delta x^0_{jh}}{(S^0_{jh})^2}\right]\delta_{y_j}-\frac{\rho''\Delta y^0_{jk}}{(S^0_{jk})^2}\delta_{x_k}+\frac{\rho''\Delta x^0_{jk}}{(S^0_{jk})^2}\delta_{y_k}+\frac{\rho''\Delta y^0_{jh}}{(S^0_{jh})^2}\delta_{x_h}-\frac{\rho''\Delta x^0_{jh}}{(S^0_{jh})^2}\delta_{y_h}+l_i$$

或

$$v_i=\left(\frac{\rho''}{S^0_{jk}}\sin\alpha^0_{jk}-\frac{\rho''}{S^0_{jh}}\sin\alpha^0_{jh}\right)\delta_{x_j}-\left(\frac{\rho''}{S^0_{jk}}\cos\alpha^0_{jk}-\frac{\rho''}{S^0_{jk}}\cos\alpha^0_{jh}\right)\delta_{y_j}-\frac{\rho''\sin\alpha^0_{jk}}{S^0_{jk}}\delta_{x_k}+\frac{\rho''\cos\alpha^0_{jk}}{S^0_{jk}}\delta_{y_k}+\frac{\rho''\sin\alpha^0_{jh}}{S^0_{jh}}\delta_{x_h}-\frac{\rho''\cos\alpha^0_{jh}}{S^0_{jh}}\delta_{y_h}+l_i$$

式中,$l_i=(\alpha^0_{jk}-\alpha^0_{jh})-L_i$。

(二)边长误差方程

三角网间接平差的边长误差方程为

$$v_i=-\frac{\Delta x_{jk}^0}{S_{jk}^0}\delta_{x_j}-\frac{\Delta y_{jk}^0}{S_{jk}^0}\delta_{y_j}+\frac{\Delta x_{jk}^0}{S_{jk}^0}\delta_{x_k}+\frac{\Delta y_{jk}^0}{S_{jk}^0}\delta_{y_k}+l_i$$

或

$$v_i=-\cos\alpha_{jk}^0\delta_{x_j}-\sin\alpha_{jk}^0\delta_{y_j}+\cos\alpha_{jk}^0\delta_{x_k}+\sin\alpha_{jk}^0\delta_{y_k}+l_i$$

式中，$l_i=S_{jk}^0-S_i$。

二、三角网间接平差的基本步骤

三角网间接平差的基本步骤参见导线网间接平差的基本步骤，此处不再赘述。

三、技能训练——边角网间接平差

（一）范例

［**范例 6-3**］图 6-15 所示为边角网，网中 A、B、C 是已知点，P 是待定点。等精度观测了三角形的 6 个内角；测量了 S_1、S_2、S_3 这 3 条边长。已知点数据见表 6-8，观测值及中误差见表 6-9。现按间接平差法求待定点 P 的坐标、坐标中误差及点位中误差。

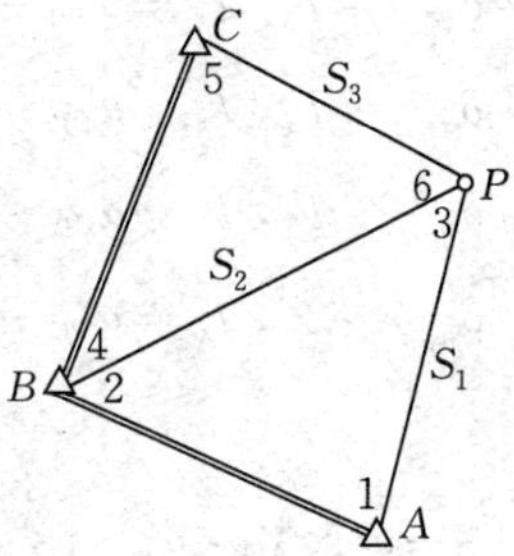

图 6-15　边角网

表 6-8　已知数据

点名	坐标/m		边长 S/m	坐标方位角 α /(° ′ ″)
	x	y		
A	3 143.237	5 260.334	1 484.781	350 54 27.0
B	4 609.361	5 025.696	3 048.650	
C	7 657.661	5 071.897		

表 6-9　观测数据及中误差

角号	角度观测值 /(° ′ ″)	角度中误差 /(″)	边号	边长观测值 /m	边长中误差 /cm
1	40 05 44.8	2.5	S_1	2 185.070	3.3
2	93 10 43.1	2.5	S_2	1 522.853	2.3
3	42 43 27.2	2.5	S_3	3 082.621	4.6
4	76 51 40.7	2.5			
5	28 45 20.9	2.5			
6	74 22 55.1	2.5			

解：

(1)计算相关近似值。在三角形 BAP 中，按余切公式计算待定点 P 的近似坐标为

$$x_P^0=4\,933.013\text{ m},\ y_P^0=6\,513.702\text{ m}$$

由已知点坐标和待定点近似坐标计算近似坐标增量,再由近似坐标增量计算近似坐标方位角和 S_1、S_2、S_3 的边长近似值。计算结果列于表 6-10 中。

表 6-10 近似坐标增量、近似边长及近似坐标方位角的计算

方向	近似坐标增量/m		近似边长 S^0 /m	近似坐标方位角 α^0 /(° ′ ″)
	Δx	Δy		
PA	−1 789.776	−125.368	2 185.001	215 00 11.86
PB	−323.652	−1 488.006	1 522.798	257 43 43.99
PC	2 724.648	−1 441.805	3 082.614	332 06 48.60

(2)列立误差方程。误差方程矩阵表达式为

$$\boldsymbol{V}=\boldsymbol{B}\boldsymbol{\delta}_{\boldsymbol{X}}+\boldsymbol{l}$$

其中,角度误差方程为

$$v_1=\delta_{\alpha_{AP}}-\delta_{\alpha_{AB}}+l_1,\ l_1=\alpha_{AP}^0-\alpha_{AB}-L_1$$

$$v_2=\delta_{\alpha_{BA}}-\delta_{\alpha_{BP}}+l_2,\ l_2=\alpha_{BA}-\alpha_{BP}^0-L_2$$

$$v_3=\delta_{\alpha_{PB}}-\delta_{\alpha_{PA}}+l_3,\ l_3=\alpha_{PB}^0-\alpha_{PA}^0-L_3$$

$$v_4=\delta_{\alpha_{BP}}-\delta_{\alpha_{BC}}+l_4,\ l_4=\alpha_{BP}^0-\alpha_{BC}-L_4$$

$$v_5=\delta_{\alpha_{CB}}-\delta_{\alpha_{CP}}+l_5,\ l_5=\alpha_{CB}-\alpha_{CP}^0-L_5$$

$$v_6=\delta_{\alpha_{PC}}-\delta_{\alpha_{PB}}+l_6,\ l_6=\alpha_{PC}^0-\alpha_{PB}^0-L_6$$

即

$$v_1=-\frac{\rho''}{10^2S_{AP}^0}\sin\alpha_{AP}^0\cdot\delta_{x_P}+\frac{\rho''}{10^2S_{AP}^0}\cos\alpha_{AP}^0\cdot\delta_{y_P}+l_1$$

$$v_2=\frac{\rho''}{10^2S_{BP}^0}\sin\alpha_{BP}^0\cdot\delta_{x_P}-\frac{\rho''}{10^2S_{BP}^0}\cos\alpha_{BP}^0\cdot\delta_{y_P}+l_2$$

$$v_3=\left(\frac{\rho''}{10^2S_{PB}^0}\sin\alpha_{PB}^0-\frac{\rho''}{10^2S_{PA}^0}\sin\alpha_{PA}^0\right)\delta_{x_P}-\left(\frac{\rho''}{10^2S_{PB}^0}\cos\alpha_{PB}^0-\frac{\rho''}{10^2S_{PA}^0}\cos\alpha_{PA}^0\right)\delta_{y_P}+l_3$$

$$v_4=-\frac{\rho''}{10^2S_{BP}^0}\sin\alpha_{BP}^0\cdot\delta_{x_P}+\frac{\rho''}{10^2S_{BP}^0}\cos\alpha_{BP}^0\cdot\delta_{y_P}+l_4$$

$$v_5=\frac{\rho''}{10^2S_{CP}^0}\sin\alpha_{CP}^0\cdot\delta_{x_P}-\frac{\rho''}{10^2S_{CP}^0}\cos\alpha_{CP}^0\cdot\delta_{y_P}+l_5$$

$$v_6=\left(\frac{\rho''}{10^2S_{PC}^0}\sin\alpha_{PC}^0-\frac{\rho''}{10^2S_{PB}^0}\sin\alpha_{PB}^0\right)\delta_{x_P}-\left(\frac{\rho''}{10^2S_{PC}^0}\cos\alpha_{PC}^0-\frac{\rho''}{10^2S_{PB}^0}\cos\alpha_{PB}^0\right)\delta_{y_P}+l_6$$

边长误差方程为

$$v_{S_1}=-\cos\alpha_{PA}^0\cdot\delta x_P-\sin\alpha_{PA}^0\cdot\delta y_P+l_{S_1},l_{S_1}=S_{PA}^0-S_1$$

$$v_{S_2}=-\cos\alpha_{PB}^0\cdot\delta x_P-\sin\alpha_{PB}^0\cdot\delta y_P+l_{S_2},l_{S_2}=S_{PB}^0-S_2$$

$$v_{S_3}=-\cos\alpha_{PC}^0\cdot\delta x_P-\sin\alpha_{PC}^0\cdot\delta y_P+l_{S_3},l_{S_3}=S_{PB}^0-S_3$$

以上条件方程式中,v_i 的单位为(″),v_{S_i}、δ_{x_P}、δ_{y_P} 的单位为 cm。计算得误差方程的系数和常数项为

$$
\boldsymbol{B}=\begin{bmatrix} -0.542 & 0.773 \\ 1.324 & -0.288 \\ -0.782 & -0.485 \\ -1.324 & 0.288 \\ 0.313 & 0.591 \\ 1.011 & -0.879 \\ 0.819 & 0.574 \\ 0.213 & 0.977 \\ -0.884 & 0.468 \end{bmatrix},\ \boldsymbol{l}=\begin{bmatrix} 0.06'' \\ -0.09'' \\ 4.93'' \\ -2.71'' \\ -3.50'' \\ 9.51'' \\ -6.90\ \text{cm} \\ -5.50\ \text{cm} \\ -0.70\ \text{cm} \end{bmatrix}
$$

(3)观测值权的确定。已知 $\sigma_\beta=2.5''$，设 $\sigma_0=\sigma_\beta$，则

$$
p_\beta=\frac{\sigma_0^2}{\sigma_\beta^2}=1,\ p_S=\frac{\sigma_0^2}{\sigma_S^2}=\frac{2.5^2}{\sigma_S^2}('')^2/\text{cm}^2
$$

由此得各观测值的权，即权矩阵为

$$
\boldsymbol{P}=\begin{bmatrix} 1 & 0 & 0 & 0 & 0 & 0 & 0 & 0 & 0 \\ 0 & 1 & 0 & 0 & 0 & 0 & 0 & 0 & 0 \\ 0 & 0 & 1 & 0 & 0 & 0 & 0 & 0 & 0 \\ 0 & 0 & 0 & 1 & 0 & 0 & 0 & 0 & 0 \\ 0 & 0 & 0 & 0 & 1 & 0 & 0 & 0 & 0 \\ 0 & 0 & 0 & 0 & 0 & 1 & 0 & 0 & 0 \\ 0 & 0 & 0 & 0 & 0 & 0 & 0.6 & 0 & 0 \\ 0 & 0 & 0 & 0 & 0 & 0 & 0 & 1.2 & 0 \\ 0 & 0 & 0 & 0 & 0 & 0 & 0 & 0 & 0.3 \end{bmatrix}
$$

(4)法方程的组成与解算。法方程矩阵表达式为

$$
\boldsymbol{B}^{\mathrm{T}}\boldsymbol{P}\boldsymbol{B}\boldsymbol{\delta}_X+\boldsymbol{B}^{\mathrm{T}}\boldsymbol{P}\boldsymbol{l}=\boldsymbol{0}
$$

代入数据得

$$
\begin{bmatrix} 6.222 & -1.098 \\ -1.098 & 3.490 \end{bmatrix}\begin{bmatrix} \delta_{x_P} \\ \delta_{y_P} \end{bmatrix}+\begin{bmatrix} 3.490 \\ -22.445 \end{bmatrix}=\boldsymbol{0}
$$

解算法方程得

$$
\delta_{x_P}=0.5944\ \text{cm},\ \delta_{y_P}=6.5454\ \text{cm}
$$

(5)坐标平差值的计算。将解出的待定点近似坐标改正数与近似坐标相加，得待定点坐标平差值为

$$
x_P=x_P^0+\delta_{x_P}=4\,933.013+0.006=4\,933.019(\text{m})
$$

$$
y_P=y_P^0+\delta_{y_P}=6\,513.702+0.065=6\,513.767(\text{m})
$$

(6)精度评定。单位权中误差就是测角中误差，即

$$
\boldsymbol{V}^{\mathrm{T}}\boldsymbol{P}\boldsymbol{V}=\boldsymbol{l}^{\mathrm{T}}\boldsymbol{P}\boldsymbol{l}+(\boldsymbol{B}^{\mathrm{T}}\boldsymbol{P}\boldsymbol{l})^{\mathrm{T}}\boldsymbol{\delta}_X=54.5339
$$

$$
\hat{\sigma}=\sqrt{\frac{\boldsymbol{V}^{\mathrm{T}}\boldsymbol{P}\boldsymbol{V}}{n-t}}=\sqrt{\frac{54.5339}{9-2}}=2.79''
$$

计算待定点 P 坐标中误差。对法方程系数矩阵求逆，得

$$P_x = 5.880,\ P_y = 3.335$$

$$\hat{\sigma}_{x_P} = \hat{\sigma}\sqrt{\frac{1}{P_{x_P}}} = 2.79\sqrt{\frac{1}{5.880}} = 1.15(\text{cm})$$

$$\hat{\sigma}_{y_P} = \hat{\sigma}\sqrt{\frac{1}{P_{y_P}}} = 2.79\sqrt{\frac{1}{3.335}} = 1.53(\text{cm})$$

P 点的点位中误差为

$$\hat{\sigma}_P = \sqrt{(\hat{\sigma}_{x_P}^2 + \hat{\sigma}_{y_P}^2)} = \sqrt{1.15^2 + 1.53^2} = 1.91(\text{cm})$$

(二)实训

[实训 6-3]将[范例 6-3]重新计算一遍,计算时从近似坐标值开始,所有计算数据多保留一位小数,并将计算结果与[范例 6-3]进行比较。通过实训掌握边角网间接平差的基本方法。

任务 6-5　项目综合技能训练——边角网平差

一、范例

参见[范例 5-3]。

二、实训

[实训 6-4]图 6-16 所示为一个边角网,A、B、C、D、E 为已知点,P_1、P_2 为待定点,已知数据见表 6-11。等精度观测了 9 个角度,测角中误差为 2.5″;等精度观测了 5 条边长,观测结果及中误差列于表 6-12 中。试按间接平差法求算待定点 P_1、P_2 的坐标平差值及其点位中误差(要求应用专业平差软件完成平差计算工作)。

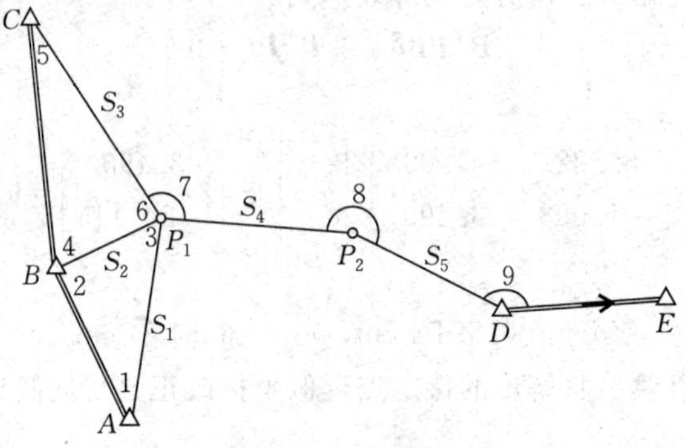

图 6-16　边角网

表 6-11　已知数据

点号	坐标/m		边号	边长/m	坐标方位角 /(° ′ ″)
	x	y			
A	3 143.237	5 260.334	AB	1 484.781	350 54 27.0
B	4 609.361	5 025.696	BC	3 048.650	0 52 06.0
C	7 657.661	5 071.897	DE		109 31 44.9
D	4 457.197	8 853.254			

表 6-12　观测数据及中误差

角号	角度观测值/(° ′ ″)	边号	边长观测值/m	中误差/cm
1	44 05 44.8	1	2 185.070	3.3
2	93 10 43.1	2	1 522.853	2.3
3	42 43 27.2	3	3 082.621	4.6
4	76 51 40.7	4	1 500.017	2.2
5	28 45 20.9	5	1 009.021	1.5
6	74 22 55.1			
7	127 25 56.1			
8	201 57 34.0			
9	168 01 45.2			

项目小结

平面三角控制网由单三角形作为基本网形组合而成，图形结构稳定，控制精度高。按观测方法，可分为测角网、测边网和边角网三种。本项目主要介绍了三角网的图形结构及布网形式、独立测角网和测边网的条件平差，以及三角网的间接平差。

一、重点与难点

(一)重点

独立测角网和测边网的条件总数、各类条件数的确定、条件式的列立、精度评定，三角网间接平差法误差方程的列立和精度评定。

(二)难点

三角网平差基本原理的理解，独立测角网极条件式的列立及线性化、方位角和边长权函数的列立及线性化、权函数式的列立，三角网误差方程的列立。

二、主要计算公式汇编

(一)独立测角网条件平差

独立测角网的组网图型比较复杂，这里以如图 6-17 所示为例，按平差计算步骤列出相关公式。

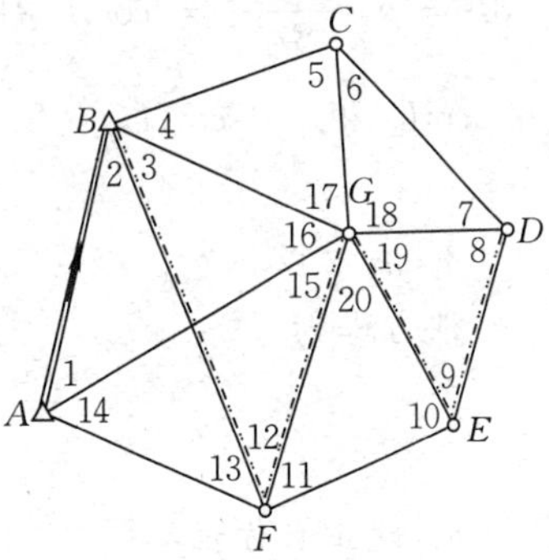

图 6-17　独立测角网

1. 条件方程

如图 6-17 所示，角度观测总数 $n=20$，必要观测数 $t=2P=10$，多余观测数 $r=n-t=10$。共有 10 个条件方程，其中图形条件 7 个、圆周条件 1 个、极条件 2 个。图形和圆周条件式比较简单，这里只列出极条件式和全网条件矩阵式。

(1)中点五边形 $BCDEF$ 的极条件如下

$$\frac{\sin\hat{L}_4}{\sin\hat{L}_5}\frac{\sin\hat{L}_6}{\sin\hat{L}_7}\frac{\sin\hat{L}_8}{\sin\hat{L}_9}\frac{\sin\hat{L}_{10}}{\sin\hat{L}_{11}}\frac{\sin\hat{L}_{12}}{\sin\hat{L}_3}=1$$

$$-\cot L_3 v_3+\cot L_4 v_4-\cot L_5 v_5+\cot L_6 v_6-\cot L_7 v_7+\cot L_8 v_8-\cot L_9 v_9+\cot L_{10} v_{10}-\cot L_{11} v_{11}+\cot L_{12} v_{12}+w_{中}=0$$

$$w_{中}=\left(1-\frac{\sin\hat{L}_5}{\sin\hat{L}_4}\frac{\sin\hat{L}_7}{\sin\hat{L}_6}\frac{\sin\hat{L}_9}{\sin\hat{L}_8}\frac{\sin\hat{L}_{11}}{\sin\hat{L}_{10}}\frac{\sin\hat{L}_3}{\sin\hat{L}_{12}}\right)\rho''$$

(2)大地四边形 $ABGF$ 的极条件。以"A"为极点,列立极条件式为

$$\frac{\sin(\hat{L}_2+\hat{L}_3)}{\sin\hat{L}_{16}}\frac{\sin\hat{L}_{15}}{\sin(\hat{L}_{12}+\hat{L}_{13})}\frac{\sin\hat{L}_{13}}{\sin\hat{L}_2}=1$$

$$(\cot(L_2+L_3)-\cot L_2)v_2+\cot(L_2+L_3)v_3-\cot(L_{12}+L_{13})v_{12}+$$
$$(\cot L_{13}-\cot(L_{12}+L_{13}))v_{13}+\cot L_{15}v_{15}-\cot L_{16}v_{16}+w_{大}=0$$

$$w_{大}=\left(1-\frac{\sin L_{16}}{\sin(L_2+L_3)}\frac{\sin(L_{12}+L_{13})}{\sin L_{15}}\frac{\sin L_2}{\sin L_{13}}\right)\rho''$$

(3)全网的条件方程为

$$\boldsymbol{AV}+\boldsymbol{W}=\boldsymbol{0}$$

2. 最弱边方位角和边长的权函数

评定精度时,需要求得平差后最弱边的方位角和边长的中误差,因此先要得到其权函数式。最弱边一般为离已知边最远的边,如图 6-17 所示,ED 边可以认定为最弱边。

(1) 最弱边方位角的权函数。首先选择 ED 边方位角的推算路线,即 $AB\rightarrow BF\rightarrow FG\rightarrow GE\rightarrow ED$。函数式为

$$\alpha_{ED}=\alpha_{AB}-\hat{L}_2+\hat{L}_{12}-\hat{L}_{20}+\hat{L}_9-4\times180^\circ$$

权函数式为

$$\mathrm{d}\alpha_{CD}=-\mathrm{d}\hat{L}_2+\mathrm{d}\hat{L}_9+\mathrm{d}\hat{L}_{12}-\mathrm{d}\hat{L}_{20}$$
$$\mathrm{d}\alpha_{CD}=\boldsymbol{f}_\alpha^{\mathrm{T}}\mathrm{d}\boldsymbol{L}$$

(2)最弱边边长的权函数。选择传递边(当网型复杂时,应选择最短路线)$AB\rightarrow BF\rightarrow FG\rightarrow GE\rightarrow ED$。函数式为

$$S_{ED}=S_{AB}\frac{\sin(\hat{L}_1+\hat{L}_{14})}{\sin\hat{L}_{13}}\frac{\sin\hat{L}_3}{\sin(\hat{L}_{15}+\hat{L}_{16})}\frac{\sin\hat{L}_{11}}{\sin\hat{L}_{10}}\frac{\sin\hat{L}_{19}}{\sin\hat{L}_8}$$

权函数式为

$$\mathrm{d}F=\rho''\frac{\mathrm{d}(S_{ED})}{S_{ED}}=\cot(L_1+L_{14})\mathrm{d}\hat{L}_1+\cot L_3\mathrm{d}\hat{L}_3-\cot L_8\mathrm{d}\hat{L}_8-\cot L_{10}\mathrm{d}\hat{L}_{10}+\cot L_{11}\mathrm{d}\hat{L}_{11}-$$
$$\cot L_{13}\mathrm{d}\hat{L}_{13}+\cot(L_1+L_{14})\mathrm{d}\hat{L}_{14}-\cot(L_{15}+L_{16})\mathrm{d}\hat{L}_{15}-\cot(L_{15}+L_{16})\mathrm{d}\hat{L}_{16}+\cot L_{19}\mathrm{d}\hat{L}_{19}$$
$$\mathrm{d}F=\boldsymbol{f}_S^{\mathrm{T}}\mathrm{d}\hat{\boldsymbol{L}}$$

3. 法方程

法方程为

$$\boldsymbol{N}_{AA}\boldsymbol{K}+\boldsymbol{W}=\boldsymbol{0}$$
$$\boldsymbol{N}_{AA}=\boldsymbol{AP}^{-1}\boldsymbol{A}^{\mathrm{T}}$$

4. 改正数方程

改正数方程为

$$\boldsymbol{V}=\boldsymbol{P}^{-1}\boldsymbol{A}^{\mathrm{T}}\boldsymbol{K}$$

5. 平差值

平差值为

$$\hat{\boldsymbol{L}}=\boldsymbol{L}+\boldsymbol{V}$$

6. 单位权中误差

单位权中误差为

$$\hat{\sigma}=\sqrt{\frac{\boldsymbol{V}^{\mathrm{T}}\boldsymbol{PV}}{n-t}}$$

7. 最弱边的权倒数和中误差

(1)最弱边方位角的权倒数和中误差为

$$\frac{1}{P_{\alpha_{CD}}}=Q_{\alpha\alpha}=\boldsymbol{f}_{\alpha}^{\mathrm{T}}\boldsymbol{Q}_{\hat{L}\hat{L}}\boldsymbol{f}_{\alpha}=\boldsymbol{f}_{\alpha}^{\mathrm{T}}\boldsymbol{Q}\boldsymbol{f}_{\alpha}-\boldsymbol{f}_{\alpha}^{\mathrm{T}}\boldsymbol{QA}^{\mathrm{T}}\boldsymbol{N}_{AA}^{-1}\boldsymbol{AQ}\boldsymbol{f}_{\alpha}$$

$$\hat{\sigma}_{\alpha_{CD}}=\hat{\sigma}_0\sqrt{\frac{1}{P_{\alpha_{CD}}}}$$

(2)最弱边边长的权倒数和中误差为

$$\frac{1}{P_F}=Q_{FF}=\boldsymbol{f}_S^{\mathrm{T}}\boldsymbol{Q}_{\hat{L}\hat{L}}\boldsymbol{f}_S=\boldsymbol{f}_S^{\mathrm{T}}\boldsymbol{Q}\boldsymbol{f}_S-\boldsymbol{f}_S^{\mathrm{T}}\boldsymbol{QA}^{\mathrm{T}}\boldsymbol{N}_{AA}^{-1}\boldsymbol{AQ}\boldsymbol{f}_S$$

$$\hat{\sigma}_F=\hat{\sigma}_0\sqrt{\frac{1}{P_F}}=\hat{\sigma}_0\sqrt{Q_{FF}}$$

$$\frac{\hat{\sigma}_{S_{CD}}}{S_{CD}}=\frac{\hat{\sigma}_F}{\rho''}=\frac{\hat{\sigma}_0\sqrt{Q_{FF}}}{\rho''}\text{(边长相对中误差)}$$

(二)独立测边网条件平差

独立测边网一般选择基本图形，以如图 6-18 所示的测边中点三边形为例，按平差计算步骤列出相关公式。

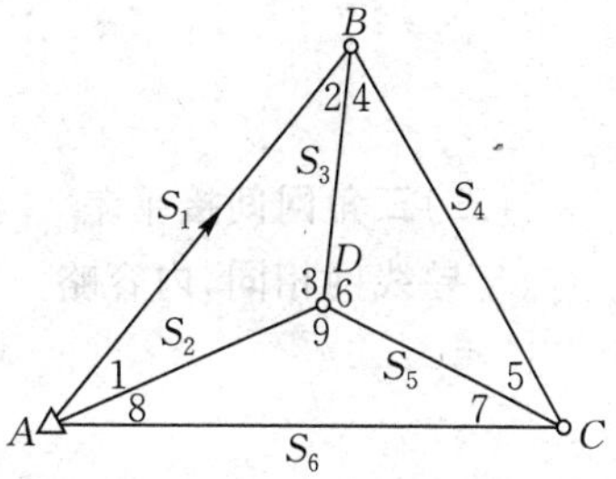

图 6-18　测边中点三边形

1. 条件方程

如图 6-18 所示的独立测角网，其多余观测数 $r=1$，以角度闭合法列立条件方程式

$$(\cot\beta_1+\cot\beta_2)v''_{S_1}+(\cot\beta_4+\cot\beta_5)v''_{S_4}+(\cot\beta_7+\cot\beta_8)v''_{S_6}-$$
$$(\cot\beta_1+\cot\beta_8)v''_{S_2}-(\cot\beta_2+\cot\beta_4)v''_{S_3}-(\cot\beta_5+\cot\beta_7)v''_{S_5}+w_{\text{中}}=0$$

设

$$\boldsymbol{A}=[(\cot\beta_1+\cot\beta_2)\ (\cot\beta_4+\cot\beta_5)\ (\cot\beta_7+\cot\beta_8)$$
$$(\cot\beta_1+\cot\beta_8)\ (\cot\beta_2+\cot\beta_4)\ (\cot\beta_5+\cot\beta_7)]$$
$$\boldsymbol{V}=[v''_{S_1}\ \ v''_{S_2}\ \ v''_{S_3}\ \ v''_{S_4}\ \ v''_{S_5}\ \ v''_{S_6}]^{\mathrm{T}}$$

其矩阵式为

$$\boldsymbol{AV}+\boldsymbol{W}=\boldsymbol{0}$$

2. 边长平差值的权函数

边长平差值的权函数为

$$\mathrm{d}S_i=v_{S_i}=\frac{S_i}{\rho''}v''_{S_i}$$

设

$$\boldsymbol{f}=\begin{bmatrix}0 & 0 & \cdots & \dfrac{S_i}{\rho''} & \cdots & 0 & 0\end{bmatrix}^{\mathrm{T}}$$

3. 法方程

法议程为

$$\boldsymbol{N}_{AA}\boldsymbol{K}+\boldsymbol{W}=\boldsymbol{0}$$

$$\boldsymbol{N}_{AA}=\boldsymbol{A}\boldsymbol{P}^{-1}\boldsymbol{A}^{\mathrm{T}}$$

4. 改正数方程

改正数方程为

$$\boldsymbol{V}=\boldsymbol{P}^{-1}\boldsymbol{A}^{\mathrm{T}}\boldsymbol{K}$$

5. 平差值

平差值为

$$\hat{\boldsymbol{L}}=\boldsymbol{L}+\boldsymbol{V}$$

6. 单位权中误差

单位权中误差为

$$\hat{\sigma}''=\sqrt{\frac{\boldsymbol{V}^{\mathrm{T}}\boldsymbol{P}\boldsymbol{V}}{r}}=\sqrt{\frac{[v''_S v''_S]}{r}}$$

7. 边长观测值的权倒数和中误差

边长观测值的权倒数和中误差为

$$\frac{1}{P_F}=\boldsymbol{f}^{\mathrm{T}}\boldsymbol{p}^{-1}\boldsymbol{f}-\boldsymbol{f}^{\mathrm{T}}\boldsymbol{P}^{-1}\boldsymbol{A}^{\mathrm{T}}\boldsymbol{N}_{AA}^{-1}\boldsymbol{A}\boldsymbol{P}^{-1}\boldsymbol{f}$$

$$\hat{\sigma}_{S_i}=\hat{\sigma}_0\sqrt{\frac{1}{P_F}}$$

(三)三角网间接平差

与导线网相同,内容略。

思考与练习题

1. 独立测角网是由哪些条件构成的?
2. 圆周角条件和极条件的作用是什么?
3. 独立测边网中有哪些类别的条件方程?条件总数如何计算?
4. 在进行测角网坐标平差时,列立误差方程有什么规律?试说明列立误差方程的步骤。
5. 在进行测边网坐标平差时,列立误差方程有什么规律?试说明列立误差方程的步骤。
6. 在进行边角网平差时,角度和边长的权如何确定?
7. 试分别确定图 6-19(a)、(b)中各测角网条件方程的总数和各类条件数。

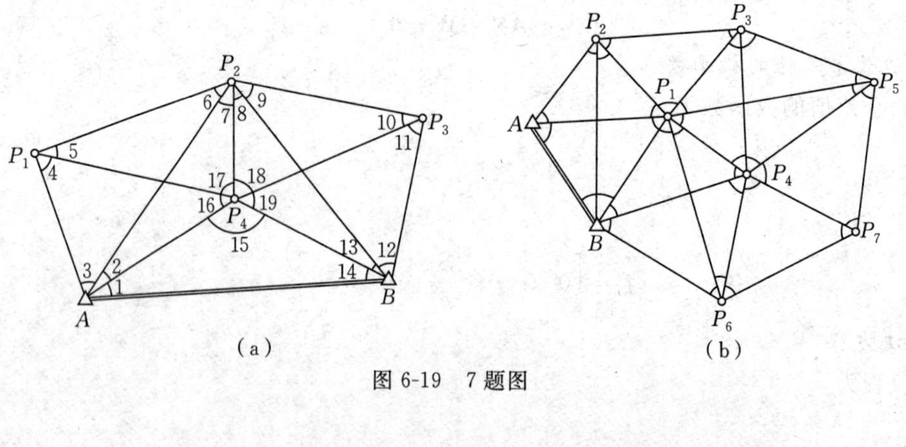

图 6-19 7 题图

8. 已测得图 6-20 中的角值为

$$L_1=61°07'57'',\ L_2=38°28'37'',\ L_3=38°22'21'',\ L_4=42°01'15'',$$

$$L_5=29°14'35'',\ L_6=70°22'00'',\ L_7=49°26'16'',\ L_8=30°57'02''$$

试列出大地四边形的条件方程式。

9. 已知在中点三边形(图 6-21)中，$AB=2\,080.999$ m，等精度测得的各角值见表 6-13。试用条件平差法求算角度平差值，并评定平差后 BP 边的相对精度。

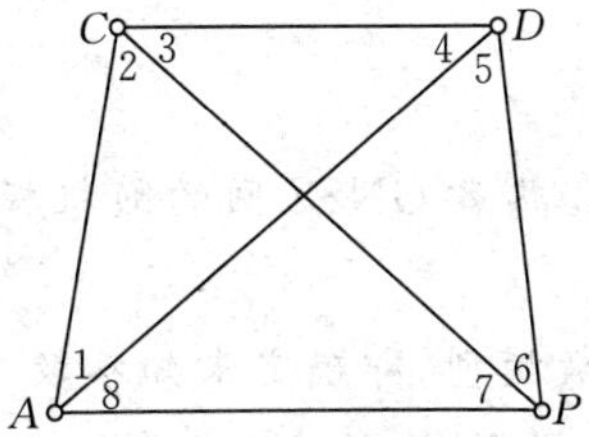

图 6-20　8 题图

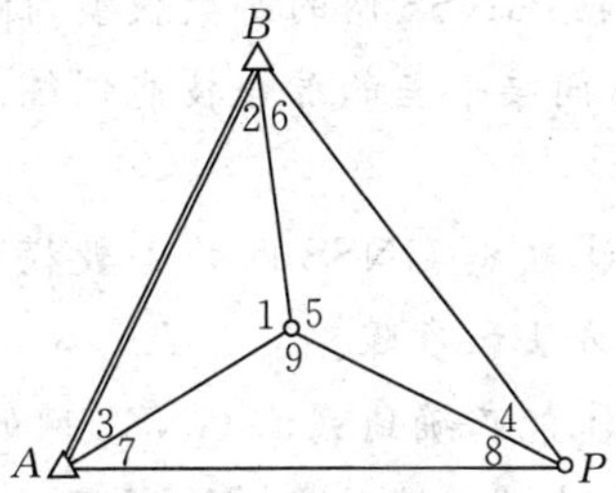

图 6-21　9 题图

表 6-13　观测数据

角号	角度观测值/(° ′ ″)	角号	角度观测值/(° ′ ″)	角号	角度观测值/(° ′ ″)
1	106 50 40.3	4	20 58 20.2	7	28 26 12.5
2	42 16 38.6	5	125 20 36.8	8	23 45 11.9
3	30 52 46.4	6	33 40 57.1	9	127 48 40.7

10. 在图 6-22 所示的测边网中，A、B、C 为已知点，P 为待定点。已知坐标为

$$\left.\begin{array}{l}x_A=8\,779.256\text{ m}\\ y_A=2\,224.856\text{ m}\end{array}\right\},\ \left.\begin{array}{l}x_B=8\,597.934\text{ m}\\ y_B=2\,216.789\text{ m}\end{array}\right\},\ \left.\begin{array}{l}x_C=8\,553.040\text{ m}\\ y_C=2\,540.460\text{ m}\end{array}\right\}$$

等精度测得边长观测值为 $S_1=192.478$ m、$S_2=168.415$ m、$S_3=246.724$ m。已求得 P 点的近似坐标为 $x_P^0=719.478$ m、$y_P^0=719.478$ m。试按间接平差法求：

(1)误差方程。

(2)法方程。

(3)坐标平差值及协因数矩阵 $\boldsymbol{Q_{XX}}$。

(4)观测值的改正数及平差值。

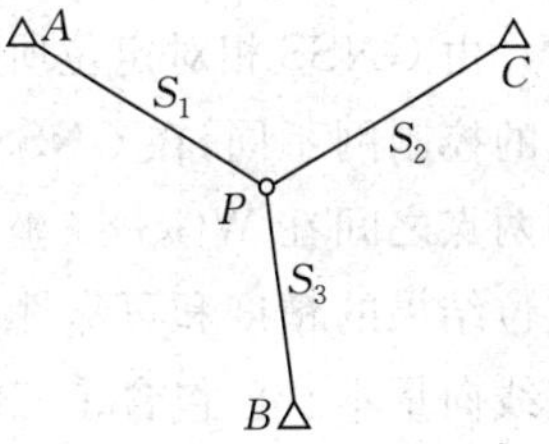

图 6-22　10 题图

项目七　GNSS网平差

[项目概要]

本项目主要包括：GNSS网的函数模型，随机模型，用间接平差进行GNSS网平差的基本方法与步骤，GNSS间接平差的综合技能训练。

[学习目标]

(1)知识目标：①熟悉GNSS网的函数模型；②熟悉GNSS网的随机模型；③了解GNSS网间接平差的基本方法和步骤。

(2)技能目标：①能正确地列立GNSS网的函数模型，即确定未知参数个数并列立误差方程式（核心技能）；②能正确地确定GNSS网的随机模型，即协方差矩阵（核心技能）；③掌握组成并解算法方程的方法；③掌握计算单位权中误差的方法；④计算参数函数的权倒数；⑤借助函数型计算器和MATLAB软件，完成$t \leqslant 6$的GNSS网误差方程的列立、法方程的组成与解算和精度评定等全过程的平差计算（核心技能）。

(3)素养目标：①在误差分析和平差计算的过程中逐步养成有条不紊的工作习惯、耐心细致的工作作风和精益求精的工匠精神；②严格按照规范作业，确保数据来源的原始性和成果的可靠性；③注重培养分析问题和解决问题的技术素养。

任务7-1　GNSS网的函数模型

由GNSS相对定位所测定的一组GNSS点构成的网称为GNSS网。与常规测量技术建立的控制网不同，在GNSS定位中，在任意两个观测站上用GNSS卫星的同步观测成果，可得到两点之间在WGS-84坐标系中的三维坐标差观测值（常称为GNSS基线向量）。为了提高定位结果的精度和可靠性，通常需要将不同时段观测的基线向量连接成网，进行整体平差。因基线向量本身已包含了三维地心坐标系中的定向及尺度信息，所以GNSS网的必要起算数据仅为一个GNSS点的三维坐标。一般GNSS网采用间接平差法。

设GNSS网中任一待定点i的空间直角坐标平差值$\begin{bmatrix}\hat{X}_i & \hat{Y}_i & \hat{Z}_i\end{bmatrix}^{\mathrm{T}}$为未知参数，有

$$\begin{bmatrix}\hat{X}_i\\ \hat{Y}_i\\ \hat{Z}_i\end{bmatrix}=\begin{bmatrix}X_i^0\\ Y_i^0\\ Z_i^0\end{bmatrix}+\begin{bmatrix}\delta_{X_i}\\ \delta_{Y_i}\\ \delta_{Z_i}\end{bmatrix} \tag{7-1-1}$$

式中，$\begin{bmatrix}X_i^0 & Y_i^0 & Z_i^0\end{bmatrix}^{\mathrm{T}}$为待定点$i$空间直角坐标的近似值；$\begin{bmatrix}\delta_{X_i} & \delta_{Y_i} & \delta_{Z_i}\end{bmatrix}^{\mathrm{T}}$为待定点$i$空间直角坐标的近似值改正数。

若GNSS基线向量观测值为$\begin{bmatrix}\Delta X_{ij} & \Delta Y_{ij} & \Delta Z_{ij}\end{bmatrix}^{\mathrm{T}}$，其中，$\Delta X_{ij}=X_j-X_i$、$\Delta Y_{ij}=Y_j-Y_i$、$\Delta Z_{ij}=Z_j-Z_i$，取基线向量两端点$i$和$j$的三维坐标平差值为参数，则三维坐标差，即基线向量观测值的平差值为

$$\begin{bmatrix}\Delta\hat{X}_{ij}\\ \Delta\hat{Y}_{ij}\\ \Delta\hat{Z}_{ij}\end{bmatrix}=\begin{bmatrix}\hat{X}_j\\ \hat{Y}_j\\ \hat{Z}_j\end{bmatrix}-\begin{bmatrix}\hat{X}_i\\ \hat{Y}_i\\ \hat{Z}_i\end{bmatrix}=\begin{bmatrix}\Delta X_{ij}+V_{X_{ij}}\\ \Delta Y_{ij}+V_{Y_{ij}}\\ \Delta Z_{ij}+V_{Z_{ij}}\end{bmatrix}\tag{7-1-2}$$

式中，$[V_{X_{ij}}\quad V_{Y_{ij}}\quad V_{Z_{ij}}]^{\mathrm{T}}$ 为基线向量观测值的改正数。设

$$\begin{bmatrix}\hat{X}_j\\ \hat{Y}_j\\ \hat{Z}_j\end{bmatrix}=\begin{bmatrix}X_j^0+\delta_{X_j}\\ Y_j^0+\delta_{Y_j}\\ Z_j^0+\delta_{Z_j}\end{bmatrix},\quad \begin{bmatrix}\hat{X}_i\\ \hat{Y}_i\\ \hat{Z}_i\end{bmatrix}=\begin{bmatrix}X_i^0+\delta_{X_i}\\ Y_i^0+\delta_{Y_i}\\ Z_i^0+\delta_{Z_i}\end{bmatrix}$$

则基线向量的误差方程为

$$\begin{bmatrix}V_{X_{ij}}\\ V_{Y_{ij}}\\ V_{Z_{ij}}\end{bmatrix}=\begin{bmatrix}\delta_{X_j}\\ \delta_{Y_j}\\ \delta_{Z_j}\end{bmatrix}-\begin{bmatrix}\delta_{X_i}\\ \delta_{Y_i}\\ \delta_{Z_i}\end{bmatrix}+\begin{bmatrix}X_j^0-X_i^0-\Delta X_{ij}\\ Y_j^0-Y_i^0-\Delta Y_{ij}\\ Z_j^0-Z_i^0-\Delta Z_{ij}\end{bmatrix}$$

或

$$\begin{bmatrix}V_{X_{ij}}\\ V_{Y_{ij}}\\ V_{Z_{ij}}\end{bmatrix}=\begin{bmatrix}\delta_{X_j}\\ \delta_{Y_j}\\ \delta_{Z_j}\end{bmatrix}-\begin{bmatrix}\delta_{X_i}\\ \delta_{Y_i}\\ \delta_{Z_i}\end{bmatrix}-\begin{bmatrix}\Delta X_{ij}-\Delta X_{ij}^0\\ \Delta Y_{ij}-\Delta Y_{ij}^0\\ \Delta Z_{ij}-\Delta Z_{ij}^0\end{bmatrix}\tag{7-1-3}$$

式中，$[\Delta X_{ij}^0\quad \Delta Y_{ij}^0\quad \Delta Z_{ij}^0]^{\mathrm{T}}$ 为用参数近似值计算得到的坐标差。令

$$\boldsymbol{V}_k=\begin{bmatrix}V_{X_{ij}}\\ V_{Y_{ij}}\\ V_{Z_{ij}}\end{bmatrix},\ \boldsymbol{X}_i^0=\begin{bmatrix}X_i^0\\ Y_i^0\\ Z_i^0\end{bmatrix},\ \boldsymbol{X}_j^0=\begin{bmatrix}X_j^0\\ Y_j^0\\ Z_j^0\end{bmatrix},\ \boldsymbol{\delta}_{X_i}=\begin{bmatrix}\delta_{X_i}\\ \delta_{Y_i}\\ \delta_{Z_i}\end{bmatrix},\ \boldsymbol{\delta}_{X_j}=\begin{bmatrix}\delta_{X_j}\\ \delta_{Y_j}\\ \delta_{Z_j}\end{bmatrix},$$

$$\Delta\boldsymbol{X}_{ij}=\begin{bmatrix}\Delta X_{ij}\\ \Delta Y_{ij}\\ \Delta Z_{ij}\end{bmatrix},\ \Delta\boldsymbol{X}_{ij}^0=\begin{bmatrix}\Delta X_{ij}^0\\ \Delta Y_{ij}^0\\ \Delta Z_{ij}^0\end{bmatrix}$$

则编号为 k 的基线向量误差方程为

$$\boldsymbol{V}_k=\boldsymbol{\delta}_{X_j}-\boldsymbol{\delta}_{X_i}-\boldsymbol{l}_k\tag{7-1-4}$$

式中

$$\boldsymbol{l}_k=\Delta\boldsymbol{X}_{ij}-\Delta\boldsymbol{X}_{ij}^0=\Delta\boldsymbol{X}_{ij}-(\boldsymbol{X}_j^0-\boldsymbol{X}_i^0)\tag{7-1-5}$$

当 GNSS 网中有 m 个待定点、n 条基线向量时，则 GNSS 网的误差方程为

$$\underset{3n\times1}{\boldsymbol{V}}=\underset{3n\times3m}{\boldsymbol{B}}\ \underset{3m\times1}{\boldsymbol{\delta}_X}-\underset{3n\times1}{\boldsymbol{l}}\tag{7-1-6}$$

任务 7-2　GNSS 网的随机模型

随机模型一般形式仍为

$$\boldsymbol{D}=\sigma_0^2\boldsymbol{Q}=\sigma_0^2\boldsymbol{P}^{-1}\tag{7-2-1}$$

现以 2 台 GNSS 接收机测得的结果为例，说明 GNSS 平差的随机模型组成。用 2 台 GNSS 接收机进行测量，在一个时段内只能得到一条观测基线向量 $[\Delta X_{ij}\quad \Delta Y_{ij}\quad \Delta Z_{ij}]^{\mathrm{T}}$，其

中 3 个观测坐标分量是相关的,观测基线向量的协方差矩阵直接由软件给出,已知为

$$\boldsymbol{D}_{ij}=\begin{bmatrix}\sigma^2_{\Delta X_{ij}} & \sigma_{\Delta X_{ij}\Delta Y_{ij}} & \sigma_{\Delta X_{ij}\Delta Z_{ij}}\\ \sigma_{\Delta Y_{ij}\Delta X_{ij}} & \sigma^2_{\Delta Y_{ij}} & \sigma_{\Delta Y_{ij}\Delta Z_{ij}}\\ \sigma_{\Delta Z_{ij}\Delta Y_{ij}} & \sigma_{\Delta Z_{ij}\Delta Y_{ij}} & \sigma^2_{\Delta Z_{ij}}\end{bmatrix} \tag{7-2-2}$$

不同的观测基线向量之间是互相独立的。因此对于全网而言,其协方差矩阵 $\boldsymbol{D}$ 是块对角矩阵,即

$$\boldsymbol{D}=\begin{bmatrix}\underset{3\times3}{\boldsymbol{D}_1} & 0 & \cdots & 0\\ 0 & \underset{3\times3}{\boldsymbol{D}_2} & \cdots & 0\\ \vdots & \vdots & & \vdots\\ 0 & 0 & \cdots & \underset{3\times3}{\boldsymbol{D}_g}\end{bmatrix} \tag{7-2-3}$$

式中,$\boldsymbol{D}$ 的下脚标号 $1,2,\cdots,g$ 为各观测基线向量号,每个 $\boldsymbol{D}$ 的形式均如式(7-2-2) 所示。

对于多台 GNSS 接收机测量的随机模型组成,其原理同上,全网的协方差矩阵 $\boldsymbol{D}$ 也是一个块对角矩阵,但其中对角块矩阵 $\boldsymbol{D}_k$ 是多个同步基线向量的协方差矩阵。

由式(7-2-3)可得权矩阵为

$$\boldsymbol{P}^{-1}=\boldsymbol{D}/\sigma_0^2$$
$$\boldsymbol{P}=(\boldsymbol{D}/\sigma_0^2)^{-1} \tag{7-2-4}$$

式中,σ_0^2 可任意选定,最简单的方法是将其设为 1,但为了使权矩阵中各元素不要过大,可适当选取 σ_0^2。 权矩阵也是块对角矩阵。

任务 7-3 项目综合技能训练

一、范例

[范例 7-1]图 7-1 为一个简单 GNSS 网,用 2 台 GNSS 接收机观测,测得 5 条基线向量,即 $n=5$,每 1 条基线向量中 3 个坐标差观测值相关;由于只用 2 台 GNSS 接收机观测,所以各观测基线向量互相独立;网中点 $LC01$ 的三维坐标已知,其余 3 个为待定点,则参数个数 $t=9$。试求各待定点的平差值及其点位精度。

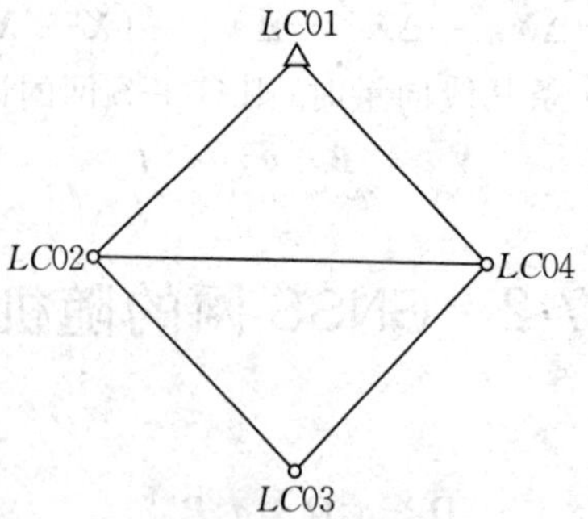

图 7-1 GNSS 网示意

解:(1)已知点信息见表 7-1。

表 7-1　已知点坐标

	X/m	Y/m	Z/m
LC01	−1 974 638.734 0	4 590 014.819 0	3 953 144.923 5

(2)观测基线信息见表 7-2。

表 7-2　基线向量观测数据

基线编号	起点	终点	ΔX/m	ΔY/m	ΔZ/m
1	LC02	LC01	−1 218.561	−1 039.227	1 737.720
2	LC04	LC01	270.457	−503.208	1 879.923
3	LC04	LC02	1 489.013	536.030	142.218
4	LC03	LC02	1 405.531	−178.157	1 171.380
5	LC04	LC03	83.497	714.153	−1 029.199

基线 LC02—LC01 的协方差矩阵为

$$\boldsymbol{D}_1=\begin{bmatrix} 2.320\,999\times10^{-7} & & \text{对称} \\ -5.097\,008\times10^{-7} & 1.339\,931\times10^{-6} & \\ -4.371\,401\times10^{-7} & 1.109\,356\times10^{-6} & 1.008\,592\times10^{-6} \end{bmatrix}$$

基线 LC04—LC01 的协方差矩阵为

$$\boldsymbol{D}_2=\begin{bmatrix} 1.044\,894\times10^{-6} & & \text{对称} \\ -2.396\,533\times10^{-6} & 6.341\,291\times10^{-6} & \\ -2.319\,683\times10^{-6} & 5.902\,876\times10^{-6} & 6.035\,577\times10^{-6} \end{bmatrix}$$

基线 LC04—LC02 的协方差矩阵为

$$\boldsymbol{D}_3=\begin{bmatrix} 5.850\,064\times10^{-7} & & \text{对称} \\ -1.329\,620\times10^{-6} & 3.362\,548\times10^{-6} & \\ -1.252\,374\times10^{-6} & 3.069\,820\times10^{-6} & 3.019\,233\times10^{-6} \end{bmatrix}$$

基线 LC03—LC02 的协方差矩阵为

$$\boldsymbol{D}_4=\begin{bmatrix} 1.205\,319\times10^{-6} & & \text{对称} \\ -2.636\,702\times10^{-6} & 6.858\,585\times10^{-6} & \\ -2.174\,106\times10^{-6} & 5.480\,745\times10^{-6} & 4.820\,125\times10^{-6} \end{bmatrix}$$

基线 LC04—LC03 的协方差矩阵为

$$\boldsymbol{D}_5=\begin{bmatrix} 9.662\,657\times10^{-6} & & \text{对称} \\ -2.175\,476\times10^{-5} & 5.194\,777\times10^{-5} & \\ -1.971\,468\times10^{-5} & 4.633\,565\times10^{-5} & 4.324\,110\times10^{-5} \end{bmatrix}$$

(3)确定待定参数。设 LC02、LC03、LC04 点的三维坐标平差值为参数，即

$$\hat{\boldsymbol{X}}=[\hat{X}_2\quad \hat{Y}_2\quad \hat{Z}_2\quad \hat{X}_3\quad \hat{Y}_3\quad \hat{Z}_3\quad \hat{X}_4\quad \hat{Y}_4\quad \hat{Z}_4]^{\mathrm{T}}$$

(4)待定参数近似坐标信息见表 7-3。

表 7-3 待定点近似坐标

点号	X^0/m	Y^0/m	Z^0/m
$LC02$	−1 973 420.174 0	4 591 054.046 7	3 951 407.205 0
$LC03$	−1 974 825.701 0	4 591 232.194 0	3 950 235.813 0
$LC04$	−1 974 909.198 0	4 590 518.041 0	3 951 265.012 0

(5)列立误差方程,即

$$\underset{15\times1}{\boldsymbol{V}}=\underset{15\times9}{\boldsymbol{B}}\ \underset{9\times1}{\boldsymbol{\delta}_X}-\underset{15\times1}{\boldsymbol{l}}$$

$$\begin{bmatrix}V_1\\V_2\\V_3\\V_4\\V_5\\V_6\\V_7\\V_8\\V_9\\V_{10}\\V_{11}\\V_{12}\\V_{13}\\V_{14}\\V_{15}\end{bmatrix}=\begin{bmatrix}-1&0&0&0&0&0&0&0&0\\0&-1&0&0&0&0&0&0&0\\0&0&-1&0&0&0&0&0&0\\0&0&0&0&0&0&-1&0&0\\0&0&0&0&0&0&0&-1&0\\0&0&0&0&0&0&0&0&-1\\1&0&0&0&0&0&-1&0&0\\0&1&0&0&0&0&0&-1&0\\0&0&1&0&0&0&0&0&-1\\1&0&0&-1&0&0&0&0&0\\0&1&0&0&-1&0&0&0&0\\0&0&1&0&0&-1&0&0&0\\0&0&0&1&0&0&-1&0&0\\0&0&0&0&1&0&0&-1&0\\0&0&0&0&0&1&0&0&-1\end{bmatrix}\begin{bmatrix}\delta_{X_2}\\\delta_{Y_2}\\\delta_{Z_2}\\\delta_{X_3}\\\delta_{Y_3}\\\delta_{Z_3}\\\delta_{X_4}\\\delta_{Y_4}\\\delta_{Z_4}\end{bmatrix}-\begin{bmatrix}-0.001\,0\\0.000\,7\\0.001\,5\\-0.007\,0\\0.014\,0\\0.011\,5\\-0.011\,0\\0.024\,3\\0.025\,0\\0.004\,0\\-0.009\,7\\-0.012\,0\\0.000\,0\\0.000\,0\\0.000\,0\end{bmatrix}$$

(6)计算权矩阵。为了计算方便,取先验单位权中误差为 $\sigma_0=0.002\,98$,其权矩阵为

$$\boldsymbol{P}=(\boldsymbol{D}/\sigma_0^2)^{-1}$$

$$\boldsymbol{P}=\begin{bmatrix}249.53\\60.20&88.85\\41.94&-71.63&105.79\\0&0&0&71.43\\0&0&0&16.07&19.28\\0&0&0&11.73&-12.68&18.38&&&&\text{对称}\\0&0&0&0&0&0&169.83\\0&0&0&0&0&0&39.60&46.12\\0&0&0&0&0&0&30.18&-30.46&46.44\\0&0&0&0&0&0&0&0&0&49.05\\0&0&0&0&0&0&0&0&0&12.89&17.59\\0&0&0&0&0&0&0&0&0&7.47&-14.19&21.35\\0&0&0&0&0&0&0&0&0&0&0&0&7.74\\0&0&0&0&0&0&0&0&0&0&0&0&4.86&5.21\\0&0&0&0&0&0&0&0&0&0&0&0&2.88&-3.36&5.12\end{bmatrix}$$

(7)列立法方程,即

$$\boldsymbol{B}^{\mathrm{T}}\boldsymbol{P}\boldsymbol{B}\boldsymbol{\delta}_X+\boldsymbol{B}^{\mathrm{T}}\boldsymbol{P}\boldsymbol{l}=0$$

$$
\begin{bmatrix}
468.414\,2 & & & & & & & & \\
112.684\,0 & 152.553\,4 & & & & & & & \\
79.596\,36 & -116.283\,9 & 173.580\,5 & & & & & & \\
-49.050\,2 & -12.885\,2 & -7.472\,8 & 14.185\,3 & & & \text{对称} & & \\
-12.885\,2 & -17.586\,8 & 14.185\,3 & 17.745\,1 & 22.794\,7 & & & & \\
-7.472\,8 & 14.185\,3 & -21.346\,5 & 10.351\,0 & -17.550\,1 & 26.470\,2 & & & \\
-169.833\,6 & -39.600\,2 & -30.183\,0 & -17.735\,1 & -4.859\,9 & -2.878\,2 & 259.003\,0 & & \\
-39.600\,2 & -46.118\,3 & 30.464\,9 & -4.859\,9 & -5.207\,9 & 3.364\,8 & 60.533\,7 & 70.606\,6 & \\
-30.183\,0 & 30.464\,9 & -46.443\,0 & -2.878\,2 & 3.364\,8 & -5.123\,7 & 44.795\,7 & -46.508\,6 & 69.951\,3
\end{bmatrix}
\begin{bmatrix}
\delta_{X_2}\\ \delta_{Y_2}\\ \delta_{Z_2}\\ \delta_{X_3}\\ \delta_{Y_3}\\ \delta_{Z_3}\\ \delta_{X_4}\\ \delta_{Y_4}\\ \delta_{Z_4}
\end{bmatrix}
+
\begin{bmatrix}
-0.025\,3\\ 0.080\,1\\ -0.066\,5\\ 0.018\,5\\ -0.051\,2\\ 0.088\,7\\ 0.291\,4\\ 0.064\,9\\ -0.040\,5
\end{bmatrix}
=0
$$

(8)计算法方程系数矩阵的逆矩阵，即

$$
N_{BB}^{-1}=(B^{\mathrm{T}}PB)^{-1}=
\begin{bmatrix}
0.002\,0 & & & & & & & & \\
-0.004\,4 & 0.011\,6 & & & & & & & \\
-0.003\,8 & 0.009\,7 & 0.008\,9 & & & & & & \\
0.001\,9 & -0.004\,2 & -0.003\,7 & 0.012\,4 & & & \text{对称} & & \\
-0.004\,2 & 0.011\,1 & 0.009\,3 & -0.027\,3 & 0.070\,0 & & & & \\
-0.003\,7 & 0.009\,3 & 0.008\,6 & -0.023\,1 & 0.057\,5 & 0.051\,5 & & & \\
0.001\,3 & -0.002\,8 & -0.002\,5 & 0.001\,6 & -0.003\,6 & -0.003\,2 & 0.004\,4 & & \\
-0.002\,8 & 0.007\,6 & 0.006\,4 & -0.003\,5 & 0.009\,7 & 0.008\,2 & -0.010\,0 & 0.026\,0 & \\
-0.002\,5 & 0.006\,4 & 0.006\,0 & -0.003\,0 & 0.008\,0 & 0.007\,6 & -0.009\,4 & 0.023\,5 & 0.023\,1
\end{bmatrix}
$$

(9)求得法方程的解并进行精度评定，即

$$
\boldsymbol{\delta}_X=
\begin{bmatrix}
\delta_{X_2}\\ \delta_{Y_2}\\ \delta_{Z_2}\\ \delta_{X_3}\\ \delta_{Y_3}\\ \delta_{Z_3}\\ \delta_{X_4}\\ \delta_{Y_4}\\ \delta_{Z_4}
\end{bmatrix}
=-N_{BB}^{-1}B^{\mathrm{T}}Pl=
\begin{bmatrix}
0.000\,7\\ -0.002\,0\\ -0.000\,6\\ -0.002\,3\\ 0.007\,3\\ 0.008\,7\\ 0.009\,6\\ -0.019\,8\\ -0.019\,7
\end{bmatrix}
(\mathrm{m})
$$

$$
\hat{\sigma}_0=\sqrt{\frac{V^{\mathrm{T}}PV}{n-t}}=\sqrt{\frac{0.000\,6}{15-9}}=0.010(\mathrm{m})
$$

$$\hat{\sigma}_{\hat{X}_i}=\hat{\sigma}_0\sqrt{Q_{\hat{X}_i\hat{X}_i}},\ \hat{\sigma}_{\hat{Y}_i}=\hat{\sigma}_0\sqrt{Q_{\hat{Y}_i\hat{Y}_i}},\ \hat{\sigma}_{\hat{Z}_i}=\hat{\sigma}_0\sqrt{Q_{\hat{Z}_i\hat{Z}_i}}$$

$$\hat{\sigma}_{\hat{X}_2}=0.001\,5\text{ m},\ \hat{\sigma}_{\hat{Y}_2}=0.003\,6\text{ m},\ \hat{\sigma}_{\hat{Z}_2}=0.003\,2\text{ m}$$

$$\hat{\sigma}_{\hat{X}_3}=0.003\,7\text{ m},\ \hat{\sigma}_{\hat{Y}_3}=0.008\,9\text{ m},\ \hat{\sigma}_{\hat{Z}_3}=0.007\,6\text{ m}$$

$$\hat{\sigma}_{\hat{X}_4}=0.002\,2\text{ m},\ \hat{\sigma}_{\hat{Y}_4}=0.005\,4\text{ m},\ \hat{\sigma}_{\hat{Z}_4}=0.005\,1\text{ m}$$

(10)平差结果见表 7-4。

表 7-4 待定点坐标平差值

点号	$\hat{X}$ /m	$\hat{Y}$ /m	$\hat{Z}$ /m
*LC*02	−1 973 420.173 3	4 591 054.046 5	3 951 407.204 4
*LC*03	−1 974 825.703 3	4 591 232.201 3	3 950 235.821 7
*LC*04	−1 974 909.198 4	4 590 518.021 2	39 51 264.992 3

二、实训

[实训 7-1]图 7-2 为 1 个 GNSS 网，*G*01、*G*02 为已知点，*G*03、*G*04 为待定点，用 GNSS 接收机测得了 5 条基线，每 1 条基线向量中 3 个坐标差观测值相关，各基线向量互相独立。已知点的三维坐标见表 7-5，待定点近似坐标见表 7-6，基线向量观测数据见表 7-7，各基线向量的协方差矩阵见表 7-8。

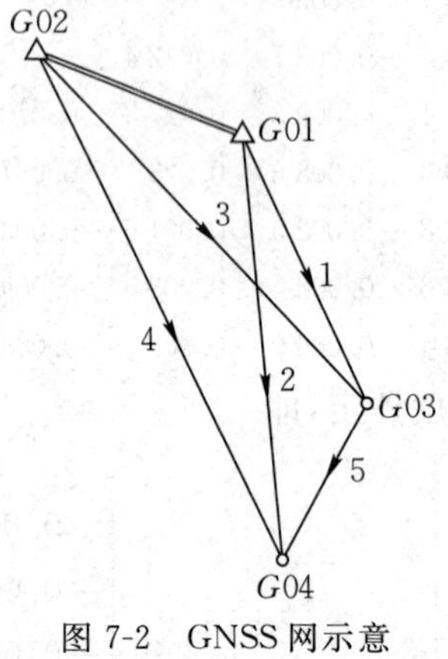

图 7-2 GNSS 网示意

表 7-5 已知点坐标

点号	*X*/m	*Y*/m	*Z*/m
*G*01	−2 411 745.121 0	−4 733 176.763 7	3 519 160.340 0
*G*02	−2 411 356.691 4	−4 733 839.084 5	3 518 496.438 7

表 7-6 待定点近似坐标

点号	X^0/m	Y^0/m	Z^0/m
*G*03	−2 416 372.766 5	−4 731 446.576 5	3 518 275.019 6
*G*04	−2 418 456.552 6	−4 732 709.881 3	3 515 198.767 8

表 7-7　基线向量观测数据

基线号	起点	终点	ΔX/m	ΔY/m	ΔZ/m
1	$G01$	$G03$	−4 627.587 6	1 730.258 3	−885.400 4
2	$G01$	$G04$	−6 711.449 7	466.844 5	−3 961.582 8
3	$G02$	$G03$	−5 016.071 9	2 392.441 0	−221.395 3
4	$G02$	$G04$	−7 009.878 8	1 129.243 1	−3 297.753 0
5	$G03$	$G04$	−2 083.812 3	−1 263.362 8	−3 076.245 2

表 7-8　基线向量的协方差矩阵

基线号	起点	终点	基线向量的协方差矩阵
1	$G01$	$G03$	$\begin{bmatrix} 0.0470324707313 & 0.0502008806794 & -0.0328144563391 \\ & 0.0921876881308 & -0.0469678724634 \\ \text{对称} & & 0.0562339822882 \end{bmatrix}$
2	$G01$	$G04$	$\begin{bmatrix} 0.0247314380892 & 0.0287685905486 & -0.0150977357492 \\ & 0.0665508758432 & -0.0285111124368 \\ \text{对称} & & 0.0309438987792 \end{bmatrix}$
3	$G02$	$G03$	$\begin{bmatrix} 0.0407009983916 & 0.0441453007070 & -0.0274864940544 \\ & 0.0847437135132 & -0.0413990340052 \\ \text{对称} & & 0.0488698420477 \end{bmatrix}$
4	$G02$	$G04$	$\begin{bmatrix} 0.0277944383522 & 0.0315226383688 & -0.0177584958203 \\ & 0.0692051980483 & -0.0310603246537 \\ \text{对称} & & 0.0347083205959 \end{bmatrix}$
5	$G03$	$G04$	$\begin{bmatrix} 0.0373160099279 & 0.0407449555483 & -0.0245280045335 \\ & 0.0800162721033 & -0.0380286407799 \\ \text{对称} & & 0.0446940784891 \end{bmatrix}$

现设待定点坐标平差值 $\hat{\boldsymbol{X}} = [\hat{X}_3 \quad \hat{Y}_3 \quad \hat{Z}_3 \quad \hat{X}_4 \quad \hat{Y}_4 \quad \hat{Z}_4]^{\mathrm{T}}$ 为待定参数。借助 MATLAB 软件，按间接平差法求：

(1)误差方程及法方程。

(2)待定参数改正数。

(3)待定点坐标平差值，即精度。

项目小结

本项目介绍了 GNSS 网的间接平差的基本原理和基本方法，主要包括：GNSS 网的函数模型和随机模型；随机模型的确定；误差方程的列立；法方程的组成与解算，未知参数的解算；精度评定(含单位权中误差的计算、参数函数权倒数的确定)；参数函数中误差的计算。

一、重点难点

(一)重点

函数模型和随机模型，观测基线向量和 GNSS 网误差方程的列立。

(二)难点

全网误差方程的列立，GNSS 网的平差计算。

二、主要计算公式

(一)误差方程

1. 观测基线向量的误差方程

观测基线向量的误差方程为

$$\underset{3\times1}{\boldsymbol{V}_K}=\underset{3\times1}{\delta\boldsymbol{X}_j}-\underset{3\times1}{\delta\boldsymbol{X}_i}-\underset{3\times1}{\boldsymbol{l}_K}$$

$$\underset{3\times1}{\boldsymbol{l}_k}=\underset{3\times1}{\Delta\boldsymbol{X}_{ij}}-\underset{3\times1}{\Delta\boldsymbol{X}_{ij}^0}=\underset{3\times1}{\Delta\boldsymbol{X}_{ij}}-(\underset{3\times1}{\boldsymbol{X}_j^0}-\underset{3\times1}{\boldsymbol{X}_i^0})$$

式中,K 为基线向量的编号,i、j 为基线向量两端点的点号。

2. GNSS 网的误差方程

GNSS 网的误差方程为

$$\underset{3n\times1}{\boldsymbol{V}}=\underset{3n\times3m}{\boldsymbol{B}}\ \underset{3m\times1}{\delta\boldsymbol{X}}-\underset{3n\times1}{\boldsymbol{l}}$$

式中,m 为 GNSS 网的待定点个数,n 为 GNSS 网的基线向量数。

(二)协方差

1. 观测基线向量的协方差矩阵

观测基线向量的协方差矩阵为

$$\boldsymbol{D}_{ij}=\begin{bmatrix}\sigma_{\Delta X_{ij}}^2 & \sigma_{\Delta X_{ij}\Delta Y_{ij}} & \sigma_{\Delta X_{ij}\Delta Z_{ij}}\\ \sigma_{\Delta Y_{ij}\Delta X_{ij}} & \sigma_{\Delta Y_{ij}}^2 & \sigma_{\Delta Y_{ij}\Delta Z_{ij}}\\ \sigma_{\Delta Z_{ij}\Delta Y_{ij}} & \sigma_{\Delta Z_{ij}\Delta Y_{ij}} & \sigma_{\Delta Z_{ij}}^2\end{bmatrix}$$

2. GNSS 网的协方差矩阵

GNSS 网的协方差矩阵为

$$\boldsymbol{D}=\begin{bmatrix}\underset{3\times3}{\boldsymbol{D}_1} & 0 & \cdots & 0\\ 0 & \underset{3\times3}{\boldsymbol{D}_2} & \cdots & 0\\ \vdots & \vdots & \ddots & \vdots\\ 0 & 0 & \cdots & \underset{3\times3}{\boldsymbol{D}_g}\end{bmatrix}$$

式中,$\boldsymbol{D}$ 的下角标号 $1,2,\cdots,g$ 为各观测基线向量号,$\boldsymbol{D}_i(i=1,2,\cdots,g)$ 即为第 i 条观测基线向量的协方差矩阵。

其他计算公式与导线网或三角网的间接平差计算公式相同,此处略。

思考与练习题

1. 什么是 GNSS 网?GNSS 一般采用什么平差方法进行平差?
2. 简述 GNSS 网间接平差的基本步骤。
3. 借助 MATLAB 软件对[范例 7-1]进行平差计算,并将计算结果与书中结果进行比对。

项目八　误差椭圆

[项目概要]

误差椭圆主要用于控制网的点位误差计算和布网方案精度分析，特别是在各种高精度的工程测量中，其作用不可或缺，应用广泛。本项目主要包括：点位真误差与点位中误差，任意方向上的位差，待定点的误差曲线与误差椭圆，以及两点间的相对误差椭圆等。

[学习目标]

(1)知识目标：①正确理解点位真误差、点位中误差的内涵；②正确理解点位误差在任意方向上的位差及位差极值的概念和意义；③了解误差曲线的概念及用途；④熟悉误差椭圆及相对误差椭圆的概念及用途。

(2)技能目标：①正确区分点位真误差与中误差，熟练计算点位中误差；②能正确计算任意方向上的位差、位差的极值，确定极值方向；③正确计算误差椭圆和相对误差椭圆的参数，并能按要求绘制略图；④清楚点位误差椭圆和相对误差椭圆的异同，了解其在平面控制网布网精度分析和优化设计中的应用。

(3)素养目标：建立运用误差理论评定观测成果精度、选择观测方法的质量控制意识。

任务 8-1　平面点位精度简介

在测量工作中，为了确定待定点的平面直角坐标，通常需进行一系列观测。由于观测值总是带有观测误差，因而根据观测值，通过平差计算所获得的是待定点坐标的平差值 x、y，而不是待定点坐标的真值 $\tilde{x}$、$\tilde{y}$。

一、点位中误差的定义

图 8-1 中，A 为已知点，假定其坐标无误差，P 为待定点的真位置，P' 为经过平差所得的点位，两者之间的距离为 ΔP，称为点位真误差，简称为真位差。由图 8-1 可知，在待定点的这两对坐标之间存在着误差 Δx、Δy，则

$$\left.\begin{aligned}\Delta x &= \tilde{x} - x \\ \Delta y &= \tilde{y} - y\end{aligned}\right\} \tag{8-1-1}$$

且有

$$\Delta P^2 = \Delta x^2 + \Delta y^2 \tag{8-1-2}$$

Δx、Δy 为真位差在 x 轴和 y 轴上的两个位差分量，也可理解为真位差在坐标轴上的投影。设 Δx、Δy 的中误差为 σ_x、σ_y，可得点 P 真位差 ΔP 的方差为

$$\sigma_P^2 = \sigma_x^2 + \sigma_y^2 \tag{8-1-3}$$

式中，σ_P^2 通常定义为点 P 的点位方差，σ_P 为点位中误差简称点位误差。

二、点位中误差与坐标系统的无关性

如果将图 8-1 中的坐标系旋转某一角度，即以 $x'Oy'$ 为坐标系，从图 8-2 中可以看出，ΔP

的大小将不会因坐标轴的变动而发生变化,此时有 $\Delta P^2=\Delta x'^2+\Delta y'^2$。参照式(8-1-3)可得

$$\sigma_P^2=\sigma_{x'}^2+\sigma_{y'}^2 \tag{8-1-4}$$

这说明,尽管点位真误差 ΔP 在不同坐标系的两个坐标轴上的投影长度不等,但点位方差 σ_P^2 总是等于两个相互垂直方向上的坐标方差之和,即它与坐标系的选择无关。

如果再将点 P 的真位差 ΔP 投影于 AP 方向和垂直于 AP 的方向上,则得 Δs 和 Δu,如图 8-1 所示。Δs、Δu 为点 P 的纵向误差和横向误差,此时有

$$\Delta P^2=\Delta s^2+\Delta u^2 \tag{8-1-5}$$

参考式(8-1-4),又可得

$$\sigma_P^2=\sigma_s^2+\sigma_u^2 \tag{8-1-6}$$

通过纵向误差和横向误差来求定点位误差,这在测量工作中也是一种常用的方法。

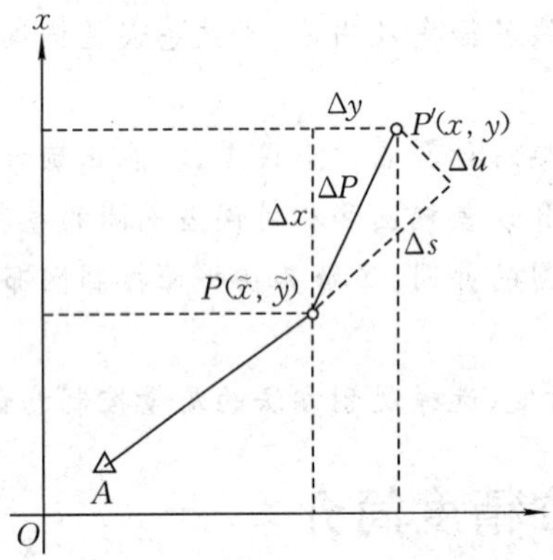

图 8-1　点位真误差与其特定方向上分量的关系

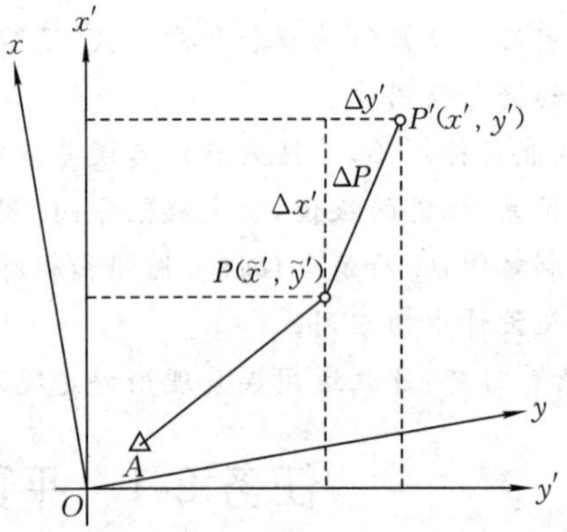

图 8-2　点位误差大小与坐标系的选择无关

上述 σ_x 和 σ_y 分别为点 P 在 x 轴和 y 轴方向上的中误差,或称为 x 轴和 y 轴方向上的位差。同样,σ_s 和 σ_u 是点 P 在 AP 边的纵向和横向上的位差。为了衡量待定点 P 的精度,一般需要求出其点位中误差 σ_P。为此,可先求出它在两个相互垂直方向上的中误差,再由式(8-1-3)或式(8-1-6)计算点位中误差。

三、点位中误差表示点位精度的局限性

平差时,一般只求出待定点坐标的中误差和点位中误差。点位中误差虽然可以用来评定待定点的点位精度,但是它却不能准确反映该点在任意方向上的位差大小。上文提到的 σ_x、σ_y、σ_u、σ_s 等,也只能代表待定点在 x 轴和 y 轴方向上及 AP 边的纵向和横向上的位差。但在有些情况下,往往需要研究点位在某些特殊方向上的位差大小,此外还要了解点位在哪一个方向上的位差最大,在哪一个方向上的位差最小。在工程放样工作中,就经常需要关心特定方向上的位差问题。例如,在隧道贯通测量中(图 8-3),要求控制测量的横向位差小(横向位差影响掘进的方向),而纵向位差可以稍大一些(纵向位差影响里程的长短)。因此,仅用点位中误差

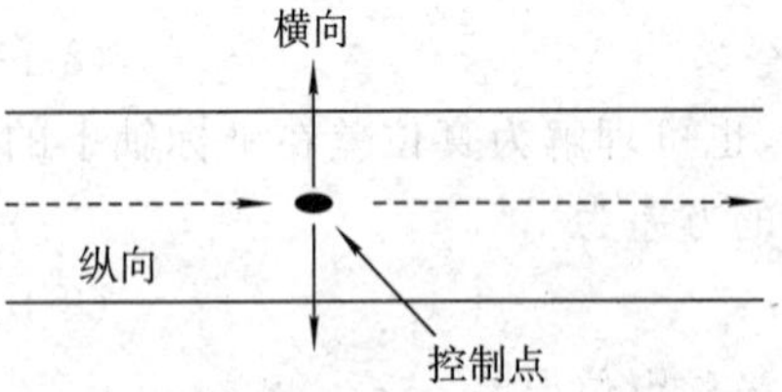

图 8-3　隧道贯通测量示意

来衡量点位精度是不够的。

任务 8-2　点位误差

一、点位中误差的计算

(一)计算点位中误差的基本公式

点位方差可用式(8-1-3)计算，由定权的基本公式可知

$$\left.\begin{aligned}\sigma_x^2&=\sigma_0^2\frac{1}{p_x}=\sigma_0^2Q_{xx}\\\sigma_y^2&=\sigma_0^2\frac{1}{p_y}=\sigma_0^2Q_{yy}\end{aligned}\right\}\tag{8-2-1}$$

代入式(8-1-3)可得

$$\sigma_P^2=\sigma_x^2+\sigma_y^2=\sigma_0^2(Q_{xx}+Q_{yy})\tag{8-2-2}$$

可见，只要计算出 Q_{xx}、Q_{yy} 及单位权方差 σ_0^2，就可计算出点位方差 σ_P^2，进而得到点位中误差 σ_P。

(二)间接平差法计算 Q_{xx}、Q_{yy}

采用间接平差法平差时，应以平面控制网中待定点的坐标为未知参数，其法方程系数矩阵的逆矩阵就是未知参数的协因数矩阵 $\boldsymbol{Q_{XX}}$。当平差问题中只有一个待定点时，协因数矩阵为

$$\boldsymbol{Q_{XX}}=(\boldsymbol{B}^{\mathrm{T}}\boldsymbol{PB})^{-1}=\begin{bmatrix}Q_{xx}&Q_{xy}\\Q_{yx}&Q_{yy}\end{bmatrix}\tag{8-2-3}$$

式中，主对角线元素 Q_{xx}、Q_{yy} 就是待定点坐标平差值 x、y 的权倒数，而 Q_{xy}、Q_{yx} 则是它们的相关权倒数。相关权倒数将在后面的公式推导中用到。当平差问题中有多个待定点(如 s 个待定点)时，未知参数的协因数矩阵为

$$\underset{2s\times2s}{\boldsymbol{Q_{XX}}}=(\boldsymbol{B}^{\mathrm{T}}\boldsymbol{PB})^{-1}=\begin{bmatrix}Q_{x_1x_1}&Q_{x_1y_1}&\cdots&Q_{x_1x_i}&Q_{x_1y_i}&\cdots&Q_{x_1x_s}&Q_{x_1y_s}\\Q_{y_1x_1}&Q_{y_1y_1}&\cdots&Q_{y_1x_i}&Q_{y_1y_i}&\cdots&Q_{y_1x_s}&Q_{y_1y_s}\\\vdots&\vdots&&\vdots&\vdots&&\vdots&\vdots\\Q_{x_sx_1}&Q_{x_sy_1}&\cdots&Q_{x_sx_i}&Q_{x_sx_i}&\cdots&Q_{x_sx_s}&Q_{x_sy_s}\\Q_{y_sx_1}&Q_{y_sy_1}&\cdots&Q_{y_sx_i}&Q_{y_sy_i}&\cdots&Q_{y_sx_s}&Q_{y_sy_s}\end{bmatrix}\tag{8-2-4}$$

待定点坐标的权倒数仍为主对角线上的相应元素，而相关权倒数则在相应权倒数连线的两侧。

[**例 8-1**]测边三角网如图 8-4 所示，A、B 两点已知，观测了两条边长 S_{AM}、S_{BM}。现由 A、B 两点的已知坐标值及 M 点的近似坐标值，算得两条观测边的坐标增量近似值为

$$\left.\begin{aligned}\Delta X_{AM}^0&=-86.60\ \mathrm{m}\\\Delta Y_{AM}^0&=50.00\ \mathrm{m}\end{aligned}\right\},\quad\left.\begin{aligned}\Delta X_{BM}^0&=-100.00\ \mathrm{m}\\\Delta Y_{BM}^0&=173.21\ \mathrm{m}\end{aligned}\right\}$$

已知单位权中误差 $\sigma_0=1$ cm。试计算 M 点的点位中误差。

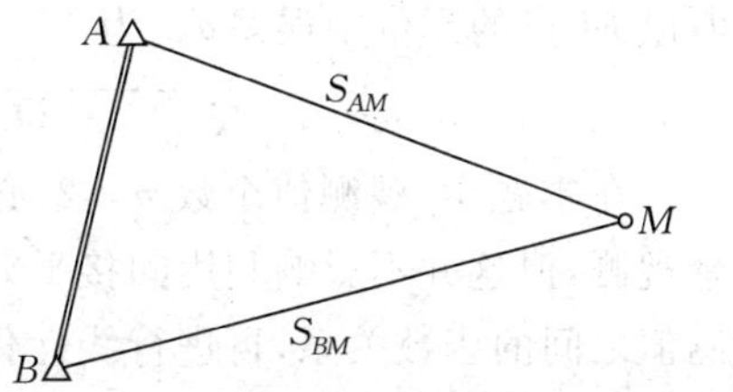

图 8-4　测边三角形

解:(1)列立误差方程并确定观测值的权。边长误差方程的基本公式为

$$v_{jk}=-\frac{\Delta x_{jk}^{0}}{S_{jk}^{0}}\delta_{x_j}-\frac{\Delta y_{jk}^{0}}{S_{jk}^{0}}\delta_{y_j}+\frac{\Delta x_{jk}^{0}}{S_{jk}^{0}}\delta_{x_k}+\frac{\Delta y_{jk}^{0}}{S_{jk}^{0}}\delta_{y_k}+l_{jk}$$
$$=-\cos\alpha_{jk}^{0}\cdot\delta_{x_j}-\sin\alpha_{jk}^{0}\cdot\delta_{y_j}+\cos\alpha_{jk}^{0}\cdot\delta_{x_k}+\sin\alpha_{jk}^{0}\cdot\delta_{y_k}+l_{jk}$$

设 M 点的坐标平差值为未知参数,参数的近似值为 x_M^0、y_M^0,其改正数为 δ_{x_M}、δ_{y_M}。有

$$\alpha_{AM}^{0}=\arctan\frac{\Delta y_{AM}^{0}}{\Delta x_{AM}^{0}}=\arctan\frac{50}{-86.60}=149°59'57''$$

$$\alpha_{BM}^{0}=\arctan\frac{\Delta y_{BM}^{0}}{\Delta x_{BM}^{0}}=\arctan\frac{173.21}{-100.00}=119°59'57''$$

算得误差方程系数为

$$\cos\alpha_{AM}^{0}=\cos 149°59'57''=-0.8660,\ \sin\alpha_{AM}^{0}=0.5000$$
$$\cos\alpha_{BM}^{0}=\cos 119°59'57''=-0.5000,\ \sin\alpha_{BM}^{0}=0.8660$$

将以上系数代入误差方程,得

$$v_1=v_{AM}=-0.8660\delta_{x_M}+0.5000\delta_{y_M}+l_1$$
$$v_2=v_{BM}=-0.5000\delta_{x_M}+0.8660\delta_{y_M}+l_2$$

本题列立误差方程时应注意:虽然边长具体的观测值未给出,但它们只影响了误差方程常数项 $[l_1\ l_2]^{\mathrm{T}}$ 的计算,而精度评定只需用到误差方程的系数矩阵 $\boldsymbol{B}$ 和观测值权矩阵 $\boldsymbol{P}$,所以当平差问题只求精度时不必花精力解算常数项的值。

利用坐标增量近似值算得的边长近似值为

$$S_{AM}^{0}=\sqrt{(\Delta x_{AM}^{0})^2+(\Delta y_{AM}^{0})^2}=100\ \mathrm{m},\ S_{BM}^{0}=\sqrt{(\Delta x_{BM}^{0})^2+(\Delta y_{BM}^{0})^2}=200\ \mathrm{m}$$

因该题未给出观测边的长度,而边长近似值和边长观测值相差不会很大,所以观测值的权可定为

$$p_{AM}=p_1=\frac{C}{S_{AM}^{0}}=\frac{100}{100}=1,\ p_{BM}=p_2=\frac{C}{S_{BM}^{0}}=\frac{100}{200}=0.5$$

式中,设 $C=100$ m,为单位权观测路线的长度。则观测值权矩阵为

$$\boldsymbol{P}=\begin{bmatrix}p_1 & 0\\ 0 & p_2\end{bmatrix}=\begin{bmatrix}1 & 0\\ 0 & 0.5\end{bmatrix}$$

(2)组成法方程。法方程系数矩阵及其逆矩阵为

$$\boldsymbol{N_{BB}}=\boldsymbol{B}^{\mathrm{T}}\boldsymbol{PB}=\begin{bmatrix}0.8750 & -0.6495\\ -0.6495 & 0.6250\end{bmatrix},\ \boldsymbol{Q_{XX}}=\boldsymbol{N_{BB}^{-1}}=\begin{bmatrix}5.0007 & 5.1969\\ 5.1969 & 7.0009\end{bmatrix}$$

所以 M 点的点位中误差 σ_M 为

$$\sigma_M=\sigma_0\sqrt{Q_{x_Mx_M}+Q_{y_My_M}}=1\times\sqrt{5.0007+7.0009}=3.46(\mathrm{cm})$$

在本题中,观测值个数 $n=2$,必要观测数 $t=2$,多余观测数 $r=n-t=0$,因此本题没有多余观测,但这并不影响利用间接平差的方法进行精度评定。这比需要先列出待定点坐标与观测值之间的函数关系,再进行线性化,最后用协方差传播律进行方差计算的方法要方便得多。这是因为控制网中各种典型观测值的误差方程都有固定模式,只要对观测值进行套用,就可得到对应的误差方程,从而可以方便地评定待定点精度。

因此得出以下结论:①没有多余观测是不能进行平差的,但没有多余观测可以对未知参数

进行精度评定；②无论有没有多余观测，都可以利用间接平差的方法对未知参数进行精度评定。

(三)条件平差法计算 Q_{xx}、Q_{yy}

当对平面控制网进行条件平差时，首先要有观测值的平差值 $\hat{L}$，再由已知的起算数据和平差值 $\hat{L}$ 计算待定点坐标最或然值，因此可以说，待定点坐标最或然值是观测值平差值的函数。待定点坐标最或然值的权倒数(协因数)需按条件平差法中求平差值函数的协因数的方法进行计算。

设待定点 P 的坐标最或然值为 x_P、y_P，其权函数式为

$$\left.\begin{aligned} dx &= \boldsymbol{f}_x^{\mathrm{T}} d\hat{\boldsymbol{L}} \\ dy &= \boldsymbol{f}_y^{\mathrm{T}} d\hat{\boldsymbol{L}} \end{aligned}\right\} \tag{8-2-5}$$

按协因数传播律并顾及 $\hat{L}$ 的协因数矩阵 $\boldsymbol{Q}_{\hat{L}\hat{L}} = \boldsymbol{P}^{-1} - \boldsymbol{P}^{-1}\boldsymbol{A}^{\mathrm{T}}\boldsymbol{N}_{AA}^{-1}\boldsymbol{A}\boldsymbol{P}^{-1}$，得

$$\left.\begin{aligned} \boldsymbol{Q}_{xx} &= \boldsymbol{f}_x{}^{\mathrm{T}}\boldsymbol{Q}_{\hat{L}\hat{L}}\boldsymbol{f}_x = \boldsymbol{f}_x^{\mathrm{T}}\boldsymbol{P}^{-1}\boldsymbol{f}_x - (\boldsymbol{A}\boldsymbol{P}^{-1}\boldsymbol{f}_x)^{\mathrm{T}}\boldsymbol{N}_{AA}^{-1}\boldsymbol{A}\boldsymbol{P}^{-1}\boldsymbol{f}_x \\ \boldsymbol{Q}_{yy} &= \boldsymbol{f}_y^{\mathrm{T}}\boldsymbol{Q}_{\hat{L}\hat{L}}\boldsymbol{f}_y = \boldsymbol{f}_y^{\mathrm{T}}\boldsymbol{P}^{-1}\boldsymbol{f}_y - (\boldsymbol{A}\boldsymbol{P}^{-1}\boldsymbol{f}_y)^{\mathrm{T}}\boldsymbol{N}_{AA}^{-1}\boldsymbol{A}\boldsymbol{P}^{-1}\boldsymbol{f}_y \\ \boldsymbol{Q}_{xy} &= \boldsymbol{f}_x^{\mathrm{T}}\boldsymbol{Q}_{\hat{L}\hat{L}}\boldsymbol{f}_y = \boldsymbol{f}_x^{\mathrm{T}}\boldsymbol{P}^{-1}\boldsymbol{f}_y - (\boldsymbol{A}\boldsymbol{P}^{-1}\boldsymbol{f}_x)^{\mathrm{T}}\boldsymbol{N}_{AA}^{-1}\boldsymbol{A}\boldsymbol{P}^{-1}\boldsymbol{f}_y \end{aligned}\right\} \tag{8-2-6}$$

从以上介绍可知，若需要计算控制网中所有待定点的点位中误差，间接平差法比条件平差法更具优势。

二、任意方向的位差

(一)用方位角表示任意方向 φ 的位差

如图 8-5 所示，P 为待定点的真位置，P' 为经过平差所得的点位。为了求 P 点在某一方向 φ 上的位差，需先找出待定点 P 在 φ 方向上的真误差 $\Delta\varphi$ 与纵、横坐标的真误差 Δx、Δy 的函数关系，然后求出该方向的位差。由图 8-5 可知，点位真误差 PP' 在 φ 方向上的投影值为 PP'''，且 $\Delta\varphi$ 与 Δx、Δy 的关系为

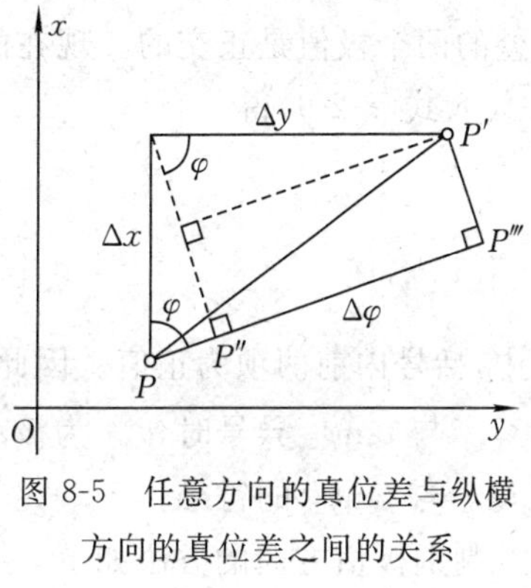

图 8-5　任意方向的真位差与纵横方向的真位差之间的关系

$$\Delta\varphi = \overline{PP'''} = \overline{PP''} + \overline{P''P'''} = \Delta x\cos\varphi + \Delta y\sin\varphi \tag{8-2-7}$$

根据协因数传播律得

$$Q_{\varphi\varphi} = Q_{xx}\cos^2\varphi + Q_{yy}\sin^2\varphi + Q_{xy}\sin 2\varphi \tag{8-2-8}$$

则待定点 P 在 φ 方向上的位差为

$$\sigma_\varphi^2 = \sigma_0^2 Q_{\varphi\varphi} = \sigma_0^2(Q_{xx}\cos^2\varphi + Q_{yy}\sin^2\varphi + Q_{xy}\sin 2\varphi) \tag{8-2-9}$$

式中，单位权方差为常量，σ_φ^2 的大小取决于 $Q_{\varphi\varphi}$，而 $Q_{\varphi\varphi}$ 是 φ 的函数。若想求得与 φ 方向垂直方向上的方差，可将 $\varphi + 90°$ 代入式(8-2-9)得

$$\begin{aligned} \sigma_{\varphi+90°}^2 &= \sigma_0^2[Q_{xx}\cos^2(\varphi+90°) + Q_{yy}\sin^2(\varphi+90°) + Q_{xy}\sin 2(\varphi+90°)] \\ &= \sigma_0^2(Q_{xx}\sin^2\varphi + Q_{yy}\cos^2\varphi - Q_{xy}\sin 2\varphi) \end{aligned} \tag{8-2-10}$$

将式(8-2-9)和式(8-2-10)相加，即得

$$\sigma_\varphi^2 + \sigma_{\varphi+90°}^2 = \sigma_0^2(Q_{xx} + Q_{yy}) = \sigma_P^2 \tag{8-2-11}$$

这进一步证明,任何一点的点位方差总是等于两个相互垂直方向上的方差分量之和。

(二)位差的极大值 E 和极小值 F

由式(8-2-9)可知 σ_{φ}^{2} 的大小与 φ 有关,即待定点在不同方向的位差大小不同。在这众多的位差中,应存在一对极大值和极小值。实际工作往往需要知道在一定的观测精度下,待定点的位差在什么方向上具有极大值和极小值,其值为多大。这是一个求解极值的数学问题。

在式(8-2-9)中,σ_0 代表单位权中误差,其大小与 φ 角无关,而 $Q_{\varphi\varphi}$ 的大小则随着 φ 的改变而改变。因此,为了求位差的极大值和极小值,只要将 $Q_{\varphi\varphi}$ 对 φ 取一阶导数,即可求出极值的方向 φ_0,即

$$\frac{\mathrm{d}Q_{\varphi\varphi}}{\mathrm{d}\varphi}=\frac{\mathrm{d}}{\mathrm{d}\varphi}(Q_{xx}\cos^{2}\varphi+Q_{yy}\sin^{2}\varphi+Q_{xy}\sin2\varphi)=0$$

即

$$-2Q_{xx}\cos\varphi_0\sin\varphi_0+2Q_{yy}\sin\varphi_0\cos\varphi_0+2Q_{xy}\cos2\varphi_0=0$$

根据三角函数,可得

$$-(Q_{xx}-Q_{yy})\sin2\varphi_0+2Q_{xy}\cos2\varphi_0=0$$

由此得

$$\tan2\varphi_0=\frac{2Q_{xy}}{Q_{xx}-Q_{yy}} \tag{8-2-12}$$

式(8-2-12)有 $2\varphi_0$ 和 $2\varphi_0+180^{\circ}$ 两个解,即位差具有 φ_0 和 φ_0+90° 两个极值方向。可见,位差的两个极值是正交的。现在的问题是,哪一个是极大值,哪一个又是极小值呢?为此,将 φ_0 代入式(8-2-9)得

$$\begin{aligned}\sigma_{\varphi_0}^{2}&=\sigma_0^{2}(Q_{xx}\cos^{2}\varphi_0+Q_{yy}\sin^{2}\varphi_0+Q_{xy}\sin2\varphi_0)\\&=\sigma_0^{2}\left(Q_{xx}\cos^{2}\varphi_0+Q_{yy}\sin^{2}\varphi_0+Q_{xy}\frac{2\tan\varphi_0}{1+\tan^{2}\varphi_0}\right)\end{aligned}$$

式中,括号内前两项为正值。因此,当 Q_{xy} 与 $\tan\varphi_0$ 同号时,$\sigma_{\varphi_0}^{2}$ 为极大值,而 $\sigma_{\varphi_0+90^{\circ}}^{2}$ 为极小值;当 Q_{xy} 与 $\tan\varphi_0$ 异号时,$\sigma_{\varphi_0}^{2}$ 为极小值,而 $\sigma_{\varphi_0+90^{\circ}}^{2}$ 为极大值。可见,极大值和极小值的方向取决于 Q_{xy} 与 $\tan\varphi_0$ 的符号。

判别极值方向的方法如下:

(1)当 $Q_{xy}>0$ 时,极大值在第一、三象限($\tan\varphi_0>0$),极小值在第二、四象限($\tan\varphi_0<0$)。

(2)当 $Q_{xy}<0$ 时,极大值在第二、四象限($\tan\varphi_0<0$),极小值在第一、三象限($\tan\varphi_0>0$)。

习惯上用 φ_E 表示极大值方向,用 φ_F 表示极小值方向,$\varphi_E=\varphi_F+90^{\circ}$。用 E 和 F 分别表示位差的极大值和极小值,可求得

$$\left.\begin{aligned}E^{2}&=\sigma_0^{2}(Q_{xx}\cos^{2}\varphi_E+Q_{yy}\sin^{2}\varphi_E+Q_{xy}\sin2\varphi_E)\\F^{2}&=\sigma_0^{2}(Q_{xx}\cos^{2}\varphi_F+Q_{yy}\sin^{2}\varphi_F+Q_{xy}\sin2\varphi_F)\end{aligned}\right\} \tag{8-2-13}$$

由于利用式(8-2-13)计算 E 和 F 时需要用到 φ_E 和 φ_F,不是很方便,故下面推导实用公式。

由三角函数可知

$$\sin2\varphi_0=\pm\frac{1}{\sqrt{1+\cot^{2}2\varphi_0}}=\pm\frac{\tan2\varphi_0}{\sqrt{\tan^{2}2\varphi_0+1}}$$

将式(8-2-12)代入,得

$$\sin 2\varphi_0 = \pm \frac{2Q_{xy}}{\sqrt{(Q_{xx}-Q_{yy})^2+4Q_{xy}^2}}$$

顾及三角函数

$$\cos^2\varphi_0 = \frac{1+\cos 2\varphi_0}{2},\ \sin^2\varphi_0 = \frac{1-\cos 2\varphi_0}{2}$$

则根据式(8-2-8)可得

$$\begin{aligned} Q_{\varphi_0\varphi_0} &= Q_{xx}\cos^2\varphi_0 + Q_{yy}\sin^2\varphi_0 + Q_{xy}\sin 2\varphi_0 \\ &= Q_{xx}\frac{1+\cos 2\varphi_0}{2} + Q_{yy}\frac{1-\cos 2\varphi_0}{2} + Q_{xy}\sin 2\varphi_0 \\ &= \frac{1}{2}[(Q_{xx}+Q_{yy}) + (Q_{xx}-Q_{yy})\cos 2\varphi_0 + 2Q_{xy}\sin 2\varphi_0] \end{aligned}$$

将 $Q_{xx}-Q_{yy}=\dfrac{2Q_{xy}}{\tan 2\varphi_0}$ 代入,得

$$Q_{\varphi_0\varphi_0} = \frac{1}{2}\left[(Q_{xx}+Q_{yy}) + \frac{2Q_{xy}}{\tan 2\varphi_0}\cos 2\varphi_0 + 2Q_{xy}\sin 2\varphi_0\right] = \frac{1}{2}\left[(Q_{xx}+Q_{yy}) + \frac{2Q_{xy}}{\sin 2\varphi_0}\right]$$

将 $\sin 2\varphi_0 = \pm\dfrac{2Q_{xy}}{\sqrt{(Q_{xx}-Q_{yy})^2+4Q_{xy}^2)}}$ 代入,得

$$Q_{\varphi_0\varphi_0} = \frac{1}{2}\left[(Q_{xx}+Q_{yy}) \pm \sqrt{(Q_{xx}-Q_{yy})^2+4Q_{xy}^2}\right] \tag{8-2-14}$$

令

$$K = \sqrt{(Q_{xx}-Q_{yy})^2+4Q_{xy}^2} \tag{8-2-15}$$

因 $K \geqslant 0$,则得

$$\left.\begin{aligned} E^2 &= \sigma_0^2 Q_{EE} = \frac{1}{2}\sigma_0^2(Q_{xx}+Q_{yy}+K) \\ F^2 &= \sigma_0^2 Q_{FF} = \frac{1}{2}\sigma_0^2(Q_{xx}+Q_{yy}-K) \end{aligned}\right\} \tag{8-2-16}$$

[例 8-2]求[例 8-1]中待定点 M 的位差极大值和极小值,并求出极值方向(已知 $\sigma_0 =$ 1 cm)。

解:(1)求 E、F。由[例 8-1]得 M 点的协因数矩阵为

$$\boldsymbol{Q_{XX}} = \begin{bmatrix} 5.0007 & 5.1969 \\ 5.1969 & 7.0009 \end{bmatrix}$$

可算得

$$K = \sqrt{(Q_{xx}-Q_{yy})^2+4Q_{xy}^2} = 10.5845$$

$$Q_{EE} = \frac{1}{2}(Q_{xx}+Q_{yy}+K) = 11.2930$$

$$Q_{FF} = \frac{1}{2}(Q_{xx}+Q_{yy}-K) = 0.7086$$

$$E = \sigma_0\sqrt{Q_{EE}} = 3.36\ \text{cm}$$

$$F = \sigma_0\sqrt{Q_{FF}} = 0.84\ \text{cm}$$

M 点的点位中误差为

$$\sigma_M=\sqrt{E^2+F^2}=\sqrt{11.9952}=3.46(\text{cm})$$

与[例 8-1]的计算结果一致。

(2)求 φ_E。因

$$\tan2\varphi_0=\frac{2Q_{xy}}{Q_{xx}-Q_{yy}}=\frac{2\times5.1969}{5.0007-7.0009}=-5.1964$$

解得 $2\varphi_0=280°53'34''$(或 $2\varphi_0=100°53'34''$),极值方向 $\varphi_0=140°26'47''$(或 $\varphi_0=50°26'47''$)。因 $Q_{xy}>0$,可知

$$\varphi_E=50°27'(\text{或 }\varphi_E=230°27')$$

$$\varphi_F=140°27'(\text{或 }\varphi_F=320°27')$$

(三)用极值 E、F 表示以 E 轴为起算的任意方向 ψ 上的位差

利用极值 E、F 也可表示任意方向上的位差。由式(8-2-9)计算任意方向 φ 上的位差时,φ 是从纵坐标 x 轴顺时针方向起算转至某方向的方位角。现推导用 E、F 表示并以 E 轴(即方向 φ_E 轴)为起算的任意方向上的位差,这个任意方向用 ψ 表示(图 8-6)。有

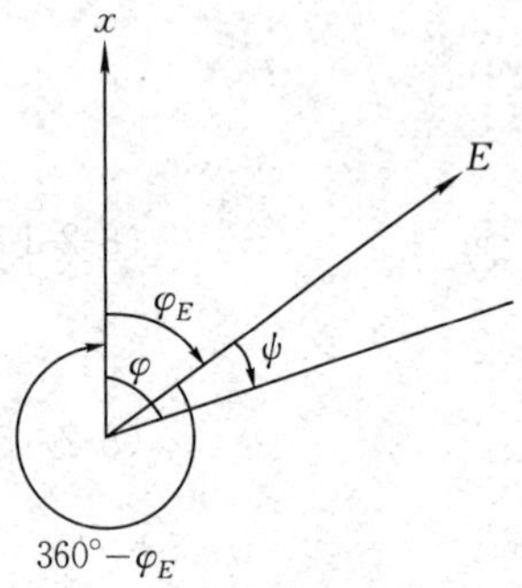

图 8-6　φ_E、ψ 与方位角 φ 之间的关系

$$\left.\begin{aligned}\varphi&=\psi+\varphi_E\\ \psi&=\varphi-\varphi_E\end{aligned}\right\}\tag{8-2-17}$$

若以 E 轴为坐标轴,计算任意方向 ψ 的位差,必须先找出误差 $\Delta\psi$ 与 ΔE、ΔF 之间的关系式,再利用协因数传播律求得 $Q_{\psi\psi}$。仿照求 $Q_{\varphi\varphi}$ 的方法可知

$$Q_{\psi\psi}=Q_{EE}\cos^2\psi+Q_{FF}\sin^2\psi+Q_{EF}\sin2\psi\tag{8-2-18}$$

式中,Q_{EF} 为两个极值方向位差的互协因数,可以证明 $Q_{EF}=0$,即在 E、F 方向上平差后的坐标不相关。

下面推证 $Q_{EF}=0$。

仿照式(8-2-7),并顾及 $\varphi_E=\varphi_F+90°$,可得

$$\Delta E=\Delta x\cos\varphi_E+\Delta y\sin\varphi_E$$

$$\Delta F=-\Delta x\sin\varphi_E+\Delta y\cos\varphi_E$$

由协因数传播律得

$$Q_{EF}=\begin{bmatrix}\cos\varphi_E & \sin\varphi_E\end{bmatrix}\begin{bmatrix}Q_{xx} & Q_{xy}\\ Q_{xy} & Q_{yy}\end{bmatrix}\begin{bmatrix}-\sin\varphi_E\\ \cos\varphi_E\end{bmatrix}$$

$$Q_{EF}=-\frac{1}{2}(Q_{xx}-Q_{yy})\sin2\varphi_E+Q_{xy}\cos2\varphi_E\tag{8-2-19}$$

由于 φ_E 是极大值方向,因此将式(8-2-8)对 φ 求一阶导数,φ_E 应满足

$$\left(\frac{\mathrm{d}}{\mathrm{d}\varphi}(Q_{xx}\cos^2\varphi+Q_{yy}\sin^2\varphi+Q_{xy}\sin2\varphi)\right)_{\varphi=\varphi_E}=0$$

整理得

$$-(Q_{xx}-Q_{yy})\sin2\varphi_E+2Q_{xy}\cos\varphi_E=0$$

对照式(8-2-19)可知,$Q_{EF}=0$。因此,式(8-2-18)可写为

$$Q_{\psi\psi}=Q_{EE}\cos^2\psi+Q_{FF}\sin^2\psi\tag{8-2-20}$$

则以极值 E、F 表示任意方向 ψ 上的位差公式为

$$\sigma_{\psi}^{2}=\sigma_{0}^{2}Q_{\psi\psi}=\sigma_{0}^{2}(Q_{EE}\cos^{2}\psi+Q_{FF}\sin^{2}\psi) \tag{8-2-21}$$

或

$$\sigma_{\psi}^{2}=E^{2}\cos^{2}\psi+F^{2}\sin^{2}\psi \tag{8-2-22}$$

[例 8-3]数据同[例 8-2]，试计算方位角为 $\alpha=75^{\circ}$ 处的位差。

解：由[例 8-2]可知，$\boldsymbol{Q_{XX}}=\begin{bmatrix}5.0007 & 5.1969\\5.1969 & 7.0009\end{bmatrix}$，$\sigma_0=1$ cm。计算得 $E=3.36$ cm，$F=0.84$ cm，$\varphi_E=50^{\circ}27'$。

(1)采用式(8-2-9)计算。该公式中的 φ 角是从 x 轴正向顺时针旋转得到的，而方位角 $\alpha=75^{\circ}$ 也是从 x 轴正方向顺时针旋转得到的，所以在此题中 $\varphi=\alpha=75^{\circ}$，即

$$\begin{aligned}\sigma_{\alpha}^{2}&=\sigma_{0}^{2}Q_{\alpha\alpha}=\sigma_{0}^{2}(Q_{xx}\cos^{2}\alpha+Q_{yy}\sin^{2}\alpha+Q_{xy}\sin2\alpha)\\&=1^{2}\times(5.0007\times\cos^{2}75^{\circ}+7.0009\times\sin^{2}75^{\circ}+5.1969\sin150^{\circ})\\&=9.46(\text{cm}^{2})\end{aligned}$$

即 $\alpha=75^{\circ}$ 处的位差为 $\sigma_{\alpha}=3.08$ cm。

(2)采用式(8-2-22)计算。该式中的 ψ 角是从 E 轴正向顺时针旋转得到的，所以在此题中有

$$\psi=\alpha-\varphi_{E}=75^{\circ}-50^{\circ}27'=24^{\circ}33'$$

则方向 ψ 处的位差为

$$\begin{aligned}\sigma_{\psi}^{2}&=E^{2}\cos^{2}\psi+F^{2}\sin^{2}\psi\\&=3.36^{2}\times\cos^{2}24^{\circ}34'+0.84^{2}\times\sin^{2}24^{\circ}34'\\&=9.46(\text{cm}^{2})\end{aligned}$$

即 $\alpha=75^{\circ}$ 或 $\psi=24^{\circ}34'$ 处的位差均为 $\sigma_{\psi}=3.08$ cm。

三、技能训练——计算位差极值及极值方向

(一)范例

[范例 8-1]已知某平面控制网中待定点 P 的协因数矩阵为

$$\boldsymbol{Q_{XX}}=\begin{bmatrix}0.4494 & -0.2082\\-0.2082 & 0.3086\end{bmatrix}$$

其单位为 cm²/(″)²，单位权中误差 $\sigma_0=5''$。试求：

(1) E、F 和 φ_E 的值。

(2)点位误差 σ_P。

解：(1)求 E、F 和 φ_E。依题意得

$$K=\sqrt{(Q_{xx}-Q_{yy})^{2}+4Q_{xy}^{2}}=\sqrt{(0.4494-0.3806)^{2}+4\times(-0.2082)^{2}}=0.4220$$

$$E^{2}=\sigma_{0}^{2}Q_{EE}=\frac{1}{2}\sigma_{0}^{2}(Q_{xx}+Q_{yy}+K)=\frac{5^{2}}{2}(0.4494+0.3806+0.4220)=15.6500$$

$$F^{2}=\sigma_{0}^{2}Q_{FF}=\frac{1}{2}\sigma_{0}^{2}(Q_{xx}+Q_{yy}-K)=\frac{5^{2}}{2}(0.4494+0.3806-0.4220)=5.1000$$

则

$$E=3.96\ \text{cm},\ F=2.26\ \text{cm}$$

因为

$$\tan 2\varphi_0=\frac{2Q_{xy}}{Q_{xx}-Q_{yy}}=\frac{2\times(-0.2082)}{0.4494-0.3806}=-6.0523$$

解得 $2\varphi_0=99°22'55''$(或 $2\varphi_0=279°22'55''$),即 $\varphi_0=49°41'28''$(或 $\varphi_0=139°41'28''$)。

因 $Q_{xy}=-0.2082<0$,所以极大值的方向在第二、四象限,极小值的方向在第一、三象限,即

$$\varphi_E=139°41'(\text{或 } \varphi_E=319°41')$$

$$\varphi_F=49°41'(\text{或 } \varphi_F=229°41')$$

(2)求点位中误差,得

$$\sigma_P=\sqrt{E^2+F^2}=\sqrt{15.6500+5.1000}=4.56(\text{cm})$$

[范例 8-2]数据同[范例 8-1],试计算 $\psi=15°19'$ 方向上的位差。

解:(1)采用式(8-2-9)计算。因 $\varphi=\varphi_E+\psi=139°41'+15°19'=155°$,故有

$$\sigma_\varphi^2=\sigma_0^2Q_{\varphi\varphi}=\sigma_0^2(Q_{xx}\cos^2\varphi+Q_{yy}\sin^2\varphi+Q_{xy}\sin 2\varphi)$$

$$=5^2(0.4494\cos^2 155°+0.3806\sin^2 155°-0.2082\sin 310°)=14.9150$$

$$\sigma_\varphi=3.86\ \text{cm}$$

(2)采用式(8-2-22)计算。有

$$\sigma_\psi^2=E^2\cos^2\psi+F^2\sin^2\psi$$

$$=15.6500\cos^2 15°19'+5.1000\sin^2 15°19'=14.9150$$

$$\sigma_\psi=3.86\ \text{cm}$$

(二)实训

[实训 8-1]已知某平面控制网中待定点 P 的协因数矩阵为

$$\boldsymbol{Q_{XX}}=\begin{bmatrix}2.10 & -0.25\\ -0.25 & 1.60\end{bmatrix}$$

其单位为 $\text{dm}^2/('')^2$,单位权中误差 $\sigma_0=1.0''$。试求:

(1) E、F 和 φ_E 的值。

(2)点位误差 σ_P。

[实训 8-2]数据同[实训 8-1],试计算当 $\psi=12°$ 时的位差。

任务 8-3　误差曲线与误差椭圆

一、误差曲线

(一)误差曲线的概念

如图 8-7 所示,以待定点 P 为极点、ψ 为极角、σ_ψ 为极径的极坐标点的轨迹形成一条闭合曲线,这条曲线清楚地图解了各方向的位差。图 8-7 中 PI 的长度就是 P 点在 PI 方向上的位差。由图 8-7 可看出,闭合曲线关于两个极轴(E 轴和 F 轴)对称,通常称为点位误差曲线或点位精度曲线。

(二)误差曲线的应用

误差曲线在工程测量中有着广泛的应用,当控制网略图和待定点的误差曲线绘出后,可根

据该曲线图得到坐标平差值在任一方向的位差大小。图 8-8 为控制网中 P 点的点位误差曲线,A、B、C 为已知点。由图 8-8 可知

$$\left.\begin{array}{l}\sigma_{x_P}=\overline{Pa}\\ \sigma_{y_P}=\overline{Pb}\end{array}\right\},\quad \left.\begin{array}{l}\sigma_{\varphi_E}=\overline{Pc}=E\\ \sigma_{\varphi_F}=\overline{Pd}=F\end{array}\right\}$$

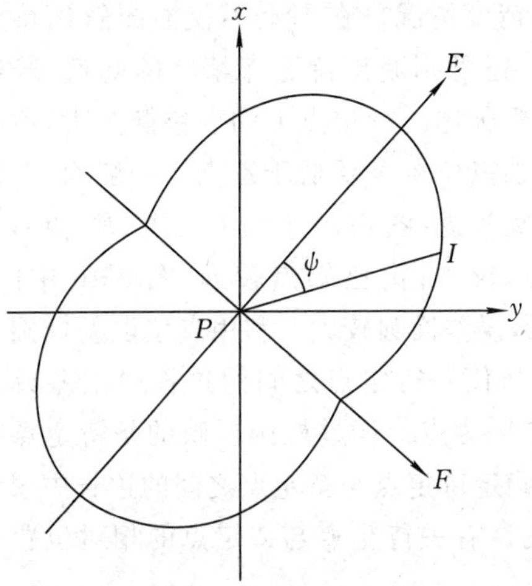

图 8-7　点位误差曲线

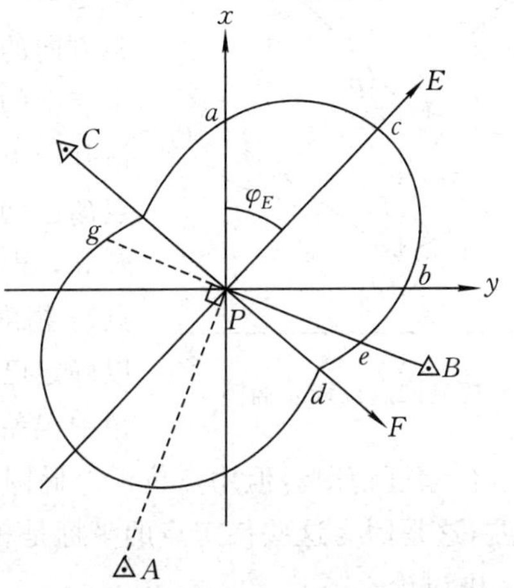

图 8-8　在误差曲线图上量取特定方向的位差

由该曲线图还可得到坐标平差值函数的中误差。例如,要想得到平差后方位角 α_{PA} 的中误差 $\sigma_{\alpha_{PA}}$,可先从图中量出垂直于 PA 方向的位差 $\overline{Pg}$,这是 $\overline{PA}$ 的横向误差 σ_u,并有

$$\sigma_{\alpha_{PA}}=\rho''\frac{\sigma_u}{S_{PA}}=\rho''\frac{\overline{Pg}}{S_{PA}} \tag{8-3-1}$$

式中,S_{PA} 为 PA 的长度;$\sigma_{\alpha_{PA}}$ 以(″)为单位。

二、误差椭圆

误差曲线绘制不太方便,实用价值不高,为此可用形状与误差曲线很相似、以 E 和 F 分别为长、短半轴的椭圆代替,如图 8-9 所示。

此椭圆称为点位误差椭圆,而 φ_E、E、F 称为点位误差椭圆的元素(参数)。误差椭圆与误差曲线的两个极值方向完全重合,其他各处两者差距很小,在点位误差椭圆上也可以图解出任意方向 ψ 的位差 σ_ψ。如图 8-9 所示,自椭圆做 ψ 方向的正交切线 QD,Q 为切点,D 为垂足,可以证明 $\sigma_\psi=\overline{PD}$。可以看出,与 $\overline{PD}$ 对应的在误差椭圆 ψ 方向上的向径为 $\overline{PD'}$,由于 $\overline{PD'}$ 与 $\overline{PD}$ 相差很小,在估算控制网精度时可近似应用。

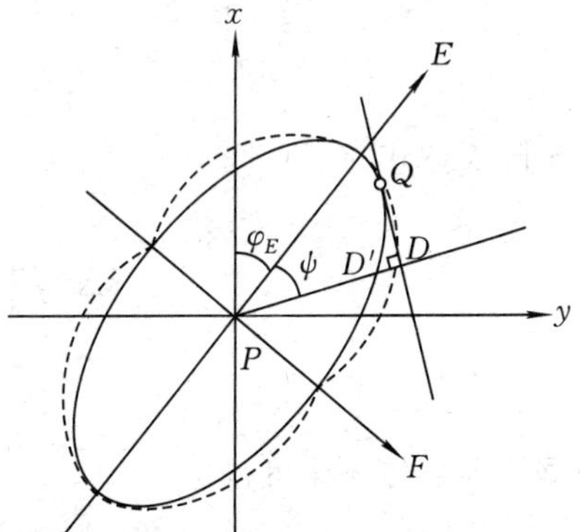

图 8-9　误差曲线与误差椭圆的差异

需要指出的是,在以上的讨论中,都是以一个待定点为例,说明了如何确定该点的点位误差椭圆或点位误差曲线。

如果控制网中有多个待定点,一般是将网中所有待定点的误差椭圆绘制在同一控制网略

图中,如图 8-10 所示。其绘制步骤是:第一步,根据网中已知点坐标值和待定点坐标平差值,按一定比例绘制成图;第二步,根据待定点坐标平差值的系数矩阵(一般采用间接平差法求算协因数矩阵),分别计算各待定点的误差椭圆参数 E、F、φ_E;第三步,选择合适的比例尺,在各待定点的位置上依次绘出其误差椭圆。

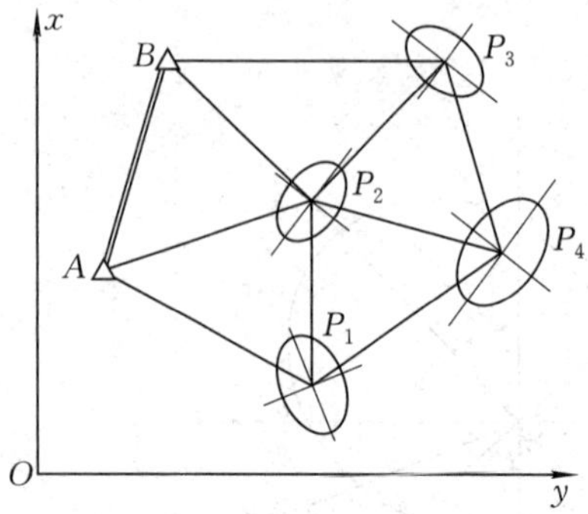

图 8-10 控制网点位误差椭圆

在误差椭圆图上,可以直观地看出在某个基准下各待定点的点位精度情况。在图上不仅能图解出待定点各方向的位差,还可判断出待定点精度的高低:若甲待定点上的误差椭圆比乙待定点上的误差椭圆大,说明在该基准下甲点的点位精度要低于乙点。一般而言,待定点离已知点距离较近(图 8-10 中的 P_1、P_2、P_3 点),精度较高,误差椭圆较小;离已知点较远(图 8-10 中的 P_4 点),精度较低,误差椭圆较大。利用点位误差椭圆还可以确定已知点与任一待定点之间的边长中误差或方位角中误差,这是因为点位误差椭圆反映的是待定点相对于已知点的点位精度情况。但用点位误差椭圆不能确定待定点与待定点之间的边长中误差或方位角中误差,这是因为这些待定点的坐标是相关的。有关待定点与待定点的相对位置误差将在任务 8-4 中讨论。

误差椭圆的理论和实践,常被用于精度要求较高的各种工程测量中(图 8-3 的地下隧道工程),近年来也有人将其应用在图像检测和模式识别的实践中,取得了令人满意的效果。

任务 8-4 相对误差椭圆

为了确定任意两个待定点之间相对位置的精度,需要进一步讨论两个待定点之间的相对误差椭圆。

一、坐标增量的协因数

设坐标系中有两个待定点为 P_i、P_k,这两点的相对位置可通过其坐标差来表示,即

$$\left.\begin{aligned}\Delta x_{ik}&=x_k-x_i\\\Delta y_{ik}&=y_k-y_i\end{aligned}\right\}\tag{8-4-1}$$

其矩阵表达式为

$$\begin{bmatrix}\Delta x_{ik}\\\Delta y_{ik}\end{bmatrix}=\begin{bmatrix}-1&0&1&0\\0&-1&0&1\end{bmatrix}\begin{bmatrix}x_i\\y_i\\x_k\\y_k\end{bmatrix}\tag{8-4-2}$$

根据协因数传播律可得

$$\left.\begin{aligned}Q_{\Delta x\Delta x}&=Q_{x_kx_k}+Q_{x_ix_i}-2Q_{x_kx_i}\\Q_{\Delta y\Delta y}&=Q_{y_ky_k}+Q_{y_iy_i}-2Q_{y_ky_i}\\Q_{\Delta x\Delta y}&=Q_{x_ky_k}-Q_{x_ky_i}-Q_{x_iy_k}+Q_{x_iy_i}\end{aligned}\right\}\tag{8-4-3}$$

可以看出，如果 P_i 和 P_k 两点中有一个点为不带误差的已知点，如假设 P_i 点为已知点，则有

$$Q_{\Delta x\Delta x}=Q_{x_kx_k},\ Q_{\Delta y\Delta y}=Q_{y_ky_k},\ Q_{\Delta x\Delta y}=Q_{x_ky_k}$$

这样，两点坐标差的协因数就等于待定点坐标的协因数，而这时绘出的误差椭圆就是待定点相对于已知点的点位椭圆。

二、相对误差椭圆参数

利用式(8-4-3)算出的协因数，参考点位误差椭圆的计算方法可解算相对误差椭圆的参数。令

$$K_{ik}=\sqrt{(Q_{\Delta x\Delta x}-Q_{\Delta y\Delta y})^2+4Q_{\Delta x\Delta y}^2} \tag{8-4-4}$$

则得到计算 P_i 和 P_k 两点间相对误差椭圆的三个参数的公式为

$$\left.\begin{aligned}E_{ik}^2&=\frac{1}{2}\sigma_0^2(Q_{\Delta x\Delta x}+Q_{\Delta y\Delta y}+K_{ik})\\F_{ik}^2&=\frac{1}{2}\sigma_0^2(Q_{\Delta x\Delta x}+Q_{\Delta y\Delta y}-K_{ik})\\\tan2\varphi_{0_{ik}}&=\frac{2Q_{\Delta x\Delta y}}{Q_{\Delta x\Delta x}-Q_{\Delta y\Delta y}}\end{aligned}\right\} \tag{8-4-5}$$

相对误差椭圆的绘制方法可仿照点位误差椭圆的方法进行。二者的不同在于：点位误差椭圆一般以待定点中心为极点绘制，而相对误差椭圆以两个待定点连线的中心点为极点绘制。

三、利用相对误差椭圆参数计算待定点间距离相对中误差和方位角中误差

实际测量生产中，经常需要知道相邻控制点间距离相对中误差和方位角中误差。设两点为 P_i 及 P_k，其距离为 S_{ik}，方位角为 α_{ik}。则

$$\psi_{ik}=\alpha_{ik}-\varphi_{E_{ik}}$$

$$\sigma_{S_{ik}}^2=E_{ik}^2\cos^2\psi_{ik}+F_{ik}^2\sin^2\psi_{ik}$$

可得边长相对中误差为

$$K=\frac{\sigma_{S_{ik}}}{S_{ik}}$$

P_i 及 P_k 的横向误差设为 $\sigma_{u_{ik}}$，则有

$$\sigma_{u_{ik}}^2=E_{ik}^2\cos^2(\psi_{ik}+90°)+F_{ik}^2\sin^2(\psi_{ik}+90°)$$

由于 $\sigma_{u_{ik}}=\frac{1}{\rho''}S_{ik}\sigma_{\alpha_{ik}}$，可得方位角中误差为

$$\sigma_{\alpha_{ik}}=\frac{\sigma_{u_{ik}}}{S_{ik}}\rho''$$

四、技能训练——计算点位误差椭圆和相对误差椭圆参数

(一)范例

[范例 8-3]如图 8-11 所示，在测边网中，设待定点 P_1、P_2 的坐标为未知参数，采用间接平差法算得协因数矩阵，即法方程系数矩阵的逆矩阵，为

$$
\boldsymbol{Q}_{XX}=\boldsymbol{N}_{BB}^{-1}=\begin{bmatrix} 0.2677 & 0.1267 & -0.0561 & 0.0806 \\ 0.1267 & 0.7569 & -0.0684 & 0.1626 \\ -0.0561 & -0.0684 & 0.4914 & 0.2106 \\ 0.0806 & 0.1626 & 0.2106 & 0.8624 \end{bmatrix}
$$

平差后,计算得到的单位权中误差为 $\sigma_0=\sqrt{4.5}$ cm,P_1、P_2 的坐标方位角为 $\alpha_{12}=90°$,边长为 $S_{12}=2.4$ km。试求:

(1) P_1 点的误差椭圆参数。

(2) P_2 点的误差椭圆参数。

(3) P_1、P_2 两点间的相对误差椭圆参数。

(4) P_1、P_2 两点间的边长相对中误差和方位角中误差。

(5) 按一定的比例绘出待定点 P_1、P_2 的误差椭圆及相对误差椭圆。

解:(1)计算 P_1 点的误差椭圆参数。依题意可得

$$K_1=\sqrt{(Q_{x_1x_1}-Q_{y_1y_1})^2+4Q_{x_1y_1}^2}=0.5509$$

$$E_1^2=\frac{1}{2}\hat{\sigma}_0^2(Q_{x_1x_1}+Q_{y_1y_1}+K_1)=3.5449$$

$$F_1^2=\frac{1}{2}\hat{\sigma}_0^2(Q_{x_1x_1}+Q_{y_1y_1}-K_1)=1.0658$$

解得

$$E_1=1.9\ \text{cm},\ F_1=1.0\ \text{cm}$$

设待定点 P_1 任意位差方向为 φ_0,可得

$$\tan2\varphi_0=\frac{2Q_{x_1y_1}}{Q_{x_1x_1}-Q_{y_1y_1}}=\frac{2\times0.1267}{0.2677-0.7569}=-0.5180$$

解得 $2\varphi_0=332°36'58''$(或 $2\varphi_0=152°36'58''$),$\varphi_0=166°18'$(或 $\varphi_0=76°18'$)。因 $Q_{xy}>0$,可知 $\varphi_{E_1}=76°18'$(或 $\varphi_{E_1}=256°18'$)。

(2)计算 P_2 点的误差椭圆参数。同步骤(1) 的算法,得

$$K_2=0.5613$$

$$E_2=2.1\ \text{cm},\ F_2=1.3\ \text{cm}$$

$$\varphi_{E_2}=65°41'$$

(3)计算 P_1 与 P_2 两点间相对点位误差椭圆的三个参数,即

$$\left.\begin{aligned} Q_{\Delta x\Delta x}&=Q_{x_1x_1}+Q_{x_2x_2}-2Q_{x_1x_2}=0.8713 \\ Q_{\Delta y\Delta y}&=Q_{y_1y_1}+Q_{y_2y_2}-2Q_{y_1y_2}=1.2941 \\ Q_{\Delta x\Delta y}&=Q_{x_1y_1}-Q_{x_1y_2}-Q_{x_2y_1}+Q_{x_2y_2}=0.3251 \end{aligned}\right\}$$

$$E_{12}=2.6\ \text{cm},\ F_{12}=1.8\ \text{cm}$$

而相对误差椭圆的 E 轴方向为

$$\varphi_{E_{12}}=61°31'$$

根据以上数据即可绘出 P_1、P_2 两点的点位误差椭圆,以及 P_1、P_2 两点间的相对误差椭圆。在绘制误差椭圆前,先按一定的比例尺绘制控制网略图(图 8-11),然后再按求出的参数,以一定的比例尺,分别以 P_1、P_2 两点为极绘制点位误差椭圆,并以 P_1P_2 连线的中点 O 为极绘

制两点间的相对误差椭圆，如图 8-12 所示。

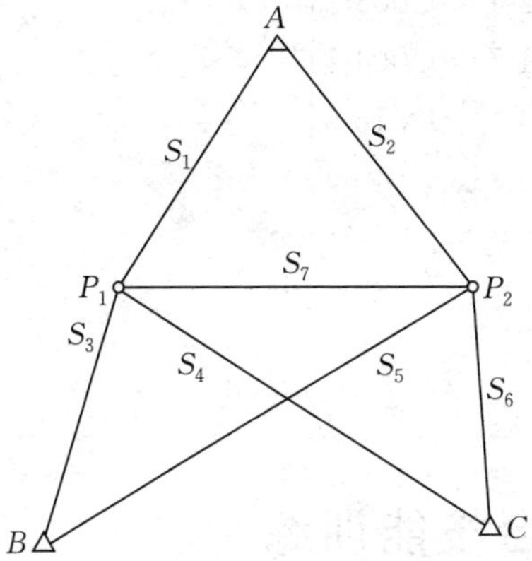

图 8-11　测边网

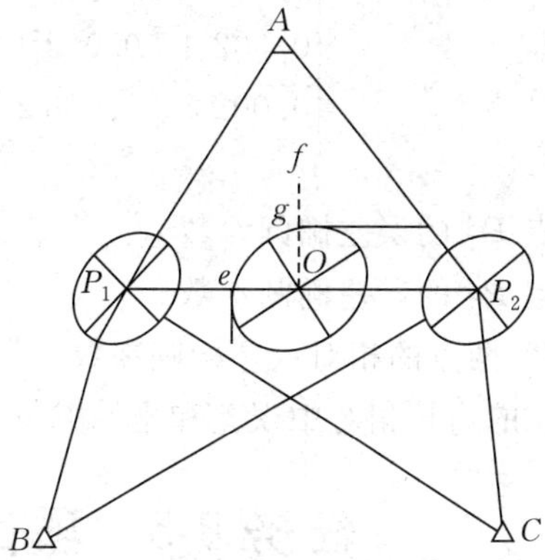

图 8-12　测边网点位误差椭圆和相对误差椭圆

(4)计算 P_1、P_2 两点间的边长相对中误差和方位角中误差，即

$$\psi_{12}=\alpha_{12}-\varphi_{E_{12}}=90°-61°31'=28°29'$$

$$\begin{aligned}\sigma_{S_{12}}&=\sqrt{E_{12}^2\cos^2\psi_{12}+F_{12}^2\sin^2\psi_{12}}\\&=\sqrt{2.6^2\cos^2 28°29'+1.8^2\sin^2 28°29'}\\&=2.44(\text{cm})\end{aligned}$$

$$\frac{\sigma_{S_{12}}}{S_{12}}=\frac{1}{98\ 361}$$

$$\begin{aligned}\sigma_{u_{12}}&=\sqrt{E_{12}^2\cos^2(\psi_{12}+90°)+F_{12}^2\sin^2(\psi_{12}+90°)}\\&=\sqrt{2.6^2\cos^2 118°29'+1.8^2\sin^2 118°29'}\\&=2.0(\text{cm})\end{aligned}$$

$$\sigma_{\alpha_{12}}=\frac{\sigma_{u_{12}}}{S_{12}}\rho''=1.7''$$

实际生产中，特别是在控制网的优化设计时，为了精度分析的直观方便，常常采用图解法，即在 P_1、P_2 两点间的相对误差椭圆上，量取所需要的任意方向上的位差大小。例如，要确定 P_1、P_2 两点间的边长 S_{12} 的中误差，则可做 P_1、P_2 连线的垂线，并使垂线与相对误差椭圆相切，则垂足 e 至中心 O 的长度 Oe 即为 $\sigma_{S_{12}}$。同样，也可以量出与 P_1P_2 连线相垂直方向 Of 的垂足 g，则 Og 就是 P_1P_2 边的横向位差 $\sigma_{u_{12}}$，进而可以求出 P_1P_2 边的方位角误差 $\sigma_{\alpha_{12}}$。

(二)实训

[实训 8-3]如图 8-13 所示，在测角网中，A、B、C 为已知点，坐标分别为 A (1 489.984，13.081)、B (2 293.970，213.689)、C (1 172.182，1 554.285)，平差后求得待定点 P_1、P_2 的坐标分别为 P_1(1 646.774，498.685)、P_2(612.699，595.748)，坐标单位均为 m，单位权中误差为 $\sigma_0=1.3''$，未知参数的协因数矩阵[系数矩阵单位为 $\text{dm}^2/('')^2$]为

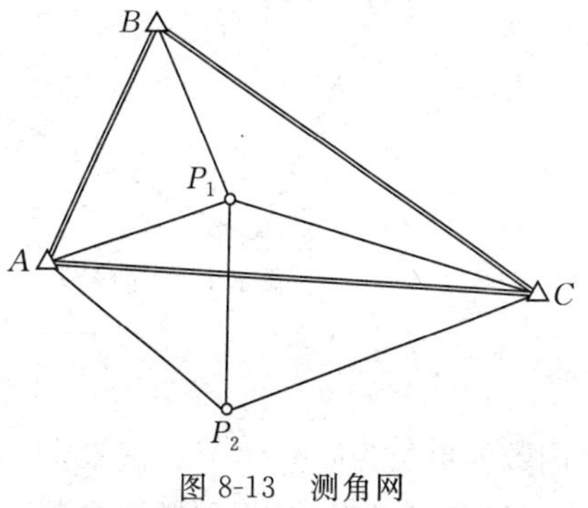

图 8-13　测角网

$$\begin{bmatrix} 0.0121 & 0.0044 & 0.0023 & 0.0025 \\ 0.0044 & 0.0161 & 0.0024 & 0.0032 \\ 0.0023 & 0.0024 & 0.0117 & 0.0041 \\ 0.0025 & 0.0032 & 0.0041 & 0.0169 \end{bmatrix}$$

试求：

(1)待定点 P_1 的误差椭圆参数。

(2)待定点 P_2 的误差椭圆参数。

(3) P_1、P_2 两点的相对误差椭圆参数。

(4) P_1P_2 的边长相对中误差和坐标方位角中误差。

任务 8-5 项目综合技能训练

一、范例

参见本项目前面的相关范例。

二、实训

[实训 8-4]如图 8-14 所示，已知 $x_A=4\ 578.67$ m，$y_A=3\ 956.74$ m，$\alpha_{AB}=345°18'00''$。为确定 P 点的位置，进行如下观测：$\beta=89°15'42''\pm4''$，$S=600.150$ m±10 mm。试用两种方法计算 P 点位差的极大值及其方向。

[实训 8-5]在修建水电站时，常常需要根据附近的控制点测设水轮机的轴线位置。如图 8-15 所示，欲在控制点 A、B、C 中插入两待定点(位于 1 号水轮机轴线上)和(位于 2 号水轮机轴线上)。已知单位权中误差 $\sigma_0=5.0''$，P_1 和 P_2 两点的坐标平差参数协因数矩阵为

$$Q_{XX}=\begin{bmatrix} 0.0045 & -0.0021 & -0.0010 & -0.0016 \\ -0.0021 & 0.0038 & 0.0025 & 0.0029 \\ -0.0010 & 0.0025 & 0.0071 & 0.0033 \\ -0.0016 & 0.0029 & 0.0033 & 0.0038 \end{bmatrix}$$

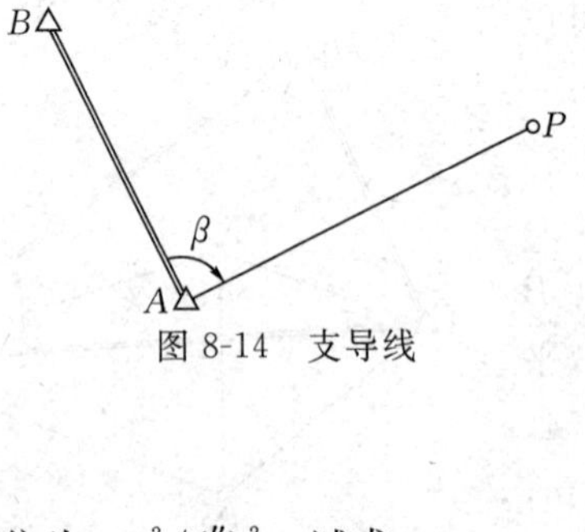

图 8-14 支导线

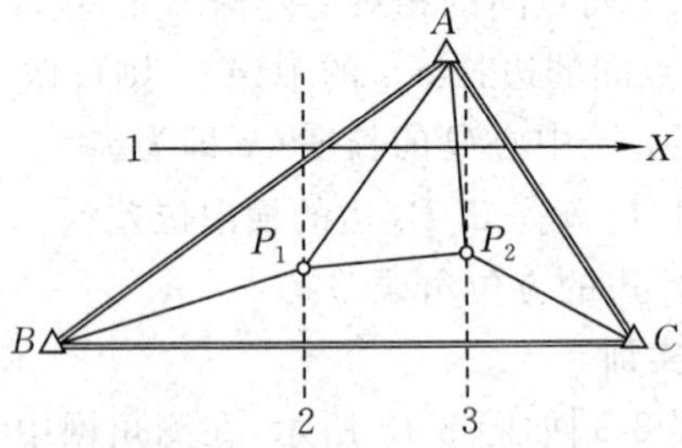

1—大坝轴线，即施工坐标系的 X 轴；

2—1 号水轮机的轴线；

3—2 号水轮机的轴线。

图 8-15 水轮机的轴线测设

协因数的单位为 $cm^2/('')^2$。试求：

(1)待定点 P_1 的误差椭圆参数。

(2)待定点 P_2 的误差椭圆参数。

(3) P_1、P_2 的相对误差椭圆参数。

(4) P_1P_2 边的边长相对中误差和坐标方位角中误差。

(5)设 $\alpha_{12}=359°39'$，试绘出 P_1、P_2 的误差椭圆及相对误差椭圆，并在图上量出 P_1P_2 边的中误差。

项目小结

本项目介绍了点位误差椭圆和两点间相对误差椭圆的原理和用途。在测量工作中，特别在精度要求较高的工程测量中，往往利用点位误差椭圆对布网方案进行精度分析。一方面，在确定点位误差椭圆的三个元素 φ_E、E 和 F 时，除了单位权中误差 σ_0 外，只需要知道各个待定点的协因数 Q_{ii} 大小，而待定点的协因数矩阵 $\boldsymbol{Q}_{XX}$ 是相应平差问题的法方程式系数矩阵的逆矩阵。当在适当比例尺的地形图上设计了控制网的点位以后，可以从图上量取各边边长和方位角的概略值，根据这些数据可以算出误差方程的系数，而观测值的权则可根据需要事先确定，从而可以求出该网待定点的协因数矩阵 $\boldsymbol{Q}_{XX}$。另一方面，根据设计中选定的观测仪器确定单位权中误差 σ_0 的大小，从而估算 φ_E、E 和 F 等的数值。如果估算的结果符合工程建设对控制网提出的精度要求，则可认为该设计方案是可采用的；否则，应改变设计方案，重新估算，以达到预期的精度要求。有时也可以根据不同设计方案的精度要求，同时综合考虑其他各种因素，如建网的经费开支、施测工期的长短、布网的难易程度等，在满足精度要求的前提下，从中选择最优的布网方案。

一、重点和难点

(一)重点

本项目的重点有：点位误差，任意方向 φ 的位差，点位误差椭圆，相对误差椭圆的计算。

(二)难点

本项目的难点有：点位误差、任意方向 φ 的位差的概念及相互关系，点位误差椭圆与相对误差椭圆的异同点。

二、主要计算公式

(一)点位中误差

点位中误差计算式为

$$\sigma_P^2=\sigma_x^2+\sigma_y^2,\ \sigma_P^2=\sigma_s^2+\sigma_u^2$$

(二)待定点纵、横坐标中误差

待定点纵、横坐标中误差为

$$\sigma_x^2=\sigma_0^2\ \frac{1}{p_x}=\sigma_0^2Q_{xx}$$

$$\sigma_y^2=\sigma_0^2\ \frac{1}{p_y}=\sigma_0^2Q_{yy}$$

(三)任意方向 $\boldsymbol{\varphi}$ 上的位差

任意方向 φ 上的位差为

$$\sigma_{\varphi}^{2}=\sigma_{0}^{2}Q_{\varphi\varphi}=\sigma_{0}^{2}(Q_{xx}\cos^{2}\varphi+Q_{yy}\sin^{2}\varphi+Q_{xy}\sin2\varphi)$$

(四)误差椭圆

(1)位差的极大值 E、极小值 F 分别为

$$K=\sqrt{(Q_{xx}-Q_{yy})^{2}+4Q_{xy}^{2}}$$

$$E^{2}=\sigma_{0}^{2}Q_{EE}=\frac{1}{2}\sigma_{0}^{2}(Q_{xx}+Q_{yy}+K)$$

$$F^{2}=\sigma_{0}^{2}Q_{FF}=\frac{1}{2}\sigma_{0}^{2}(Q_{xx}+Q_{yy}-K)$$

(2)极值方向 φ_0 的计算式为

$$\tan2\varphi_{0}=\frac{2Q_{xy}}{Q_{xx}-Q_{yy}}$$

当 $Q_{xy}>0$ 时,极大值在第一、三象限($\tan\varphi_0>0$),极小值在第二、四象限($\tan\varphi_0<0$);当 $Q_{xy}<0$ 时,极大值在第二、四象限($\tan\varphi_0<0$),极小值在第一、三象限($\tan\varphi_0>0$)。

(五)用极值表示任意方向 ψ 的位差

$$\sigma_{\psi}^{2}=E^{2}\cos^{2}\psi+F^{2}\sin^{2}\psi$$

(六)相对误差椭圆

(1)坐标增量的协因数为

$$Q_{\Delta x\Delta x}=Q_{x_kx_k}+Q_{x_ix_i}-2Q_{x_kx_i}$$

$$Q_{\Delta y\Delta y}=Q_{y_ky_k}+Q_{y_iy_i}-2Q_{y_ky_i}$$

$$Q_{\Delta x\Delta y}=Q_{x_ky_k}-Q_{x_ky_i}-Q_{x_iy_k}+Q_{x_iy_i}$$

(2)相对误差椭圆参数为

$$E_{ik}^{2}=\frac{1}{2}\sigma_{0}^{2}(Q_{\Delta x\Delta x}+Q_{\Delta y\Delta y}+K_{ik})$$

$$F_{ik}^{2}=\frac{1}{2}\sigma_{0}^{2}(Q_{\Delta x\Delta x}+Q_{\Delta y\Delta y}-K_{ik})$$

$$\tan\varphi_{0_{ik}}=\frac{2Q_{\Delta x\Delta y}}{Q_{\Delta x\Delta x}-Q_{\Delta y\Delta y}}$$

思考与练习题

1. 式(8-2-9)中的 σ_φ 的含义是什么? 式(8-2-21)中的 σ_ψ 的含义又是什么? σ_φ 与 σ_ψ 之间有何关系?

2. 当用公式 $\tan2\varphi_0=\frac{2Q_{xy}}{Q_{xx}-Q_{yy}}$ 算出 φ_0 后,如何确定位差的极大值方向 φ_E 与极小值方向 φ_F?

3. 如何绘制误差曲线? 试举例说明从误差曲线上可以求出哪些量的中误差?

4. 如何根据点位误差椭圆确定点位在任意方向上的位差?

5. φ、φ_E、ψ 各是怎样定义的? 它们三者有何关系?

6. 如何计算相对误差椭圆的三个参数?

7. 为什么说用点位中误差表示点位精度是有缺陷的？

8. 怎样在相对误差椭圆上图解两待定点的相对位置精度？

9. 为了测定图 8-16 中 P_1、P_2 点的坐标，进行等精度观测，已知 $\sigma_0=0.79''$。设 P_1、P_2 坐标改正数分别为 δ_{x_1}、δ_{y_1}、δ_{x_2}、δ_{y_2}，其法方程为

$$909.8\delta_{x_1}+107.8\delta_{y_1}-427.1\delta_{x_2}-172.5\delta_{y_2}-92.4=0$$
$$107.8\delta_{x_1}+489.5\delta_{y_1}-177.3\delta_{x_2}-142.8\delta_{y_2}+43.0=0$$
$$-427.1\delta_{x_1}-177.3\delta_{y_1}+716.1\delta_{x_2}+60.7\delta_{y_2}+52.1=0$$
$$-172.5\delta_{x_1}-142.8\delta_{y_1}+60.7\delta_{x_2}+445.4\delta_{y_2}-1.1=0$$

试求 P_2 点的点位误差。

10. 在测定 P 点坐标的等精度观测中，已知 $\sigma=3.2''$。设 P 点坐标改正数为 δ_x、δ_y，其法方程为

$$140.8\delta_x-51.8\delta_y+49.7=0$$
$$-51.8\delta_x+68.1\delta_y+11.1=0$$

试求 P 点的点位中误差。

11. 如图 8-17 所示，P_1、P_2 两点间为一山头，有一条铁路在此经过，要在 P_1、P_2 两点间开掘隧道，要求在贯通方向和重要方向上的误差不超过 0.5 m 和 0.25 m。根据实地勘查，在地形图上设计专用贯通测量控制网，A、B 为已知点，P_1、P_2 为待定点。根据原有测量资料，已知 A、B 的坐标，在地形图上量得 P_1、P_2 的近似坐标(表 8-1)，设计按三等控制网要求观测所有的 9 个角度。设其单位权中误差 $\sigma=1''$，试估算设计的控制网精度能否达到要求，并绘出待定点 P_1、P_2 的点位误差椭圆和相对误差椭圆。

表 8-1　已知点坐标和待定点近似坐标

点名	A	B	P_1	P_2
x/m	8 986.687	13 737.375	10 122.12	6 642.27
y/m	5 705.036	10 507.928	10 312.47	14 711.75

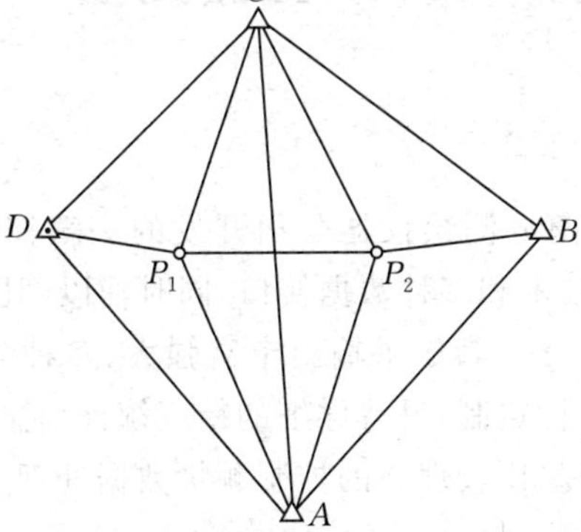

图 8-16　9 题图

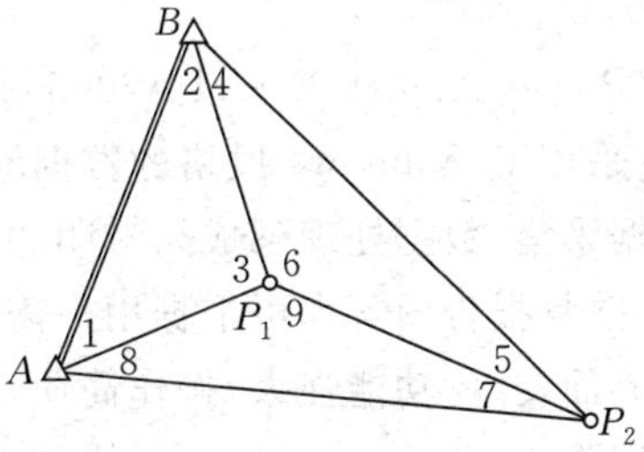

图 8-17　11 题图

项目九　测量数据处理软件的应用

［项目概要］

工程控制网的平差工作主要包括条件方程或误差方程的列立、法方程的组成与解算、精度评定三个方面，其特点是计算工作量大、过程烦琐，手工解算费工费时且容易出错。若采用数据处理软件进行上述工作，则有事半功倍的效果。

随着测量数字化技术和计算机技术的发展，许多测绘企业一直在积极地研制和推广测量数据自动处理系统，并取得了很好的成果。目前，国内比较有代表性的测量数据处理软件有南方平差易 PA2005、科傻 COSAWIN 和清华山维 NASEW 等，这些软件各有特点，而其编制思想则大同小异。本项目主要介绍南方平差易 PA2005 和科傻 COSAWIN 的应用。

［学习目标］

(1)知识目标：①了解工程控制网在不同行业、不同类型规范中的精度指标，以便据此进行有效、合理的质量控制；②熟悉南方平差易 PA2005 数据处理软件和科傻 COSAWIN 数据处理软件进行工程控制网平差的方法和步骤；③严格按照规范作业，确保数据来源的原始性和成果的可靠性。

(2)技能目标：①能够应用测量数据处理软件独立完成导线网、水准网和三角网的数据处理和平差计算；②能够应用所学的误差理论知识对平差结果进行误差分析，并正确评定控制网成果的质量。

(3)素养目标：①在使用软件时注重养成规范操作的工作习惯、耐心细致的工作作风和精益求精的工匠精神；②注重培养运用误差理论分析控制网误差及来源、正确评定观测成果精度和质量的技术素养。

任务 9-1　南方平差易 PA2005 数据处理

一、南方平差易 PA2005 简介

平差易(Power Adjust 2005，PA2005)是由南方测绘仪器公司开发的一款控制测量数据处理软件，它采用了 Windows 风格的数据输入技术和多种数据接口，同时辅以网图动态显示，实现了从数据采集、数据处理到成果打印的一体化。其成果输出丰富强大、多种多样，平差报告完整详细，并且报告内容也可根据用户需要自行定制，另有详细的精度统计信息和网形分析信息等。其界面友好，功能强大，操作简便，是一款比较理想的控制测量数据处理工具。

(一)主界面

启动后即可进入平差易的主界面(图 9-1)。主界面中包括主工作区顶部下拉菜单和工具条。

1. 主工作区

主工作区分为三部分，分别为控制点信息区、观测数据信息区、控制网图显示区。如图 9-1 所示，左上方为控制点信息区，在此区可完成控制点(包括已知控制点和待定控制点)相

关信息的输入，同时在计算过程中能适时显示控制点的坐标近似值和平差值；左下方为观测数据信息区，在此区可以测站为单元，通过手工的方式将控制网的观测数据及相关信息逐一输入，也能显示通过数据文件读入的观测数据信息；右侧为控制网图显示区，在此区可适时显示控制网略图，也可在平差完成后根据需要依比例显示点位误差椭圆图或相对误差椭圆图，还可显示全面反映平差成果的平差报告。

2. 下拉菜单

PA2005 的功能都包含在顶部的下拉菜单中，可以通过操作 PA2005 下拉菜单来完成平差计算的所有工作。如图 9-1 所示，下拉菜单包括以下内容。

(1)“文件”包括新建、保存、读入及导出、打印等功能。

(2)“编辑”包括查找记录、删除记录功能。

(3)“平差”包括控制网属性、计算方案、闭合差计算、坐标推算、选择概算和平差计算等功能。

(4)“成果”包括精度统计、图形分析、输出 CASS 坐标文件、输出到 WORD、输出平差略图、输出闭合差等功能。当没有平差结果时该菜单项为灰色。

(5)“窗口”包括平差报告、网图显示、报表显示比例、平差属性、网图属性等功能。

(6)“工具”包括坐标换算、解析交会、大地正反算、坐标反算等功能。

(7)“帮助”。

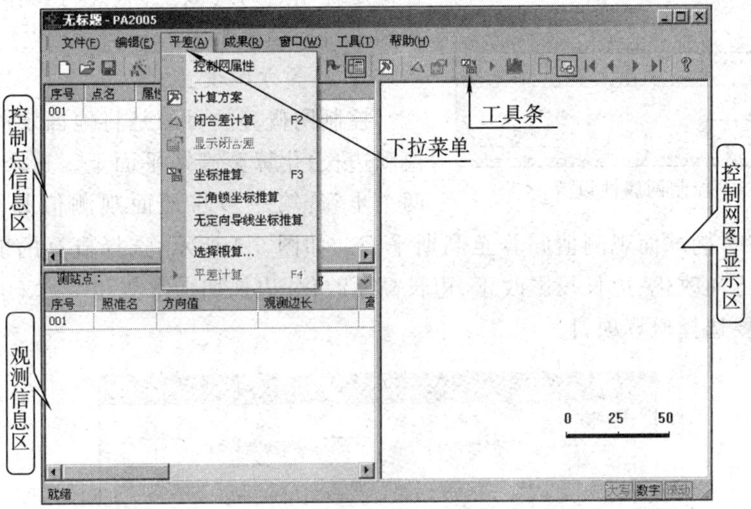

图 9-1　PA2005 主界面

3. 工具条

如图 9-1 所示，工具条位于顶部下拉菜单的下方，包括保存、打印、视图显示、平差和查看平差报告等功能。

(二)控制网平差过程

用 PA2005 进行控制网平差的作业流程如图 9-2 所示。

1. 控制网数据输入

控制网的数据输入分数据文件读入和直接键入两种。凡符合 PA2005 文件格式(格式内容详见说明书)的数据均可直接读入，读入后 PA2005 自动推算坐标和绘制网图。PA2005 为手工数据键入提供了一个电子表格,以“测站”为基本单元进行操作,键入过程中 PA2005 将自动推算其近似坐标和绘制网图。

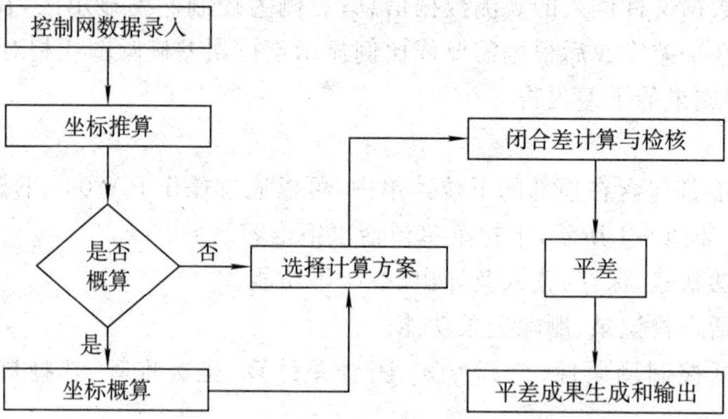

图 9-2 PA2005 平差计算流程

2. 控制网属性设置

控制网属性可根据测量作业的相关信息设置,如图 9-3 所示。

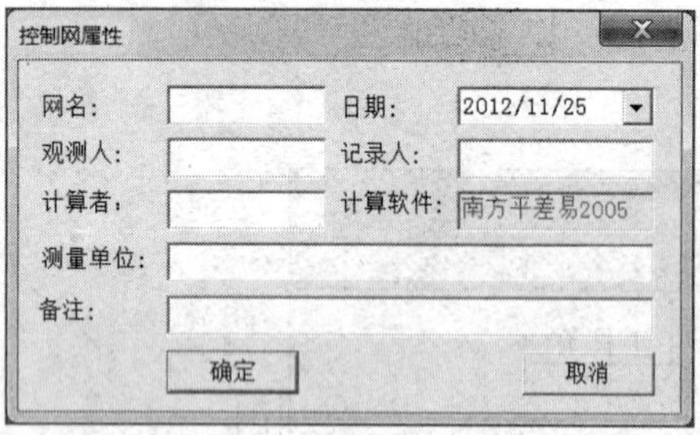

图 9-3 控制网属性设置

3. 待定点坐标推算

根据已知控制点坐标和观测数据推算控制网各待定控制点的近似坐标,并将其作为构成动态网图和进行控制网平差的基础。

4. 概算方案设置

控制网概算的目的是将地面观测值(水平方向值和边长)化算至高斯平面上。这个化算通常分为两个步骤:第一步将地面观测值归算至参考椭球面;第二步将参考椭球面观测值归算至高斯平面。如图 9-4 所示,选择概算的项目有:归心改正、气象改正、方向改化、边长投影改正、边长高斯改化、边长加乘常数和 Y 含 500 km。平差计算时可根据需要选择概算项目。

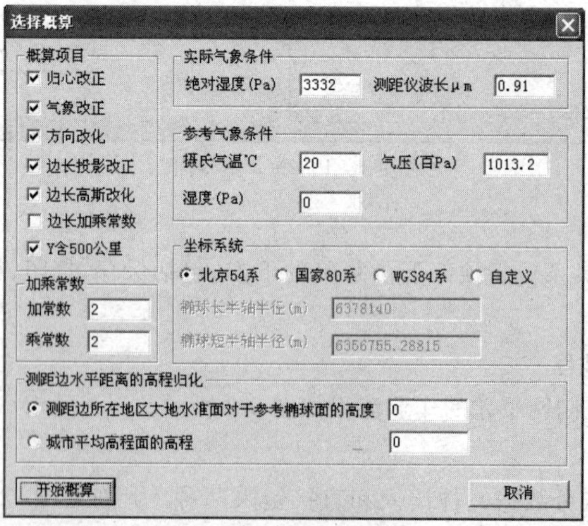

图 9-4 概算方案设置

(1)归心改正：根据归心元素对控制网中的相应方向进行归心计算。PA2005 中只有在输入了测站偏心或照准偏心的偏心角和偏心距等信息时才能够进行此项改正。如没有进行偏心测量，则概算时就不进行此项改正。

(2)气象改正：就是改正测量时温度、气压和湿度等因素对测距边的影响。注意：如果外业作业时已经对边长进行了气象改正或忽略气象条件对测距边的影响，那么就不用选择此项改正。如果选择了气象改正就必须输入每条观测边的温度和气压值，否则要将每条边的温度和气压分别视为零来处理。

(3)方向改化：将椭球面上方向值归算到高斯平面上。

(4)边长投影改正有两种方法：一种是已知测距边所在地区大地水准面对于参考椭球面的高度而对测距边进行投影改正，另一种则是将测距边投影到城市平均高程面的高程上。

(5)边长高斯改化有两种方法，由“测距边水平距离的高程归化”的选择而决定。

(6)边长加乘常数改正：利用测距仪的加乘常数对测边进行改正。

(7)Y 含 500 km：若 Y 坐标包含了 500 km 常数，则在进行高斯改化时，软件将 Y 坐标减去 500 km 后再进行相关的改化和平差。

(8)坐标系统包括“北京 54 系”(1954 北京坐标系)、“国家 80 系”(1980 西安坐标系)、“WGS-84 系”(1984 世界大地坐标系)及“自定义”选项。

5. 计算方案设置

计算方案包括选择控制网的等级、参数和平差方法，如图 9-5 所示。对于同时包含了平面数据和高程数据的控制网，如三角网和三角高程网并存的控制网，一般先进行平面网数据处理，再进行高程数据处理。这样，在高程网处理时 PA2005 会使用已经较准确的平面数据，如距离等。

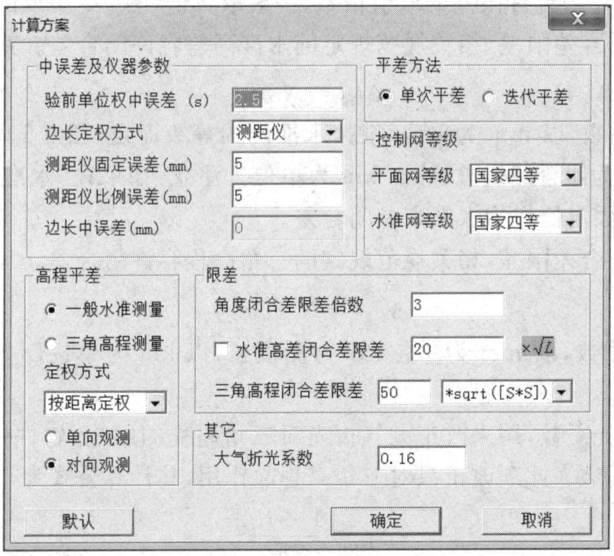

图 9-5　计算方案设置

(1)选择平面控制网等级及验前单位权中误差。PA2005 提供的平面控制网等级有国家二等、国家三等、国家四等，城市一级、城市二级，图根及自定义。取测角中误差作为验前单位权中误差，验前单位权中误差与控制网等级是一一对应的，当选择自定义时，验前单位权中误差可任意输入。图 9-5 中为国家四等平面网,验前单位权中误差为 2.5″。

(2)根据实际情况选择边长定权方式,包括测距仪、等精度观测和自定义。

——测距仪:通过“测距仪固定误差”和“测距仪比例误差”计算边长的权。“测距仪固定误差”和“测距仪比例误差”是测距仪的检测常数,是根据测距仪的实际检测数值(单位为 mm)输入的(此值不能为零或空)。

——等精度观测:各条边的观测精度相同,权也相同。

——自定义:自定义边长中误差。此中误差为整个网的边长中误差,它可以通过每条边的中误差来计算。

(3)选择平差方法,包括平面控制网平差和高程控制网平差。

——平面控制网平差包括:①“单次平差”,进行一次普通平差,不进行粗差分析;②“迭代平差”,不修改权而仅由新坐标修正误差方程。

——高程控制网平差包括“一般水准测量平差”和“三角高程测量平差”。当选择“一般水准测量平差”时,其定权方式包括:①“按距离定权”,按照测段的距离来定权;②“按测站数定权”,按照测段内的测站数或设站数来定权,在观测数据信息区的“观测边长”框中输入测站数。注意:软件中观测边长和测站数不能同时存在。另外,高程控制网平差存在两种观测方式:①“单向观测”,每一条边只测一次,一般只有直觇没有反觇;②“对向观测”,每一条边都要往返测,既有直觇又有反觇。注意:“单向观测”和“对向观测”只在高程平差时有效。

(4)计算闭合差限差。

——水平角闭合差限差,相关规范规定的水平角容许闭合差。其计算式为

$$\Delta_{\beta限}=M\sigma_0\sqrt{n}$$

式中,σ_0 为单位权中误差;n 为附合或闭合导线的折角数,三角网的单三角形可看成水平折角数为 3 的闭合导线;M 为容许限差的取值倍数,一般取 2 倍,图 9-5 中取的是 3 倍。

——水准高差闭合差限差,相关规范规定的水准高差容许闭合差。其计算公式为

$$\Delta_{h限}=N\sqrt{L}$$

式中,N 为可变的系数,以 mm 为单位,根据水准网的等级而定,图 9-5 所示为国家四等水准网,$N=20$ mm;L 为闭合路线总长,以 km 为单位。注意:如果在“水准高差闭合差限差”前打“√”,可输入一个固定值作为水准高差闭合差。

——三角高程闭合差限差,相关规范规定的三角高程容许闭合差。其计算公式为

$$\Delta_{H限}=N\sqrt{[S^2]}$$

式中,N 为可变的系数,以 mm 为单位;S 为测段长,以 km 为单位,$[S^2]$ 为测段距离的平方和。

(5)确定大气折光系数,用来改正大气折光对三角高程的影响,软件中的“大气折光系数”是指大气垂直折光系数。此项改正只对三角高程起作用,其计算公式为

$$\Delta_H=\frac{1-K}{2R}S^2$$

式中,K 为大气垂直折光系数(一般为 0.10~0.14);S 为两点之间的水平距离;R 为地球曲率半径。

6. 闭合差计算与检核

根据观测值和计算方案中的设定参数来计算控制网的闭合差和限差,以此来检查控制网

的角度闭合差或高差闭合差是否超限，同时检查分析观测粗差或误差。

如图 9-6 所示，左边的闭合差计算结果与右边的控制网图是动态相连的，它将数和图有机地结合在一起，使计算更加直观、检测更加方便。

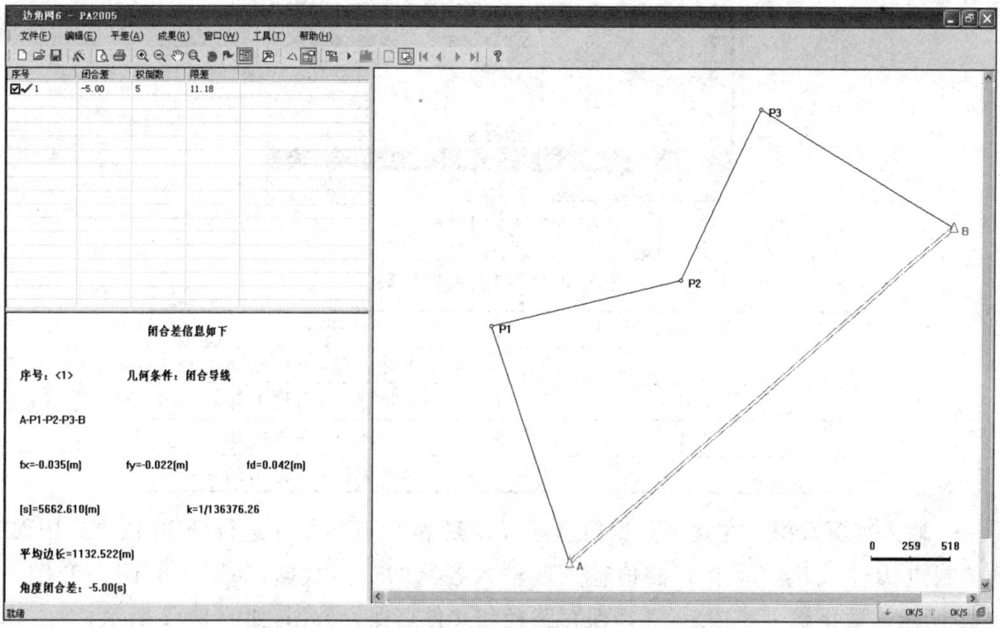

图 9-6　闭合差计算

图 9-6 中左边闭合差计算结果中各列含义如下：

(1)“闭合差”，表示该导线或导线网的观测角度闭合差。

(2)“权倒数”，即导线测角的个数。

(3)“限差”，其值为权倒数开方、限差倍数和单位权中误差(平面网为测角中误差)的乘积。

对导线网，闭合差信息区包括 f_x、f_y、f_d、K、最大边长、平均边长及角度闭合差等信息。若为无定向导线，则无 f_x、f_y、f_d、K 等项。闭合导线中若边长或角度输入不全也没有 f_x、f_y、f_d、K 等项。

在闭合差计算过程中“序号”前面的“!”表示该导线或网的闭合差超限，“√”表示该导线或网的闭合差合格，“×”则表示该导线没有闭合差。

7. 平差计算

在控制网闭合差满足精度要求后，即可按照确定的计算方案进行平差、求算待定点坐标平差值并评定控制网精度。

8. 平差成果的生成和输出

平差成果主要有平差报告、控制网略图等，可打印输出并提交。

二、导线网平差计算

[例 9-1][范例 5-1]为单一附合导线(图 5-4)，已知起算数据和观测数据分别见表 5-2、表 5-3，试完成其平差计算。

解：(1)控制网数据输入。本例为手工键入数据。PA2005 为手工键入数据提供了一个电子表格。

——输入控制点数据。在控制点信息区输入各控制点点名、属性及坐标,如图 9-7 所示。PA2005 控制点属性代码含义见表 9-1。

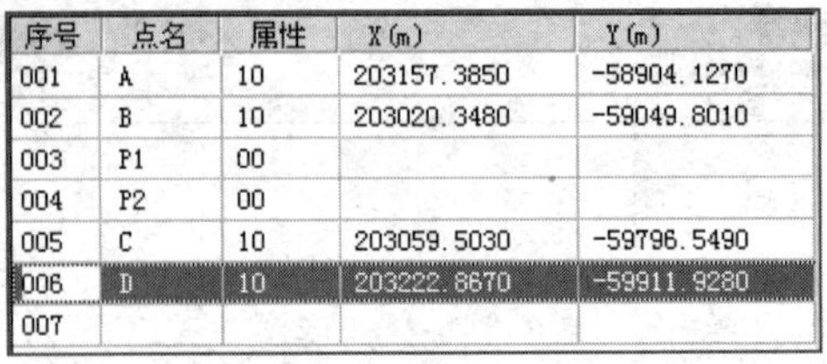

序号	点名	属性	X(m)	Y(m)
001	A	10	203157.3850	-58904.1270
002	B	10	203020.3480	-59049.8010
003	P1	00		
004	P2	00		
005	C	10	203059.5030	-59796.5490
006	D	10	203222.8670	-59911.9280
007				

图 9-7 控制点信息

表 9-1 控制点属性代码

控制点属性代码	代码含义
11	坐标已知,高程已知
10	坐标已知,高程未知
01	坐标未知,高程已知
00	坐标未知,高程未知

——输入观测数据。在观测数据信息区,以“测站”为基本单元进行操作,依次选中作为测站的控制点 B、P_1、P_2、C,在观测值输入区输入各测站观测数据,如图 9-8、图 9-9、图 9-10、图 9-11 所示。数据输入完毕后,选择保存路径和文件名保存数据,如图 9-12 所示。

序号	点名	属性	X(m)	Y(m)
001	A	10	3157.3850	-8904.1270
002	B	10	3020.3480	-9049.8010
003	P1	00		
004	P2	00		
005	C	10	3059.5030	-9796.5490
006	D	10	3222.8670	-9911.9280
007				

测站点: B 格式: (1)边角

序号	照准名	方向值	观测边长	温度
001	A	0.000000	0.000000	0.00
002	P1	230.323700	204.952000	0.00
003				

图 9-8 测站 B 观测数据

序号	点名	属性	X(m)	Y(m)
001	A	10	3157.3850	-8904.1270
002	B	10	3020.3480	-9049.8010
003	P1	00		
004	P2	00		
005	C	10	3059.5030	-9796.5490
006	D	10	3222.8670	-9911.9280
007				

测站点: P1 格式: (1)边角

序号	照准名	方向值	观测边长	温度
001	B	0.000000	0.000000	0.00
002	P2	180.004200	200.130000	0.00
003				

图 9-9 测站 P_1 观测数据

序号	点名	属性	X(m)	Y(m)
001	A	10	3157.3850	-8904.1270
002	B	10	3020.3480	-9049.8010
003	P1	00		
004	P2	00		
005	C	10	3059.5030	-9796.5490
006	D	10	3222.8670	-9911.9280
007				

测站点: P2 格式: (1)边角

序号	照准名	方向值	观测边长	温度
001	P1	0.000000	0.000000	0.00
002	C	170.392200	345.153000	0.00
003				

图 9-10 测站 P_2 观测数据

序号	点名	属性	X(m)	Y(m)
001	A	10	3157.3850	-8904.1270
002	B	10	3020.3480	-9049.8010
003	P1	00		
004	P2	00		
005	C	10	3059.5030	-9796.5490
006	D	10	3222.8670	-9911.9280
007				

测站点: C 格式: (1)边角

序号	照准名	方向值	观测边长	温度
001	P2	0.000000	0.000000	0.00
002	D	236.483700	0.000000	0.00
003				

图 9-11 测站 C 观测数据

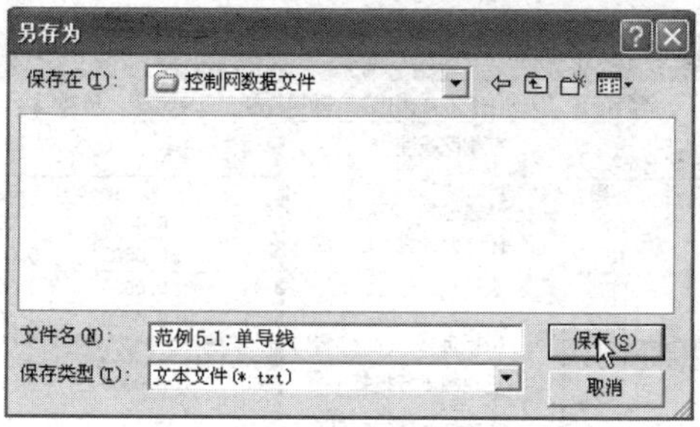

图 9-12　控制网数据文件保存

(2)待定点坐标推算。坐标推算的目的是利用已知点数据和观测数据,推算控制网各待定点的近似坐标,以作为计算坐标平差时误差方程的系数。选择“平差”菜单中的“坐标推算”菜单项,完成坐标推算。控制点信息区显示各待定点推算坐标,如图 9-13 所示;控制网图显示区按比例显示控制网略图,如图 9-14 所示。

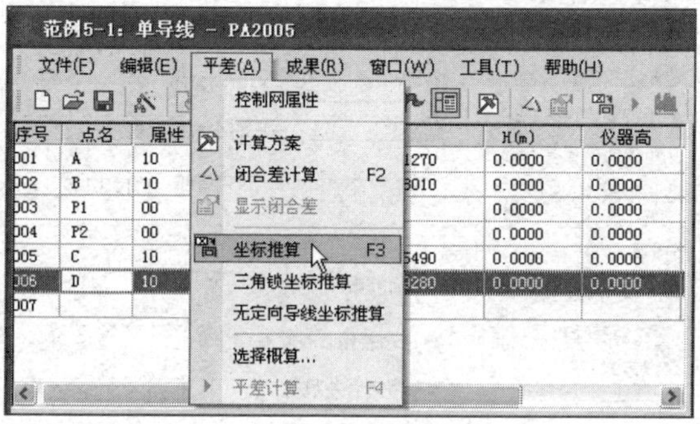

图 9-13　选择“坐标推算”

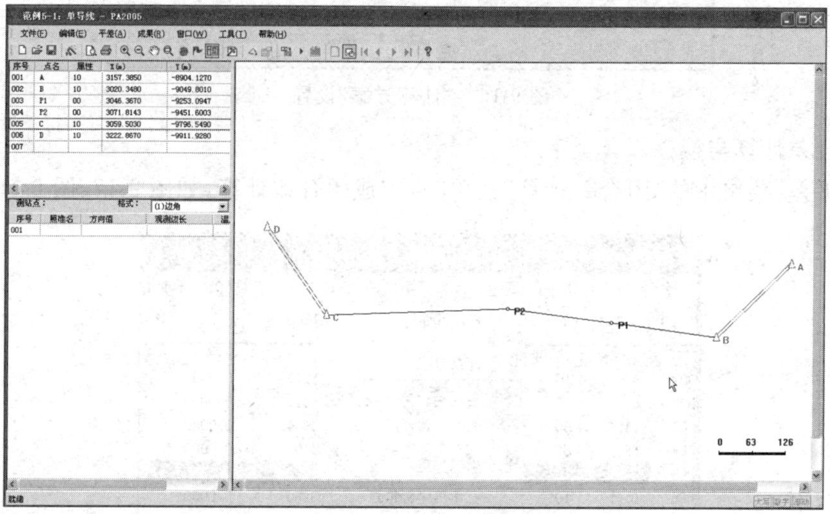

图 9-14　控制网略图

(3)概算方案选择。本例不涉及,此处略。

(4)计算方案选择。

选择 “平差”菜单中的“计算方案”菜单项,如图 9-15 所示;弹出“计算方案”设置对话框,按控制网类型和精度要求依次输入相关标准,按“确定”保存设置,如图 9-16 所示。

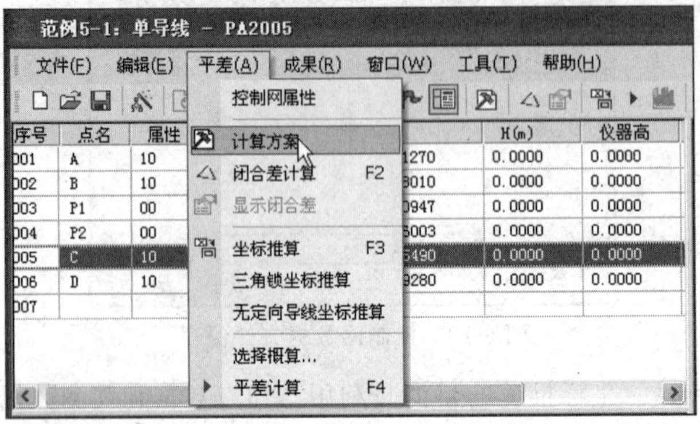

图 9-15 选择“计算方案”

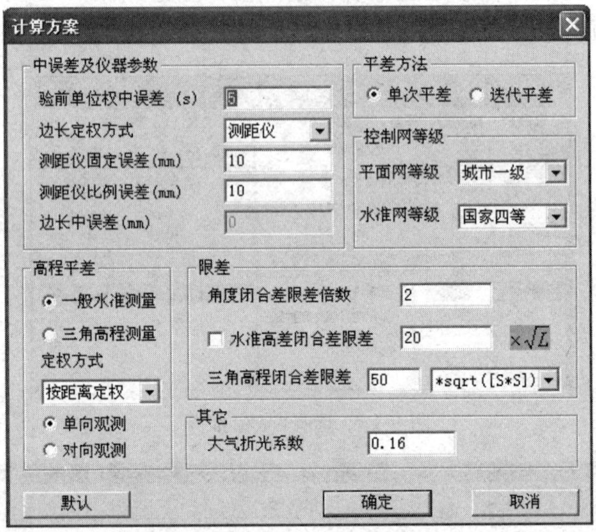

图 9-16 “计算方案”设置

(5)闭合差计算与检核。

选择“平差”菜单中的“闭合差计算”菜单项，完成闭合差计算，如图 9-17、图 9-18 所示。

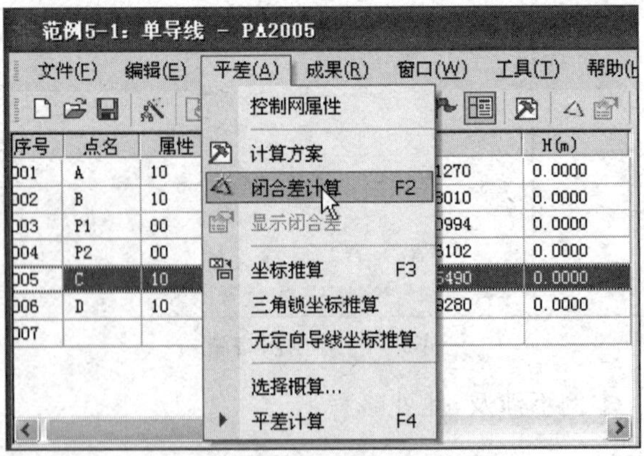

图 9-17 选择“闭合差计算”

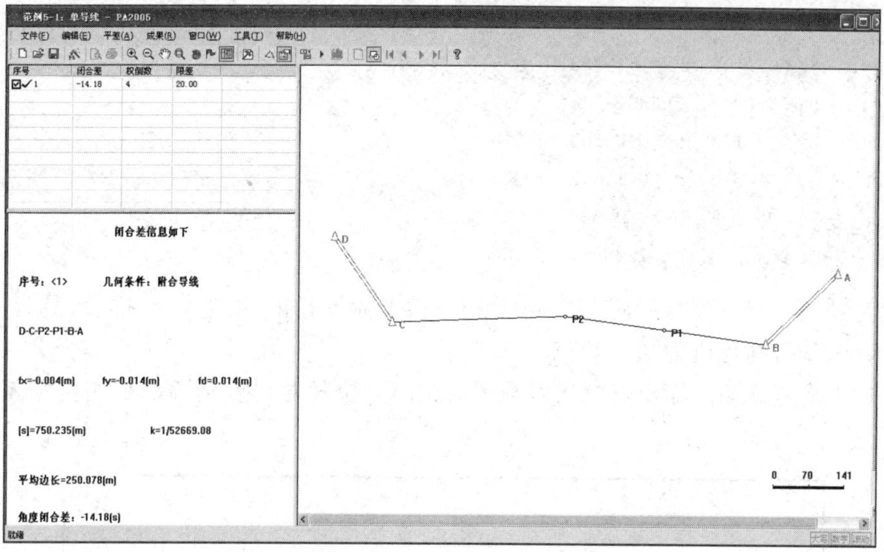

图 9-18　闭合差显示

(6)平差计算。

选择“平差”菜单中的“平差计算”菜单项，完成平差计算，如图 9-19 所示。

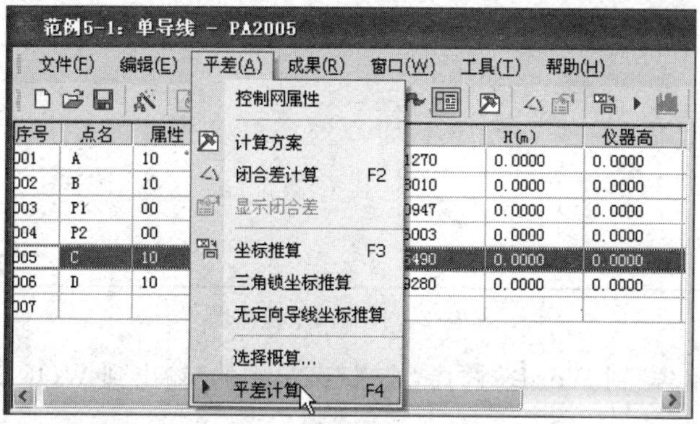

图 9-19　选择“平差计算”

(7)平差成果的生成和输出。

——输出 CASS 坐标文件。选择“成果”菜单中的“输出 CASS 坐标文件”菜单项，如图 9-20 所示；弹出保存坐标文件对话框，选择保存路径及文件名，如图 9-21 所示。输出的 CASS 坐标文件如下：

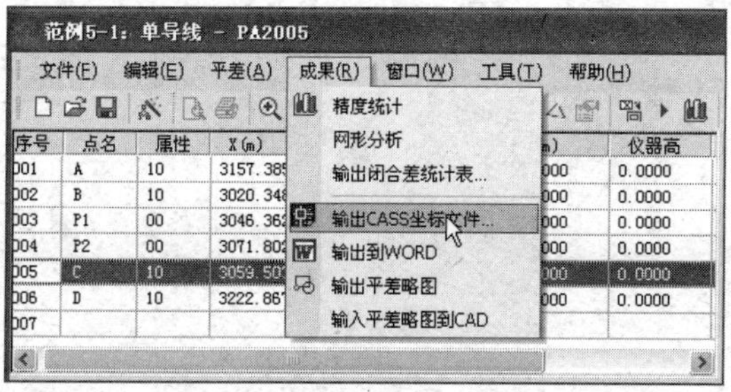

图 9-20　选择“输出 CASS 坐标文件”

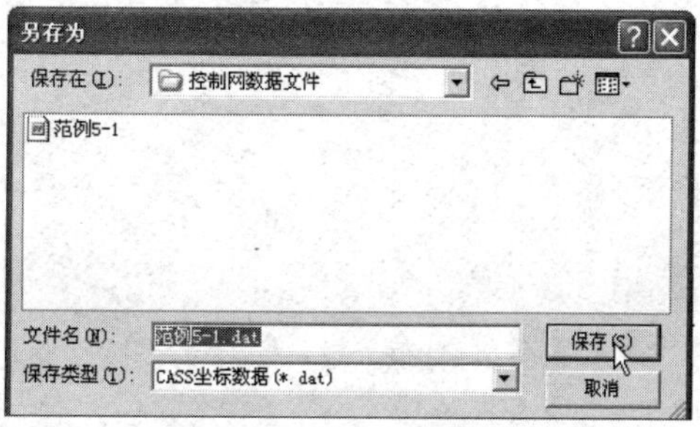

图 9-21　保存 CASS 文件

```
6
A,  131100, -58 904.127, 203 157.385, 0.000
B,  131100, -59 049.801, 203 020.348, 0.000
P1, 131100, -59 253.100, 203 046.363, 0.000
P2, 131100, -59 451.610, 203 071.802, 0.000
C,  131100, -59 796.549, 203 059.503, 0.000
D,  131100, -59 911.928, 203 222.867, 0.000
```

“6”为控制点个数;“131100”为控制网编号;横坐标 y 排前,纵坐标 x 排后,最后为点的高程(本例为平面网,高程值为“0.000”)。

——输出平差略图。输出点位误差椭圆或相应点位相对误差椭圆的控制网平差略图,如图 9-22 所示。

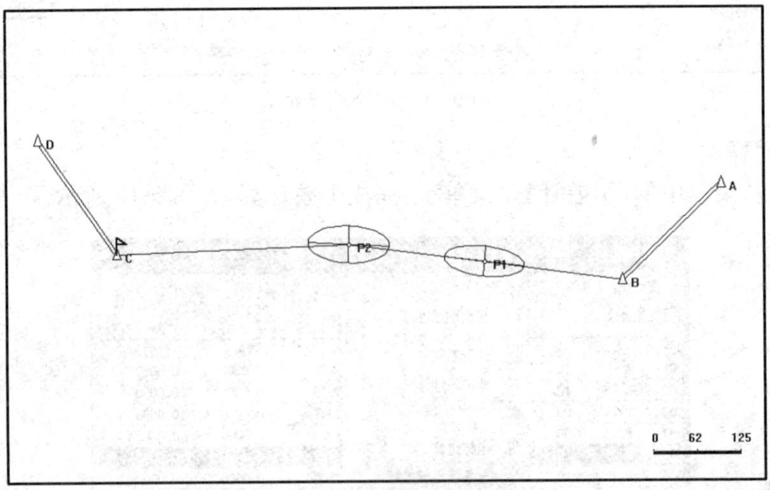

图 9-22　控制网平差略图

——输出“平差报告”到 Word。选择“成果”菜单中的“输出到 WORD”菜单项,形成“平差报告”,结果如下。

控制网平差报告(单导线)

[控制网概况]
计算软件:南方平差易 2005
网名:
计算日期:2012-10-17
观测人:
记录人:
计算者:
检查者:
测量单位:
备注:
平面控制网等级:城市一级,验前单位权中误差:5.00(s)
已知坐标点个数:4
未知坐标点个数:2

未知边数:3
最大点位误差[P2] = 0.0089(m)
最小点位误差[P1] = 0.0085(m)
平均点位误差 = 0.0087(m)
最大点间误差 = 0.0120(m)
最大边长比例误差 = 25105
平面网验后单位权中误差 = 3.37(s)
[边长统计]总边长:750.235(m),平均边长:250.078(m),最小边长:200.130(m),最大边长:345.153(m)
[闭合差统计报告]
序号:<1>:附合导线
路径:[D-C-P2-P1-B-A]
角度闭合差 = −14.18(s),限差 = ±20.00(s)
fx = −0.004(m),fy = −0.014(m),fd = 0.014(m)
总边长[s] = 750.235(m),全长相对闭合差 k = 1/52669,平均边长 = 250.078(m)

[起算点数据表]

点名	X(m)	Y(m)	H(m)	备注
A	3157.385 0	−8904.127 0		
B	3020.348 0	−9049.801 0		
C	3059.503 0	−9796.549 0		
D	3222.867 0	−9911.928 0		

[方向观测成果表]

测站	照准	方向值(dms)	改正数(s)	平差后值(dms)	备注
B	A	0.000 000			
	P1	230.323 700	−4.82	230.323 218	
P1	B	0.000 000			
	P2	180.004 200	−4.01	180.003 799	
P2	P1	0.000 000			
	C	170.392 200	−3.21	170.391 879	
C	P2	0.000 000			
	D	236.483 700	−2.14	236.483 486	

[距离观测成果表]

测站	照准	距离(m)	改正数(m)	平差后值(m)	方位角(dms)
B	P1	204.952 0	0.004 2	204.956 2	277.173 174
P1	P2	200.130 0	0.004 2	200.134 2	277.180 974
P2	C	345.153 0	0.005 0	345.158 0	267.572 852

[平面点位误差表]

点名	长轴(m)	短轴(m)	长轴方位(dms)	点位中误差(m)	备注
P1	0.008 0	0.002 9	96.273 643	0.008 5	
P2	0.008 1	0.003 6	92.313 036	0.008 9	

[平面点间误差表]

点名	点名	长轴 MT(m)	短轴 MD(m)	D/MD	长轴方位 T(dms)	平距 D(m)	备注
B	P1	0.008 5	0.008 0	25698	96.273 643	204.956 2	
P1	P2	0.008 5	0.008 0	25698	96.273 643	200.134 2	
P2	C	0.008 3	0.008 0	25105	92.101 366	345.158 0	

[控制点成果表]

点名	X(m)	Y(m)	H(m)	备注
A	3157.385 0	－8904.127 0		已知点
B	3020.348 0	－9049.801 0		已知点
P1	3046.362 8	－9253.099 4		
P2	3071.802 2	－9451.610 2		
C	3059.503 0	－9796.549 0		已知点
D	3222.867 0	－9911.928 0		已知点

三、三角网平差计算

[例 9-2][范例 6-1]为一个测角中点四边形(图 6-6),已知数据和观测数据分别见表 6-2、表 6-3,试完成其平差计算。

解:(1)控制网数据输入。

——输入控制点数据。在控制点信息区输入各控制点点名、属性及坐标,如图 9-23 所示。

序号	点名	属性	X(m)	Y(m)	H(m)
001	A	10	3553106.7400	412513.6100	0.0000
002	B	10	3564238.6300	415526.7600	0.0000
003	C	00			0.0000
004	D	00			0.0000
005	E	00			0.0000
006					

图 9-23　三角网控制点信息

——输入观测数据。在观测数据信息区输入各测站观测数据,如图 9-24、图 9-25、图 9-26、图 9-27、图 9-28 所示。数据输入完毕后,选择保存路径和文件名保存数据。

测站点: A　　格式: (2)测角

序号	照准名	方向值
001	B	0.000000
002	E	31.334070
003	D	90.065450
004		

图 9-24　测站 *A* 观测数据

测站点: B　　格式: (2)测角

序号	照准名	方向值
001	C	0.000000
002	E	56.275460
003	A	81.273090
004		

图 9-25　测站 *B* 观测数据

测站点: C　　格式: (2)测角

序号	照准名	方向值
001	D	0.000000
002	E	45.400890
003	B	92.215580
004		

图 9-26　测站 *C* 观测数据

测站点: D　　格式: (2)测角

序号	照准名	方向值
001	A	0.000000
002	E	42.314260
003	C	96.033700
004		

图 9-27　测站 *D* 观测数据

测站点：E　　格式：(2)测角

序号	照准名	方向值	
001	A	0.000000	
002	B	123.264230	
003	C	200.170200	
004	D	281.045670	
005	A	0.000000	
006			

图 9-28　测站 *E* 观测数据

(2)数据处理。

——待定点坐标推算。选择“平差”菜单中的“坐标推算”菜单项。

——计算方案选择。选择“平差”菜单中的“计算方案”菜单项，并保存设置。

——闭合差计算与检核。选择“平差”菜单中的“闭合差计算”菜单项。

——平差计算。选择“平差”菜单中的“平差计算”菜单项。

(3)平差成果的生成和输出。

——输出平差略图。本例输出的是点间相对误差椭圆略图，如图 9-29 所示。

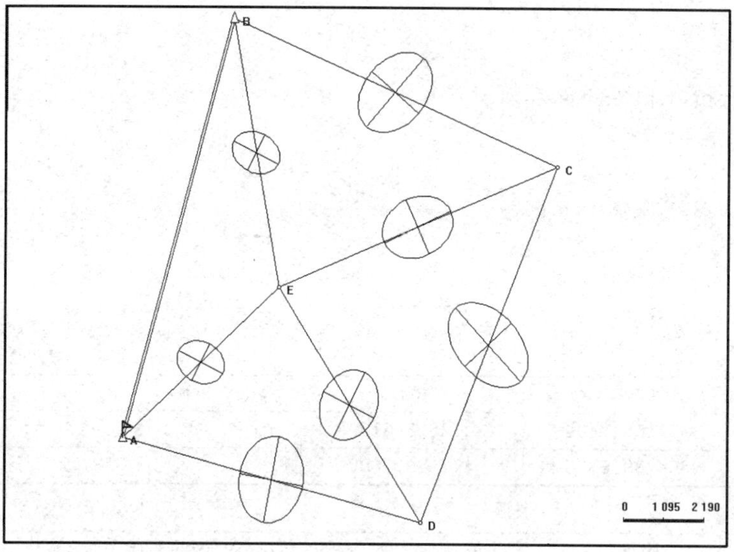

图 9-29　三角网平差略图

——输出“平差报告”到 Word。选择“成果”菜单中的“输出到 WORD”菜单项，生成“平差报告”，报告内容如下。

控制网平差报告(三角网)

[控制网概况]

计算软件：南方平差易 2005

网名：

计算日期：2012-11-18

观测人：

记录人：

计算者：

检查者：

测量单位:
备注:
平面控制网等级:国家二等,验前单位权中误差:1.0(s)
已知坐标点个数:2
未知坐标点个数:3
未知边数:0
最大点位误差[C] = 0.032 8 (m)
最小点位误差[E] = 0.018 3 (m)
平均点位误差 = 0.027 5 (m)
最大点间误差 = 0.050 2(m)
最大边长比例误差 = 353232
平面网验后单位权中误差 = 0.43 (s)
[闭合差统计报告]
序号:<1>:闭合导线
路径:[B-E-A]
角度闭合差 = 0.70(s),限差 = ± 8.66(s)
序号:<2>:闭合导线
路径:[D-E-A]
角度闭合差 = - 0.30(s),限差 = ± 8.66(s)
序号:<3>:闭合导线
路径:[C-E-B]
角度闭合差 = - 1.20(s),限差 = ± 8.66(s)
序号:<4>:闭合导线
路径:[C-D-E]
角度闭合差 = 2.00(s),限差 = ± 8.66(s)
[起算点数据表]

点名	X(m)	Y(m)	H(m)	备注
A	3553106.7400	412513.6100		
B	3564238.6300	415526.7600		

[方向观测成果表]

测站	照准	方向值(dms)	改正数(s)	平差后值(dms)	备注
A	B	0.000000			
	E	31.334070	- 0.34	31.334036	
	D	90.065450	0.32	90.065482	
B	C	0.000000			
	E	56.275460	- 0.56	56.275404	
	A	81.273090	0.38	81.273128	
C	D	0.000000			
	E	45.400890	0.50	45.400940	
	B	92.215580	0.45	92.215625	
D	A	0.000000			

续表

测站	照准	方向值(dms)	改正数(s)	平差后值(dms)	备注
	E	42.314260	－0.26	42.314234	
	C	96.033700	0.65	96.033765	
E	A	0.000000			
	B	123.264230	0.10	123.264240	
	C	200.170200	－0.48	200.170152	
	D	281.045670	0.10	281.045680	
	A	0.000000	0.00	0.000000	

[平面点位误差表]

点名	长轴(m)	短轴(m)	长轴方位(dms)	点位中误差(m)	备注
C	0.0238	0.0226	145.225270	0.0328	
D	0.0244	0.0198	88.143473	0.0314	
E	0.0161	0.0086	24.025546	0.0183	

[平面点间误差表]

点名	点名	长轴 MT(m)	短轴 MD(m)	D/MD	长轴方位 T(dms)	平距 D(m)	备注
A	E	0.0183	0.0152	383666	24.025546	5839.6449	
A	D	0.0314	0.0240	353232	88.143473	8477.9860	
B	C	0.0328	0.0235	412741	145.225270	9679.4870	
B	E	0.0183	0.0142	509450	24.025546	7234.0628	
C	D	0.0355	0.0231	440958	106.071959	10170.9319	
C	E	0.0273	0.0213	389626	1.143042	8285.9731	
D	E	0.0328	0.0235	412741	145.225270	7370.2886	

[控制点成果表]

点名	X(m)	Y(m)	H(m)	备注
A	3553106.7400	412513.6100		已知点
B	3564238.6300	415526.7600		已知点
C	3560349.9851	424390.7833		
D	3550875.1993	420692.6364		
E	3557111.1601	416764.0302		

四、水准网平差计算

[例 9-3][范例 3-7]为一个水准网(图 3-10),已知数据和观测数据见表 3-6,试完成其平差计算。

解:(1)控制网数据输入。

——输入控制点数据。在控制点信息区输入各已知点及待定点点号、高程,如图 9-30 所示。

——输入观测数据。在观测数据信息区输入各测段高差及水准路线长度,如图 9-31、图 9-32、图 9-33、图 9-34 所示。

序号	点名	属性	X(m)	Y(m)	H(m)
001	A	01	0.0000	0.0000	5.0160
002	B	01	0.0000	0.0000	6.0160
003	P1	00	0.0000	0.0000	
004	P2	00	0.0000	0.0000	
005	P3	00	0.0000	0.0000	
006					

图 9-30 水准点信息

测站点： A 格式： (4)水准

序号	照准名	观测边长	高差
001	P1	1100.000000	1.359000
002	P2	1700.000000	2.009000
003			

图 9-31 测站 A 观测数据

测站点： B 格式： (4)水准

序号	照准名	观测边长	高差
001	P1	2300.000000	0.363000
002	P2	2700.000000	1.012000
003			

图 9-32 测站 B 观测数据

测站点： P1 格式： (4)水准

序号	照准名	观测边长	高差
001	P2	2400.000000	0.657000
002	P3	1400.000000	0.238000
003			

图 9-33 测站 P_1 观测数据

测站点： P3 格式： (4)水准

序号	照准名	观测边长	高差
001	B	2600.000000	-0.595000
002			

图 9-34 测站 P_3 观测数据

(2)数据处理。

——待定点坐标推算。选择“平差”菜单中的“坐标推算”菜单项，以计算各待定水准点近似高程，如图 9-35 所示。

序号	点名	属性	X(m)	Y(m)	H(m)
001	A	01	0.0000	0.0000	5.0160
002	B	01	0.0000	0.0000	6.0160
003	P1	00	0.0000	0.0000	6.3750
004	P2	00	0.0000	0.0000	7.0250
005	P3	00	0.0000	0.0000	6.6110
006					

图 9-35 水准点近似高程计算

——计算方案选择。选择“平差”菜单中的“计算方案”菜单项，并保存设置。

——闭合差计算与检核。选择“平差”菜单中的“闭合差计算”菜单项。

——平差计算。选择“平差”菜单中的“平差计算”菜单项。

(3)平差成果的生成和输出。选择“成果”菜单中的“输出到 WORD”菜单项，生成“平差报告”，报告内容如下。

控制网平差报告(水准网)

[控制网概况]

计算软件：南方平差易 2005

网名：

计算日期：2012-11-17

观测人：

记录人：

计算者：

检查者：

测量单位：

备注：

高程控制网等级:国家四等

已知高程点个数:2

未知高程点个数:3

每公里高差中误差 = 2.22 (mm)

最大高程中误差[P3] = 1.68 (mm)

最小高程中误差[P1] = 1.15(mm)

平均高程中误差 = 1.40(mm)

规范允许每公里高差中误差 = 10(mm)

[边长统计]总边长:14200.000(m),平均边长:2028.571(m),最小边长:1100.000(m),最大边长:2700.000(m)

观测测段数:7

[闭合差统计报告]

序号:＜1＞:闭合水准

路径:[B-P3-P1]

高差闭合差 =- 6.00(mm),限差 =± 20 * SQRT(6.300) =± 50.20(mm)

路线长度 = 6.300(km)

序号:＜2＞:闭合水准

路径:[P1-P2-A]

高差闭合差 = 7.00(mm),限差 =± 20 * SQRT(5.200) =± 45.61(mm)

路线长度 = 5.200(km)

序号:＜3＞:闭合水准

路径:[B-P2-P1]

高差闭合差 =- 8.00(mm),限差 =± 20 * SQRT(7.400) =± 54.41(mm)

路线长度 = 7.400(km)

序号:＜4＞:附合水准

路径:[B-P1-A]

高差闭合差 = 4.00(mm),限差 =± 20 * SQRT(3.400) =± 36.88(mm)

路线长度 = 3.400(km)

[起算点数据表]

点名	X(m)	Y(m)	H(m)	备注
A			5.016 0	
B				

[高差观测成果表]

测段起点号	测段终点号	测段距离(m)	测段高差(m)	高差较差(m)	较差限差(m)
A	P1	1100.000 0	1.359 0		
A	P2	1700.000 0	2.009 0		
B	P1	2300.000 0	0.363 0		
B	P2	2700.000 0	1.012 0		
P1	P2	2400.000 0	0.657 0		
P1	P3	1400.000 0	0.238 0		
P3	B	2600.000 0	- 0.595 0		

[高程平差结果表]

点号	高差改正数(m)	改正后高差(m)	高程中误差(m)	平差后高程(m)	备注
A			0.000 0	5.016 0	已知点
P1	-0.000 2	1.358 8	0.001 1	6.374 8	
A			0.000 0	5.016 0	已知点
P2	0.002 9	2.011 9	0.001 4	7.027 9	
B			0.000 0	6.016 0	已知点
P1	-0.004 2	0.358 8	0.001 1	6.374 8	
B			0.000 0	6.016 0	已知点
P2	-0.000 1	1.011 9	0.001 4	7.027 9	
P1			0.001 1	6.374 8	
P2	-0.003 9	0.653 1	0.001 4	7.027 9	
P1			0.001 1	6.374 8	
P3	-0.000 6	0.237 4	0.001 7	6.612 1	
P3			0.001 7	6.612 1	
B	-0.001 1	-0.596 1	0.000 0	6.016 0	已知点

[控制点成果表]

点名	H(m)	备注	点名	H(m)	备注
A	5.016 0	已知点	B	6.016 0	已知点
P1	6.374 8		P2	7.027 9	
P3	6.612 1				

五、技能训练——南方平差易 PA2005 控制网平差

(一)例题演练

在教师的指导下,将本任务的例题反复演练,直到获得正确的结果,以此掌握正确的软件操作方法。

(二)实战训练

选择已学项目的范例或已完成的实训题,用 PA2005 完成平差计算。

任务 9-2 科傻 COSAWIN 数据处理

一、科傻 COSAWIN 简介

科傻 COSAWIN 是地面工程测量控制测量数据处理通用软件包的简称。该系统能对任意地面网(导线网、边角网、自由网、高铁 CPⅢ网和高程网)进行严密平差。除具有概算、平差、

精度评定及成果输出等功能外，该系统还提供了许多实用的功能，如网图显绘、粗差剔除、方差分量估计、贯通误差影响值计算及闭合差计算等。

科傻 COSAWIN 在国内许多城市和各行各业的工程控制网中得到应用，包括城市首级控制网、导线加密网、等级导线、测图控制网、房地产测量控制网和建筑方格网等。

(一)主界面

主界面包括下拉菜单、工具条及状态栏，如图 9-36 所示。

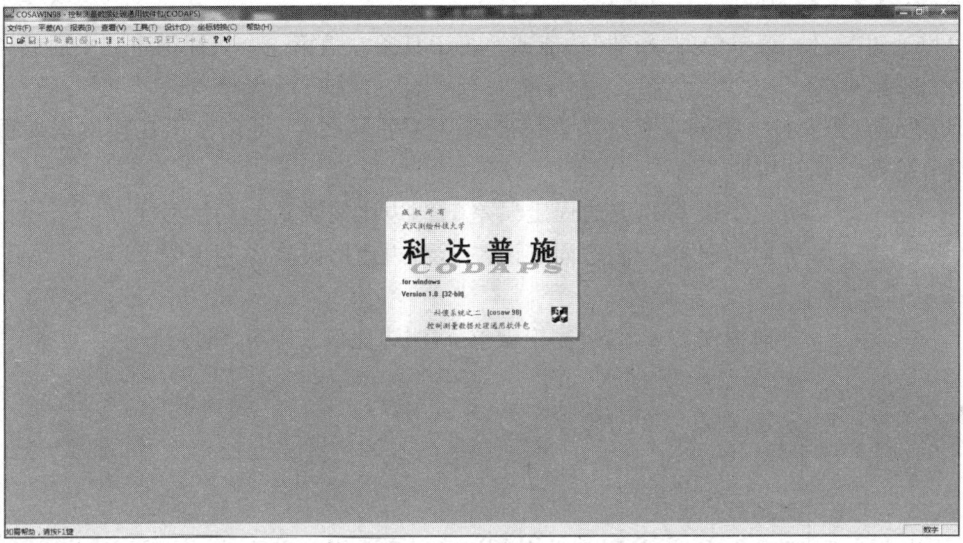

图 9-36　主界面

1. 下拉菜单

COSAWIN 系统的功能都包含在顶部的下拉菜单中，可以通过操作下拉菜单完成平差计算的所有工作。下拉菜单包括以下内容。

(1)"文件"包括新建、打开、打印等功能。

(2)"平差"包括平面网平差、高程网平差、粗差探测、方差分量估计、设置与选项、生成概算文件等功能。

(3)"报表"包括平差结果、原始观测值功能。

(4)"查看"包括打开或关闭工具栏和状态栏功能。

(5)"工具"包括闭合差计算、贯通误差影响值计算、网图显绘、斜距化平、手簿通信、格式转换、叠置分析功能。

2. 工具条

工具条快捷按钮包括文件类、编辑类、打印类、平差类、平面网网图显绘类和系统信息类，具有与菜单相同的功能。

(二)控制网平差过程

1. 控制网观测文件生成

在进行平差之前，必须要准备好控制网观测文件。COSAWIN 系统的控制网观测文件的生成有四种方法：第一种是利用通用文本编辑软件人工建立，这适合手工记录野外观测数据的情况；第二种是在野外利用 COSAWIN 系统的子系统 COSA-HC 自动采集数据，传输到计算机,通过“工具”菜单中的“格式转换”功能,全自动化地形成相应的平面和高程观测文件(文件的第Ⅰ部分需要人工编辑);第三种方法是人工建立“＊.SV”格式文件,调用“工具”菜单中的“斜距化平”功能,自动生成平面观测文件;第四种方法是模拟生成平面和高程观测文件(具体可见说明书)。

控制网观测文件包括平面观测文件(取名规则为“网名.IN2”)和高程观测文件(取名规则为“网名.IN1”)。观测文件采用网点数据结构,除包含控制网的所有已知点、未知点和观测值信息外,还隐含了控制网的拓扑信息。

可以通过“文件”菜单中的“新建”功能或单击工具条左边第一个快捷键建立平面或高程观测文件。

(1)平面观测文件。平面观测文件为标准的ASCⅡ码文件,可以使用任何文本编辑器建立编辑和修改。其结构如下:

Ⅰ
- 方向中误差1,测边固定误差1,测边比例误差1,精度号1
- 方向中误差2,测边固定误差2,测边比例误差2,精度号2
- ⋮
- 方向中误差n,测边固定误差n,测边比例误差n,精度号n

Ⅱ
- 已知点点号1, X_1,Y_1
- 已知点点号2, X_2,Y_2
- ⋮

Ⅲ
- 测站点点号
- 照准点点号,观测值类型,观测值,观测值精度号
- ⋮

该文件第一部分为控制网的已知数据,包括方向观测的先验精度、先验测边精度(见文件的Ⅰ部分);第二部分为已知点坐标(见文件的Ⅱ部分);第三部分为控制网的测站观测数据(见文件的Ⅲ部分),包括方向、边长、方位角观测值。系统将已知边和已知方位角也放到测站观测数据中,它们与相应的观测边和观测方位角有相同的“观测值类型”,但给其精度号赋“0”,即权为无穷大。

第一部分的排列顺序为:方向中误差,测边固定误差,测边比例误差,精度号。其中,方向中误差单位为(″),测边固定误差单位为mm,测边比例误差单位为1×10^{-6}。第一行的前三个值都必须赋值。若为纯测角网,则测边固定误差和测边比例误差不起作用,两者可输入任意数值,如5和3;若为纯测边网,方向中误差也不起作用,这时可输入1.0作为默认值。程序始终将第一行的方向中误差作为单位权中误差。若只有一种(或称为一组)测角、测边精度,则可不输入精度号。若有几种测角、测边精度,则需按精度分组,组数为测角、测边中最多的精度种类数,每一组占一行,输入精度号1、2……,例如有两种测角精度、三种测边精度,则应分成三组。

第二部分的排列顺序为:已知点点号,纵坐标值X,横纵坐标值Y。其中,已知点点号(或点名,下同)为字符型数据,可以是数字、英文字母(大小写均可)、汉字或它们的组合(测站点,照准点亦然);X、Y坐标以m为单位。每一个已知点数据占一行。

第三部分的排列顺序为:第一行为测站点点号;从第二行开始每行依次为照准点点号、观测值类型、观测值和观测值精度号。每一个有观测值的测站在文件中只能出现一次。没有设

站的已知点(如附合导线的定向点)和未知点(如前方交会点),在第二部分不必也不能给出任何虚拟测站信息。观测值分三种,分别用一个字符(大小写均可)表示:"L"表示方向,以(°　′　″)为单位(在 COSAWIN 系统中用"dms"表示)。"S"表示边长,以 m 为单位;"A"表示方位角,以(°　′　″)为单位。观测值精度号与第一部分的精度号相对应,若只有一组观测精度,则可省略;否则,在观测值精度号一栏中必须输入与该观测值对应的精度号。已知边长和已知方位角的精度号一定要输入 0。在同测站上的方向和边长观测值按顺时针顺序排列,边角同测时,边长观测值最好紧放在方向观测值的后面。

如果边长是单向观测,则只需在一个测站上给出其边长观测值。如果边长是对向观测的,则按实际观测情况在每一测站上输入相应的边长观测值,程序将自动对往返边长取平均值,并进行限差检验和超限提示;如果用户已将对向边长取平均值,则可对往返边长均输入其均值,或在对第一个边长(如往测)输入均值的同时,对第二个边长输入一个负数(如－1)。对向观测边的精度高于单向观测边的精度,但不增加观测值个数。

[**例 9-4**]有一测角网,其相应的平面观测文件"*.IN2"(部分)的数据格式及含义见表 9-2。

表 9-2　测角网观测文件格式及含义

数据分类名称	数据文件	数据含义
第一部分:先验精度	0.7,3,3	方向中误差,测边固定误差,测边比例误差
第二部分:已知点坐标	1,3 730 958.610,264 342.591 2,3 714 636.887 6,276 866.083 2	已知点点号,纵坐标 X,横坐标 Y
第三部分:测站观测数据	1 2,L,0 3,L,27.362 557 6,L,83.435 791 2 4,L,0 3,L,74.593 577 1,L,105.481 560 ⋮	测站点点号 照准点点号,观测值类型,观测值

[**例 9-5**]有一个边角网,网中 k_4p_5 方向有已知方位角,其相应的平面观测文件"*.IN2"(部分)的数据格式及含义见表 9-3。

表 9-3　边角网观测文件格式及含义

数据格式	数据文件	数据含义
第一部分:先验精度	1.800,3.000,2.000,1 3.000,5.000,3.000,2 5.000,5.000,5.000,3	方向中误差,测边固定误差,测边比例误差,精度号
第二部分:已知点坐标	k1,2 800.000,2 400.000 k4,2 400.000,3 200.000 ⋮	已知点点号,纵坐标 X,横坐标 Y

续表

数据格式	数据文件	数据含义
第三部分:测站观测数据	k1 k2,L,0.000 0,1 k5,L,44.595 993,1 k6,L,89.595 993,1 k7,L,135.000 120,1 k4 p5,L,0.000 0,2 p5,S,200.004 72,2 p5,A,145.012 34,0 p3,L,90.000 031,2 ⋮	测站点点号 照准点点号,观测值类型,观测值,观测值精度号

(2)高程观测文件。高程观测文件也是标准的 ASCII 码文件,它的结构如下:

Ⅰ { 已知点点号,已知点高程
⋮

Ⅱ { 已知点点号,已知点高程
测段起点点号,测段终点点号,测段高差,测段距离,测段测站数,测度号
⋮

该文件第一部分为高程控制网的已知数据,即已知高程点点号及其高程值(见文件的Ⅰ部分);第二部分为高程控制网的观测数据,它包括测段起点点号、测段终点点号、测段高差、测段距离、测段测站数和精度号(见文件的Ⅱ部分)。

第一部分中每一个已知高程点占一行,已知高程以 m 为单位,其顺序可以任意排列。

第二部分中每一个测段占一行,测段的顺序可以任意排列。对于水准测量,两高程点间的水准路线为一测段,测段高差以 m 为单位,测段距离以 km 为单位。对于光电测距三角高程网,测段表示每条光电测距边,测段距离为该边的平距,以 km 为单位。如果平差时每一测段观测按距离定权,则"测段测站数"这一项不要输入或输入一个负整数(如−1)。若输入了测站测段数,则平差时自动按测段测站数定权。当只有一种精度时,精度号可以不输入。

[例 9-6]有一个电光测距三角高程网,按测段距离定权,其相应的高程观测文件"*.IN1"(部分)的数据格式及含义见表 9-4。

表 9-4 电光测距三角高程网观测文件格式及含义(距离定权)

数据格式	数据文件	数据含义
第一部分:已知点高程	M0,219.959 2 N2,212.532 8	已知点点号,已知点高程
第二部分:测段观测数据	N1,M3,24.843 3,0.612 N1,M0,62.829 8,0.858 N1,N0,50.706 6,0.525 N0,M2,34.779 8,0.690 N0,N2,4.674 5,0.183 ⋮	测段起点,测段终点,测段高差,测段距离

[例 9-7]有一个水准网,按测站数定权其相应的高程观测文件"*.IN1"(部分)的数据格

式及含义见表 9-5。

表 9-5　水准网观测文件格式及含义(测站数定权)

数据格式	数据文件	数据含义
第一部分:已知点高程	N11,30.325 4	已知点点号,已知点高程
第二部分:测段观测数据	N12,N11,−1.969 8,0.167 3,4 N11,N10,1.024 0,0.079 1,2 N10,N09,−0.295 1,0.052 4,2 N11,N12,1.970 9,0.145 6,4 N12,N13,1.633 4,0.108 7,2 ⋮	测段起点,测段终点,测段高差,测段距离,测段测站数

2. 平差方案选择

(1)坐标系统选择。

(2)角度与距离单位确定。

(3)坐标加常数确定。

(4)平差参数设置。

——单位权选择。该选项用于设置系统在进行精度评定时是使用先验单位权中误差,还是使用后验单位权中误差。当多余观测数较多时,使用后验单位权中误差较好;当多余观测数很少(如小于 8)时,则使用先验单位权中误差为宜。若两者相差较大,则对于边角网或有多个等级的网,已知坐标或观测值中可能含有粗差,或边角精度不匹配。若后验单位权特别大,则首先应怀疑观测值文件有错误,或者近似坐标推算出错。

——边长定权公式。该选项用于设置系统在进行平差时采用什么公式确定边长观测值的中误差。COSAWIN 系统提供了两种计算边长中误差的公式,一种为

$$A + BS$$

另一种为

$$\sqrt{A^2 + B^2 S^2}$$

式中,A、B 分别为测距仪的固定误差和比例误差;S 为边长值,单位为 km。由于公式不同,平差结果有一定差别。系统的缺省设置属于第二种公式。

——近似坐标采用边长交会。当该选项处于“开”状态时,表示用边长前方交会推算近似坐标。对于只有少量方向的边角网或混合网,适合关闭该选项;对于单纯的测边网,必须打开该选项,否则网点近似坐标推算将不能进行。

——迭代限值。该选项是平差迭代计算中最大的坐标改正数限值,COSAWIN 系统的缺省值为 10 cm。若需要改变此项设置,可以直接在编辑框中输入所要设定的值。当最大坐标改正数小于限值时,停止迭代,进行平差精度评定。对于精度要求很高的网,该选项可设置小一些的值(如 1 cm)。如果平差迭代计算中最大坐标改正数很大且不收敛,则应考虑观测文件的数据有错,或推算近似坐标出错。

3. 控制网概算

控制网概算的目的是利用已知点数据和观测数据推算控制网各待定点的近似坐标(或近似高程),平面控制网近似坐标用来计算坐标平差时误差方程的系数。

4. 闭合差计算

(1)平面控制网闭合差。根据闭合差线路文件,自动计算导线和多边形的角度闭合差、坐标闭合差和全长闭合差,并进一步根据多边形角度闭合差计算方向观测值精度,对闭合差进行评价和超限提示。

(2)高程控制网闭合差。根据闭合差线路文件,自动计算附合线路和多边形闭合环的高程闭合差,并进行超限提示,同时根据闭合环的闭合差计算每公里水准(高程)观测值的全中误差。

5. 控制网平差

略。

6. 成果输出

COSAWIN 系统提供了多种格式的报表用于成果输出。

7. 控制网图形显绘

COSAWIN 系统可根据需要,显示绘制附有误差椭圆的平面控制网略图。

二、导线网平差计算

[例 9-8] [例 5-1]为单一附合导线(图 5-4),已知起算数据和观测数据分别见表 5-2、表 5-3,试完成其平差计算(本软件使用方向观测值参与平差,已知测角中误差 $\sigma_\beta=5''$,可得方向观测中误差 $\sigma_{方}=\sigma_\beta/\sqrt{2}=3.5''$)。

解:(1)控制网数据输入。选择“文件”菜单中的“新建”菜单项,打开数据输入文档窗口;在空白窗口依次输入先验精度、已知点坐标、测站观测数据,如图 9-37、图 9-38 所示。选择“文件”菜单中的“保存”菜单项,确定保存路径和文件名“*.IN2”,保存平面网观测文件,如图 9-39、图 9-40 所示。

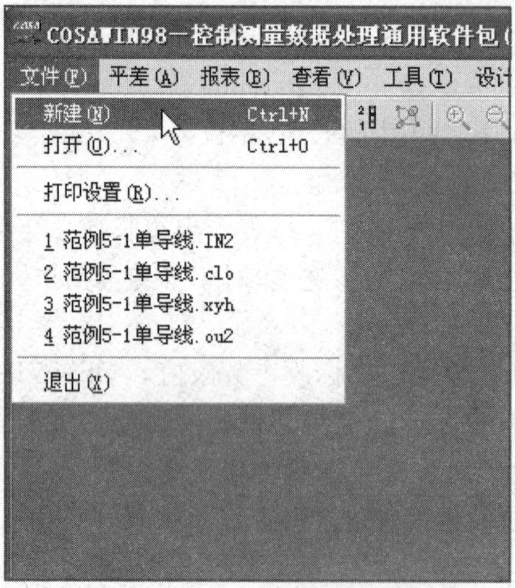

图 9-37　新建文件

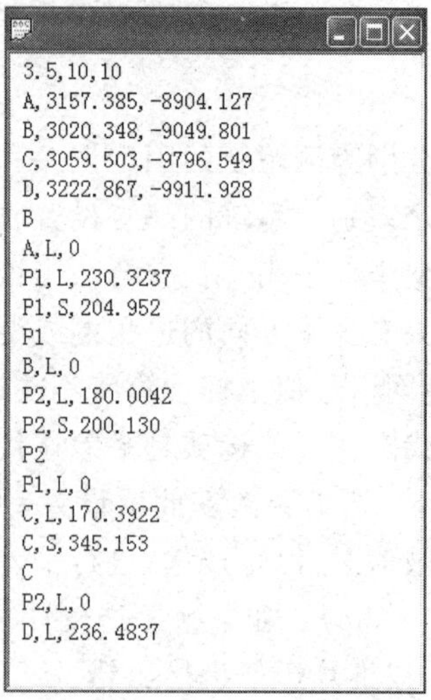

```
3.5,10,10
A,3157.385,-8904.127
B,3020.348,-9049.801
C,3059.503,-9796.549
D,3222.867,-9911.928
B
A,L,0
P1,L,230.3237
P1,S,204.952
P1
B,L,0
P2,L,180.0042
P2,S,200.130
P2
P1,L,0
C,L,170.3922
C,S,345.153
C
P2,L,0
D,L,236.4837
```

图 9-38　输入数据

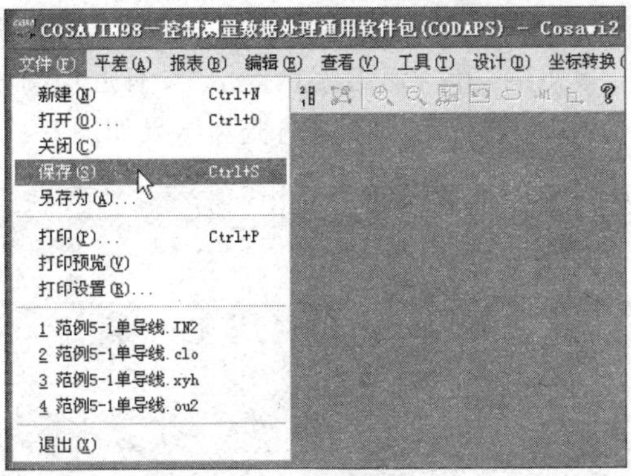

图 9-39　选择“保存”命令

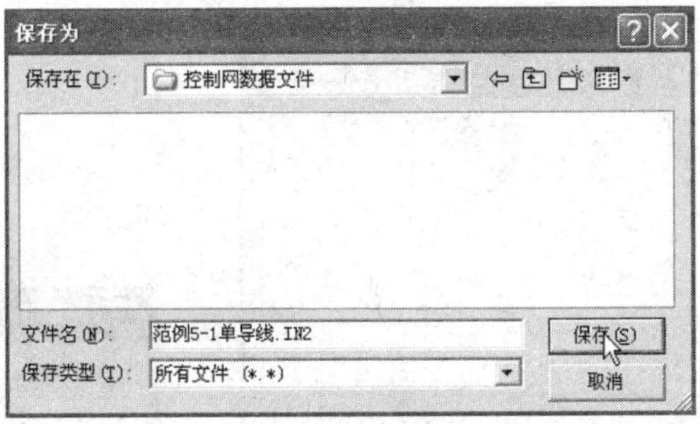

图 9-40　保存平面网观测文件

(2)平差方案选择。选择“平差”菜单中的“设置与选项”菜单项，弹出“设置与选项”对话框；在“平差”选项卡的“单位权选择”选项中，选择“先验单位权”；在“边长定权公式”选项中，选择“A+B＊S”；迭代限值输入 0.1 cm(注意，为了能形成迭代过程)，单击“确定”，如图 9-41、图 9-42 所示。

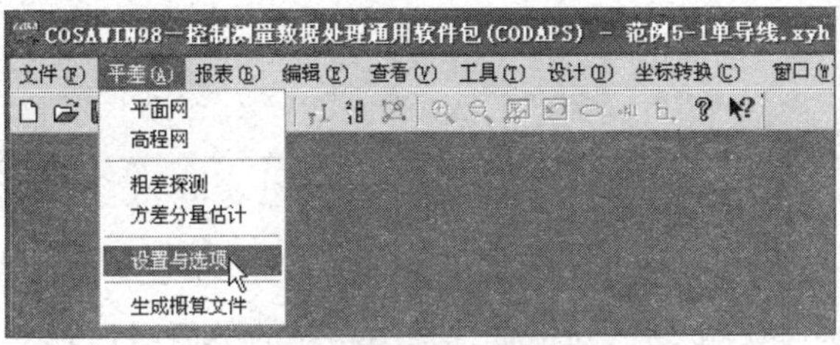

图 9-41　选择“设置与选项”命令

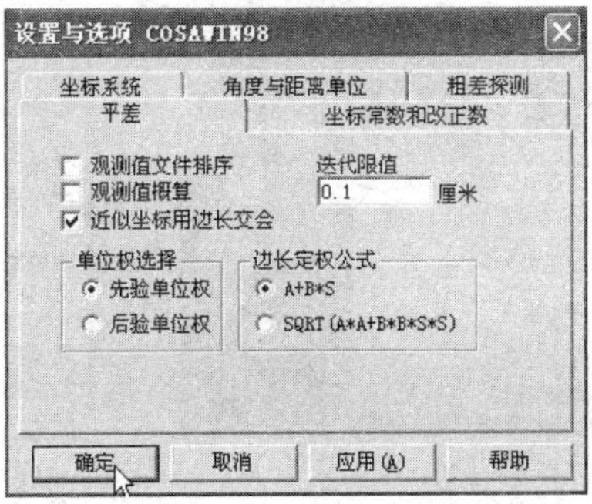

图 9-42　选择相应平差参数

(3)控制网概算。选择“平差”菜单中的“生成概算文件”菜单项,弹出“输入平面观测文件”对话框;选择观测文件,单击“打开”;弹出信息提示“没有近似高程,只输出平面坐标”,单击“确定”,如图 9-43、图 9-44、图 9-45 所示。控制网概算结果如图 9-46 所示。

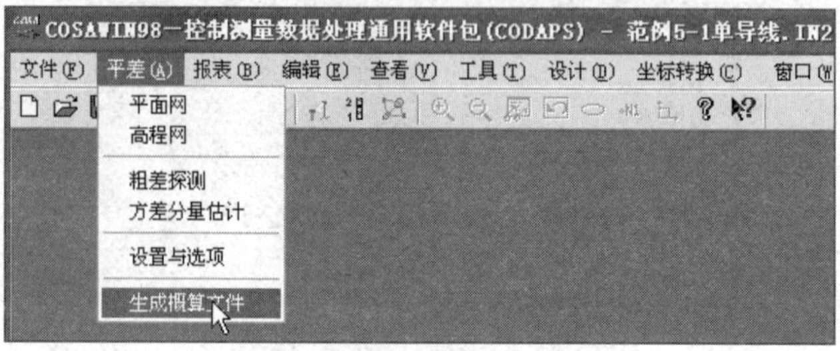

图 9-43　选择“生成概算文件”

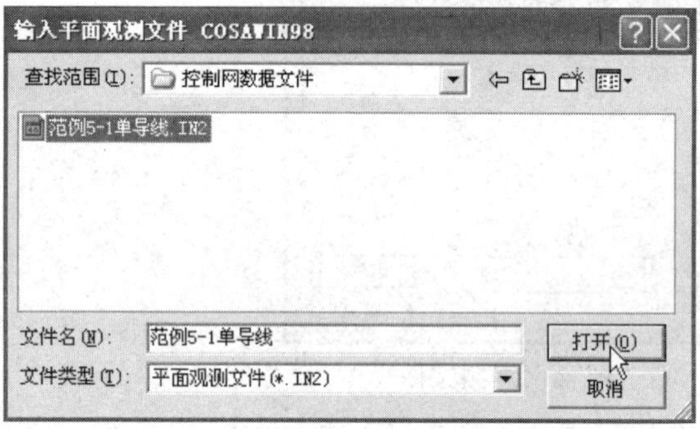

图 9-44　选择并打开观测文件

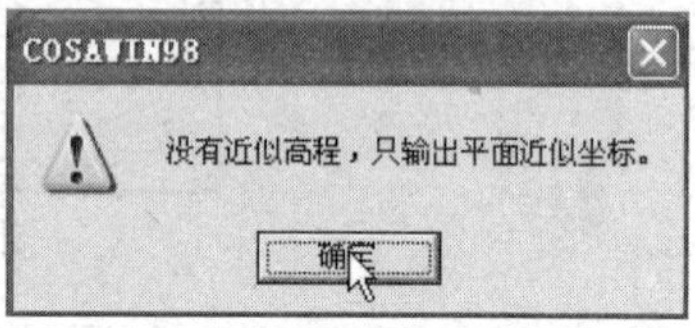

图 9-45　概算结果输出提示

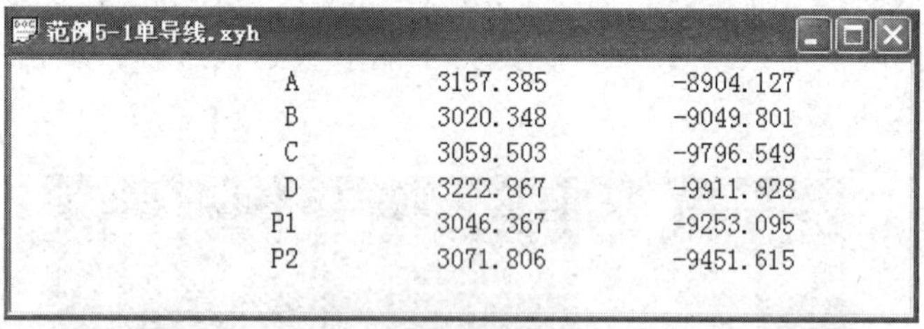

图 9-46　控制网概算结果

(4)闭合差计算。选择“工具”菜单中的“闭合差计算”菜单项下的“平面网”功能(图 9-47),弹出“输入平面观测文件”对话框。选中相应的平面网观测文件后,单击“打开”,打开观测数据文件,计算闭合差。闭合差计算结果如图 9-48 所示,闭合差结果文件名为“*.clo”。

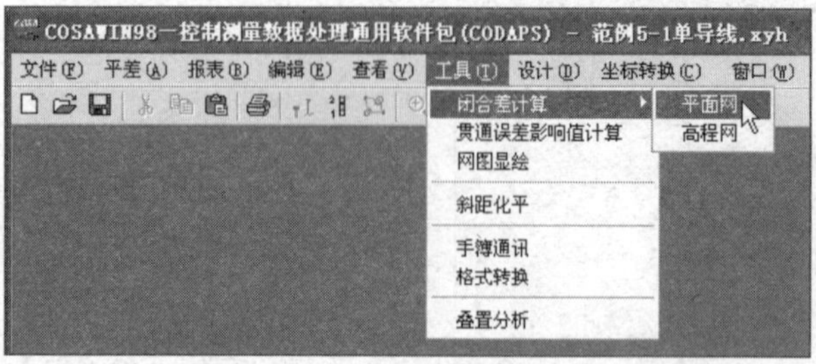

图 9-47　平面网闭合差计算

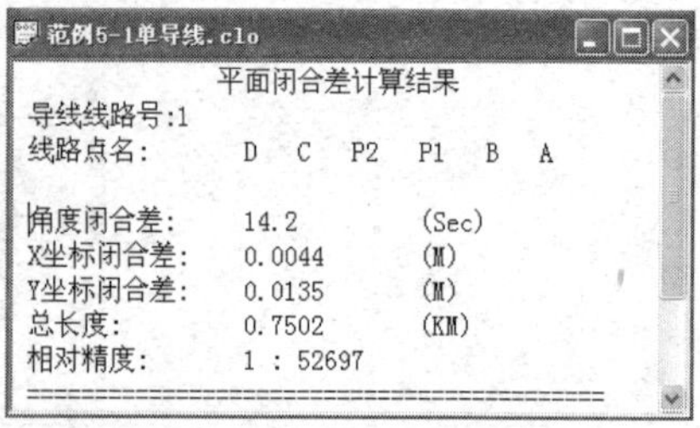

图 9-48　平面闭合差计算结果显示

(5)控制网平差。选择“平差”菜单中的“平面网”菜单项,弹出“输入平面观测文件”对话框;选中观测值文件后,软件进行计算;显示迭代结果并提示"迭代是否进行",单击"确定";弹出"平差完毕!"信息提示对话框,单击"确定",如图 9-49、图 9-50、图 9-51 所示。

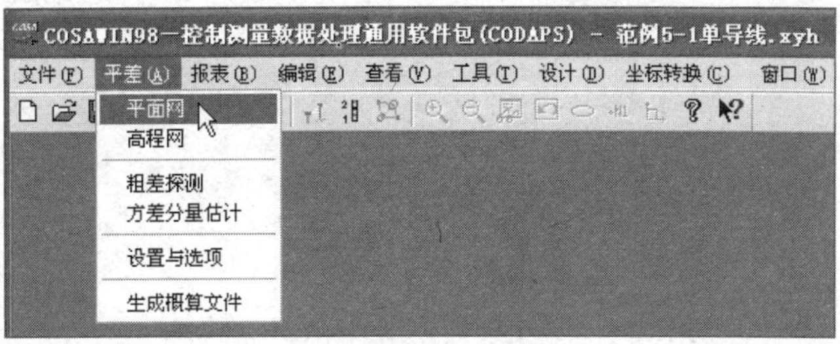

图 9-49　选择平面网平差

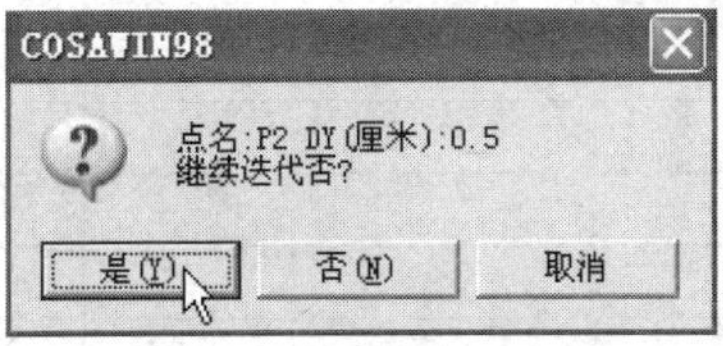

图 9-50　选择是否继续迭代计算

图 9-51　平差计算结束提示

(6)成果输出。COSAWIN 系统提供了两种平面控制网平差结果报表文件,即"网名.OU2"和"网名.RT2",可使用 COSAWIN 文本编辑器编辑查看,也可将文件调入 Word 编辑输出。本例是"网名.OU2"文件复制到 Word 上输出的文档。平差结果如下。

近似坐标

Name	X(m)	Y(m)
A	3157.385	-8904.127
B	3020.348	-9049.801
C	3059.503	-9796.549
D	3222.867	-9911.928
P1	3046.367	-9253.095
P2	3071.806	-9451.615

方向平差结果

FROM	TO	TYPE	VALUE(dms)	M(sec)	V(sec)	RESULT(dms)	Ri
B	A	L	0.000000	3.50	2.39	0.000239	0.31
B	P1	L	230.323700	3.50	-2.39	230.323461	0.31
C	P2	L	0.000000	3.50	1.07	0.000107	0.39
C	D	L	236.483700	3.50	-1.07	236.483593	0.39
P1	B	L	0.000000	3.50	2.00	0.000200	0.15
P1	P2	L	180.004200	3.50	-2.00	180.004000	0.15
P2	P1	L	0.000000	3.50	1.63	0.000163	0.13
P2	C	L	170.392200	3.50	-1.63	170.392037	0.13

方向最小多余观测分量:0.13(P2→P1)

方向最大多余观测分量:0.39(C→D)

方向平均多余观测分量:0.25

方向多余观测数总和:　1.98

距离平差结果

FROM	TO	TYPE	VALUE(m)	M(cm)	V(cm)	RESULT(m)	Ri
B	P1	S	204.9520	1.20	0.38	204.955 8	0.31
P1	P2	S	200.1300	1.20	0.38	200.133 8	0.31
P2	C	S	345.1530	1.35	0.57	345.158 7	0.39

边长最小多余观测分量:0.31(P1→P2)

边长最大多余观测分量:0.39(P2→C)

边长平均多余观测分量:0.34

边长多余观测数总和: 1.02

平差坐标及其精度

Name	X(m)	Y(m)	MX(cm)	MY(cm)	MP(cm)	E(cm)	F(cm)	T(dms)
A	3157.3850	-8904.1270						
B	3020.3480	-9049.8010						
C	3059.5030	-9796.5490						
D	3222.8670	-9911.9280						
P1	3046.3628	-9253.0991	0.32	0.99	1.04	1.00	0.30	96.1615
P2	3071.8022	-9451.6095	0.37	1.05	1.11	1.05	0.37	92.2229

Mx 均值：0.35 My 均值：1.02 Mp 均值：1.08

最弱点及其精度

Name	X(m)	Y(m)	MX(cm)	MY(cm)	MP(cm)	E(cm)	F(cm)	T(dms)
P2	3071.8022	-9451.6095	0.37	1.05	1.11	1.05	0.37	92.2229

网点间边长、方位角及其相对精度

FROM	TO	A(dms)	MA(sec)	S(m)	MS(cm)	S/MS	E(cm)	F(cm)	T(dms)
B	P1	277.173179	3.04	204.9558	1.00	21000	1.00	0.30	96.1615
C	P2	87.572853	2.27	345.1587	1.05	33000	1.05	0.37	92.2229
P1	B	97.173179	3.04	204.9558	1.00	21000	1.00	0.30	96.1615
P1	P2	277.180978	2.59	200.1338	1.00	20000	1.00	0.25	95.4604
P2	P1	97.180978	2.59	200.1338	1.00	20000	1.00	0.25	95.4604
P2	C	267.572853	2.27	345.1587	1.05	33000	1.05	0.37	92.2229

最弱边及其精度

FROM	TO	A(dms)	MA(sec)	S(m)	MS(cm)	S/MS	E(cm)	F(cm)	T(dms)
P1	P2	277.180978	2.59	200.1338	1.00	20000	1.00	0.25	95.4604

单位权中误差和改正数带权平方和

先验单位权中误差:3.50

后验单位权中误差:3.25

多余观测值总数:3

平均多余观测值数:0.27

PVV1 = 31.65 PVV2 = 31.65

范例 5-1 单导线控制网总体信息

已知点数：4	未知点数:2
方向角数：0	固定边数：0
方向观测值数：8	边长观测值数：3

(7)网图显绘。选择“工具”菜单中的“网图显绘”菜单项,弹出“输入网图参数文件”对话框;打开文件后,显示网图,如图 9-52、图 9-53、图 9-54 所示。

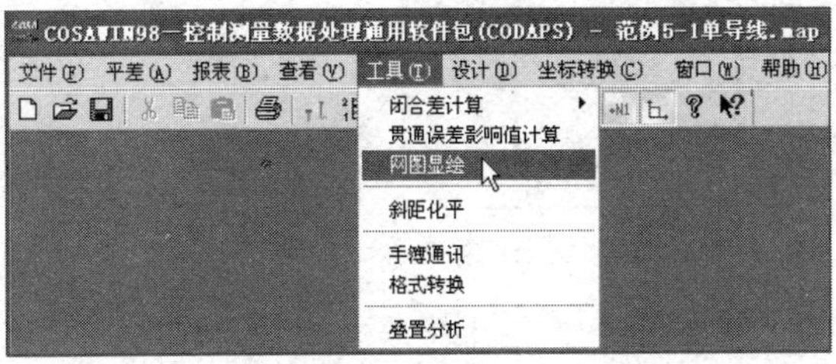

图 9-52　选择“网图显绘”

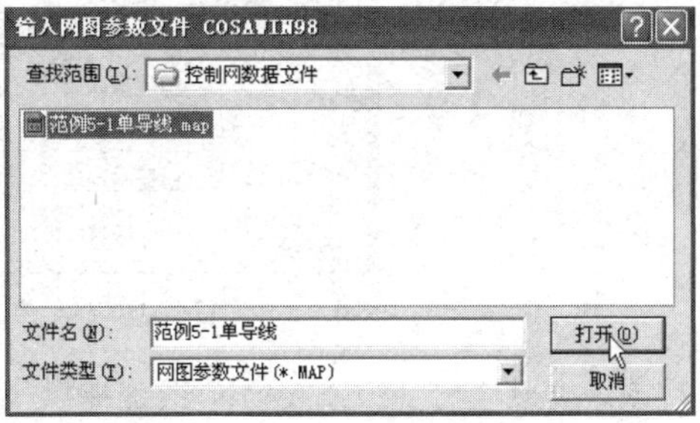

图 9-53　打开相应网图参数文件

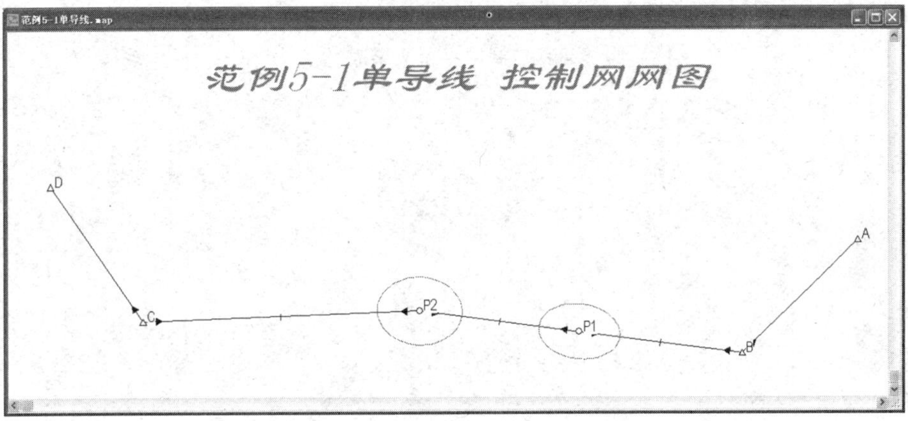

图 9-54　平面控制网网图显示

三、水准网平差计算

[例 9-9][例 4-6]为一个水准网(图 4-8),已知起算数据和观测数据见表 4-4,试完成其平差计算。

解:(1)控制网数据输入。选择“文件”菜单中的“新建”菜单项,打开空白窗口,键入数据,并选择路径和文件名“*.IN1”保存数据,如图 9-55 所示。

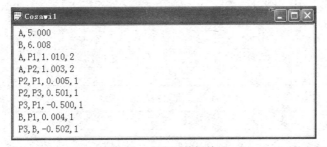

图 9-55　水准网数据输入

(2)控制网平差。选择“平差”菜单中的“高程网”菜单项,弹出“输入平面观测文件”对话框;选中观测值文件后,软件进行计算;显示迭代结果并提示“迭代是否进行”,单击“确定”;弹出“高程网平差完毕!”信息提示对话框,单击“确定”,如图 9-56、图 9-57 所示。

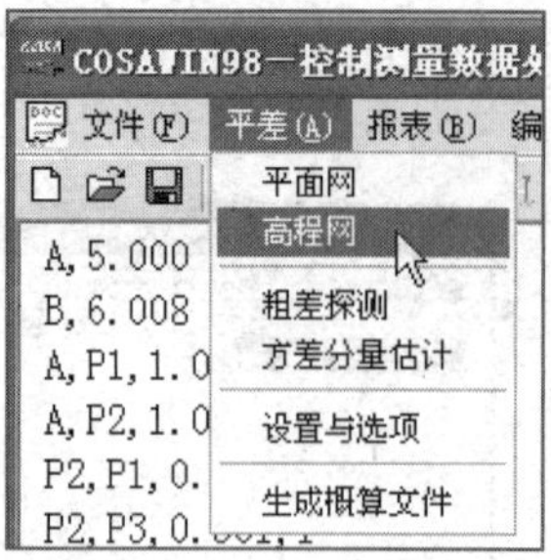

图 9-56　选择高程网平差

图 9-57　平差计算结束提示

(3)成果输出。COSAWIN 系统提供了两种高程控制网平差结果报表文件,即"网名.OU1"和"网名.RT1",可使用 COSAWIN 文本编辑器编辑查看,也可将文件调入 Word 编辑输出。本例选择的是"网名.RT1"文件内容。平差结果如下。

高程控制网平差成果表

网名:

等级:

测量单位:

测量时间:

测量人员:

仪器:

平差参考系:

平差类型:

高差观测值总数:7

多余观测数(自由度):4

先验每公里高程测量高差中误差:

后验每公里高程测量高差中误差:1.882

高差观测值平差成果表

起点	终点	观测高差	改正数	平差值	精度	距离
N1	N2	Dh(米)	Vh(毫米)	DH^(米)	Mh(毫米)	s(公里)
A	P1	1.0100	0.72	1.0107	1.23	2.000
A	P2	1.0030	3.21	1.0062	1.49	2.000
P2	P1	0.0050	−0.49	0.0045	1.36	1.000
P2	P3	0.5010	2.10	0.5031	1.38	1.000
P3	P1	−0.5000	1.41	−0.4986	1.30	1.000
B	P1	0.0040	−1.28	0.0027	1.23	1.000
P3	B	−0.5020	0.69	−0.5013	1.34	1.000

高程平差值和精度成果表

点名	点号	高程(米)	精度(毫米)	备注
A	A	5.0000	0.00	
B	B	6.0080	0.00	
P1	P1	6.0107	1.23	
P2	P2	6.0062	1.49	
P3	P3	6.5093	1.34	

四、技能训练——COSAWIN控制网平差

(一)例题演练

在教师的指导下,将本任务的例题反复演练,直到获得正确的结果,以此掌握正确的软件操作方法。

(二)实战训练

选择已学项目的例题或已完成的实训题,用COSAWIN完成平差计算。

项目小结

本项目的主要学习内容为南方平差易PA2005和COSAWIN两款测量数据处理软件的应用。通过软件的实践操作训练,形成正确选择平差参数和计算方案并完成控制网数据处理和平差的实践技能;能根据相关测量规范的精度指标对控制网成果的质量进行评价,初步形成控制网精度分析的基本能力。

本项目的重点是应用测量数据处理软件进行平差解算的操作技能训练;难点是南方平差易PA2005和科傻COSAWIN的平差方案及平差软件参数的选择。

思考与练习题

1. 对同一个平差问题,采用手工解算和软件解算,其结果会完全一样吗?如结果有差异,试分析其产生的原因。

2. 试总结南方平差易PA2005和科傻COSAWIN平差过程的共同点。其必要的解算步骤有哪些?

3. 南方平差易PA2005和科傻COSAWIN在进行平差解算时,单位权中误差是否为同一个精度指标?

4. 在进行控制网平差时,如果改变先验精度值,对平差结果有影响吗?试对本项目单导线([例9-1]、[例9-8])的解算结果进行比较分析。

5. 采用测量数据处理软件分别完成项目三、项目四、项目五、项目六中"项目综合技能训练"部分实训题的平差解算,并与前面手工解算的平差结果进行比较。

项目十　课程综合实训——工程控制网数据处理

一、实训目标

(1)通过工程控制网数据处理综合技能训练,掌握应用数据处理软件(南方平差易PA2005、科傻COSAWIN、清华山维NASEW)进行工程控制网平差数据处理的方法和步骤。

(2)通过工程控制网数据处理综合技能的训练,理解工程控制网数据处理原理、不同数据处理软件处理过程的特点,并进一步理解工程控制网基于软件进行数据处理的共性。

(3)通过工程控制网数据处理综合技能的训练,了解工程控制网在不同行业、不同类型测量规范中的精度指标,以便在数据处理过程中准确地进行质量控制。

二、技术依据

(1)《工程测量标准》(GB 50026—2020)。

(2)《城市测量规范》(CJJ/T 8—2011)。

(3)《工程控制网数据处理综合技能训练任务书》。

三、实训任务

(一)实训项目

1. 导线网数据处理

图10-1为一个四等环型导线网,A、B、C、D为已知点,已知起算数据见表10-1,方向观测值和边长观测值见表10-2。其中,方向观测先验中误差为$\sigma_{方}=1.8''$,测距先验中误差为$S_i=(5+5S_i)$ mm(S_i以km为单位)。试完成该导线网数据处理与平差解算任务。

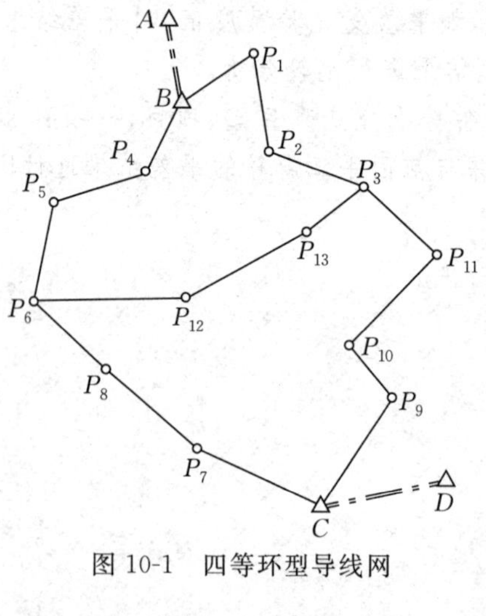

图10-1　四等环型导线网

表 10-1　导线网已知起算数据

点名	X/m	Y/m	点名	X/m	Y/m
A	39 983.108	19 161.925	C	32 004.962	20 793.763
B	39 783.150	19 166.024	D	32 049.714	20 988.695

表 10-2　导线网观测数据

测站	照准点	方向观测值 /(° ′ ″)	边长观测值 /m	测站	照准点	方向观测值 /(° ′ ″)	边长观测值 /m
B	A	0 00 00.0		P_9	C	0 00 00.0	
	P_1	65 23 04.3	1 508.833		P_{10}	100 58 37.2	1 275.331
	P_4	202 23 57.3	1 287.571	P_{10}	P_9	0 00 00.0	
C	D	0 00 00.0			P_{11}	260 25 17.0	2 120.145
	P_7	233 05 41.3	2 185.157	P_{11}	P_{10}	0 00 00.0	
	P_9	324 28 10.0	2 828.393		P_3	89 29 57.7	1 879.819
P_1	B	0 00 00.0		P_{12}	P_6	0 00 00.0	
	P_2	296 02 30.4	1 828.834		P_{13}	141 21 08.8	2 104.885
P_2	P_1	0 00 00.0		P_{13}	P_{12}	0 00 00.0	
	P_3	114 26 17.5	1 577.942		P_3	175 28 13.1	1 278.172
P_4	B	0 00 00.0		P_3	P_{11}	0 00 00.0	
	P_5	232 56 13.4	1 478.800		P_{13}	99 41 52.8	
P_5	P_4	0 00 00.0			P_2	162 15 14.5	
	P_6	119 20 17.9	2 000.686	P_6	P_5	0 00 00.0	
P_7	C	0 00 00.0			P_{12}	81 48 41.3	2 382.674
	P_8	190 09 45.2	2 224.844		P_8	127 35 53.8	
P_8	P_7	0 00 00.0					
	P_6	180 46 11.6	1 422.603				

2. 三角网平差计算

图 10-2 为一个测角三角网，A、C、G、H 为已知点，DE 为已知边，已知起算数据见表 10-3，方向观测值见表 10-4。其中，方向观测先验中误差为 $\sigma_{方}=1.8''$。试完成该导线网数据处理与平差解算任务。

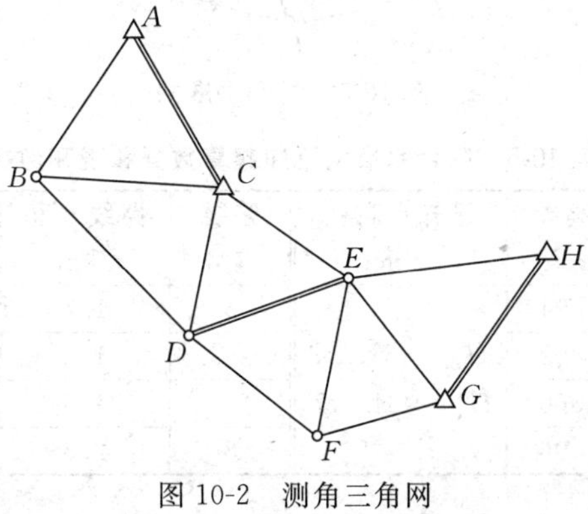

图 10-2　测角三角网

表 10-3　测角三角网已知起算数据

点名	X/m	Y/m	点名	X/m	Y/m
A	73 659.510	−151 928.040	G	19 395.190	−99 133.400
C	50 435.400	−139 848.490	H	43 272.550	−85 480.970
$S_{DE}=30\ 148.769$ m					

表 10-4　测角三角网观测数据

测站	照准点	方向观测值 /(° ′ ″)	测站	照准点	方向观测值 /(° ′ ″)
A	C	0 00 00.0	E	H	0 00 00.0
	B	67 12 46.1		G	50 54 45.0
B	A	0 00 00.0		F	99 21 30.7
	C	54 00 04.4		D	148 36 28.7
	D	98 53 19.6		C	210 00 21.9
C	E	0 00 00.0	F	D	0 00 00.0
	D	72 33 34.0		E	63 37 08.7
	B	158 13 57.5		G	125 47 28.4
	A	217 01 09.1	G	F	0 00 00.0
D	B	0 00 00.0		E	69 22 52.5
	C	49 26 21.0		H	142 41 48.6
	E	95 28 55.2	H	G	0 00 00.0
	F	162 36 49.1		E	55 46 22.3

3. 水准网平差计算

图 10-3 为一个附合水准网，A、B 为已知点，P_1、P_2、P_3、P_4 为待定点，已知起算数据和观测数据见表 10-5。试完成水准网的平差计算任务。

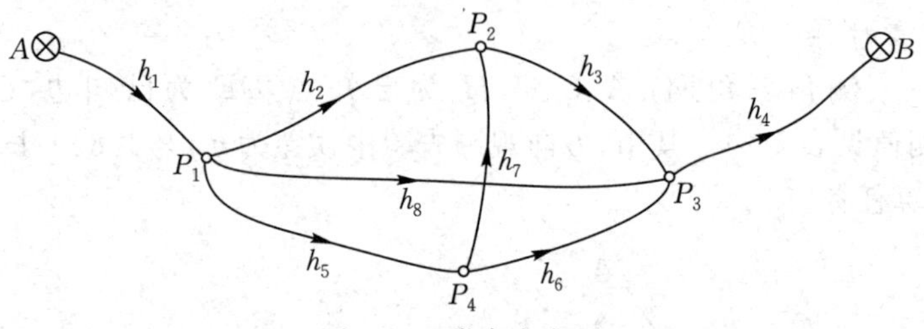

图 10-3　附合水准网

表 10-5　附合水准网已知起算数据和观测数据

路线编号	路线长度/km	观测高差/m	已知点高程/m	路线编号	路线长度/km	观测高差/m	已知点高程/m
1	1.3	2.094		5	1.7	0.501	
2	1.8	1.002	$H_A=31.113$	6	1.2	0.560	$H_A=31.113$
3	1.5	0.060	$H_B=34.177$	7	1.6	0.504	$H_B=34.177$
4	1.6	−0.096		8	2.8	1.064	

(二)实训要求

(1)使用两种以上不同的测量数据处理软件分别完成控制网的平差计算。

(2)根据规范判别平差结果(包括验后单位权中误差、各类待定值的平差值及中误差等)是否合格，评定其观测成果的质量。

(3)对不同的测量数据处理软件计算所得的平差结果进行比较，如有差异，试分析产生差异的原因。

(4)遵守实训纪律，认真学习有关资料，独立完成项目任务，不得抄袭他人成果，严禁伪造成果。

(三)时间安排

时间安排见表10-6。

表10-6　实训安排表

序号	内容	时间/天
1	根据《工程控制网数据处理综合技能训练任务书》制订实训计划	0.5
2	安装和调试软件，根据软件要求编制控制网数据表	0.5
3	进行控制网数据处理和平差	3
4	撰写实训总结报告，提交实训成果	1

(四)实训报告

完成实训任务后，每人需编写实训总结报告，并与实训成果一起提交，作为评定实训成绩的依据。实训总结报告包括六个部分。

(1)序言，包括实训名称、目标、时间、地点；实训任务(含实训项目及要求)；实训采用的测量数据处理软件及配套硬件设备；实训计划安排、组织和完成情况概述等。

(2)实训计划的安排。

(3)控制网数据处理成果。

(4)控制网精度分析。

(5)不同测量数据处理软件差异和特点的比较分析。

(6)实训的收获与体会。

参考文献

[1] 陈传胜，杨爱萍，1997. 间接解析法测算界址点的精度分析与试验[J]. 测绘通报 (12)：26-29.

[2] 胡远新，赵奋军，2009. MATLAB 软件在测量平差解算中的应用[J]. 采矿技术，9(2)：98-100.

[3] 靳祥生，2012. 测量平差[M]. 郑州：黄河水利出版社.

[4] 刘仁钊，2012. 测量平差[M]. 武汉：武汉大学出版社.

[5] 鲁铁定，周世健，张立亭，等，2004. 测量平差教学中 MATLAB 软件的应用[J]. 地矿测绘，20(1)：43-45.

[6] 聂俊兵，2010. 测量平差[M]. 北京：测绘出版社.

[7] 宋太江，2010. 测量平差[M]. 重庆：重庆大学出版社.

[8] 隋立芬，宋力杰，柴洪洲，等，2016. 误差理论与测量平差基础[M]. 2 版. 北京：测绘出版社.

[9] 王穗辉，2015. 误差理论与测量平差[M]. 2 版. 上海：同济大学出版社.

[10] 武汉测绘科技大学测量平差教研室，1996. 测量平差基础[M]. 北京：测绘出版社.

[11] 武汉大学测绘学院测量平差学科组，2003. 误差理论与测量平差基础[M]. 武汉：武汉大学出版社.

[12] 武汉大学测绘学院测量平差学科组，2005. 误差理论与测量平差基础习题集[M]. 武汉：武汉大学出版社.

[13] 吴俊昶，刘大杰，于正林，1998. 控制网测量平差[M]. 北京：测绘出版社.

[14] 颜平，2003. 测量平差：测量工程技术专业[M]. 北京：中国建筑工业出版社.

[15] 张志涌，2011. MATLAB 教程：R2010a[M]. 北京：北京航空航天大学出版社.

附录：部分实训、思考和练习题参考答案

项目二　误差理论与测量平差原则

实训

[实训 2-1] $K=1/50\ 000$

[实训 2-2] $\hat{\sigma}_1=5.5''$，$\hat{\sigma}_2=6.5''$

[实训 2-3] $f_\beta=-48''$，$f_S=0.215\ 0$，$K=1/2\ 810$

[实训 2-4] $\hat{\sigma}_C=3\sqrt{2}''$

[实训 2-5] (1) $\sigma_X=\sqrt{\dfrac{3}{2}}\sigma$；(2)$\sigma_X=\sqrt{\left(\dfrac{L_1^2}{L_3^2}+\dfrac{L_2^2}{L_3^2}+\dfrac{L_1^2L_2^2}{L_3^4}\right)}\sigma$

[实训 2-6] $\mathrm{d}\boldsymbol{\varphi}=\begin{bmatrix}\mathrm{d}\varphi_1\\ \mathrm{d}\varphi_2\end{bmatrix}=\begin{bmatrix}L_2 & L_1 & 0\\ 2 & 0 & -1\end{bmatrix}\begin{bmatrix}\mathrm{d}L_1\\ \mathrm{d}L_2\\ \mathrm{d}L_3\end{bmatrix}$

$$\boldsymbol{D}_{\varphi\varphi}=\begin{bmatrix}L_2 & L_1 & 0\\ 2 & 0 & -1\end{bmatrix}\begin{bmatrix}3 & 0 & -1\\ 0 & 4 & 1\\ -1 & 1 & 2\end{bmatrix}\begin{bmatrix}L_2 & 2\\ L_1 & 0\\ 0 & -1\end{bmatrix}=\begin{bmatrix}3L_2^2+4L_1^2 & 7L_2-L_1\\ 7L_2-L_1 & 19\end{bmatrix}$$

[实训 2-7] $\mathrm{d}D=\cos\alpha\mathrm{d}L-\dfrac{100L\sin\alpha}{\rho''}\mathrm{d}\alpha$

$$\sigma_D^2=\cos^2\alpha\sigma_L^2-\left(\frac{100L\sin\alpha}{\rho''}\right)^2\sigma_u^2=14.90\ \mathrm{cm}^2,\sigma_D=3.9\ \mathrm{cm}$$

[实训 2-8] (1) $6\sqrt{2}''$；

(2)3 个测回

[实训 2-9] (1) $p_1=1,p_2=1/4,p_3=4;p_1=4,p_2=1,p_3=16;p_1=1/4,p_2=1/16,p_3=1$

(2) $\bar{x}=30°41'17.2''$

[实训 2-10] $p_1=4,p_2=5,p_3=10$

[实训 2-11] (1) $\sigma_0=\sqrt{3}$ mm；(2) $p=3/4$；(3) 需测 12 次

[实训 2-12] $P_x=[p]$

[实训 2-13] $\boldsymbol{Q}_{\beta\beta}=\begin{bmatrix}2 & -1\\ -1 & 2\end{bmatrix}$

[实训 2-14] (1) $\sigma_0=6.96$ mm

(2)$\sigma_{x_1}=6.96$ mm，$\sigma_{x_2}=11.00$ mm，$\sigma_{x_3}=7.78$ mm，

$\sigma_{x_4}=9.84$ mm，$\sigma_{x_5}=11.00$ mm

(3) $\hat{\sigma}_{[x]}=21.17$ mm

思考与练习题

4. 真误差不一定相等;最大限差相等;精度相等;相对精度不相等

7. $\sigma_0^2=8$, $\sigma_A^2=32('')^2$, $\sigma_C^2=4('')^2$

8. $\sigma_2=2.83''$, $\sigma_3=2.31''$

10. (1) $\sigma_F^2=13/9$; (2) $\sigma_Z^2=32$

11. $\sigma_F^2=24$

12. $\sigma_C=4.0''$

13. $\sigma_{y_1}^2=19$, $\sigma_{y_2}^2=19$, $\sigma_{y_1y_2}^2=17$

14. $\sigma_F^2=4L_1^2\sigma_1^2+\sigma_2^2+\frac{1}{4L_3}\sigma_3^2$

15. $h=73.445\ \text{m}$, $\sigma_h=0.85\ \text{mm}$

16. (1) $Q_{F_1F_1}=\frac{1}{25p_1}+\frac{16}{25p_2}+\frac{9}{25p_3}$; (2) $Q_{F_2F_2}=\frac{1}{4p_1}+\frac{1}{4p_2}+\frac{1}{p_3}$

17. $\boldsymbol{Q}_{LL}=\begin{bmatrix}\frac{1}{2} & \frac{1}{2}\\ \frac{1}{2} & 2\end{bmatrix}$

18. $Q_{\Delta_x\Delta_y}=\frac{\cos\alpha\sin\alpha}{p_S}-\frac{S^2\cos\alpha\sin\alpha}{\rho''^2 p_\alpha}$

19. $\boldsymbol{Q}_{LL}=\frac{1}{3}\begin{bmatrix}2 & -1 & -1\\ -1 & 2 & -1\\ -1 & -1 & 2\end{bmatrix}$

20. 10.61 mm, 13.69 mm

21. 1.29″

22. 13 次

23. (1)2.57 mm; (2)1.82 mm; (3)5.40 mm; (4)3.82 mm

项目三 条件平差

实训

[实训 3-1] $\hat{L}_1=62°17'54.2''$, $\hat{L}_2=33°52'21.0''$, $\hat{L}_3=33°49'44.2''$

[实训 3-2] $n=3$, $t=2$, $r=1$

$\hat{h}_1+\hat{h}_2+\hat{h}_3=0$; $v_1+v_2+v_3-6=0$, 闭合差的单位为 mm

$\mathbf{V}=\begin{bmatrix}\frac{12}{7} & \frac{12}{7} & \frac{18}{7}\end{bmatrix}^{\mathrm{T}}$, $\hat{\boldsymbol{h}}=[1.3367\quad 1.0567\quad -2.3964]^{\mathrm{T}}$, 单位均为 m

[实训 3-3] $\begin{cases}v_1-v_2+w_1=0\\ v_4-v_5+w_2=0\\ v_1+v_3-v_4+w_3=0\end{cases}$, $w_1=-19\ \text{mm}$, $w_2=12\ \text{mm}$, $w_3=-30\ \text{mm}$

[实训 3-4] $\boldsymbol{X}=\begin{bmatrix}x_1\\x_2\\x_3\end{bmatrix}=\begin{bmatrix}2\\3\\2\end{bmatrix}$

[实训 3-5] $\begin{bmatrix}6.5 & -2.5 & -2 & 0\\-2.5 & 5.5 & 2 & 1\\-2 & 2 & 6.5 & 2.5\\0 & 1 & 2.5 & 4.5\end{bmatrix}\begin{bmatrix}k_1\\k_2\\k_3\\k_4\end{bmatrix}+\begin{bmatrix}-2\\4\\4\\0\end{bmatrix}=\mathbf{0}$

[实训 3-6] (1) $\begin{bmatrix}6.4 & 0 & 4.2\\0 & 8.8 & -4.0\\4.2 & -4.0 & 11.3\end{bmatrix}\begin{bmatrix}k_1\\k_2\\k_3\end{bmatrix}+\begin{bmatrix}-19\\12\\-30\end{bmatrix}=0$，$\begin{bmatrix}k_1\\k_2\\k_3\end{bmatrix}=\begin{bmatrix}1.7905\\-0.5484\\1.7954\end{bmatrix}$

(2) $H_E=184.9821$ m，$H_F=182.5176$ m

[实训 3-7] 设 1 km 观测高差为单位权观测值，$\dfrac{1}{P_{\hat{h}_5}}=1$

[实训 3-8] (1)$\hat{h}_1=10.3556$ m，$\hat{h}_2=15.0028$ m，$\hat{h}_3=20.3556$ m，$\hat{h}_4=14.5007$ m，$\hat{h}_5=4.6472$ m，$\hat{h}_6=5.8548$ m，$\hat{h}_7=10.5020$ m

(2) $\sigma_{\hat{h}_{P_1P_2}}=2.2$ mm

思考与练习题

7. $f_1=1$，$f_2=1$，$f_3=1$

8. 条件方程：$\begin{cases}v_1+v_7+v_8+9=0\\v_2-v_6+v_8-3=0\\v_1-v_2-v_5+8=0\\-v_3+v_4+v_5-20=0\end{cases}$

法方程：$\begin{cases}10k_1+4k_2+2k_3+9=0\\4k_1+10k_2-2k_3-3=0\\2k_1-2k_2+8k_3-4k_4+8=0\\-4k_3+8k_4-20=0\end{cases}$

9. $k_1=5.2464$，$k_2=-2.7926$，$k_3=-1.1180$，$k_4=6.0047$

10. $\dfrac{2}{3}$

11. (1) $P_{H_B}=\dfrac{3}{2}$；(2)$P_{\hat{h}_{AC}}=1$

12. (1) $\hat{\boldsymbol{h}}=(2.4998\quad 1.9998\quad 1.3518\quad 1.8515)^{\mathrm{T}}$，单位为 m

(2) $H_{P_1}=13.9998$ m，$H_{P_2}=15.8515$ m

(3) $\sigma_{H_{P_2}}=0.32$ mm

13. $\hat{\boldsymbol{h}}=(1.576\quad 2.219\quad -3.795\quad 0.867\quad -2.443\quad -1.352)^{\mathrm{T}}$，单位为 m

项目四 间接平差

实训

[实训 4-1] 见[实训 3-1]

[实训 4-2] $H_C=11.008$ m, $H_D=12.526$ m

[实训 4-3] $\mathbf{V}=\begin{bmatrix}1&0\\1&0\\-1&1\\0&1\\0&1\end{bmatrix}\begin{bmatrix}\delta_{x_1}\\\delta_{x_2}\end{bmatrix}+\begin{bmatrix}0\\-1.9\\3\\0\\1.2\end{bmatrix}$

[实训 4-4] $\begin{bmatrix}6.6&-3.7&0\\-3.7&9.5&-3.3\\0&-3.3&7.3\end{bmatrix}\begin{bmatrix}\delta_{x_1}\\\delta_{x_2}\\\delta_{x_3}\end{bmatrix}+\begin{bmatrix}-85.1\\38.9\\46.2\end{bmatrix}=\mathbf{0}$; $\boldsymbol{\delta}_{\boldsymbol{X}}=\begin{bmatrix}\delta_{x_1}\\\delta_{x_2}\\\delta_{x_3}\end{bmatrix}=\begin{bmatrix}11.75\\-2.04\\-7.25\end{bmatrix}$

[实训 4-5](1) $\begin{bmatrix}1.0152&-0.3226\\-0.3226&0.7809\end{bmatrix}\begin{bmatrix}\delta_{x_1}\\\delta_{x_2}\end{bmatrix}+\begin{bmatrix}-1.8314\\1.2177\end{bmatrix}=\mathbf{0}$; $\boldsymbol{\delta}_{\boldsymbol{X}}=\begin{bmatrix}\delta_{x_1}\\\delta_{x_2}\end{bmatrix}=\begin{bmatrix}1.51\\-0.94\end{bmatrix}$,单位为 cm

(2) $H_E=194.982$ m, $H_F=182.517$ m

[实训 4-7] (1) $H_P=25.465$ m;(2) $p_{H_P}=1$

[实训 4-8] (1) $H_{P_1}=16.3747$ m, $H_{P_2}=17.0279$ m

(2) $\sigma_{P_1}=1.6$ mm, $\sigma_{P_2}=1.9$ mm

(3) $\sigma_{\hat{h}_5}=2.2$ mm

思考与练习题

2. 有 n 个误差方程;有 t 个法方程

3. 未知数有 t 个

9. $\begin{cases}3.5\delta_{x_1}-\delta_{x_2}-\delta_{x_3}+4=0\\-\delta_{x_1}+2.67\delta_{x_2}-0.67\delta_{x_3}-7.67=0\\-\delta_{x_1}-0.67\delta_{x_2}+2.17\delta_{x_3}+1.67=0\end{cases}$

10. $\delta_{x_1}=1.00$, $\delta_{x_2}=-0.9995$, $\delta_{x_3}=2.00$

11. $[pvv]=120.5$

12. $\dfrac{2}{9}$

13. (1) $Q=\begin{bmatrix}0.1271&0.0360&0.0362\\0.0360&0.1271&0.0362\\0.0362&0.0362&0.1272\end{bmatrix}$

(2) $\delta_{x_1}=-0.9995$, $\delta_{x_2}=-0.9995$, $\delta_{x_3}=-1$

(3) $\dfrac{1}{P_\varphi}=0.5982$

14. (1) $\hat{H}_{P_1}=11.014$ m, $\hat{H}_{P_2}=22.575$ m, $\hat{H}_{P_3}=16.161$ m

$\sigma_{P_1}=1.3$ mm, $\sigma_{P_2}=1.2$ mm, $\sigma_{P_3}=1.3$ mm

(2) $\hat{h}=5.147$ m, $\sigma_{\hat{h}}=1.6$ mm

项目五　导线网平差

实训

[实训 5-1] (1)各观测值的平差值见下表。

角号	角度平差值 /(° ′ ″)	边号	边长平差值 /m
1	44 05 40.7	1	2 185.046
2	244 32 22.9	2	1 500.002
3	201 57 34.0	3	1 009.014
4	168 01 40.3		

(2) $x_{P_1}=4\,933.075$ m, $y_{P_1}=6\,513.691$ m, $\sigma_{P_1}=3.41$ cm

$x_{P_2}=4\,684.424$ m, $y_{P_2}=7\,992.940$ m, $\sigma_{P_2}=2.41$ cm

[实训 5-2] 结果同[实训 5-1]

思考与练习题

4. $$\begin{cases} v_{\beta_1}+v_{\beta_2}+v_{\beta_3}+v_{\beta_4}+v_{\beta_5}+w_\alpha=0 \\ \cos\alpha_1 v_{S_1}+\cos\alpha_2 v_{S_2}+\cos\alpha_3 v_{S_3}+\cos\alpha_4 v_{S_4}-\dfrac{(y_5-y_1)}{\rho''}v_{\beta_1}- \\ \dfrac{(y_5-y_2)}{\rho''}v_{\beta_2}-\dfrac{(y_5-y_3)}{\rho''}v_{\beta_3}-\dfrac{(y_5-y_4)}{\rho''}v_{\beta_4}+w_x=0 \\ \sin\alpha_1 v_{S_1}+\sin\alpha_2 v_{S_2}+\sin\alpha_3 v_{S_3}+\sin\alpha_4 v_{S_4}+\dfrac{(x_5-x_1)}{\rho''}v_{\beta_1}+ \\ \dfrac{(x_5-x_2)}{\rho''}v_{\beta_2}+\dfrac{(x_5-x_3)}{\rho''}v_{\beta_3}+\dfrac{(x_5-x_4)}{\rho''}v_{\beta_4}+w_y=0 \end{cases}$$

6. $x_2=2\,245\,547.447$, $y_2=69\,241.434$, $x_3=3\,355\,331.201$, $y_3=73\,449.768$

$x_4=3\,353\,602.599$, $y_4=75\,948.693$, $x_5=3\,351\,256.045$, $y_5=80\,090.294$

$\sigma_{x_3}=1.36$ cm, $\sigma_{y_3}=1.36$ cm, $\sigma_{P3}=1.92$ cm

7. (1)采用条件平差法,应列 17 个条件方程。其中,多边形角度闭合条件 4 个;方位角条件 1 个;纵、横坐标条件 10 个(包括坐标闭合条件 8 个、坐标附合条件 2 个);中心节点圆周条件 2 个。组成 17 阶法方程。

(2)采用角度间接平差法,共有 55 个误差方程。其中,观测了 29 个导线内角和 2 个连接角(注意两个中心节点做全圆观测),列角度误差方程 31 个;观测边长 24 条,列边长误差方程 24 个;导线网有待定点 19 个,必要观测数为 38,组成 38 阶法方程。

8. (1) $\hat{x}_2=1\,684.140$ m, $\hat{y}_2=5\,621.517$ m;

$\hat{x}_3=1\,701.201$ m, $\hat{y}_3=5\,352.573$ m;

$\hat{x}_4=1\,832.471$ m, $\hat{y}_4=5\,113.524$ m;

(2) $\sigma_{x_3}=7.2$ mm, $\sigma_{y_3}=11.8$ mm

项目六　三角网平差

实训

[实训 6-1](1)各观测角度的最或然值见下表。

角号	角度观测值 /(° ′ ″)	改正数 /(″)	角度平差值 /(° ′ ″)
1	65 52 35.03	0.22	65 52 35.25
2	63 14 25.02	0.27	63 14 25.28
3	23 28 50.06	1.15	23 28 51.21
4	23 31 29.31	−0.69	23 31 28.62
5	69 45 14.74	0.14	69 45 14.88
6	61 40 57.38	−0.48	61 40 56.90
7	25 02 19.23	0.37	25 02 19.60
8	27 24 08.77	−0.52	27 24 08.25

(2) $\dfrac{\sigma_{BD}}{S_{BD}}=\dfrac{\sigma_F}{\rho''}=\dfrac{0.75}{206\ 265}=\dfrac{1}{280\ 000}$

[实训 6-2] $S_1=917.416$ m，$S_2=1\ 168.020$ m，$S_3=1\ 378.899$ m，
$S_4=912.620$ m，$S_5=960.069$ m，$S_6=1\ 419.832$ m

[实训 6-4] (1) $x_{P_1}=4\ 933.038$ m，$y_{P_1}=6\ 513.767$ m；$x_{P_2}=4\ 684.394$ m，$y_{P_2}=7\ 992.965$ m
(2) $\hat{\sigma}_0=5.4''$，$\sigma_{P_1}=3.1$ cm，$\sigma_{P_2}=3.2$ cm

思考与练习题

3. 测边大地四边形图形条件、测边中点多边形图形条件；$r=n-2p+1$

7. 图 6-19(a)：$r=11$；其中，图形条件 7 个、圆周条件 1 个、极条件 3 个
图 6-19(b)：$r=18$；其中，图形条件 11 个、圆周条件 2 个、极条件 5 个

8. $$\begin{cases}v_1+v_2+v_3+v_4+10=0\\ v_3+v_4+v_5+v_6+11=0\\ v_5+v_6+v_7+v_8-7=0\\ -2.16v_2+0.49v_3-2.34v_4+3.76v_5+1.21v_6-3.01v_7-19.6=0\text{(以 }A\text{ 点为极)}\end{cases}$$

9. 各角度平差值见下表。

角号	平差值 /(° ′ ″)	角号	平差值 /(° ′ ″)	角号	平差值 /(° ′ ″)
1	106 50 39.6	4	20 58 20.3	7	28 26 09.0
2	42 16 35.5	5	125 20 40.2	8	23 45 10.8
3	30 52 44.9	6	33 40 59.5	9	127 48 40.2

$\dfrac{\sigma_{BD}}{S_{BD}}=\dfrac{1}{47\ 000}$

10. (1) $\begin{bmatrix}v_{S_1}\\ v_{S_2}\\ v_{S_3}\end{bmatrix}=\begin{bmatrix}-0.827\ 9 & 0.560\ 8\\ 0.724\ 6 & 0.689\ 2\\ -0.539\ 7 & -0.841\ 8\end{bmatrix}\begin{bmatrix}\delta_{x_P}\\ \delta_{y_P}\end{bmatrix}+\begin{bmatrix}-0.40\\ -8.72\\ 4.82\end{bmatrix}$，单位为 cm

(2) $\begin{bmatrix}1.5818 & 0.4894\\0.4894 & 1.4982\end{bmatrix}\begin{bmatrix}\delta_{x_P}\\\delta_{y_P}\end{bmatrix}+\begin{bmatrix}-3.38\\-2.17\end{bmatrix}=\mathbf{0}$

(3) $\boldsymbol{Q}_{XX}=\begin{bmatrix}0.7452 & -0.2434\\-0.2434 & 0.7470\end{bmatrix}$; $\boldsymbol{\delta}_X=\begin{bmatrix}\delta_{x_P}\\\delta_{y_P}\end{bmatrix}=\begin{bmatrix}1.99\\0.80\end{bmatrix}$,单位为 cm;

$\begin{bmatrix}x_P\\y_P\end{bmatrix}=\begin{bmatrix}719.920\\332.808\end{bmatrix}$,单位为 m

(4) $\boldsymbol{V}_S=[-1.60\quad -6.72\quad -6.57]^{\mathrm{T}}$,单位为 cm

$\hat{\boldsymbol{S}}=[192.462\quad 168.348\quad 246.658]^{\mathrm{T}}$,单位为 m

项目七　GNSS 网平差

实训

[实训 7-1](1)误差方程为

$$\boldsymbol{V}=\begin{bmatrix}V_1\\V_2\\V_3\\V_4\\V_5\\V_6\\V_7\\V_8\\V_9\\V_{10}\\V_{11}\\V_{12}\\V_{13}\\V_{14}\\V_{15}\end{bmatrix}=\begin{bmatrix}-1&0&0&0&0&0&0&0&0\\0&-1&0&0&0&0&0&0&0\\0&0&-1&0&0&0&0&0&0\\0&0&0&0&0&0&-1&0&0\\0&0&0&0&0&0&0&-1&0\\0&0&0&0&0&0&0&0&-1\\1&0&0&0&0&0&-1&0&0\\0&1&0&0&0&0&0&-1&0\\0&0&1&0&0&0&0&0&-1\\1&0&0&-1&0&0&0&0&0\\0&1&0&0&-1&0&0&0&0\\0&0&1&0&0&-1&0&0&0\\0&0&0&1&0&0&-1&0&0\\0&0&0&0&1&0&0&-1&0\\0&0&0&0&0&1&0&0&-1\end{bmatrix}\begin{bmatrix}\delta_{X_3}\\\delta_{Y_3}\\\delta_{Z_3}\\\delta_{X_4}\\\delta_{Y_4}\\\delta_{Z_4}\end{bmatrix}-\begin{bmatrix}5.79\\7.11\\-8.00\\-1.81\\-3.79\\-1.06\\0.32\\-6.70\\2.38\\-1.76\\3.99\\-8.21\\-2.62\\-5.80\\0.66\end{bmatrix}$$

式中,常数项单位为 cm

法方程为

$$\boldsymbol{N}_{BB}=\begin{bmatrix}0.1250&0.1351&-0.0848&-0.0373&-0.0407&0.0245\\0.1351&0.2569&-0.1264&0.0407&-0.0800&0.0380\\-0.0848&-0.1264&0.1498&0.0245&0.0380&-0.0447\\-0.0373&-0.0407&0.0245&0.0898&0.1010&-0.0574\\-0.0407&-0.0800&0.0380&0.1010&0.2158&-0.0976\\0.0245&0.0380&-0.0447&-0.0574&-0.0976&0.1103\end{bmatrix}$$

(2)参数协因数矩阵为

$$
Q_{\hat{X}\hat{X}} = \begin{bmatrix} 22.620304 & -9.484496 & 4.747137 & 8.680639 & 3.386006 & 1.682683 \\ -9.484496 & 1.511957 & 4.388248 & -3.384450 & 4.094469 & 1.779732 \\ 4.747137 & 4.388248 & 3.995193 & 1.686844 & 1.778182 & 5.551018 \\ 8.680639 & -3.384450 & 1.686844 & 8.065997 & -10.817164 & 4.947777 \\ -3.386006 & 4.094469 & 1.778182 & -10.817164 & 12.916282 & 5.860772 \\ 1.682683 & 1.779732 & 5.551018 & 4.947777 & 5.860772 & 18.080173 \end{bmatrix}
$$

参数改正数为 $\boldsymbol{\delta}_X = [3.03\ \ 1.48\ \ -3.77\ \ -1.04\ \ -4.17]^{\mathrm{T}}$,单位为 cm

观测值改正数为 $\boldsymbol{V} = [-2.76\ \ -5.63\ \ 4.23\ \ 0.77\ \ 2.35\ \ -3.11\ \ 2.71\ \ 8.18\ \ -6.15\ \ 0.72\ \ -5.43\ \ 4.04\ \ -1.44\ \ 2.88\ \ -1.06]^{\mathrm{T}}$,单位为 cm

(3)基线向量观测值平差值见下表。

基线号	ΔX/m	ΔY/m	ΔZ/m
1	−4 627.615 2	1 730.202 0	−885.358 1
2	−6 711.442 0	466.868 0	−3 961.613 9
3	−5 016.044 8	2 392.522 8	−221.456 8
4	7 099.871 6	1 129.188 8	−3 297.712 6
5	−2 083.826 7	−1 263.334 0	3 076.255 8

待定点坐标平差值见下表。

点号	$\hat{X}$ /m	$\hat{Y}$ /m	$\hat{Z}$ /m
G03	−2 416 372.736 2	−4 731 446.561 7	3 518 274.981 9
G04	−2 418 456.563 0	−4 732 709.895 7	3 515 198.726 1

精度评定:单位权中误差 $\hat{\sigma}_0 = 0.389$ cm;待定点坐标中误差见下表。

点号	$\hat{\sigma}_X$ /cm	$\hat{\sigma}_Y$ /cm	$\hat{\sigma}_Z$ /cm
G03	1.85	1.32	2.27
G04	1.46	2.06	2.52

项目八　误差椭圆

实训

[实训 8-1] (1) $E = 1.48$ dm, $F = 1.22$ dm, $\varphi_E = 158°$; (2) $\sigma_P = 1.92$ dm

[实训 8-2] $\sigma_\psi = 1.47$ dm

[实训 8-3](1) $\varphi_{E_1} = 114°26'38''$, $E_1 = 0.18$ dm, $F_1 = 0.13$ dm

(2) $\varphi_{E_2} = 61°11'26''$, $E_2 = 0.18$ dm, $F_2 = 0.13$ dm

(3) $\varphi_{E_{12}} = 67°53'33''$, $E_{12} = 0.22$ dm, $F_{12} = 0.17$ dm

(4) $\dfrac{\sigma_{S_{12}}}{S_{12}} = \dfrac{1}{57\,700}$, $\sigma_{\alpha_{12}} = 4.2''$

[实训 8-4] $\varphi_E = 164°33'42''$, $E = 11.64$ mm

[实训 8-5] (1) $\varphi_{E_1} = 139°41'$, $E_1 = 0.40$ cm, $F_1 = 0.23$ cm

(2) $\varphi_{E_2} = 31°42'$, $E_2 = 0.48$ cm, $F_2 = 0.21$ cm

(3) $\varphi_{E_{12}} = 1°19'$, $E_{12} = 0.58$ cm, $F_{12} = 0.21$ cm

(4) $\sigma_{S_{12}}=0.58\ \text{cm}$，$\sigma_{\alpha_{12}}=4.2''$

思考与练习题

9. $\sigma_{P_2}=0.055$

10. $\sigma_P=0.56$

11. $\varphi_{E_1}=32°01'37''$，$E_1=0.22\ \text{dm}$，$F_1=0.08\ \text{dm}$

$\varphi_{E_2}=137°40'38''$，$E_2=0.56\ \text{dm}$，$F_2=0.46\ \text{dm}$

$\varphi_{E_{12}}=130°48'09''$，$E_{12}=0.57\ \text{dm}$，$F_{12}=0.23\ \text{dm}$

纵向(贯通方向)误差为 $\sigma_S=\sigma_\psi=0.57\ \text{dm}$，横向误差为 $\sigma_u=0.23\ \text{dm}$

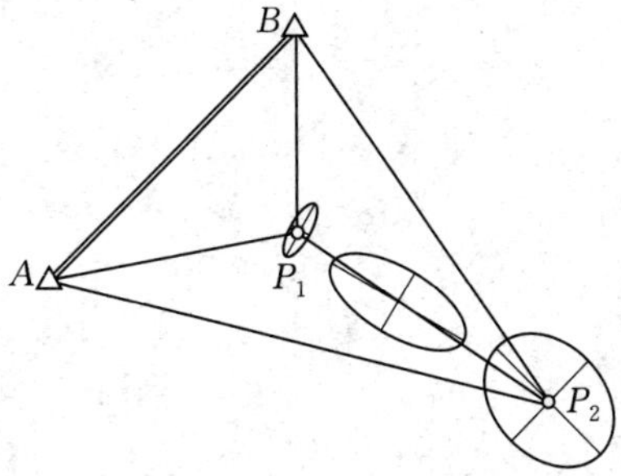